データ解析のための

数理統計入門

久保川達也［著］

共立出版

はじめに

　コンピュータとデータ解析ソフトなどの発展に伴いデータから有益な情報を引き出すことが容易になってきた昨今，データサイエンスという言葉が象徴するように，データの価値とデータ解析の有用性が認識されるようになってきた．一方で，データを科学する上で基本となる確率とその上に展開される数理統計学の考え方や方法論の基礎を一通り理解しておくことは，データを適切に解析できるようになる上でも，現実のデータ分析に相応しい新たな統計モデルと解析手法を創造していく上でも，大切である．

　本書は，データ解析を行う上で必要な数理統計を学び，それを基礎として様々な統計解析の方法を学ぶことを目的として執筆された．まず前半で，確率，確率変数，確率分布，期待値と共分散，大数の法則と中心極限定理などの基礎知識と必要な道具を学習した上で，パラメータの推定や信頼区間，仮説検定などの推測統計の方法の基本を学ぶ．後半では，カイ2乗適合度検定，線形回帰，ロジスティック回帰，分散分析，ベイズ統計とマルコフ連鎖モンテカルロ法，ブートストラップ法，ノンパラメトリック検定，生存時間解析，多変量解析など，様々なトピックを扱い，統計解析の幅広い知識と手法を学ぶ．各章末には基礎的な問題が豊富に用意されており，学習内容を定着させることができる．演習問題の解答例は関連のホームページで参照することができるので，ある程度独学で数理統計の基礎とデータ分析の方法を学習することができる．

　数学的なレベルは，拙著の『現代数理統計学の基礎』（共立出版）と『統計学』（東京大学出版会，共著）の中間に位置する．『現代数理統計学の基礎』と本書との違いについては，前者が数理統計学の理論的な内容を扱っているのに対して，本書は数理統計について必要な内容を平易に説明する．また前者の後半では統計的決定理論や確率過程という理論的な内容を扱っているのに対して，本書の後半

では統計解析を行う上で知っておいてほしい統計手法を具体的なデータを取り上げながら解説する．章末の演習問題については，『現代数理統計学の基礎』よりも易しい基本的な問題が用意されていて，演習問題を通して理解を深めることができる．統計学の様々なトピックを取り上げて書かれているので，本書を読み終えたときには統計学の全体像がほぼ把握できるようになる．さらに本書は統計検定®の準1級と1級（統計数理，統計応用）の内容にもほぼ対応している．ただし，時系列解析については述べていないので別途学習する必要がある．

　本書の演習問題の解答例がサポートページに用意してあるので適宜参照しながら理解を深めて頂ければ幸いである．また，本書で使用した統計解析ソフトRのコードやデータ，本書で割愛した内容や追加の演習問題，行間の説明についてもサポートページで参照できる．(*) 印の演習問題はややレベルが高いので最初はスキップされるのがよい．

　　サポートページ：https://sites.google.com/site/ktatsuya77

　統計学はデータ解析の現場と理論研究との間の往復の中で発展してきた学問である．統計学の分野は標本調査・実験計画から数理統計・計算統計・多変量解析など幅広く，データ解析が求められる場面も様々である．統計手法は文系・理系を問わず医療・経営・教育など多くの分野で利用され，統計ユーザーも年齢・分野を問わず多岐にわたる．このようなダイバーシティーは統計学の良さである．また，統計学はそれぞれの立場で面白さを味わうことができる．例えば，統計手法を用いて現実のデータ分析がうまくいったときには少なからず面白さを実感するだろうし，複雑なモデルを用いて何か新しい事実を発見することができればその時の感動は計り知れない．こうした醍醐味を数理的な知識や能力に応じて様々なレベルで味わうことができることも統計学の良さである．本書を学ぶ中で得た知識や考え方・方法論などを様々なデータ分析の現場で役立てて面白さを実感して頂ければ幸いである．

　本書の執筆にあたり，共立出版の大越隆道氏並びに編集・出版に携われた方々に大変お世話になった．この場を借りて尽力頂いた皆様に御礼申し上げたい．

2023 年 8 月　久保川達也

＊統計検定®は一般財団法人統計質保証推進協会の登録商標です．

目　次

第1章

確率モデル

　確率という言葉からすぐに思い浮かぶのが宝くじの当選確率で，ジャンボ宝くじが当たる確率は約 1000 万分の 1 と言われる．当選金額に引きずられて購入してしまいがちであるが，「当選確率は神奈川県全人口の中から特定の一人を選ぶことのできる確率と同程度です」との注意書きがあれば購入意欲は失せてしまうかもしれない．宝くじに限らず，私たちの周りには不確実性を伴う現象が少なくない．巨大地震の発生の可能性，台風の今後の進路，100 m 走の新記録の可能性，受験の合否，選挙の当選可能性，新商品開発の成功の有無，株価の変動など様々な現象が不確実性もしくはランダムネスを伴っている．しかし，そのランダムネスは 'でたらめ' に起こるのではなく，何らかの傾向性をもって起こるのであれば，その傾向性を考慮して，リスクが最小になるように意思決定したりして，最善の戦略を立てて行動することができる．ランダムネスの傾向性を数学的に記述するものが確率であり，数理統計は確率を土台として組み立てられている．

1.1　標本空間

　サイコロを投げたとき，出る目は 1 から 6 までの 6 通りあり，どの目が出るかはランダムであって決まっていない．確率は，このように，結果がランダムに起こるような場面に現れる．サイコロを投げて結果が生ずるような行為を**試行**と呼び，試行によって起こりうるすべての結果を**標本空間**と呼んで Ω で表す．結果は Ω の元で ω で表わされ，起こりうる結果の集まりは**事象**と呼ばれる．例えば，サイコロを投げたとき，標本空間は $\Omega = \{1, 2, 3, 4, 5, 6\}$ であり，事象は $\{2\}$, $\{1, 3, 5\}$ など Ω の部分集合となる．このように，事象を集合として捉えると理解しやすい．

　試行による個々の結果は集合の要素もしくは元に対応する．2 つの事象 A と B がともに起こる事象を**積事象**と呼び，A か B の少なくともどちらかが起こる

事象を**和事象**と呼ぶ．これらは積集合（共通集合），和集合に対応していて

$$A \cap B = \{x \mid x \in A \text{ かつ } x \in B\}, \quad A \cup B = \{x \mid x \in A \text{ または } x \in B\}$$

と書ける．例えばサイコロを投げたとき，偶数の目が出る事象を $A = \{2, 4, 6\}$，4以上の目が出る事象を $B = \{4, 5, 6\}$ とすると，$A \cap B = \{4, 6\}$，$A \cup B = \{2, 4, 5, 6\}$ となる．

　A に属さない元の集合を A の**補集合**と呼び A^c で表す．また A に属するが B に属さない元の集合を A と B の**差集合**と呼び，$A \backslash B = A \cap B^c$ と書く．差集合の記号を用いると $A^c = \Omega \backslash A$ と書ける．空集合を $\emptyset$ で表す．$A \cap B = \emptyset$ のとき，A と B は互いに**排反**であるという．例えば，サイコロを投げたとき，奇数の目が出る事象を $C = \{1, 3, 5\}$ とすると，$A \cap C = \emptyset$ であり，$C^c = A$ である．また，$C \backslash B = \{1, 3\}$，$B \backslash C = \{4, 6\}$ となる．

　積集合，和集合，補集合の間には次のような性質が成り立つ．

- $A \cup B \cup C = (A \cup B) \cup C = A \cup (B \cup C)$

  $A \cap B \cap C = (A \cap B) \cap C = A \cap (B \cap C)$

- $A \cap (B \cup C) = (A \cap B) \cup (A \cap C)$

  $A \cup (B \cap C) = (A \cup B) \cap (A \cup C)$

- $(A \cup B)^c = A^c \cap B^c$

  $(A \cap B)^c = A^c \cup B^c$

　サイコロ投げの例では，$A \cap B = \{4, 6\}$ であるから $(A \cap B)^c = \{1, 2, 3, 5\}$ となる．一方，$A^c \cup B^c = \{1, 3, 5\} \cup \{1, 2, 3\} = \{1, 2, 3, 5\}$ となり，等しくなることがわかる．

1.2　確率

　正しいサイコロを投げた場合，$\{1\}$ の目が出る確率は $\frac{1}{6}$ であり，偶数の目が出る確率は Ω の部分集合 $\{2, 4, 6\}$ の確率なので $\frac{1}{2}$ になる．このことからわかるように，確率は，Ω の部分集合から区間 $[0, 1]$ 上の実数への関数であることがわかる．そこでもう少し数学的に**確率**を定義すると次のようになる．

　Ω 上の確率 $\mathrm{P}(\cdot)$ は，Ω の部分集合から区間 $[0, 1]$ 上の実数への関数で，次の3つの性質を満たすものとする．

(P1) $A \subset \Omega$ なら，$\mathrm{P}(A) \geq 0$

(P2) $\mathrm{P}(\Omega) = 1$

(P3) A_1 と A_2 が排反なら，$\mathrm{P}(A_1 \cup A_2) = \mathrm{P}(A_1) + \mathrm{P}(A_2)$

　確率を数学的に厳密に扱う学問は測度論的確率論と呼ばれ，そこでは (P3) の性質は，「$A_1, A_2, \ldots$ が互いに排反なら，$\mathrm{P}(\bigcup_{i=1}^{\infty} A_i) = \sum_{i=1}^{\infty} \mathrm{P}(A_i)$」という性質で置き換えられ，無限個の集合を扱う必要がある．しかし，本書ではそこまでの厳密な議論は行わないので，以降この性質にはふれないこととする．

　(P1), (P2), (P3) から，確率の基本的な性質が導かれる．$A \subset \Omega$, $B \subset \Omega$ とする．

性質 A　$\mathrm{P}(A^c) = 1 - \mathrm{P}(A), \mathrm{P}(\emptyset) = 0$

　実際，$\Omega = A \cup A^c$, $A \cap A^c = \emptyset$ より (P3) を用いると $\mathrm{P}(\Omega) = \mathrm{P}(A) + \mathrm{P}(A^c)$ となる．これと (P2) より $\mathrm{P}(A^c) = 1 - \mathrm{P}(A)$ が成り立つ．また，この式に $A = \Omega$ を代入すると $\mathrm{P}(\emptyset) = 0$ であることがわかる．

性質 B　$A \subset B$ ならば $\mathrm{P}(A) \leq \mathrm{P}(B)$

　この性質については，$B = A \cup (B \cap A^c)$, $A \cap (B \cap A^c) = \emptyset$ であり，(P3) より $\mathrm{P}(B) = \mathrm{P}(A) + \mathrm{P}(B \cap A^c)$ となる．(P1) より（性質 B）が成り立つ．

性質 C　$\mathrm{P}(A \cap B) \leq \min\{\mathrm{P}(A), \mathrm{P}(B)\}$

　この性質については，$A \cap B \subset A$, $A \cap B \subset B$ であり，（性質 B）を用いると $\mathrm{P}(A \cap B) \leq \mathrm{P}(A), \mathrm{P}(A \cap B) \leq \mathrm{P}(B)$ となるので（性質 C）が成り立つ．

性質 D　$\mathrm{P}(A \cup B) = \mathrm{P}(A) + \mathrm{P}(B) - \mathrm{P}(A \cap B)$

　これについては，$A = (A \cap B) \cup (A \cap B^c)$, $B = (B \cap A) \cup (B \cap A^c)$ と分解して (P3) を使うと

$$\mathrm{P}(A) + \mathrm{P}(B) = \mathrm{P}(A \cap B) + \{\mathrm{P}(A \cap B^c) + \mathrm{P}(A \cap B) + \mathrm{P}(B \cap A^c)\}$$
$$= \mathrm{P}(A \cap B) + \mathrm{P}(A \cup B)$$

となる．したがって（性質 D）が成り立つことがわかる．

1.3 初等的な確率計算

標本空間が有限個の元からなる場合を考える. この場合, $\Omega = \{\omega_1, \ldots, \omega_N\}$ と表される. 個々の元に対して $P(\{\omega_i\}) = p_i$ となるような確率が与えられることになり, $p_1 + \cdots + p_N = 1$ を満たす.

どの元も等しい確率で選ばれる場合, $p_1 = \cdots = p_N$ であるから $p_i = 1/N$ となる. A を Ω の部分集合とすると, 確率 $P(A)$ は $P(A) = |A|/|\Omega| = |A|/N$ で与えられる. ただし, $|A|$ は集合 A に含まれる元の個数を表す.

【例 1.1】(シンプソンのパラドクス)　赤箱 A, B と白箱 A, B の 4 つの抽選箱の中に当たりくじと外れくじが次の表の数だけ入っている.

	A 赤箱	A 白箱	B 赤箱	B 白箱	A+B 赤箱	A+B 白箱
当たり	6	4	11	14	17	18
外れ	7	5	3	5	10	10
合計	13	9	14	19	27	28

赤箱と白箱のどちらかを選んでくじを引くとすると, 赤箱 A では $P(当たり) = 6/13 = 0.46$, 白箱 A では $P(当たり) = 4/9 = 0.44$ となり, 赤箱 A の方が当たる確率が高い. 同様に, 赤箱 B では $P(当たり) = 11/14 = 0.79$, 白箱 B では $P(当たり) = 14/19 = 0.74$ となり, 赤箱 B の方が当たる確率が高い.

次に, A と B の赤箱の中身を合算すると, 上の表の「赤箱 A+B」のようになり, 当たる確率は $P(当たり) = 17/27 = 0.63$ となる. 一方, A と B の白箱の中身を合算すると, 当たる確率は $P(当たり) = 18/28 = 0.64$ となって, 白箱の方が当たる確率が高くなる. 個々には確率が低くても合算すると確率が高くなる現象が起こり, これを**シンプソンのパラドクス**と呼ぶ. 加重平均についても同様な現象が起こり, 加重平均の注意点として知られている.　　　　□

m 個の結果の出る試行と n 個の結果の出る試行については, 両方の試行を行うときに起こりうる結果の個数は mn である. 例えば, 1 年を 365 日とすると 2 人の誕生日の組は 365×365 通りあり, n 人の場合は 365^n 通りとなる.

1 から n まで番号の書かれたカードから m 枚を引くとき，引くたびにカードを戻すことを**復元抽出**，カードを戻さないことを**非復元抽出**と呼ぶ．m 枚引いたカードの組合せが同じでも順番が異なれば別のものとして数え上げることを**順列**と呼び，同じものと見なして数えることを**組合せ**と呼ぶ．例えば，$(1,4,5)$，$(4,1,5)$ は，順列では 2 通りであり組合せでは 1 通りである．順列の場合，復元抽出では起こりうる結果は n^m 通りあり，非復元抽出では

$$n(n-1)\cdots(n-m+1)$$

通りある．したがって，非復元抽出で n 枚すべてを引いて並べた順列の数は $n!$ となる．非復元抽出による組合せの数は，m 枚引いたカードは順番がついていないので上の数を $m!$ で割った数になり，これを

$$\frac{n(n-1)\cdots(n-m+1)}{m!} = \left(\begin{array}{c} n \\ m \end{array}\right)$$

と書く．この組合せの数を $_nC_m = n!/\{m!(n-m)!\}$ で表すこともある．

【例 1.2】(誕生日問題)　40 人の教室の中で同じ誕生日の人がいる確率を計算したい．同じ誕生日の人がいる事象を A とすると，A の確率を直接求めることは大変である．代わりに A の補集合 A^c の確率を求めて $\mathrm{P}(A) = 1 - \mathrm{P}(A^c)$ を計算する方が計算しやすい．一般に n 人の誕生日が皆異なる場合の数は $365 \times 364 \times \cdots \times (365 - n + 1)$ であるから

$$\mathrm{P}(A) = 1 - \frac{365 \times 364 \times \cdots \times (365 - n + 1)}{365^n}$$

となる．$n = 40$ のときには $\mathrm{P}(A) = 0.89$ となる．　　　　　□

組合せの数は，第 2 章以降で，確率分布を導くときに使われる．そこで重要なのが，次の **2 項定理**である．実数 a, b に対して

$$(a+b)^n = \sum_{k=0}^{n} \left(\begin{array}{c} n \\ k \end{array}\right) a^k b^{n-k} \tag{1.1}$$

が成り立つ．2 項展開の $a^k b^{n-k}$ の係数を特に **2 項係数**と呼んでいるが，これは

組合せの数に等しい．例えば，$n = 3$ のときには

$$(a + b)(a + b)(a + b) = a^3 + \begin{pmatrix} 3 \\ 1 \end{pmatrix} a^2 b + \begin{pmatrix} 3 \\ 2 \end{pmatrix} ab^2 + b^3$$

と書けるが，$a^2 b$ の項の数は，3 つある $(a + b)$ の中から b を 1 個選ぶ組合せの数だけあることから $a^2 b$ の係数はこの組合せの数になることがわかる．2 項定理を数式で示すには次の関係式を用ればよい（演習問題を参照）．

$$\begin{pmatrix} n \\ k \end{pmatrix} = \begin{pmatrix} n - 1 \\ k - 1 \end{pmatrix} + \begin{pmatrix} n - 1 \\ k \end{pmatrix} \tag{1.2}$$

これを用いると 2 項係数について有名なパスカルの 3 角形が得られる．

　2 項定理は，一般の m 項の場合へ拡張される．実数 $x_1, \ldots, x_m$ に対して，次の**多項定理**が成り立つ．

$$(x_1 + x_2 + \cdots + x_m)^n = \sum_{n_1, \ldots, n_m} \begin{pmatrix} n \\ n_1 n_2 \cdots n_m \end{pmatrix} x_1^{n_1} x_2^{n_2} \cdots x_m^{n_m} \tag{1.3}$$

ただし，和は $n_1 + n_2 + \cdots + n_m = n$ を満たすすべての $(n_1, n_2, \ldots, n_m)$ に関してとるものとし，係数は**多項係数**と呼ばれ

$$\begin{pmatrix} n \\ n_1 n_2 \cdots n_m \end{pmatrix} = \frac{n!}{n_1! n_2! \cdots n_m!} \tag{1.4}$$

で定義される．これは 2 項係数もしくは組合せの数を拡張した数である．例えば $m = 3$ の場合，$n = n_1 + n_2 + n_3$ を満たす (n_1, n_2, n_3) の場合の数は，全体で n 枚のカードから n_1 枚選ぶ組合せの数に，残りの $n - n_1$ 枚のカードから n_2 枚を選ぶ組合せの数を掛け，さらに残りの $n - n_1 - n_2$ 枚のカードから n_3 枚を選ぶ組合せの数を掛けたものになる．したがって，一般に

$$\frac{n!}{n_1!(n - n_1)!} \frac{(n - n_1)!}{n_2!(n - n_1 - n_2)!} \cdots \frac{(n - n_1 - n_2 - \cdots - n_{m-1})!}{n_m! 0!}$$

と書けるので，これを整理すると多項係数が得られることがわかる．

【例 1.3】 statistics の文字を適当に並べ替えると scitsitats や aciisssttt など様々な文字の組合せができる. 全部で何通りの組合せがあるだろうか. これは, 10 個の文字の中から, a, c を 1 個ずつ, i を 2 個, s, t を 3 個ずつ選ぶ場合の数であり, 多項係数を計算すればよいので

$$\frac{10!}{1!1!2!3!3!} = 50400$$

となる. □

1.4 条件付き確率とベイズの公式

2 つの事象 A と B があって $\mathrm{P}(B) > 0$ のとき,

$$\mathrm{P}(A|B) = \frac{\mathrm{P}(A \cap B)}{\mathrm{P}(B)}$$

を, B を与えたときの A の**条件付き確率**と呼ぶ.

分母を払うと $\mathrm{P}(A \cap B) = \mathrm{P}(A|B)\mathrm{P}(B)$ となる. 同様にして, $\mathrm{P}(A) > 0$ のときには $\mathrm{P}(A \cap B) = \mathrm{P}(B|A)\mathrm{P}(A)$ と書ける. これを繰り返すと, 事象 $A_1, \ldots, A_n$ に対して

$$\begin{aligned}
\mathrm{P}(A_1 \cap \cdots \cap A_n) &= \mathrm{P}(A_n|A_1 \cap \cdots \cap A_{n-1})\mathrm{P}(A_1 \cap \cdots \cap A_{n-1}) \\
&= \mathrm{P}(A_n|A_1 \cap \cdots \cap A_{n-1}) \times \cdots \times \mathrm{P}(A_3|A_1 \cap A_2) \\
&\quad \times \mathrm{P}(A_2|A_1)\mathrm{P}(A_1)
\end{aligned} \tag{1.5}$$

と書けることがわかる.

【例 1.4】 A, B の 2 つの壺があり, A の壺には白玉が 4 個, 赤玉が 3 個, B の壺には白玉が 5 個, 赤玉が 6 個入っている. いま, A の壺から 1 つ玉を取り出し B の壺へ入れたとする. 何色の玉かはわからない. このとき, B の壺から 1 つ玉を取り出したとき, それが赤玉である確率を求めたい.

A の壺から白玉を取り出す事象を W_1, 赤玉を取り出す事象を R_1 とし, B の壺から赤玉を取り出す事象を R_2 とすると, 求めたい事象は $(W_1 \cap R_2) \cup (R_1 \cap R_2)$ であり, $(W_1 \cap R_2) \cap (R_1 \cap R_2) = \emptyset$ であるから

$$P((W_1 \cap R_2) \cup (R_1 \cap R_2)) = P(W_1 \cap R_2) + P(R_1 \cap R_2)$$

$$= P(R_2|W_1)P(W_1) + P(R_2|R_1)P(R_1) = \frac{6}{12}\frac{4}{7} + \frac{7}{12}\frac{3}{7} = 0.536$$

となる. □

　n 個の事象 $B_1, \ldots, B_n$ が互いに排反で，しかも $\bigcup_{k=1}^{n} B_k = \Omega$ を満たすとき，$B_1, \ldots, B_n$ を Ω の**分割**と呼ぶ．事象 A は $A = A \cap (\bigcup_{i=1}^{n} B_i) = \bigcup_{i=1}^{n}(A \cap B_i)$ と書け，$A \cap B_i$, $i = 1, \ldots, n$, は互いに排反であることから，(P3) を用いると，事象 A の確率は次のように分解できる．

$$P(A) = P\left(\bigcup_{i=1}^{n}(A \cap B_i)\right) = \sum_{i=1}^{n} P(A \cap B_i)$$

$i = 1, \ldots, n$ に対して $P(B_i) > 0$ とすると，$P(A \cap B_i) = P(A|B_i)P(B_i)$ より

$$P(A) = \sum_{i=1}^{n} P(A|B_i)P(B_i) \tag{1.6}$$

と表される．これを**全確率の公式**と呼ぶ．

　全確率の公式は B_i を与えたときの A の条件付き確率を用いて表される．逆に A を与えたときの B_j の条件付き確率は，$P(B_j|A) = P(A \cap B_j)/P(A) = P(A|B_j)P(B_j)/P(A)$ であり，分母の $P(A)$ に全確率の公式を適用すると，次の公式が得られる．

▶**命題 1.5（ベイズの定理，ベイズの公式）**　$B_1, \ldots, B_n$ を互いに排反な事象で，$P(B_k) > 0$, $\bigcup_{k=1}^{n} B_k = \Omega$ を満たすとする．任意の事象 A に対して，$P(A) > 0$ のときには A を与えたときの B_j の条件付き確率 $P(B_j|A)$ は

$$P(B_j|A) = \frac{P(A|B_j)P(B_j)}{\sum_{i=1}^{n} P(A|B_i)P(B_i)} \tag{1.7}$$

と表される．$P(B_j)$ を**事前確率**，$P(B_j|A)$ を**事後確率**と呼ぶ．

【例 1.6】（ウィルス検査）　あるウィルスに感染しているか否かを自宅で調べることができる検査キットについては，感染している場合には 90% の確率で陽性反

応，10% の確率で陰性反応が出てしまう．また，感染していない場合には 99% の確率で陰性反応，1% の確率で陽性反応が出るという．このウィルスに感染している人は全体の 10% であるとする．陽性反応が出たときに感染している確率，また陰性反応が出たときに感染していない確率を求めたい．

ウィルスに感染している事象を A_1，感染していない事象を A_2，陽性反応が出る事象を B_1，陰性反応が出る事象を B_2 とすると，$P(A_1) = 0.1$, $P(A_2) = 0.9$, $P(B_1|A_1) = 0.9$, $P(B_2|A_1) = 0.1$, $P(B_1|A_2) = 0.01$, $P(B_2|A_2) = 0.99$ と書ける．感染していないのに誤って陽性反応が出る，いわゆる偽陽性の確率は，$P(A_2 \cap B_1) = P(B_1|A_2)P(A_2) = 0.01 \times 0.9 = 0.009$ となる．一方，感染しているのに誤って陰性反応が出る，いわゆる偽陰性の確率は，$P(A_1 \cap B_2) = P(B_2|A_1)P(A_1) = 0.1 \times 0.1 = 0.01$ となる．このような積事象の確率 $P(A_i \cap B_j)$ を表にまとめると次のようになる．

	陽性 (B_1)	陰性 (B_2)	合計
感染している (A_1)	0.09	0.01	0.1
感染していない (A_2)	0.009	0.891	0.9
合計	0.099	0.901	1

全確率の公式を用いて $P(B_1)$, $P(B_2)$ を求めることは，この表で列の合計を計算すればよいので，$P(B_1) = 0.099$, $P(B_2) = 0.901$ となる．したがって，ベイズの定理による条件付き確率は表より

$$P(A_1|B_1) = P(A_1 \cap B_1)/P(B_1) = 0.09/0.099 = 0.909$$

$$P(A_2|B_2) = P(A_2 \cap B_2)/P(B_2) = 0.891/0.901 = 0.989$$

となる．陽性反応が出たときには約 90% の確率で感染している．また陰性反応が出たときには約 99% の確率で感染していないことになる． □

1.5 事象の独立性

2つの事象 A と B が独立に起こる場合を考えよう．条件付き確率の定義から A と B が同時に起こる確率は $P(A \cap B) = P(A|B)P(B)$ と書ける．A と B が独立に起こる場合，A が起こる確率は B が起こったという条件があってもなく

ても変わらない．すなわち，$P(A|B) = P(A)$ であり，したがって $P(A \cap B) = P(A)P(B)$ となる．これを事象 A と B の**独立性**の定義とする．すなわち，2つの事象 A と B が

$$P(A \cap B) = P(A)P(B)$$

を満たすとき，A と B は独立であると呼ぶ．

　一般に，n 個の事象 $A_1, \ldots, A_n$ が**互いに独立**であるとは，$A_1, \ldots, A_n$ の中の任意の部分集合 $A_{i_1}, \ldots, A_{i_m}$ に対して次が成り立つことと定義する．

$$P(A_{i_1} \cap \cdots \cap A_{i_m}) = P(A_{i_1}) \cdots P(A_{i_m})$$

【例 1.7】　3つの事象 A, B, C は

$$P(A \cap B) = P(A)P(B), \quad P(A \cap C) = P(A)P(C)$$
$$P(B \cap C) = P(B)P(C), \quad P(A \cap B \cap C) = P(A)P(B)P(C)$$

が成り立つときに独立となる．これらの一部だけでは不十分である．

　例えば，$\Omega = \{1, 2, 3, 4\}$, $P(\{1\}) = P(\{2\}) = P(\{3\}) = P(\{4\}) = 1/4$ とし，$A = \{1, 2\}$, $B = \{1, 3\}$, $C = \{1, 4\}$ とする．このとき，$P(A \cap B) = 1/4 = P(A)P(B)$, $P(A \cap C) = 1/4 = P(A)P(C)$, $P(B \cap C) = 1/4 = P(B)P(C)$ が成り立つ．これを**ペアワイズ独立**と呼ぶ．しかし，$P(A \cap B \cap C) = 1/4 \neq 1/8 = P(A)P(B)P(C)$ となり独立でない．ペアワイズ独立だからといって互いに独立とは限らない．　　　　　　　　　　　　　　　　　　　　　　　　　□

【例 1.8】　公平なサイコロを4回投げたとき，次の確率を求めよう．(1) 少なくとも1回は同じ目が出る事象 A の確率，(2) 少なくとも1回は1の目が出る事象 B の確率．

　(1) は誕生日問題と同様にして，$P(A) = 1 - 6 \times 5 \times 4 \times 3/6^4 = 0.722$ と計算できる．(2) は，4回すべて1以外の目がでる確率を1から引くとよいので $P(B) = 1 - (5/6)^4 = 0.518$ となる．　　　　　　　　　　　　　　　　　□

演習問題

問1　大学生の就職活動に関して，ある企業にエントリーした学生は男性が 60% をしめていたが，採用を内定された割合は，男性は男性応募者の 40%，女性は女性応募者の 30% であった．
    (1) この企業の男女合わせた全体の応募者に対する男性の採用内定率，女性の採用内定率を求めよ．
    (2) この企業の男女合わせた全体の採用内定率を求めよ．
    (3) この企業の採用内定者の名簿から一人をランダムに選んだ場合，それが女性である確率を求めよ．

問2　週末の天気予報によると，土曜日に雨の降る確率は 25%，日曜日に雨の降る確率も 25% であるという．週末の土日のどこかで雨の降る確率は $25 + 25 = 50$ で 50% になると考えた．これは正しいか，その理由を述べよ．

問3　ある大学のある学部は A 学科と B 学科の 2 学科からなり，それぞれの志願者数と合格率が男女別に次の表で与えられたする．学部全体の男女の合格率に関してシンプソンのパラドクスが生ずるような a の条件を与えよ．

A 学科	志願者	合格率	B 学科	志願者	合格率
男性	500	60%	男性	400	10%
女性	30	70%	女性	300	a%

問4(誕生日問題)　両親と 2 人の子どもがいる 4 人家族において，同じ誕生日の人がいる確率を求めよ．

問5　次の不等式を示せ．
(1) $\mathrm{P}(\bigcup_{i=1}^{n} A_i) \le \sum_{i=1}^{n} \mathrm{P}(A_i)$　　(2) $\mathrm{P}(A \cap B) \ge \mathrm{P}(A) + \mathrm{P}(B) - 1$

問6　条件付き確率について不等式 $\mathrm{P}(A|D) \ge \mathrm{P}(B|D)$, $\mathrm{P}(A|D^c) \ge \mathrm{P}(B|D^c)$ が成り立つならば，$\mathrm{P}(A) \ge \mathrm{P}(B)$ であることを示せ．

問7　次の多項式の係数を求めよ．
    (1) $(x + y)^6$ における $x^3 y^3$ の係数
    (2) $(x + y + z)^6$ における $x^2 y^2 z^2$ の係数

問8　正しいコインを 3 回投げるとき次の確率を求めよ．
    (1) 少なくとも 1 回は表が出るという条件のもとで 2 回以上表の出る確率
    (2) 少なくとも 1 回は裏が出るという条件のもとで 2 回以上表の出る確率

問 9 2 人の子どものいる夫婦について，第 1 子が女の子であるという条件のもとで 2 人とも女の子である確率を求めよ．また子どもの一人が女の子であるという条件のもとで 2 人とも女の子である確率を求めよ．

問 10 独立性に関して次の問に答えよ．
   (1) A と B が独立ならば，A と B^c も独立になり A^c と B^c も独立になるか．
   (2) A と B が独立で，B と C が独立であるとき，A と C は独立になるか．
   (3) A と B が排反であれば常に A と B は独立になるか．
   (4) $A \subset B$ であるとき，A と B は独立になるか．

問 11 ベイズの定理による事後確率は事前確率のとり方に依存する．例 1.6 のウィルス検査において，発熱という症状が出ている患者群を母集団として考えた場合，ウィルスに感染している確率が高いので事前確率は高くなる．例えば，発熱している患者の半数が感染していて半数が感染していないという設定では，事前確率が $P(A_1) = 0.5$, $P(A_2) = 0.5$ となる．このとき陽性反応が出たという条件のもとで感染している確率はどのようになるか．

問 12 正しいコインを 2 回投げるとき，1 回目に表が出る事象を A，2 回目に表の出る事象を B，2 回のうち 1 回だけ表の出る事象を C とする．
   (1) A, B, C はペアワイズ独立であることを示せ．
   (2) A, B, C は互いに独立ではないことを示せ．

問 13（モンティ・ホール問題） あるテレビ番組では，3 つの箱の中の 1 つだけに宝物が入っていて，それを当てることができれば宝物をもらえる．司会者はどの箱に宝物が入っているかを知っている．この設定のもとで，挑戦者は 3 つのうち 1 つの箱を選択する．司会者は残りの 2 つのうち 1 つの箱を開けて空であることを明らかにし，挑戦者におもむろに「選んだ箱のままにしますか，別の箱を選びますか」と尋ねる．残された 2 つの箱のどちらかに宝物が入っているので，挑戦者は (a) 選んだ箱を変えない，(b) 別の箱に変更するのどちらを選択してもよい．さて，宝物を獲得する確率はどちらが大きいか．

問 14 2 項係数の関係式 (1.2) を示し，これを用いて 2 項定理 (1.1) を証明せよ．またパスカルの三角形が成り立つことを説明せよ．

第2章

確率変数と確率分布

　　第1章では確率について学んだ．一方で，統計学はデータを解析する方法を提供する．確率と観測データの間の橋渡しをするのが確率変数である．確率変数は確率分布に従ってランダムに変動する変数で，観測データは確率変数の1つの実現値として捉える．したがって，現実のデータを解析するには，データの発生メカニズムを説明する確率変数と確率モデルを仮想的に立て，解析目的に沿った最適な推測方法を導出して具体的なデータに適用するという過程を辿ることになる．本章では，確率変数の概念と代表的な確率分布について学ぶ．

2.1 離散確率分布

2.1.1 離散確率変数

　　いま3回コインを投げる実験を行うと，起こりうる結果は8通りある．コインの表と裏を H, T で表すと，その集合は

$$\Omega = \{\mathrm{HHH, HHT, HTH, HTT, THH, THT, TTH, TTT}\}$$

と書ける．例えば表の出る個数に関心がある場合，表の出る個数は $0, 1, 2, 3$ の4通りであり，この集合を $\mathcal{X} = \{0, 1, 2, 3\}$ と書くことにする．Ω と $\mathcal{X}$ との対応関係は，Ω から $\{0, 1, 2, 3\}$ への関数 $X(\cdot)$ を用いて

$$\begin{aligned}
X(\mathrm{HHH}) &= 3, \\
X(\mathrm{HHT}) &= X(\mathrm{HTH}) = X(\mathrm{THH}) = 2, \\
X(\mathrm{HTT}) &= X(\mathrm{THT}) = X(\mathrm{TTH}) = 1, \\
X(\mathrm{TTT}) &= 0
\end{aligned} \tag{2.1}$$

と表すことができる．Ω の個々の事象は確率的に起こるので，対応する整数値

も確率的に変動する．この関数 $X(\cdot)$ を確率変数と呼ぶ．

一般に，Ω を確率が定義されている標本空間とするとき，Ω から実数 $\mathbb{R}$ への関数 $X(\cdot)$ を**確率変数**と呼ぶ．確率変数は関数であるから $X(\cdot)$ のように書くべきであるが，通常は $(\cdot)$ を省略して X で表す．個々の事象 $\omega \in \Omega$ に対して確率変数 X の実現値は $X(\omega)$ であり，この実現値をすべて集めたものを $\mathcal{X}$ で表すと，$\mathcal{X} = \{X(\omega) \mid \omega \in \Omega\}$ と書ける．実現値の集合 $\mathcal{X}$ が $\{0, 1, 2, 3\}$ のような有限集合もしくは $\{0, 1, 2, \ldots\}$ のような可算無限集合のとき，X を**離散確率変数**と呼ぶ．

離散確率変数 X のとる値は離散的なので，それを一般に $\mathcal{X} = \{x_1, x_2, \ldots\}$ で表すことにする．$X = x_i$ となる確率 $\mathrm{P}(X = x_i)$ は，$X(\omega) = x_i$ となる点 ω の集合について確率を計算することによって求めることができる．この集合は $\{\omega \in \Omega \mid X(\omega) = x_i\}$ であるから

$$\mathrm{P}(X = x_i) = \mathrm{P}(\{\omega \in \Omega \mid X(\omega) = x_i\}) = \sum_{\omega : X(\omega) = x_i} \mathrm{P}(\omega)$$

と書ける．ここで，$\sum_{\omega : X(\omega) = x_i}$ は $X(\omega) = x_i$ を満たすすべての ω について和をとることを意味する．このとき，$p(x_i) = \mathrm{P}(X = x_i)$ を**確率関数** (pmf) と呼ぶ．確率関数は，$i = 1, 2, \ldots$ に対して

$$p(x_i) \geq 0, \quad \sum_{i=1}^{\infty} p(x_i) = 1$$

を満たすことがわかる．$p(x)$ を最大にする点 x を**モード**と呼ぶ．

例えば (2.1) の例では，表が 2 回出る確率は次のようになる．

$$p(2) = \mathrm{P}(X = 2) = \mathrm{P}(\{\omega \in \Omega \mid X(\omega) = 2\})$$
$$= \mathrm{P}(\mathrm{HHT}) + \mathrm{P}(\mathrm{HTH}) + \mathrm{P}(\mathrm{THH})$$

正しいコインなら，$\mathrm{P}(\mathrm{HHT}) = \mathrm{P}(\mathrm{HTH}) = \mathrm{P}(\mathrm{THH}) = \frac{1}{8}$ なので $p(2) = \frac{3}{8}$ となる．同様にして $p(0)$, $p(1)$, $p(3)$ を求めると，X の確率関数は

$$p(0) = \mathrm{P}(X = 0) = \frac{1}{8}, \quad p(1) = \mathrm{P}(X = 1) = \frac{3}{8}, \quad p(3) = \mathrm{P}(X = 3) = \frac{1}{8}$$

と書けることがわかる．図 2.1（左）はこの関数のグラフを描いたものである．$p(x) \geq 0$ であり $p(0) + p(1) + p(2) + p(3) = 1$ であることが確かめられる．

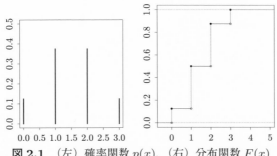

図 2.1 （左）確率関数 $p(x)$，（右）分布関数 $F(x)$

実数 x に対して $X \leq x$ となる確率を（累積）**分布関数**と呼び，$F(x) = \mathrm{P}(X \leq x)$ と書く．これは，$x_i \leq x$ を満たすすべての x_i について $p(x_i)$ を足し合わせたもの $F(x) = \sum_{i:x_i \leq x} p(x_i)$ として計算することができる．$F(x)$ は非減少関数で次を満たすことがわかる．

$$\lim_{x \to -\infty} F(x) = 0, \quad \lim_{x \to \infty} F(x) = 1$$

(2.1) の例では，確率変数 X の分布関数は

$$F(x) = \begin{cases} 0 & (-\infty < x < 0) \\ \frac{1}{8} & (0 \leq x < 1) \\ \frac{4}{8} & (1 \leq x < 2) \\ \frac{7}{8} & (2 \leq x < 3) \\ 1 & (3 \leq x < \infty) \end{cases}$$

となり，その形状は図 2.1（右）のような**階段関数**になる．

詳しくは第 3 章で説明する事項ではあるが，確率変数の**独立性**についてここで述べておく．2 つの離散確率変数 X と Y について，それぞれのとりうる値が $\{x_1, x_2, \dots\}$，$\{y_1, y_2, \dots\}$ であるとき，すべての i と j に対して

$$\mathrm{P}(X = x_i,\, Y = y_j) = \mathrm{P}(X = x_i)\, \mathrm{P}(Y = y_j)$$

が成り立つとき，X と Y は独立であると呼ぶ．ここで，$\mathrm{P}(X = x_i,\, Y = y_j)$ は $\{X = x_i\} \cap \{Y = y_j\}$ の確率を意味する．確率変数が 3 つ以上の場合も同様に定義される．例えば，X, Y, Z が離散確率変数で，Z のとりうる値が $\{z_1, z_2, \dots\}$

であるとき，すべての i, j, k に対して

$$\mathrm{P}(X = x_i,\, Y = y_j,\, Z = z_k) = \mathrm{P}(X = x_i)\,\mathrm{P}(Y = y_j)\,\mathrm{P}(Z = z_k)$$

が成り立つとき，X, Y, Z は互いに独立であると呼ぶ．

2.1.2　確率分布の平均と分散

　確率分布の特徴を表す値として，分布の平均と分散がある．平均は，分布の中心についての特性値であり，分散は分布全体の広がりについての特性値である．これらの特性値は期待値を通して定義されるので，まず期待値について説明しよう．離散確率変数 X が $\{x_1, x_2, \ldots\}$ 上に値をとり，確率関数を $p(x_i) = \mathrm{P}(X = x_i)$ とすると，$\sum_{i=1}^{\infty} p(x_i) = 1$ を満たす．

▷**定義 2.1（離散確率変数の期待値）**　$\sum_{i=1}^{\infty} |x_i| p(x_i) < \infty$ を満たすとき，X の**期待値**を $\mathrm{E}[X] = \sum_{i=1}^{\infty} x_i p(x_i)$ で定義する．一般に X の関数 $g(X)$ の期待値は，$\sum_{i=1}^{\infty} |g(x_i)| p(x_i) < \infty$ を満たすとき次で定義される．

$$\mathrm{E}[g(X)] = \sum_{i=1}^{\infty} g(x_i) p(x_i)$$

▷**定義 2.2（離散確率分布の平均と分散）**　$\mathrm{E}[|X|] < \infty$ のとき，確率変数 X の期待値 $\mathrm{E}[X]$ を X の確率分布の**平均**と呼び，μ もしくは μ_X という記号で表す．$\mathrm{E}[X^2] < \infty$ のとき

$$\mathrm{E}[(X - \mu)^2] = \sum_{i=1}^{\infty} (x_i - \mu)^2 p(x_i)$$

を X の確率分布の**分散**と呼び，σ^2, σ_X^2 もしくは $\mathrm{Var}(X)$ で表す．この平方根 $\sigma = \sqrt{\mathrm{Var}(X)}$ を**標準偏差**と呼ぶ．

　平均は x_i を確率分布の重み $p(x_i)$ で加重平均をとったものである．分散は，x_i が平均 μ からどの程度離れているかを $(x_i - \mu)^2$ で測り，それを確率分布の重み $p(x_i)$ で加重平均をとったものである．

$$\sum_{i=1}^{\infty}(x_i-\mu)^2 p(x_i) = \sum_{i=1}^{\infty}(x_i^2 - 2\mu x_i + \mu^2)p(x_i)$$
$$= \sum_{i=1}^{\infty} x_i^2 p(x_i) - 2\mu \sum_{i=1}^{\infty} x_i p(x_i) + \mu^2 \sum_{i=1}^{\infty} p(x_i)$$

となり，これは $\sum_{i=1}^{\infty} x_i^2 p(x_i) - \mu^2$ のように変形できるので，分散は

$$\mathrm{Var}(X) = \mathrm{E}[X^2] - (\mathrm{E}[X])^2 \tag{2.2}$$

と表すことができる．

(2.1) の例では，確率変数 X の平均は

$$\mu = \mathrm{E}[X] = 0 \times p(0) + 1 \times p(1) + 2 \times p(2) + 3 \times p(3)$$
$$= 0 \times \frac{1}{8} + 1 \times \frac{3}{8} + 2 \times \frac{3}{8} + 3 \times \frac{1}{8} = \frac{3}{2}$$

となる．分散は

$$\mathrm{E}[X^2] = 0^2 \times p(0) + 1^2 \times p(1) + 2^2 \times p(2) + 3^2 \times p(3)$$
$$= 0 \times \frac{1}{8} + 1 \times \frac{3}{8} + 4 \times \frac{3}{8} + 9 \times \frac{1}{8} = 3$$

となるので，$\sigma^2 = \mathrm{Var}(X) = \mathrm{E}[X^2] - \mu^2 = 3 - (3/2)^2 = \frac{3}{4}$ となる．

2.1.3 ベルヌーイ分布

ここから代表的な離散確率分布を紹介していこう．0 と 1 の 2 つの値しかとらない確率変数を**ベルヌーイ確率変数**と呼ぶ．X をベルヌーイ確率変数とし $\mathrm{P}(X=1)=p$ とおくと，$0<p<1$ であり，X の確率関数は $p(0)=1-p$，$p(1)=p$ と書ける．これは

$$p(x) = p^x (1-p)^{1-x}, \quad x = 0, 1$$

と表される．これを**ベルヌーイ分布**と呼び，$Ber(p)$ で表す．1 を '成功'，0 を '失敗'，p を '成功確率' と呼ぶこともある．

表が出る確率が p のコインを投げる実験は，表が出たら 1，裏が出たら 0 とすると，ベルヌーイ確率変数になる．このような実験は**ベルヌーイ試行**と呼ばれるが，内閣を支持するか否か，車を購入するか否かなど，様々な場面に登場する．事象 A に対して指示関数を

$$I_A(\omega) = \begin{cases} 1 & (\omega \in A \text{ のとき}) \\ 0 & (\omega \notin A \text{ のとき}) \end{cases}$$

とすると，これはベルヌーイ確率変数になり，$\mathrm{P}(I_A(\omega) = 1) = \mathrm{P}(A)$ となる．

ベルヌーイ分布の平均は，$\mu = \mathrm{E}[X] = 0 \times (1-p) + 1 \times p = p$ である．分散は，$\mathrm{E}[X^2] = 0^2 \times (1-p) + 1^2 \times p = p$ より，$\mathrm{Var}(X) = \mathrm{E}[X^2] - \mu^2 = p - p^2 = p(1-p)$ となる．

2.1.4 2項分布

'成功確率' が p のベルヌーイ試行を独立に n 回繰り返したときの '成功' の回数を X で表す．X の確率分布を2項分布と呼ぶ．X は $\mathcal{X} = \{0, 1, 2, \ldots, n\}$ 上に値をとり，$X = k$ となる確率 $p(k) = \mathrm{P}(X = k)$ を求めてみる．'成功' を ○，'失敗' を × で表示すると，例えば最初の k 回が○，残りが × の場合

$$\text{○○}\cdots\text{○} \times\times\cdots\times \quad \text{合計 } n \text{ 回の試行} \begin{cases} \text{○} : k \text{ 回} \\ \times : n - k \text{ 回} \end{cases}$$

となり，各試行が独立なので，この確率は $p^k(1-p)^{n-k}$ と書ける．k 個の○の出方の個数は，n 個から k 個をとって○にする組合せの数だけあることがわかる．この組合せの数は

$$\binom{n}{k} = \frac{n(n-1)\cdots(n-k+1)}{k!}$$

である．したがって，$X = k$ となる確率は $q = 1 - p$ に対して次のようになる．

$$p(k) = \binom{n}{k} p^k q^{n-k}, \quad k = 0, 1, \ldots, n \tag{2.3}$$

この分布を **2項分布** と呼び $Bin(n, p)$ で表す．図2.2は $n = 10$, $p = 0.2, 0.5$ の2項分布 $Bin(10, 0.2)$ と $Bin(10, 0.5)$ の形状を描いている．2項分布の確率関数 (2.3) の和が1になることは，(1.1) の2項定理において $a = p, b = q$ とおくことにより示される．

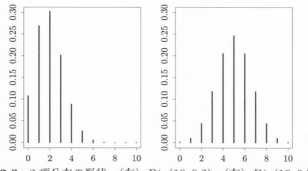

図 2.2 2 項分布の形状. （左）$Bin(10, 0.2)$，（右）$Bin(10, 0.5)$

$$1 = (p + q)^n = \sum_{k=0}^{n} \binom{n}{k} p^k q^{n-k} = \sum_{k=0}^{n} p(k)$$

▶**命題 2.3** 2 項分布 $Bin(n, p)$ に従う確率変数 X の平均と分散は $\mathrm{E}[X] = np$, $\mathrm{Var}(X) = npq$ である．

[証明] 平均については

$$\mathrm{E}[X] = \sum_{k=0}^{n} k \frac{n!}{k!(n-k)!} p^k q^{n-k} = \sum_{k=1}^{n} \frac{n!}{(k-1)!(n-k)!} p^k q^{n-k}$$

となる．$j = k - 1$ とおくと，j が 0 から $n-1$ までの和になり，$k = j + 1$, $n - k = (n-1) - j$ となるので

$$\mathrm{E}[X] = np \sum_{j=0}^{n-1} \frac{(n-1)!}{j!(n-1-j)!} p^j q^{n-1-j} = np(p + q)^{n-1} = np$$

となる．また分散については

$$\mathrm{E}[X(X-1)] = \sum_{k=0}^{n} k(k-1) \frac{n!}{k!(n-k)!} p^k q^{n-k} = \sum_{k=2}^{n} \frac{n!}{(k-2)!(n-k)!} p^k q^{n-k}$$

となる．$j = k - 2$ とおくと，j が 0 から $n-2$ までの和になり，$k = j + 2$,

$n - k = (n - 2) - j$ となるので

$$E[X(X-1)] = n(n-1)p^2 \sum_{j=0}^{n-2} \frac{(n-2)!}{j!(n-2-j)!} p^j q^{n-2-j}$$
$$= n(n-1)p^2 (p+q)^{n-2}$$

となり，$E[X(X-1)] = n(n-1)p^2$ と書ける．したがって，$Var(X) = E[X(X-1)] + E[X] - (E[X])^2 = n(n-1)p^2 + np - n^2p^2 = npq$ と書ける．　　□

2.1.5　幾何分布と負の 2 項分布

独立なベルヌーイ試行を繰り返していく中で，初めて'成功'するまでに要した'失敗'の回数を X とするとき，X の分布を**幾何分布**と呼ぶ．X は $\mathcal{X} = \{0, 1, 2, \ldots\}$ 上に値をとり，k 回'失敗'する確率 $p(k) = P(X = k)$ を求めてみる．'成功'を○，'失敗'を × で表示すると，× × × × × × ○ のように，最初に k 個の × が並び最後に必ず○で終わるので，'成功確率'を p とすると，X の確率関数は次のように書ける．

$$p(k) = q^k p, \quad k = 0, 1, 2, \ldots$$

これが幾何分布の確率関数であり，$Geo(p)$ で表す．幾何分布 $Geo(0.4)$ の形状は図 2.3（左）で描かれている．等比級数の和を考えると

$$\sum_{k=0}^{\infty} p(k) = p \sum_{k=0}^{\infty} q^k = \frac{p}{1-q} = 1$$

となることが確かめられる．

幾何分布の特徴として，**無記憶性**と呼ばれる性質が知られている．これは，m 回までの試行において'成功'していないという条件のもとで次の n 回までの試行で'成功'しないという確率は，m 回まで'成功'していないという条件には依存しないという性質である．この理由は，初めて'成功'するという現象がランダムに起こることによる．

▶**命題 2.4（幾何分布の無記憶性）**　m と n を非負の整数とし，X が幾何分布 $Geo(p)$ に従うとき，$P(X \geq m + n | X \geq m) = P(X \geq n)$ が成り立つ．

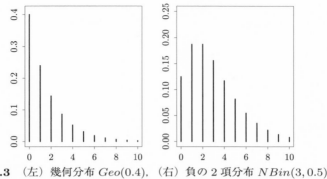

図 2.3 （左）幾何分布 $Geo(0.4)$，（右）負の 2 項分布 $NBin(3, 0.5)$

[証明] $P(X \geq m) = \sum_{k=m}^{\infty} pq^k = pq^m/(1-q) = q^m$ より，条件付き確率は

$$P(X \geq m+n | X \geq m) = \frac{P(X \geq m+n, X \geq m)}{P(X \geq m)} = \frac{P(X \geq m+n)}{P(X \geq m)}$$

となり，これは $q^{m+n}/q^m = q^n = P(X \geq n)$ のように書ける． □

　負の 2 項分布は幾何分布をより一般化したもので，独立なベルヌーイ試行を繰り返していく中で，r 回 '成功' するまでに要した '失敗' の回数の分布である．'失敗' の回数を X とし，$X = k$ となる確率を求めてみよう．'成功' を ○，'失敗' を × で表すと，最後は必ず○で終わるので，××× ○○ ×… ○ × ○のようになり，こうした並べ替えの個数は，合計 $r+k-1$ 個の中から × を k 個選ぶ組合せの数になる．したがって，$X = k$ となる確率関数は

$$p(k) = \binom{r+k-1}{k} p^r q^k, \quad k = 0, 1, 2, \ldots, \tag{2.4}$$

と表される．この分布を**負の 2 項分布**と呼び，$NBin(r, p)$ と書くことにする．図 2.3（右）は負の 2 項分布 $NBin(3, 0.5)$ を描いている．分布の再生性の命題 4.20 で示されるように，幾何分布に従う r 個の独立な確率変数の和が負の 2 項分布になる．$\sum_{k=0}^{\infty} p(k) = 1$ の証明については演習問題を参照せよ．

▶**命題 2.5** 負の2項分布 $NBin(r,p)$ に従う確率変数 X の平均と分散は

$$\mathrm{E}[X] = \frac{rq}{p}, \quad \mathrm{Var}(X) = \frac{rq}{p^2}$$

である. 幾何分布 $Geo(p)$ については $\mathrm{E}[X] = q/p$, $\mathrm{Var}(X) = q/p^2$ となる.

[証明]　簡単のために

$$C_r(k) = \left(\begin{array}{c} r+k-1 \\ k \end{array} \right) \tag{2.5}$$

とおき, $\sum_{k=0}^{\infty} p(k) = 1$ を

$$\sum_{k=0}^{\infty} C_r(k)(1-p)^k = \frac{1}{p^r}$$

のように変形しておく. 両辺を p に関して微分すると

$$-\sum_{k=0}^{\infty} kC_r(k)(1-p)^{k-1} = -\frac{r}{p^{r+1}} \tag{2.6}$$

となるので, この両辺に $-p^r(1-p)$ を掛けると

$$\sum_{k=0}^{\infty} kC_r(k)p^r(1-p)^k = \frac{r(1-p)}{p}$$

となる. 左辺は $\mathrm{E}[X]$ を表しているので, 平均が求まったことになる.

さらに (2.6) を p に関して微分すると

$$\sum_{k=0}^{\infty} k(k-1)C_r(k)(1-p)^{k-2} = \frac{r(r+1)}{p^{r+2}}$$

となり, 両辺に $p^r(1-p)^2$ を掛けると次のようになる.

$$\sum_{k=0}^{\infty} k(k-1)C_r(k)p^r(1-p)^k = \frac{r(r+1)(1-p)^2}{p^2}$$

左辺は $\mathrm{E}[X(X-1)]$ を表しているので, $\mathrm{Var}(X) = \mathrm{E}[X(X-1)] + \mathrm{E}[X] - (\mathrm{E}[X])^2$

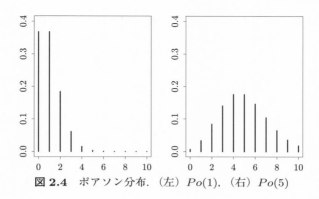

図 2.4 ポアソン分布．（左）$Po(1)$，（右）$Po(5)$

に代入すると

$$\mathrm{Var}(X) = \frac{r(r+1)(1-p)^2}{p^2} + \frac{r(1-p)}{p} - \frac{r^2(1-p)^2}{p^2} = \frac{r(1-p)}{p^2}$$

となることがわかる．□

2.1.6 ポアソン分布

‘稀な現象の大量観測’において発生する個数の分布を表すのにポアソン分布が用いられる．例えば，ある都市の1日に起こる交通事故の件数の分布や，ある都市で1年間に肺がんにより亡くなる人数の分布をポアソン分布で表すことが多い．このような稀な現象が起こる個数を X で表すとき，確率関数が

$$p(k) = \mathrm{P}(X = k) = \frac{\lambda^k}{k!}e^{-\lambda}, \quad k = 0, 1, 2, \ldots, \tag{2.7}$$

で与えられる分布を**ポアソン分布**と呼び，$Po(\lambda)$ で表す．ここで，$\lambda\,(> 0)$ は**強度**もしくは**生起率**と呼ばれるパラメータである．e は自然対数の底であり

$$e = \lim_{n\to\infty}\left(1 + \frac{1}{n}\right)^n = 2.7182$$

で定義される．ポアソン分布 $Po(1)$ と $Po(5)$ の形状は図2.4で示されている．$e^x = \exp(x)$ を指数関数と呼び，$0! = 1$ と定める．テーラー展開により $e^\lambda = \sum_{k=0}^{\infty}\lambda^k/k!$ と書けるので，$\sum_{k=0}^{\infty} p(k) = 1$ となることがわかる．

▶**命題 2.6** ポアソン分布 $Po(\lambda)$ に従う確率変数を X とすると，X の平均と分散は等しく $\mathrm{E}[X] = \mathrm{Var}(X) = \lambda$ となる．

[**証明**] 命題 2.3 と同様な方法で平均，分散を求めることができるが，ここでは，別の方法を紹介する．$\sum_{k=0}^{\infty} p(k) = 1$ を $\sum_{k=0}^{\infty} \lambda^k/k! = e^\lambda$ のように変形しておく．両辺を λ に関して微分すると

$$\sum_{k=1}^{\infty} k\frac{\lambda^{k-1}}{k!} = e^\lambda \tag{2.8}$$

となるので，この両辺に $\lambda e^{-\lambda}$ を掛けると

$$\sum_{k=1}^{\infty} k\frac{\lambda^k}{k!} e^{-\lambda} = \lambda$$

となる．左辺は $\mathrm{E}[X]$ を表しているので，平均が求まったことになる．(2.8) の両辺をさらに λ に関して微分すると

$$\sum_{k=1}^{\infty} k(k-1)\frac{\lambda^{k-2}}{k!} = e^\lambda$$

となるので，両辺に $\lambda^2 e^{-\lambda}$ を掛けると次の等式が得られる．

$$\sum_{k=1}^{\infty} k(k-1)\frac{\lambda^k}{k!} e^{-\lambda} = \lambda^2$$

これは $\mathrm{E}[X(X-1)] = \lambda^2$ となることを示しているので，$\mathrm{Var}(X) = \mathrm{E}[X(X-1)] + \mathrm{E}[X] - (\mathrm{E}[X])^2$ に代入すると，$\mathrm{Var}(X) = \lambda$ となる． □

ポアソン分布は'稀な現象の大量観測'によって発生する個数の分布であり，このことは 2 項分布において $p \to 0, n \to \infty$ に対応する．

▶**命題 2.7（2 項分布のポアソン近似）** $np = \lambda$ が一定のもとで $p \to 0, n \to \infty$ とすると，2 項分布 $Bin(n,p)$ はポアソン分布 $Po(\lambda)$ に収束する．

[**証明**] $p = \lambda/n$ であるから，2 項分布の確率関数は

$$p(k) = \frac{n!}{k!(n-k)!}\left(\frac{\lambda}{n}\right)^k\left(1-\frac{\lambda}{n}\right)^{n-k} = \frac{\lambda^k}{k!}\frac{n!}{(n-k)!n^k}\left(1-\frac{\lambda}{n}\right)^n\left(1-\frac{\lambda}{n}\right)^{-k}$$

と分解できる．$n \to \infty$ のとき，

$$\frac{\lambda}{n} \to 0, \quad \frac{n!}{(n-k)!n^k} \to 1, \quad \left(1-\frac{\lambda}{n}\right)^n \to e^{-\lambda}, \quad \left(1-\frac{\lambda}{n}\right)^{-k} \to 1$$

となることに注意すると，$p(k) \to (\lambda^k/k!)e^{-\lambda}$ に収束することがわかる． □

2.1.7 超幾何分布

壺の中に M 個の赤玉と $N - M$ 個の白玉が入っていて，この壺から無作為に**非復元抽出**で K 個の玉を取り出したところ，X 個が赤玉であったとする．これを表にまとめると次のようになる．

	抽出した玉	残された玉	合計
赤玉	X	$M - X$	M
白玉	$K - X$	$N - M - K + X$	$N - M$
合計	K	$N - K$	N

周辺の合計がすべて与えられているときの X の確率分布を**超幾何分布**と呼ぶ．$x_L = \max(0, K + M - N)$, $x_U = \min(K, M)$ とおくと，確率関数は $x_L \leq x \leq x_U$ に対して

$$p(x) = \mathrm{P}(X = x) = \left(\begin{array}{c} M \\ x \end{array}\right)\left(\begin{array}{c} N-M \\ K-x \end{array}\right)\Big/\left(\begin{array}{c} N \\ K \end{array}\right) \tag{2.9}$$

と書ける．確率分布なので $\sum_{x=x_L}^{x_U} p(x) = 1$ を満たし，$p = M/N$ に対して $\mathrm{E}[X] = Kp$, $\mathrm{Var}(X) = \{(N - K)/(N - 1)\}Kp(1 - p)$ となる（演習問題を参照）．例えば，例 10.3 で取り上げる確率分布は超幾何分布でありフィッシャーの正確検定を行うのに利用される．

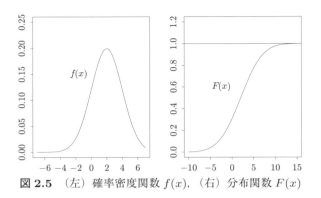

図 2.5　（左）確率密度関数 $f(x)$，（右）分布関数 $F(x)$

2.2　連続確率分布

2.2.1　連続確率分布と特性値

　確率変数の実現値が実数直線 $\mathbb{R}$ 上や正の実数直線 $\mathbb{R}_+$，区間 $[0,1]$ 上で連続な値をとるとき，**連続確率変数**と呼ぶ．例えば，電球の寿命を考えてみると，正の実数直線上にランダムに値をとる．連続確率変数 X の確率分布については，**確率密度関数** (pdf) $f(x)$ を考える．これは

$$f(x) \geq 0, \qquad \int_{-\infty}^{\infty} f(x)\,dx = 1$$

を満たすもので，例えば図 2.5（左）のような形をしている．$f(x)$ を最大にする点 x を**モード**と呼ぶ．$a < b$ に対して X が区間 (a,b) に入る確率は

$$\mathrm{P}(a < X < b) = \int_a^b f(x)\,dx$$

で与えられる．連続確率変数については，$\mathrm{P}(X = c) = \int_c^c f(x)\,dx = 0$ より，1 点の確率は 0 になることに注意する．このことは，$\mathrm{P}(a < X < b) = \mathrm{P}(a \leq X \leq b)$ となり，等号が入っても確率は変わらない．離散確率変数についてはこのような等式は必ずしも成り立たない．

　連続確率変数 X の（累積）分布関数は

$$F(x) = \mathrm{P}(X \leq x) = \int_{-\infty}^{x} f(u)\,du$$

で与えられ，図 2.5（右）のように描かれる．X が区間 $(a,b]$ に入る確率は分布

関数を用いて次のように表される.

$$P(a < X \le b) = \int_a^b f(x)\,dx = F(b) - F(a)$$

x が $f(\cdot)$ の連続な点のとき,微積分の基本公式から次が成り立つ.

$$f(x) = F'(x)$$

分布関数 $F(x)$ は非減少関数で,$\lim_{x \to -\infty} F(x) = 0$, $\lim_{x \to \infty} F(x) = 1$ を満たす.増加関数になる区間においては,逆関数 $F^{-1}(\cdot)$ が存在するので,$y = F(x)$ に対しては $x = F^{-1}(y)$ となる.$0 < p < 1$ に対して,x_p を $F(x_p) = p$ もしくは $x_p = F^{-1}(p)$ となる点として定義し,下側 $100p\%$ **分位点** (quantile) と呼ぶ.$p = \frac{1}{2}$ のとき $x_{0.5}$ を F のメディアンと呼び,$p = \frac{1}{4}$, $p = \frac{3}{4}$ のとき $x_{0.25}$, $x_{0.75}$ を四分位点と呼ぶ.

離散確率分布の平均と分散と同様にして,連続分布の平均と分散を定義することができる.まず期待値について定義しよう.

▷**定義 2.8（連続確率変数の期待値）** $\int_{-\infty}^{\infty} |x| f(x)\,dx < \infty$ のとき,X の期待値を $\mathrm{E}[X] = \int_{-\infty}^{\infty} x f(x)\,dx$ で定義する.一般に X の関数 $g(X)$ の期待値は

$$\mathrm{E}[g(X)] = \int_{-\infty}^{\infty} g(x) f(x)\,dx$$

で定義される.ただし,$\int_{-\infty}^{\infty} |g(x)| f(x)\,dx < \infty$ が仮定される.

▷**定義 2.9（連続確率分布の平均と分散）** $\mathrm{E}[|X|] < \infty$ のとき,確率変数 X の期待値 $\mathrm{E}[X]$ を X の確率分布の平均と呼び,μ もしくは μ_X という記号で表す.$\mathrm{E}[X^2] < \infty$ のとき

$$\mathrm{E}[(X - \mu)^2] = \int_{-\infty}^{\infty} (x - \mu)^2 f(x)\,dx$$

を X の確率分布の分散と呼び,σ^2, σ_X^2 もしくは $\mathrm{Var}(X)$ で表す.この平方根 $\sigma = \sqrt{\mathrm{Var}(X)}$ を標準偏差と呼ぶ.

X の分散については

$$\int_{-\infty}^{\infty} (x - \mu)^2 f(x)\,dx = \int_{-\infty}^{\infty} (x^2 - 2\mu x + \mu^2) f(x)\,dx$$

$$= \int_{-\infty}^{\infty} x^2 f(x)\,dx - 2\mu \int_{-\infty}^{\infty} x f(x)\,dx + \mu^2 \int_{-\infty}^{\infty} f(x)\,dx$$

となり，これは $\int_{-\infty}^{\infty} x^2 f(x)\,dx - \mu^2$ のように変形できるので，離散分布のときの (2.2) と同様に，分散は $\mathrm{Var}(X) = \mathrm{E}[X^2] - (\mathrm{E}[X])^2$ と表すことができる.

2.2.2　一様分布

最も簡単な連続確率変数の分布は一様分布である. A が成り立つとき $I(A) = 1$，そうでないとき $I(A) = 0$ とする指示関数 $I(A)$ を用いて確率密度関数が

$$f(x) = \frac{1}{b - a} I(a \le x \le b)$$

で与えられるとき，この分布を区間 $[a, b]$ 上の**一様分布**と呼び $U(a, b)$ で表す.

区間 $[0, 1]$ 上の連続確率変数 X が $U(0, 1)$ に従うとき，その分布関数は

$$F(x) = xI(0 \le x < 1) + I(x \ge 1) = \begin{cases} 0 & (x \le 0) \\ x & (0 < x \le 1) \\ 1 & (x > 1) \end{cases}$$

となる. メディアンは明らかに $x_{0.5} = \frac{1}{2}$ である.

▶**命題 2.10**　一様分布 $U(a, b)$ に従う確率変数を X とすると，X の平均と分散は $\mathrm{E}[X] = (a + b)/2$, $\mathrm{Var}(X) = (b - a)^2/12$ となる.

[証明]　平均については

$$\mu = \mathrm{E}[X] = \frac{1}{b - a} \int_a^b x\,dx = \frac{1}{b - a} \left[\frac{x^2}{2} \right]_a^b = \frac{b^2 - a^2}{2(b - a)} = \frac{a + b}{2}$$

となる. 分散については

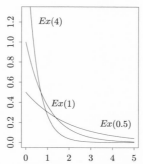

図 2.6　指数分布 $Ex(0.5)$, $Ex(1)$, $Ex(4)$

$$\sigma^2 = \mathrm{Var}(X) = \frac{1}{b-a} \int_a^b (x-\mu)^2 \, dx = \frac{1}{b-a} \left[\frac{(x-\mu)^3}{3} \right]_a^b$$

$$= \frac{(b-\mu)^3 - (a-\mu)^3}{3(b-a)} = \frac{(b-a)^2}{12}$$

となる. □

2.2.3　指数分布

正の実数直線上に値をもつ連続確率変数 X で，確率密度関数が

$$f(x) = \lambda e^{-\lambda x} I(x > 0) \tag{2.10}$$

で与えられる分布を**指数分布**と呼び，$Ex(\lambda)$ で表す. ただし，λ は正のパラメータである. 指数分布の確率密度関数は図 2.6 のような形をしている. 分布関数は

$$F(x) = \int_{-\infty}^x f(u) \, du = \left\{ 1 - e^{-\lambda x} \right\} I(x > 0)$$

となる. したがって，メディアンは $1 - \exp\{-\lambda x_{0.5}\} = \frac{1}{2}$ を解くことにより，$x_{0.5} = (\log 2)/\lambda$ で与えられる.

指数分布は生存時間の分布として用いられることがある. $\mathrm{P}(X > s)$ は時間 s を超えて生存する確率を表しており，$\mathrm{P}(X > s) = 1 - F(s) = e^{-\lambda s}$ となる. 幾何分布と同様に，指数分布においても無記憶性という性質が成り立つ. このことは，指数分布について故障（死亡）がランダムに起こることを意味する.

▶**命題 2.11（指数分布の無記憶性）** s と t を非負の実数とし，X が指数分布 $Ex(\lambda)$ に従うとき，$\mathrm{P}(X \geq s + t | X \geq s) = \mathrm{P}(X \geq t)$ が成り立つ.

[証明] s 時間生存したという条件のもとで，さらに t 時間を超えて生存する条件付き確率は

$$\mathrm{P}(X \geq s + t | X \geq s) = \frac{\mathrm{P}(X \geq s + t, X \geq s)}{\mathrm{P}(X \geq s)} = \frac{\mathrm{P}(X \geq s + t)}{\mathrm{P}(X \geq s)}$$

より，$\mathrm{P}(X \geq s + t | X \geq s) = e^{-\lambda(s+t)}/e^{-\lambda s} = e^{-\lambda t} = \mathrm{P}(X \geq t)$ となり，これまで s 時間生存したという条件に依存しないことがわかる.   □

2.2.4   ガンマ分布

正の実数直線上に値をもつ連続確率変数 X で，確率密度関数が

$$f(x) = \frac{1}{\Gamma(\alpha)\beta^\alpha} x^{\alpha-1} \exp\left\{-\frac{x}{\beta}\right\} I(x \geq 0) \tag{2.11}$$

で与えられる分布を**ガンマ分布**と呼び，$Ga(\alpha, \beta)$ で表す．α, β はそれぞれ形状母数，尺度母数と呼ばれる正のパラメータであり，$\Gamma(\alpha)$ は**ガンマ関数**で

$$\Gamma(\alpha) = \int_0^\infty u^{\alpha-1} e^{-u}\, du$$

で定義される．$\alpha = 1$ のとき，$\Gamma(1) = 1$ となるのでガンマ分布 $Ga(1, 1/\lambda)$ は指数分布 $Ex(\lambda)$ に対応する．自然数 k に対してガンマ分布 $Ga(k/2, 2)$ を自由度 k の**カイ 2 乗分布**と呼び χ_k^2 で表す．これは統計学において重要な分布であり，7.1 節で詳しく説明される．ガンマ分布は，図 2.7 のような形をする.

▶**命題 2.12**   ガンマ分布 $Ga(\alpha, \beta)$ に従う確率変数 X の平均と分散は $\mathrm{E}[X] = \alpha\beta$, $\mathrm{Var}(X) = \alpha\beta^2$ となる．特に指数分布 $Ex(\lambda)$ については平均が $1/\lambda$, 分散が $1/\lambda^2$ になる．ガンマ関数については次の関係式が成り立つ.

$$\Gamma(\alpha + 1) = \alpha\Gamma(\alpha) \tag{2.12}$$

[証明]   簡単のために $\lambda = 1/\beta$ とおくと，$\int_0^\infty f(x)\, dx = 1$ より

$$\int_0^\infty \frac{1}{\Gamma(\alpha)} x^{\alpha-1} e^{-\lambda x}\, dx = \frac{1}{\lambda^\alpha}$$

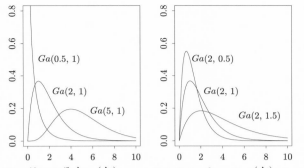

図 2.7 ガンマ分布. （左）$\alpha = 0.5, 2, 5$, $\beta = 1$, （右）$\alpha = 2$, $\beta = 0.5, 1, 1.5$

と書き直すことができる. 両辺を λ で微分すると

$$-\int_0^\infty \frac{1}{\Gamma(\alpha)} x x^{\alpha-1} e^{-\lambda x}\, dx = -\frac{\alpha}{\lambda^{\alpha+1}} \tag{2.13}$$

となり, 両辺に $-\lambda^\alpha$ を掛けると

$$\int_0^\infty \frac{1}{\Gamma(\alpha)} x \lambda^\alpha x^{\alpha-1} e^{-\lambda x}\, dx = \frac{\alpha}{\lambda}$$

と表すことができる. この左辺は $\mathrm{E}[X]$ に等しいので $\mathrm{E}[X] = \alpha/\lambda = \alpha\beta$ が得られる. (2.13) をさらに λ で微分すると

$$\int_0^\infty \frac{1}{\Gamma(\alpha)} x^2 x^{\alpha-1} e^{-\lambda x}\, dx = \frac{\alpha(\alpha+1)}{\lambda^{\alpha+2}}$$

となり, 両辺に λ^α を掛けると, $\mathrm{E}[X^2] = \alpha(\alpha+1)/\lambda^2 = \alpha(\alpha+1)\beta^2$ が成り立つ. よって $\mathrm{Var}(X) = \mathrm{E}[X^2] - (\mathrm{E}[X])^2 = \alpha(\alpha+1)\beta^2 - (\alpha\beta)^2 = \alpha\beta^2$ となる.

また, (2.13) において $\lambda = 1$ とおき変形すると

$$\int_0^\infty x^\alpha e^{-x}\, dx = \alpha\Gamma(\alpha)$$

と表されることがわかる. この式の左辺は $\Gamma(\alpha+1)$ なので $\Gamma(\alpha+1) = \alpha\Gamma(\alpha)$ が成り立つことがわかる. □

2.2.5 正規分布

正規分布は, 確率・統計において最も重要な分布である. というのは, 中心極限定理により, 独立な確率変数の和の分布は正規分布で近似できるからである.

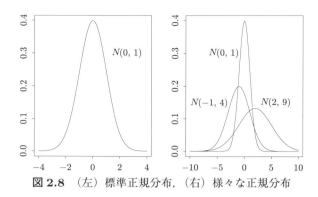

図 2.8　（左）標準正規分布，（右）様々な正規分布

実数直線上に値をもつ連続確率変数 X で，確率密度関数が次の形の分布を**正規分布**もしくは**ガウス分布**と呼び，$\mathcal{N}(\mu, \sigma^2)$ で表す.

$$f(x) = \frac{1}{\sqrt{2\pi}\sigma} \exp\left\{-\frac{(x-\mu)^2}{2\sigma^2}\right\}, \quad -\infty < x < \infty$$

ただし，μ, σ は $-\infty < \mu < \infty,\, \sigma > 0$ であり，それぞれ平均，標準偏差と呼ばれるパラメータである. $\mu = 0,\, \sigma = 1$ のとき，$\mathcal{N}(0,1)$ は**標準正規分布**と呼ばれ，その確率密度関数と分布関数を

$$\phi(x) = \frac{1}{\sqrt{2\pi}} e^{-x^2/2}, \quad \Phi(x) = \int_{-\infty}^{x} \phi(u)\, du$$

という記号で表す. 例 3.8 で示されるように，$\int_{-\infty}^{\infty} e^{-x^2/2}\, dx = \sqrt{2\pi}$ を満たす. 正規分布は，図 2.8 のように釣り鐘の形状をしている.

▶**命題 2.13**　正規分布 $\mathcal{N}(\mu, \sigma^2)$ に従う確率変数 X の平均と分散は $\mathrm{E}[X] = \mu$, $\mathrm{Var}(X) = \sigma^2$ となる.

[証明]　確率密度関数であるから

$$\int_{-\infty}^{\infty} \frac{1}{\sqrt{2\pi}\,\sigma} \exp\left\{-\frac{(x-\mu)^2}{2\sigma^2}\right\} dx = 1$$

であることに注意する. 両辺を μ で微分すると

$$\int_{-\infty}^{\infty} \frac{x-\mu}{\sigma^2} \frac{1}{\sqrt{2\pi}\sigma} \exp\left\{-\frac{(x-\mu)^2}{2\sigma^2}\right\} dx = 0$$

となるので

$$\int_{-\infty}^{\infty} x \frac{1}{\sqrt{2\pi}\,\sigma} \exp\left\{-\frac{(x-\mu)^2}{2\sigma^2}\right\} dx = \mu \tag{2.14}$$

と変形することができる．この左辺は $\mathrm{E}[X]$ に等しいので $\mathrm{E}[X] = \mu$ が得られる．(2.14) をさらに μ で微分すると

$$\int_{-\infty}^{\infty} x \frac{x-\mu}{\sigma^2} \frac{1}{\sqrt{2\pi}\,\sigma} \exp\left\{-\frac{(x-\mu)^2}{2\sigma^2}\right\} dx = 1$$

となる．両辺に σ^2 を掛けて変形し，(2.14) を用いると

$$\int_{-\infty}^{\infty} x^2 \frac{1}{\sqrt{2\pi}\,\sigma} \exp\left\{-\frac{(x-\mu)^2}{2\sigma^2}\right\} dx = \sigma^2 + \mu^2$$

となり $\mathrm{E}[X^2] = \sigma^2 + \mu^2$ が得られる．したがって，$\mathrm{Var}(X) = \mathrm{E}[X^2] - (\mathrm{E}[X])^2 = \sigma^2$ となる． $\square$

2.2.6 ベータ分布

区間 $(0,1)$ 上に値をもつ連続確率変数 X で，確率密度関数が

$$f(x) = \frac{1}{B(a,b)} x^{a-1} (1-x)^{b-1} I(0 < x < 1)$$

で与えられる分布を**ベータ分布**と呼び，$Beta(a,b)$ で表す．ただし，a, b は正のパラメータであり，$B(a,b)$ は**ベータ関数**で

$$B(a,b) = \int_0^1 u^{a-1}(1-u)^{b-1}\,du$$

により定義される．$a = b = 1$ のときには一様分布 $U(0,1)$ となる．ベータ分布の形は，図 2.9 で示されている．

▶**命題 2.14** ベータ分布 $Beta(a,b)$ に従う確率変数 X の平均と分散は

$$\mathrm{E}[X] = \frac{a}{a+b}, \quad \mathrm{Var}(X) = \frac{ab}{(a+b)^2(a+b+1)}$$

となる．またベータ関数については，次の関係式が成り立つ．

$$B(a,b) = \frac{\Gamma(a)\Gamma(b)}{\Gamma(a+b)} \tag{2.15}$$

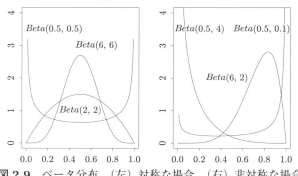

図 2.9 ベータ分布. （左）対称な場合，（右）非対称な場合

[証明] 関係式 (2.15) は例 3.9 で示されるので，ここではこの関係式を用いてベータ分布の平均と分散を求めてみる．平均 $\mathrm{E}[X]$ については

$$\frac{1}{B(a,b)} \int_0^1 x x^{a-1} (1-x)^{b-1}\, dx = \frac{1}{B(a,b)} \int_0^1 x^{(a+1)-1} (1-x)^{b-1}\, dx$$

$$= \frac{1}{B(a,b)} B(a+1,b) = \frac{\Gamma(a+b)}{\Gamma(a)\Gamma(b)} \frac{\Gamma(a+1)\Gamma(b)}{\Gamma(a+b+1)} = \frac{a}{a+b}$$

となる．また $\mathrm{E}[X^2]$ については

$$\frac{1}{B(a,b)} \int_0^1 x^2 x^{a-1} (1-x)^{b-1}\, dx = \frac{1}{B(a,b)} \int_0^1 x^{(a+2)-1} (1-x)^{b-1}\, dx$$

$$= \frac{1}{B(a,b)} B(a+2,b) = \frac{\Gamma(a+b)}{\Gamma(a)\Gamma(b)} \frac{\Gamma(a+2)\Gamma(b)}{\Gamma(a+b+2)} = \frac{a(a+1)}{(a+b)(a+b+1)}$$

となるので，$\mathrm{Var}(X) = \mathrm{E}[X^2] - (\mathrm{E}[X])^2$ に代入すれば分散が求まる． □

2.3 確率変数の関数の分布と変数変換

連続確率変数 X の確率密度関数が $f(x)$ で与えられるとき，ある関数 $g(\cdot)$ で変換したときの確率変数 $g(X)$ について，その確率分布を求めることを考えよう．どの確率変数の分布であるかを明示するために，X の確率密度関数，分布関数を $f_X(x)$, $F_X(x)$ で表すことにする．また $Y = g(X)$ とおき，Y の確率密度関数，分布関数を $f_Y(y)$, $F_Y(y)$ で表す．

いま実数 a, b に対して $Y = aX + b$ なる変換を考える．$a > 0$ のとき，Y の分

布関数は

$$F_Y(y) = \mathrm{P}(Y \leq y) = \mathrm{P}(aX + b \leq y) = \mathrm{P}\left(X \leq \frac{y-b}{a}\right) = F_X\left(\frac{y-b}{a}\right)$$

と書ける. $f_Y(y) = F_Y'(y)$ であるから

$$f_Y(y) = \frac{d}{dy}F_X\left(\frac{y-b}{a}\right) = \frac{1}{a}f_X\left(\frac{y-b}{a}\right)$$

となる. 同様にして, $a < 0$ のときには,

$$F_Y(y) = \mathrm{P}\left(X \geq \frac{y-b}{a}\right) = 1 - F_X\left(\frac{y-b}{a}\right)$$

と表されるので, これを微分すると

$$f_Y(y) = -\frac{d}{dy}F_X\left(\frac{y-b}{a}\right) = -\frac{1}{a}f_X\left(\frac{y-b}{a}\right)$$

となる. 以上より, すべての実数 a に対して次の式が成り立つ.

$$f_Y(y) = \frac{1}{|a|}f_X\left(\frac{y-b}{a}\right) \tag{2.16}$$

いま X が正規分布 $\mathcal{N}(\mu, \sigma^2)$ に従っている場合, $Y = aX + b$ の確率密度関数は, (2.16) より

$$f_Y(y) = \frac{1}{\sqrt{2\pi}\,|a|\sigma}\exp\left\{-\frac{(y - b - a\mu)^2}{2a^2\sigma^2}\right\}$$

と書けるので, 次の命題が成り立つ.

▶**命題 2.15** $X \sim \mathcal{N}(\mu, \sigma^2)$ とする. $Y = aX + b$ とおくと $Y \sim \mathcal{N}(a\mu + b, a^2\sigma^2)$ となる. また, $Z = (X - \mu)/\sigma$ とおくと $Z \sim \mathcal{N}(0, 1)$ となる.

この命題を用いると, X が正規分布 $\mathcal{N}(\mu, \sigma^2)$ に従うとき, 実数 x_1, x_2 ($x_1 < x_2$) に対して $\mathrm{P}(x_1 < X < x_2)$ の確率を次のようにして求めることができる. $Z = (X - \mu)/\sigma \sim \mathcal{N}(0, 1)$ であるから

$$\mathrm{P}(x_1 < X < x_2) = \mathrm{P}\left(\frac{x_1 - \mu}{\sigma} < Z < \frac{x_2 - \mu}{\sigma}\right)$$

$$= \mathrm{P}\left(Z < \frac{x_2 - \mu}{\sigma}\right) - \mathrm{P}\left(Z < \frac{x_1 - \mu}{\sigma}\right) = \Phi\left(\frac{x_2 - \mu}{\sigma}\right) - \Phi\left(\frac{x_1 - \mu}{\sigma}\right)$$

と表される. これは標準正規分布の分布関数の差になるので, 具体的な値を数表

などから求めることができる.

変数変換については，一般に次の命題が成り立つ.

▶**命題 2.16（変数変換の公式）**　X を確率密度関数 $f_X(x)$ をもつ連続確率変数とし，$g(x)$ を，$f_X(x) \neq 0$ なる x の範囲で単調増加もしくは単調減少する関数とする．$Y = g(X)$ とおくとき，Y の確率密度関数は

$$f_Y(y) = f_X\big(g^{-1}(y)\big)\left|\frac{d}{dy}g^{-1}(y)\right| \tag{2.17}$$

で与えられる．ここで，$g^{-1}(y)$ は $y = g(x)$ の逆関数であり，

$$\frac{d}{dy}g^{-1}(y) = \frac{1}{g'(g^{-1}(y))} \tag{2.18}$$

なる等式が成り立つので，これを用いて計算することができる.

[証明]　$g(x)$ が単調増加関数であるとするときには，1 対 1 関数になるので逆関数 $g^{-1}(y)$ がとれることに注意する．Y の分布関数は

$$F_Y(y) = \mathrm{P}(Y \leq y) = \mathrm{P}(g(X) \leq y) = \mathrm{P}(X \leq g^{-1}(y)) = F_X(g^{-1}(y))$$

と書けるので，y に関して微分すると

$$\begin{aligned}
f_Y(y) &= \frac{d}{dy}F_Y(y) = \frac{d}{dy}F_X(g^{-1}(y)) = \frac{d}{dx}F_X(x)\Big|_{x=g^{-1}(y)}\frac{d}{dy}g^{-1}(y) \\
&= f_X\big(g^{-1}(y)\big)\frac{d}{dy}g^{-1}(y)
\end{aligned}$$

となり，(2.17) を得る．$g(x)$ が単調減少の場合には

$$F_Y(y) = \mathrm{P}(g(X) \leq y) = \mathrm{P}(X \geq g^{-1}(y)) = 1 - F_X(g^{-1}(y))$$

に注意すると，同様にして (2.17) が成り立つことがわかる．また，$y = g(x)$ の両辺を y で微分すると $1 = g'(x)(dx/dy)$ となる．この式に $x = g^{-1}(y)$ を代入すると等式 (2.18) が得られる．　　　　　　　　　　　　　　　□

よく知られた命題を紹介する.

▶**命題 2.17（確率積分変換）** X を分布関数 $F_X(x)$ をもつ連続確率変数とし，$Y = F_X(X)$ とおく．このとき，Y は一様分布 $U(0,1)$ に従う．

[**証明**] Y の分布関数 $F_Y(y)$ を変形していくと

$$\mathrm{P}(Y \le y) = \mathrm{P}(F_X(X) \le y) = \mathrm{P}(X \le F_X^{-1}(y)) = F_X(F_X^{-1}(y)) = y$$

より，$F_Y(y) = y$ となるので，$f_Y(y) = F_Y'(y) = 1$ となる． $\qquad\qquad\square$

▶**命題 2.18** U を一様分布 $U(0,1)$ に従う確率変数とし，$F(\cdot)$ を分布関数，$f(\cdot)$ を確率密度関数とする．$X = F^{-1}(U)$ とおく．このとき，X の確率密度関数は $f(x)$ になる．

[**証明**] X の分布関数 $F_X(x)$ を変形していくと

$$F_X(x) = \mathrm{P}(X \le x) = \mathrm{P}(F^{-1}(U) \le x) = \mathrm{P}(U \le F(x)) = F(x)$$

となるので，$f_X(x) = F_X'(x) = f(x)$ となる． $\qquad\qquad\square$

　実際に変数変換を行うときには，変数変換が置換積分に対応することを用いて計算すると便利である．$Y = g(X)$ の確率密度を $f_Y(y)$ とすると

$$1 = \int_{-\infty}^{\infty} f_X(x)\,dx = \int_{-\infty}^{\infty} f_Y(y)\,dy$$

が成り立つことになる．したがって，$f_X(x)\,dx = f_Y(y)\,dy$ なる関係式から

$$f_Y(y) = f_X(x)\frac{dx}{dy}$$

と書けるので，形式的には $x = g^{-1}(y)$ を代入すれば変換したときの確率密度を求めることができる．

　命題 2.16 で与えられる変数変換の公式は関数 $g(x)$ が 1 対 1 である場合に適用されるが，1 対 1 でないときには確率 $\mathrm{P}(g(X) \le y)$ を直接評価する必要がある．一般に $Y = g(X)$ の確率密度関数は次の式で与えられる．

$$f_Y(y) = \frac{d}{dy}\mathrm{P}(g(X) \le y)$$

▶**命題 2.19（平方変換）**　確率変数 X の確率密度関数 $f_X(x)$ が $\mathbb{R}$ 上で正であるとする．X の平方変換 $Y = X^2$ に対しては，Y の確率密度関数は

$$f_Y(y) = \frac{1}{2\sqrt{y}}\{f_X(\sqrt{y}) + f_X(-\sqrt{y})\} \tag{2.19}$$

で与えられる．特に，$f_X(x)$ が $x = 0$ に関して対称ならば $f_X(-x) = f_X(x)$ だから $f_Y(y) = f_X(\sqrt{y})/\sqrt{y}$ と書ける．

[証明]　$y > 0$ に対して $\{x \mid x^2 \le y\} = \{x \mid -\sqrt{y} \le x \le \sqrt{y}\}$ であるから

$$f_Y(y) = \frac{d}{dy}\mathrm{P}(-\sqrt{y} \le X \le \sqrt{y}) = \frac{d}{dy}\int_{-\sqrt{y}}^{\sqrt{y}} f_X(x)\,dx$$

を計算すると，(2.19) が得られる．　　　　　　　　　　　　　　　　　　□

▶**命題 2.20**

(1) 確率変数 Z が標準正規分布 $\mathcal{N}(0,1)$ に従うとき，Z^2 は自由度 1 のカイ 2 乗分布 χ_1^2 もしくはガンマ分布 $Ga(1/2, 2)$ に従う．

(2) 等式 $\Gamma(1/2) = \sqrt{\pi}$ が成り立つ．

[証明]　$X = Z^2$ とおくと，命題 2.19 より，

$$f_X(x) = \frac{1}{\sqrt{x}}\phi(\sqrt{x}) = \frac{1}{\sqrt{\pi}}\left(\frac{1}{2}\right)^{1/2} x^{1/2-1} e^{-x/2}$$

となる．両辺を x で積分すると

$$1 = \int_0^\infty f_X(x)\,dx = \frac{\Gamma(1/2)}{\sqrt{\pi}}\int_0^\infty \frac{1}{\Gamma(1/2)}\left(\frac{1}{2}\right)^{1/2} x^{1/2-1} e^{-x/2}\,dx = \frac{\Gamma(1/2)}{\sqrt{\pi}}$$

となることから，等式 $\Gamma(1/2) = \sqrt{\pi}$ が成り立つ．また，$f_X(x)$ は $Ga(1/2, 2)$ もしくは χ_1^2 の確率密度になることもわかる．　　　　　　　　　　　□

演習問題

問 1　2 項分布 $Bin(n, p)$ の確率関数を $p_k = \mathrm{P}(X = k)$, $k = 0, \ldots, n$, とする．

(1) p_k を p_{k-1} を用いて表せ．$\{p_0, \ldots, p_n\}$ の中で最大を与える k を求めよ．

(2) $p = 1/2$ のとき，$n = 10, k = 9$ のときの確率と $n = 20, k = 18$ のときの

確率ではどちらが大きいか.

問 2　ポアソン分布 $Po(\lambda)$ の確率関数を $p_k = \mathrm{P}(X = k)$, $k = 0, 1, 2, \ldots$, とする.
  (1) p_k を p_{k-1} を用いて表せ. $\{p_0, p_1, \ldots\}$ の中で最大を与える k を求めよ.
  (2) 少なくとも 1 回以上起こる確率が 90% 以上になる λ の条件を求めよ.

問 3　3 個の正しいコインを同時に投げ, 3 枚とも表か 3 枚とも裏がでるまで投げ続ける実験を行い, 投げ続けた回数を $X + 1$ で表すことにする. このとき, X の確率分布を求めよ. また $\mathrm{P}(X \leq k) \geq 0.9$ を満たす最小の k を求めよ.

問 4　U を一様分布 $U(0, 1)$ に従う確率変数とし, 自然数 n に対して $X = [nU]$ とおく. ただし $[a]$ は a 以下の最大の整数とする. X の確率分布を与えよ.

問 5　Y を指数分布 $Ex(\lambda)$ に従う確率変数とし, $X = [Y]$ とおく. このとき X の確率分布を与えよ.

問 6　X が正規分布 $\mathcal{N}(\mu, \sigma^2)$ に従うとき次の問に答えよ.
  (1) $\mathrm{P}(\mu - c \leq X \leq \mu + c) = 0.95$ となる c の値を σ を用いて表せ.
  (2) $\mathrm{P}(\mu - 2\sigma \leq X \leq \mu + \sigma)$ の確率を与えよ. また $\mathrm{P}(X > d) = 0.05$ となる d の値を μ, σ を用いて表せ.
  (3) $Y = aX + b$ とおくとき, Y の確率分布を求めよ.

問 7　次の変数変換による確率分布を求めよ.
  (1) $X \sim \mathcal{N}(0, \sigma^2)$ のとき, $Y = X^2$ と $Z = |X|$ の確率分布
  (2) $U \sim U(-1, 1)$ のとき, $Y = U^2$ の確率分布
  (3) $\Theta \sim U(-\pi/2, \pi/2)$ のとき, $Y = \tan \Theta$ の確率分布

問 8　一様乱数 U から次の確率分布 $f(x)$ に従う乱数 X を生成する方法を与えよ.
  (1) $f(x) = \alpha x^{-\alpha-1} I(x > 1)$, $\alpha > 0$, で与えられる場合.
  (2) $f(x) = \{(1 - \alpha x)/2\} I(|x| \leq 1)$, $|\alpha| \leq 1$, で与えられる場合.

問 9　確率変数 X が**ロジスティック分布** $f(x) = e^{-x}(1 + e^{-x})^{-2}$, $-\infty < x < \infty$, に従うとする.
  (1) $f(x)$ が確率密度関数になることを示せ. また一様乱数 U から乱数 X を発生させる方法を与えよ.
  (2) $Y = |X|$ とおくとき, Y の確率密度関数と分布関数を与えよ.

問 10　$f(x) = \alpha(1 + x)^{-\alpha-1}$, $x > 0$, $\alpha > 0$, が確率密度関数になることを示せ. これを**パレート分布**と呼ぶ. その分布関数と平均, 分散を与えよ.

問 11　$f(x) = 2^{-1}e^{-|x|}$, $-\infty < x < \infty$, が確率密度関数になることを示せ. これを**両側指数分布**, **ラプラス分布**と呼ぶ. その分布関数と平均, 分散を求めよ.

問 12　確率変数 X が幾何分布 $Geo(\theta/n)$ に従うとき $\lim_{n \to \infty} \mathrm{P}(X \le n)$ を求めよ.

問 13　ポアソン分布の等式 $\sum_{k=0}^{\infty} \lambda^k/k! = e^\lambda$ を次のようにして解くことを考える.
(1) $\sum_{k=0}^{\infty} \lambda^k/k! = g(\lambda)$ とおき, 両辺を λ で微分することにより微分方程式 $g'(\lambda) = g(\lambda)$ が導かれることを示せ. また $g(0) = 1$ を示せ.
(2) 微分方程式 $g'(\lambda) = g(\lambda)$ を解くと $g(\lambda) = e^\lambda$ となることを示せ.

問 14(*)　負の 2 項分布についての等式 $\sum_{k=0}^{\infty} C_r(k)(1-p)^k = 1/p^r$ を次のような方法で解くことを考える. ただし $C_r(k)$ は (2.5) で与えられている.
(1) 等式 $\sum_{k=0}^{\infty} kC_r(k)(1-p)^{k-1} = (r/p)\sum_{k=0}^{\infty} C_r(k)(1-p)^k$ を示せ.
(2) $\sum_{k=0}^{\infty} C_r(k)(1-p)^k = g_r(p)$ とおき, 両辺を p で微分することにより微分方程式 $g_r'(p) = -(r/p)g_r(p)$ が導かれることを示せ.
(3) この微分方程式を解くと $g_r(p) = 1/p^r$ となることを示せ.

問 15(*)　ガンマ分布 $Ga(\alpha, \beta)$ について次の問に答えよ.
(1) $\alpha > 1$ のとき, 分布のモードを求めよ.
(2) n が奇数で $n = 2m + 1$ のとき, 次のように書けることを示せ.

$$\Gamma\left(m + \frac{1}{2}\right) = \frac{\sqrt{\pi}\,(2m-1)!}{2^{2m-1}(m-1)!}$$

問 16(*)　**コーシー分布**の確率密度関数は $f(x) = \pi^{-1}(1+x^2)^{-1}$, $-\infty < x < \infty$, で与えられる.
(1) 分布関数を求め, 確率密度関数になることを示せ.
(2) 平均が存在しないこと, すなわち $\mathrm{E}[|X|] < \infty$ でないことを示せ.

問 17(*)　(2.9) で与えられる超幾何分布について次の問に答えよ.
(1) 確率関数になること, すなわち次の等式が成り立つことを示せ.

$$\sum_{x=x_L}^{x_U} \binom{M}{x}\binom{N-M}{K-x} = \binom{N}{K}$$

(2) 平均と分散を求めよ.
(3) K を固定して $N \to \infty$, $M/N \to p$ とするとき, 超幾何分布は 2 項分布に収束することを示せ.

第3章

2変数の同時確率分布

5教科の得点の関係，平均気温とビールの販売量の関係，薬の量と効果の関係など，変数同士の関係性や因果関係を調べることは，統計学の重要な役割である．本章と次章では，複数の確率変数を扱うための基本事項を学ぶ．まず，本章で複数の確率変数の確率分布，条件付き分布，2変数の変数変換の確率分布について説明する．

3.1　離散確率変数

2つの離散確率変数 X と Y がそれぞれ $\mathcal{X} = \{x_1, x_2, \ldots\}$, $\mathcal{Y} = \{y_1, y_2, \ldots\}$ に値をとるものとする．(X, Y) が (x_i, y_j) の値をとる**同時確率関数**は

$$p(x_i, y_j) = \mathrm{P}(X = x_i, Y = y_j)$$

で与えられる．ここで右辺は $\mathrm{P}(X = x_i, Y = y_j) = \mathrm{P}(\{X = x_i\} \cap \{Y = y_j\})$ を意味する．X, Y の**周辺確率関数**は，次で与えられる．

$$p_X(x_i) = \sum_{j=1}^{\infty} p(x_i, y_j), \quad p_Y(y_j) = \sum_{i=1}^{\infty} p(x_i, y_j)$$

【例 3.1】　歪みのないコインを3回投げると，8通りの結果 HHH, HHT, HTH, HTT, THH, THT, TTH, TTT が考えられる．1回目に投げたときに表がでたら $X = 1$，裏が出たら $X = 0$ とし，3回投げて表の出た合計数を Y で表すことにすると，$x_1 = 0$, $x_2 = 1$, $y_1 = 0$, $y_2 = 1$, $y_3 = 2$, $y_4 = 3$ となる．(X, Y) の同時確率関数を計算すると，$\mathrm{P}(X = 1, Y = 1) = \frac{1}{8}$, $\mathrm{P}(X = 1, Y = 2) = \frac{1}{4}$ などのように求めることができる．Y の周辺分布 $p_Y(y_j) = \mathrm{P}(Y = y_j)$ は

表 3.1　2次元の確率分布

	y_j				
x_i	0	1	2	3	合計
0	$\frac{1}{8}$	$\frac{1}{4}$	$\frac{1}{8}$	0	$\frac{1}{2}$
1	0	$\frac{1}{8}$	$\frac{1}{4}$	$\frac{1}{8}$	$\frac{1}{2}$
合計	$\frac{1}{8}$	$\frac{3}{8}$	$\frac{3}{8}$	$\frac{1}{8}$	1

$$p_Y(0) = \mathrm{P}(Y=0) = \mathrm{P}(X=0, Y=0) + \mathrm{P}(X=1, Y=0) = \frac{1}{8}$$

$p_Y(1) = \frac{3}{8}$, $p_Y(2) = \frac{3}{8}$, $p_Y(3) = \frac{1}{8}$ となる．X の周辺分布 $p_X(x_i) = \mathrm{P}(X=x_i)$ は $p_X(0) = \frac{1}{2}$, $p_X(1) = \frac{1}{2}$ となる．以上をまとめると表 3.1 のようになる．下側と右側の合計欄が周辺確率の値である．　　　　　　　　　　　　　　□

　同時確率関数と周辺確率関数は確率変数が 3 個以上ある場合にも同様に定義される．$X_1, \ldots, X_k$ を k 個の確率変数とし，X_i の実現値の集合を $\mathcal{X}_i$ とするとき，$(X_1, \ldots, X_k)$ の同時確率関数は

$$p(x_1, x_2, \ldots, x_k) = \mathrm{P}(X_1 = x_1, X_2 = x_2, \ldots, X_k = x_k) \tag{3.1}$$

で与えられる．周辺分布については，例えば X_1 の周辺確率関数は

$$p_{X_1}(x_1) = \sum_{x_2 \in \mathcal{X}_2} \cdots \sum_{x_k \in \mathcal{X}_k} p(x_1, x_2, \ldots, x_k)$$

であり，(X_1, X_2) の同時確率関数は次のようになる．

$$p_{X_1, X_2}(x_1, x_2) = \sum_{x_3 \in \mathcal{X}_3} \cdots \sum_{x_k \in \mathcal{X}_k} p(x_1, x_2, x_3, \ldots, x_k)$$

ただし，$\sum_{x_i \in \mathcal{X}_i}$ は $\mathcal{X}_i$ に入るすべての x_i に関して和をとることを意味する．

　多次元の離散確率変数の代表例が多項分布である．これは 2 項分布を一般化した分布であり，例えば m 個の面に 1 から m の番号が書かれた多面体を n 回投げて 1 から m の面が出る回数を $X_1, \ldots, X_m$ とする．それぞれの面の出る確率を $p_1, \ldots, p_m$ とすると，$p_1 + \cdots + p_m = 1$ であり，$X_1 + \cdots + X_m = n$ である．このとき $(X_1, \ldots, X_m)$ の同時確率関数は次で与えられる．

$$p(x_1, \ldots, x_m) = \frac{n!}{x_1! \cdots x_m!} p_1^{x_1} \cdots p_m^{x_m} \tag{3.2}$$

この分布を**多項分布**と呼び $Mult_m(n, p_1, \ldots, p_m)$ で表す. (1.3) の多項定理において $1 = (p_1 + \cdots + p_m)^n$ を考えれば確率分布になることがわかる. i の番号の面が出たら '成功', 残りを '失敗' と考えると, X_i の周辺分布は 2 項分布 $Bin(n, p_i)$ となる. 同様に考えて $X_i + X_j \sim Bin(n, p_i + p_j)$ となる.

3.2 連続確率変数

2 つの連続確率変数 X と Y が x-y 平面 $\mathbb{R}^2$ 上に値をとり, 平面上の任意の集合 A に対して

$$\mathrm{P}((X, Y) \in A) = \iint_A f(x, y)\, dxdy$$

と表されるとき, $f(x, y)$ を (X, Y) の**同時確率密度関数**と呼ぶ. これは, $f(x, y) \geq 0$, $\int_{-\infty}^{\infty} \int_{-\infty}^{\infty} f(x, y)\, dxdy = 1$ を満たす. A として $A = \{(X, Y) \in \mathbb{R}^2 \mid X \leq x, Y \leq y\}$ とおくと

$$F(x, y) = \mathrm{P}(X \leq x, Y \leq y) = \int_{-\infty}^{y} \int_{-\infty}^{x} f(u, v)\, dudv$$

と表される. これを 2 次元の (累積) 分布関数と呼ぶ. 微積分の基本公式から

$$f(x, y) = \frac{\partial^2}{\partial x \partial y} F(x, y)$$

が成り立つ. また X, Y の**周辺確率密度関数**は次で与えられる.

$$f_X(x) = \int_{-\infty}^{\infty} f(x, y)\, dy, \quad f_Y(y) = \int_{-\infty}^{\infty} f(x, y)\, dx$$

【例 3.2】 $0 \leq c \leq 1$ を満たす実数 c に対して連続確率変数 (X, Y) の同時確率密度関数が

$$f(x, y) = 1 - c + 4cxy, \quad 0 < x < 1,\ 0 < y < 1 \tag{3.3}$$

で与えられるとする. 分布関数 $F(x, y)$ は, $0 < x < 1,\ 0 < y < 1$ に対して

$$F(x,y) = \int_0^y \int_0^x (1 - c + 4cuv)\, du\, dv = \int_0^y \{(1-c)x + 2cx^2 v\}\, dv$$

となるので，$F(x,y) = xy(1 - c + cxy)$ と書ける．X, Y の周辺分布関数は

$$F_X(x) = F(x,1) = x(1 - c + cx), \quad F_Y(y) = F(1,y) = y(1 - c + cy)$$

となり，これらを微分することにより，周辺確率密度関数

$$f_X(x) = 1 - c + 2cx, \quad f_Y(y) = 1 - c + 2cy \tag{3.4}$$

が得られる．$\mathrm{P}(c < X < 1, 0 < Y < 1 - c)$ の確率を計算するには直接積分を計算すればよいが，分布関数 $F(x,y)$ を用いて

$$\begin{aligned}
\mathrm{P}(c < X &< 1,\ 0 < Y < 1 - c) \\
&= F(1, 1-c) - F(1,0) - F(c, 1-c) + F(c, 0) \\
&= (1-c)^2 (1 - c^3) = (1-c)^3 (1 + c + c^2)
\end{aligned}$$

のようにして求めることもできる．   □

　同時確率密度関数は確率変数が 3 個以上ある場合にも同様に定義される．$X_1, \ldots, X_k$ を k 個の連続な確率変数とするとき，$(X_1, \ldots, X_k)$ の同時確率密度関数 $f(x_1, \ldots, x_k)$ を次のように定義する．

$$\mathrm{P}(X_1 \le x_1, \ldots, X_k \le x_k) = \int_{-\infty}^{x_1} \cdots \int_{-\infty}^{x_k} f(u_1, \ldots, u_k)\, du_1 \cdots du_k \tag{3.5}$$

周辺分布については，例えば X_1 の周辺確率密度は次のようになる．

$$f_{X_1}(x_1) = \int_{-\infty}^{\infty} \cdots \int_{-\infty}^{\infty} f(x_1, u_2, \ldots, u_k)\, du_2 \cdots du_k$$

　多次元の確率分布において最も重要な分布は多変量正規分布である．簡単のために 2 変量正規分布を考えると，その同時確率密度関数は

$$\begin{aligned}
f(x,y) = \Big\{ 2\pi \sigma_X \sigma_Y \sqrt{1 - \rho^2} \Big\}^{-1} & \tag{3.6} \\
\times \exp\Big[-\frac{1}{2(1-\rho^2)} \Big\{ \frac{(x - \mu_X)^2}{\sigma_X^2} &+ \frac{(y - \mu_Y)^2}{\sigma_Y^2} - 2\rho \frac{(x - \mu_X)(y - \mu_Y)}{\sigma_X \sigma_Y} \Big\} \Big]
\end{aligned}$$

で与えられる．ここで，$\mu_X, \mu_Y, \sigma_X, \sigma_Y, \rho$ は，$\mu_X \in \mathbb{R}, \mu_Y \in \mathbb{R}, \sigma_X \in \mathbb{R}_+,$

$\sigma_Y \in \mathbb{R}_+$, $|\rho| < 1$ を満たすパラメータである. 2次元正規分布は, ベクトルと行列を用いると一般の m 次元へ拡張することができる.

$$\boldsymbol{X} = \begin{pmatrix} X_1 \\ \vdots \\ X_m \end{pmatrix}, \ \boldsymbol{x} = \begin{pmatrix} x_1 \\ \vdots \\ x_m \end{pmatrix}, \ \boldsymbol{\mu} = \begin{pmatrix} \mu_1 \\ \vdots \\ \mu_m \end{pmatrix}, \ \boldsymbol{\Sigma} = \begin{pmatrix} \sigma_{11} & \cdots & \sigma_{1m} \\ \vdots & & \vdots \\ \sigma_{m1} & \cdots & \sigma_{mm} \end{pmatrix}$$

とおく. m 次元の確率変数 $\boldsymbol{X}$ の確率密度関数が

$$f(\boldsymbol{x}) = \frac{1}{(2\pi)^{m/2}|\boldsymbol{\Sigma}|^{1/2}} \exp\left\{-\frac{1}{2}(\boldsymbol{x} - \boldsymbol{\mu})^\top \boldsymbol{\Sigma}^{-1}(\boldsymbol{x} - \boldsymbol{\mu})\right\} \tag{3.7}$$

で与えられるとき, これを平均ベクトル $\boldsymbol{\mu}$, 共分散行列 $\boldsymbol{\Sigma}$ の**多変量正規分布**と呼び, $\mathcal{N}_m(\boldsymbol{\mu}, \boldsymbol{\Sigma})$ で表す. ここで, $|\boldsymbol{\Sigma}|$ は $\boldsymbol{\Sigma}$ の行列式, $\boldsymbol{\Sigma}^{-1}$ は $\boldsymbol{\Sigma}$ の逆行列, $(\boldsymbol{x} - \boldsymbol{\mu})^\top = (x_1 - \mu_1, \ldots, x_m - \mu_m)$ は $\boldsymbol{x} - \boldsymbol{\mu}$ の転置である. $m = 2$ として

$$\boldsymbol{\mu} = \begin{pmatrix} \mu_X \\ \mu_Y \end{pmatrix}, \quad \boldsymbol{\Sigma} = \begin{pmatrix} \sigma_X^2 & \rho\sigma_X\sigma_Y \\ \rho\sigma_X\sigma_Y & \sigma_Y^2 \end{pmatrix} \tag{3.8}$$

とおくと, $|\boldsymbol{\Sigma}| = (1 - \rho^2)\sigma_X^2\sigma_Y^2$,

$$\boldsymbol{\Sigma}^{-1} = \frac{1}{(1 - \rho^2)\sigma_X^2\sigma_Y^2} \begin{pmatrix} \sigma_Y^2 & -\rho\sigma_X\sigma_Y \\ -\rho\sigma_X\sigma_Y & \sigma_X^2 \end{pmatrix}$$

より, 2次元の正規分布になることがわかる.

3.3 確率変数の独立性

n 個の確率変数 $X_1, \ldots, X_n$ について

$$F(x_1, \ldots, x_n) = \mathrm{P}(X_1 \le x_1, \ldots, X_n \le x_n)$$

を $(X_1, \ldots, X_n)$ の同時分布関数とし, $F_{X_i}(x_i) = \mathrm{P}(X_i \le x_i)$ を X_i の周辺分布関数とする. このとき, $X_1, \ldots, X_n$ の独立性は次のように定義される.

▷**定義 3.3（独立性）** すべての $x_1, \ldots, x_n$ に対して同時分布関数が周辺分布関数の積で書けるとき, すなわち,

$$F(x_1, \ldots, x_n) = F_{X_1}(x_1) F_{X_2}(x_2) \cdots F_{X_n}(x_n) \tag{3.9}$$

が成り立つとき，$X_1, \ldots, X_n$ は**独立**であると定義する．

　確率変数が離散のときには $f(\cdot)$ を確率関数とし，連続のときには確率密度関数とすると，独立性の定義は

$$f(x_1, \ldots, x_n) = f_{X_1}(x_1) f_{X_2}(x_2) \cdots f_{X_n}(x_n) \tag{3.10}$$

がすべての $x_1, \ldots, x_n$ に関して成り立つことと同値になる．例えば，連続なら

$$F(x_1, \ldots, x_n) - F_{X_1}(x_1) \cdots F_{X_n}(x_n)$$
$$= \int_{-\infty}^{x_1} \cdots \int_{-\infty}^{x_n} \{f(u_1, \ldots, u_n) - f_{X_1}(u_1) \cdots f_{X_n}(u_n)\} \, du_1 \cdots du_n$$

と書けるので，(3.10) から (3.9) が成り立つ．一方，$x_1, \ldots, x_n$ に関して順に微分していくことにより，(3.9) から (3.10) が得られることがわかる．

　例 3.2 で取り上げた同時確率密度関数については，X と Y が独立であることは，(3.3) と (3.4) から，すべての x, y に対して

$$1 - c + 4cxy = (1 - c + 2cx)(1 - c + 2cy)$$

が成り立つことになるので，$c = 0, 1$ が独立であるための条件になる．

3.4　条件付き分布

　2つの離散確率変数 X, Y の同時確率関数 $p(x_i, y_j) = \mathrm{P}(X = x_i, Y = y_j)$ が与えられているとき，$Y = y_j$ を与えたときの $X = x_i$ の条件付き確率関数は，Y の周辺確率関数が $p_Y(y_j) \neq 0$ のとき

$$p_{X|Y}(x_i|y_j) = \frac{p(x_i, y_j)}{p_Y(y_j)}$$

で定義される．$p_Y(y_j) = 0$ のときには条件付き確率は 0 であるとする．これは，事象の条件付き確率 $\mathrm{P}(X = x_i | Y = y_j) = \mathrm{P}(X = x_i, Y = y_j) / \mathrm{P}(Y = y_j)$ を書き換えたものである．

例 3.1 で扱った 2 次元同時確率関数と周辺確率関数は，表 3.1 で与えられている．この表から，例えば，次のような条件付き確率を計算できる．

$$p_{X|Y}(0|1) = \frac{1}{4} \cdot \frac{8}{3} = \frac{2}{3}, \quad p_{Y|X}(3|1) = \frac{1}{8} \cdot \frac{2}{1} = \frac{1}{4}$$

連続確率変数の場合は確率密度関数を用いて条件付き確率密度関数を定義する．連続確率変数 X, Y の同時確率密度関数を $f(x, y)$ とし，Y の周辺確率密度関数を $f_Y(y)$ とする．$f_Y(y) > 0$ となる y に対して，$Y = y$ を与えたときの $X = x$ の**条件付き確率密度関数**を

$$f_{X|Y}(x|y) = \frac{f(x, y)}{f_Y(y)}$$

で定義する．この定義式から同時確率密度関数は $f(x, y) = f_{X|Y}(x|y) f_Y(y)$ のように分解できることがわかる．

例 3.2 で取り上げた同時確率密度関数については，(3.3) と (3.4) から

$$f_{X|Y}(x|y) = \frac{1 - c + 4cxy}{1 - c + 2cy}$$

と書ける．また $\int_0^1 f_{X|Y}(x|y)\, dx = 1$ となることが確かめられる．$c = 0, 1$ のときには独立になるので，条件付き分布は y に依存しない．

さて，2 変量正規分布の条件付き分布を求めてみよう．確率密度関数 (3.6) において，$u = (x - \mu_X)/\sigma_X$, $v = (y - \mu_Y)/\sigma_Y$ とおくと，$u^2 + v^2 - 2\rho uv = (u - \rho v)^2 + (1 - \rho^2)v^2$ と書ける．

$$u - \rho v = \frac{x - \mu_X}{\sigma_X} - \rho \frac{y - \mu_Y}{\sigma_Y} = \frac{x - \mu_X - \rho \sigma_X \sigma_Y^{-1}(y - \mu_Y)}{\sigma_X}$$

と変形できるので，同時確率密度関数 $f(x, y)$ が上記同様に

$$f(x, y) = f_{X|Y}(x|y) f_Y(y) \tag{3.11}$$

のように分解できることがわかる．ここで

$$f_{X|Y}(x|y) = \frac{1}{\sqrt{2\pi}\, \sigma_X \sqrt{1 - \rho^2}} \exp\Big[-\frac{1}{2\sigma_X^2(1 - \rho^2)}\Big\{x - \mu_X - \rho \frac{\sigma_X}{\sigma_Y}(y - \mu_Y)\Big\}^2\Big]$$

$$f_Y(y) = \frac{1}{\sqrt{2\pi}\, \sigma_Y} \exp\Big\{-\frac{(y - \mu_Y)^2}{2\sigma_Y^2}\Big\}$$

である．$f_{X|Y}(x|y)$ が $Y = y$ を与えたときの X の条件付き確率密度，$f_Y(y)$ が

Y の周辺確率密度になるので，以下の命題が成り立つ.

▶**命題 3.4**　2変量正規分布において，$Y = y$ を与えたときの X の条件付き確率分布は次のような正規分布になる.

$$X|Y = y \sim \mathcal{N}\Big(\mu_X + \rho\frac{\sigma_X}{\sigma_Y}(y - \mu_Y), \sigma_X^2(1 - \rho^2)\Big)$$

▶**命題 3.5**　2変量正規分布において X と Y が独立であるための必要十分条件は $\rho = 0$ である．$\rho = 0$ は 4.2 節の無相関に対応する.

3.5　2変数関数の変数変換

連続な確率変数 X, Y に対して $S = g_1(X, Y)$, $T = g_2(X, Y)$ なる関数を考える．これが (X, Y) から (S, T) への 1 対 1 関数であるとすると逆関数がとれるので，それを $X = h_1(S, T)$, $Y = h_2(S, T)$ と表すことにする．関数 $h_1(s, t)$, $h_2(s, t)$ の s, t に関する偏微分を用いて

$$J((s, t) \to (x, y)) = \begin{vmatrix} \frac{\partial}{\partial s}h_1(s, t) & \frac{\partial}{\partial t}h_1(s, t) \\ \frac{\partial}{\partial s}h_2(s, t) & \frac{\partial}{\partial t}h_2(s, t) \end{vmatrix}$$

を**ヤコビアン**と呼ぶ．ただし，$|\boldsymbol{A}|$ は行列 $\boldsymbol{A}$ の行列式で

$$\begin{vmatrix} \frac{\partial}{\partial s}h_1(s, t) & \frac{\partial}{\partial t}h_1(s, t) \\ \frac{\partial}{\partial s}h_2(s, t) & \frac{\partial}{\partial t}h_2(s, t) \end{vmatrix} = \frac{\partial h_1(s, t)}{\partial s}\frac{\partial h_2(s, t)}{\partial t} - \frac{\partial h_1(s, t)}{\partial t}\frac{\partial h_2(s, t)}{\partial s}$$

である．このとき，重積分の変数変換公式を用いると

$$\int_{-\infty}^{\infty}\int_{-\infty}^{\infty} f_{X,Y}(x, y)\,dxdy$$
$$= \int_{-\infty}^{\infty}\int_{-\infty}^{\infty} f_{X,Y}(h_1(s, t), h_2(s, t))|J((s, t) \to (x, y))|\,dsdt \tag{3.12}$$

と書ける．このことから，(S, T) の同時確率密度関数は

$$f_{S,T}(s, t) = f_{X,Y}(h_1(s, t), h_2(s, t))|J((s, t) \to (x, y))| \tag{3.13}$$

となり，2 変数の変数変換公式が得られる．

▶**命題 3.6** (X, Y) から (S, T) への関数が 1 対 1 であるとし，$X = h_1(S, T)$，$Y = h_2(S, T)$ とおくと，(S, T) の同時確率密度関数は (3.13) で与えられる．

形式的には，$1 = \int_{-\infty}^{\infty} \int_{-\infty}^{\infty} f_{X,Y}(x, y)\,dxdy = \int_{-\infty}^{\infty} \int_{-\infty}^{\infty} f_{S,T}(s, t)\,dsdt$ より，$f_{X,Y}(x, y)\,dxdy = f_{S,T}(s, t)\,dsdt$ と書けるので，微小な面積の比 $dxdy/dsdt$ の部分をヤコビアンを用いて次のように計算すればよい．

$$\frac{dxdy}{dsdt} = \begin{vmatrix} \frac{\partial x}{\partial s} & \frac{\partial x}{\partial t} \\ \frac{\partial y}{\partial s} & \frac{\partial y}{\partial t} \end{vmatrix} = \begin{vmatrix} \frac{\partial}{\partial s} h_1(s, t) & \frac{\partial}{\partial t} h_1(s, t) \\ \frac{\partial}{\partial s} h_2(s, t) & \frac{\partial}{\partial t} h_2(s, t) \end{vmatrix}$$

実は，微小な長さ Δs, Δt の変化に対して面積の変化量 $\Delta x \Delta y / \Delta s \Delta t$ は平行四辺形の面積になり，これが上のヤコビアンに対応する．

以下では，よく知られた例を紹介する．

【**例 3.7**】**(畳み込み)** 2 つの連続な確率変数 X と Y の同時確率密度関数が $(X, Y) \sim f(x, y)$ に従うとする．このとき，X と Y の和 $Z = X + Y$ の分布を求めたい．$Z = X + Y$, $T = Y$ とおいて変数変換を考えると，$X = Z - T$，$Y = T$ より，ヤコビアンは $J((z, t) \to (x, y)) = 1$ となる．したがって，(Z, T) の同時確率密度関数は $f_{Z,T}(z, t) = f(z - t, t)$ となり，Z の分布はこの周辺分布になるので

$$f_Z(z) = \int_{-\infty}^{\infty} f(z - t, t)\,dt \tag{3.14}$$

と書ける．特に，X と Y が独立な場合は，それぞれの確率密度関数 $f_X(x)$, $f_Y(y)$ を用いて $f_Z(z) = \int_{-\infty}^{\infty} f_X(z - t) f_Y(t)\,dt$ と表される．これを，f_X と f_Y の**畳み込み**と呼び，$f_Z(z) = f_X * f_Y(z)$ で表す．

例えば，X, Y が独立に $\mathcal{N}(0, 1)$ に従うときには，次を計算すればよい．

$$f_Z(z) = \frac{1}{2\pi} \int_{-\infty}^{\infty} \exp\left\{ -\frac{(z - t)^2}{2} - \frac{t^2}{2} \right\} dt$$

$(z - t)^2 + t^2 = 2t^2 - 2zt + z^2 = 2(t - z/2)^2 + z^2/2$ と書けることより

$$f_Z(z) = \frac{1}{\sqrt{2\pi}\sqrt{2}} \exp\left\{-\frac{z^2}{4}\right\} \times \int_{-\infty}^{\infty} \frac{\sqrt{2}}{\sqrt{2\pi}} \exp\left\{-\left(t - \frac{z}{2}\right)^2\right\} dt$$

となり，積分部分は 1 になるので $Z \sim \mathcal{N}(0, 2)$ に従うことがわかる．　　□

【例 3.8】（ガウス積分）　標準正規分布の確率密度関数から $\int_{-\infty}^{\infty} e^{-x^2/2}\,dx = \sqrt{2\pi}$ が成り立つ．これを**ガウス積分**と呼び，$1/\sqrt{2\pi}$ を基準化定数と呼ぶ．この等式を示すために，$I = \int_{-\infty}^{\infty} e^{-x^2/2}\,dx$ とおくと

$$I^2 = \int_{-\infty}^{\infty} e^{-x^2/2}\,dx \int_{-\infty}^{\infty} e^{-y^2/2}\,dy = \int_{-\infty}^{\infty}\int_{-\infty}^{\infty} e^{-(x^2+y^2)/2}\,dxdy$$

と書ける．ここで，図 3.1 からわかるように，点 $(0,0)$ と点 (x, y) を結ぶ線分の長さ（円の半径）を r，この線分と x 軸とのなす角を θ で表すと，$x = r\cos\theta$, $y = r\sin\theta$ と書ける．$(x, y) \to (r, \theta)$ なる変換を**極座標変換**と呼ぶ．これは $\mathbb{R}^2 \leftrightarrow (0, \infty) \times (0, 2\pi)$ の間で 1 対 1 対応する．ヤコビアンは

$$J((r, \theta) \to (x, y)) = \begin{vmatrix} \cos\theta & -r\sin\theta \\ \sin\theta & r\cos\theta \end{vmatrix} = r(\cos^2\theta + \sin^2\theta) = r$$

となるので，(3.12) を用いると，

$$I^2 = \int_0^{2\pi}\int_0^{\infty} e^{-r^2/2} r\,drd\theta = 2\pi\left[-e^{-r^2/2}\right]_0^{\infty} = 2\pi$$

となる．したがって，$I = \sqrt{2\pi}$ となり，ガウス積分の値が求まる．　　□

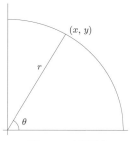

図 3.1　極座標

【例 3.9】(ガンマ関数とベータ関数の関係)　確率変数 X と Y が独立にガンマ分布に従い，$X \sim Ga(a,1)$, $Y \sim Ga(b,1)$, $a > 0$, $b > 0$, とする．$Z = X + Y$，$W = X/(X + Y)$ とおくと，Z と W は独立に分布し，$Z \sim Ga(a+b,1)$, $W \sim Beta(a,b)$ に従うことを示そう．変数変換 $z = x + y$, $w = x/(x + y)$ により，$x = zw$, $y = z(1 - w)$ となるので，ヤコビアンは

$$J((z,w) \to (x,y)) = \begin{vmatrix} w & z \\ 1-w & -z \end{vmatrix} = -zw - (1-w)z = -z$$

となる．したがって，(3.13) を用いると，(Z,W) の同時確率密度関数は

$$\begin{aligned} f_{Z,W}(z,w) &= f_X(zw)f_Y(z(1-w))z \\ &= \frac{1}{\Gamma(a)\Gamma(b)} \{zw\}^{a-1} \{z(1-w)\}^{b-1} e^{-z} z \\ &= \frac{1}{\Gamma(a+b)} z^{a+b-1} \exp\{-z\} \times \frac{\Gamma(a+b)}{\Gamma(a)\Gamma(b)} w^{a-1}(1-w)^{b-1} \end{aligned}$$

と書ける．ただし $z > 0$, $0 < w < 1$ である．

$$f_Z(z) = \frac{1}{\Gamma(a+b)} z^{a+b-1} \exp\{-z\}, \quad f_W(w) = \frac{\Gamma(a+b)}{\Gamma(a)\Gamma(b)} w^{a-1}(1-w)^{b-1}$$

とおくと，$f_{Z,W}(z,w) = f_Z(z)f_W(w)$ と書けるので Z と W が独立であり，$Z \sim Ga(a+b,1)$ に従うことがわかる．このことから

$$1 = \int_0^\infty \int_0^1 f_{Z,W}(z,w)\,dwdz = \frac{\Gamma(a+b)}{\Gamma(a)\Gamma(b)} \int_0^1 w^{a-1}(1-w)^{b-1}\,dw$$

が成り立つ．一方，ベータ関数の定義 $\int_0^1 w^{a-1}(1-w)^{b-1}\,dw = B(a,b)$ より

$$B(a,b) = \frac{\Gamma(a)\Gamma(b)}{\Gamma(a+b)} \tag{3.15}$$

が成り立つことがわかる．　　　　　　　　　　　　　　　　　　　　□

演習問題

問 1　正四面体の面に 1, 2, 3, 4 の番号が書かれていて，転がしたとき各面は等確率で現れるとする．正四面体を 2 回転がして，出た目の和を X，差を Y で表すと，X は 2 から 8 の値をとり，Y は 0 から 3 の値をとる．

    (1) (X, Y) の同時確率関数 $f(x, y)$ について，$f(4, 0), f(5, 3)$ を求めよ.

    (2) X と Y の周辺確率関数について，$f_X(6), f_Y(2)$ を求めよ.

    (3) 条件付き確率関数について $f_{Y|X}(2|4), f_{X|Y}(5|1)$ を求めよ.

問 2　多項分布 (3.2) について次の問に答えよ.

    (1) $X_i \sim Bin(n, p_i)$, $X_i + X_j \sim Bin(n, p_i + p_j)$ を示せ.

    (2) X_1 を与えたときの X_2 の条件付き確率を求めよ.

    (3) $X_1 + X_2$ を与えたときの X_2 の条件付き確率を求めよ.

問 3　X, Y を独立な確率変数で，X が $Po(\lambda_1)$, Y が $Po(\lambda_2)$ に従うとする.

    (1) $Z = X + Y$ とおくとき，Z の分布を求めよ. これは，自然数 n に対して
$P(Z = n) = \sum_{x=0}^{n} P(X = x) P(Y = n - x)$ を計算すればよい.

    (2) $X + Y = n$ に固定した条件のもとで，X の条件付き分布を求めよ.

問 4　確率変数 (X, Y) の同時確率密度関数が $f(x, y) = xe^{-x(y+1)} I(x > 0, y > 0)$ で与えられるとする. 周辺確率密度 $f_X(x)$, $f_Y(y)$, 条件付き確率密度 $f_{X|Y}(x|y)$, $f_{Y|X}(y|x)$ を求めよ. また確率 $P(XY > 1)$ を計算せよ.

問 5　確率変数 (X, Y) の同時確率密度関数が $f(x, y) = Ce^{-x-y}$ で与えられ，$D = \{(x, y) \mid 0 < x < y < \infty\}$ の上で正の確率密度をもつとする.

    (1) C の値を求め，X および Y の周辺確率密度関数を求めよ.

    (2) 条件付き確率密度関数 $f_{X|Y}(x|y)$, $f_{Y|X}(y|x)$ を求めよ.

    (3) $P(Y < X + d) = 0.9$ を満たす d の値を求めよ.

問 6　2つの確率変数 X, Y について，Y は区間 $[0, 1]$ 上を一様に分布し，$Y = y$ が与えられたとき X は区間 $[0, y]$ 上を一様に分布するものと仮定する.

    (1) (X, Y) の同時確率密度関数を与え，X の周辺確率密度関数を求めよ.

    (2) $Z = -\log X$ とおくとき，Z はどのような確率分布に従うか.

問 7　確率変数 (X, Y, Z) の同時確率密度関数が

$$f(x, y, z) = \frac{\Gamma(a + b + c)}{\Gamma(a)\Gamma(b)\Gamma(c)} x^{a-1} y^{b-1} z^{c-1} \tag{3.16}$$

で与えられる分布を**ディリクレ分布**と呼び，$Dir(a, b, c)$ で表す. ただし，$0 < x, y, z < 1$, $x + y + z = 1$ であり，a, b, c は正の実数である.

    (1) $V = X + Y$ の分布を求めよ.

    (2) $T = Y, W = X/(1 - Y)$ とおくとき，それぞれの周辺分布を与えよ. T と W は独立か.

第4章

///

期待値と積率母関数

　　本章では，複数の確率変数に関する期待値の定義を与え，変数同士の関係性を測る尺度として共分散や相関係数について説明する．また積率母関数に基づいたモーメントの計算や分布の再生性，確率変数同士の独立性の証明について解説する．

4.1　期待値の性質

　多次元の確率変数に関する期待値は次のように定義される．

▷**定義 4.1（期待値）**　確率変数 $X_1, \ldots, X_n$ と関数 $g(X_1, \ldots, X_n)$ を考える．

(A)　離散確率変数の場合には，(3.1) での記号を用いて $p(x_1, \ldots, x_n)$ を同時確率関数とすると，$g(X_1, \ldots, X_n)$ の期待値は

$$\mathrm{E}[g(X_1, \ldots, X_n)] = \sum_{x_1 \in \mathcal{X}_1} \cdots \sum_{x_n \in \mathcal{X}_n} g(x_1, \ldots, x_n) p(x_1, \ldots, x_n)$$

で定義される．ただし $\mathrm{E}[|g(X_1, \ldots, X_n)|] < \infty$ とする．

(B)　連続確率変数の場合には，(3.5) での記号を用いて $f(x_1, \ldots, x_n)$ を同時確率密度関数とすると，$g(X_1, \ldots, X_n)$ の期待値は

$$\mathrm{E}[g(X_1, \ldots, X_n)]$$
$$= \int_{-\infty}^{\infty} \cdots \int_{-\infty}^{\infty} g(x_1, \ldots, x_n) f(x_1, \ldots, x_n) \, dx_1 \cdots dx_n$$

で定義される．ただし $\mathrm{E}[|g(X_1, \ldots, X_n)|] < \infty$ とする．

　今後は，確率変数が離散，連続に言及することなく期待値の記号 $\mathrm{E}[\cdot]$ を用いることにする．2つの変数の場合に期待値の基本的な性質をまとめておこう．

▶**命題 4.2** X, Y を確率変数とし，$g(X, Y), h(X, Y)$ は期待値が存在するような関数，すなわち $\mathrm{E}[|g(X, Y)|] < \infty$，$\mathrm{E}[|h(X, Y)|] < \infty$ を満たすとする．a, b を定数として次の事項が成り立つ.

(1) $\mathrm{E}[g(X, Y) + h(X, Y)] = \mathrm{E}[g(X, Y)] + \mathrm{E}[h(X, Y)]$.

(2) $\mathrm{E}[ag(X, Y) + b] = a\mathrm{E}[g(X, Y)] + b$.

(3) $g(X, Y) \geq 0$ ならば，$\mathrm{E}[g(X, Y)] \geq 0$ である.

(4) 期待値は，期待値の記号 $\mathrm{E}[\cdot]$ の中に現れる確率変数の確率分布についてのみ期待値を計算すればよい．例えば，$\mathrm{E}[X + Y] = \mathrm{E}[X] + \mathrm{E}[Y]$ については，左辺は (X, Y) の同時確率分布に関して期待値をとるのに対して，右辺の $\mathrm{E}[X]$ は X の周辺分布に関して期待値をとり，$\mathrm{E}[Y]$ は Y の周辺分布に関して期待値をとればよい.

(5) X, Y が独立ならば次の式が成り立つ.

$$\mathrm{E}[g(X)h(Y)] = \mathrm{E}[g(X)]\mathrm{E}[h(Y)] \tag{4.1}$$

[**証明**] 確率変数が連続な場合を扱うと，(1), (2), (3) は積分の線形性など基本的な性質から成り立つことがわかる．(4) については，

$$
\begin{aligned}
\mathrm{E}[X + Y] &= \int_{-\infty}^{\infty} \int_{-\infty}^{\infty} (x + y)f(x, y)\,dxdy \\
&= \int_{-\infty}^{\infty} \int_{-\infty}^{\infty} xf(x, y)\,dxdy + \int_{-\infty}^{\infty} \int_{-\infty}^{\infty} yf(x, y)\,dxdy \\
&= \int_{-\infty}^{\infty} x\Big\{\int_{-\infty}^{\infty} f(x, y)\,dy\Big\}\,dx + \int_{-\infty}^{\infty} y\Big\{\int_{-\infty}^{\infty} f(x, y)\,dx\Big\}\,dy \\
&= \int_{-\infty}^{\infty} xf_X(x)\,dx + \int_{-\infty}^{\infty} yf_Y(y)\,dy \\
&= \mathrm{E}[X] + \mathrm{E}[Y]
\end{aligned}
$$

と書けることからわかるように，$\mathrm{E}[\cdot]$ の中に現れる確率変数の確率分布に関してのみ期待値を計算すればよいことがわかる．(5) については，X と Y が独立であるから $f(x, y) = f_X(x)f_Y(y)$ と分解できるので

$$\mathrm{E}[g(X)h(Y)] = \int_{-\infty}^{\infty} \int_{-\infty}^{\infty} g(x)h(y)f(x,y)\,dxdy$$

$$= \int_{-\infty}^{\infty} \int_{-\infty}^{\infty} g(x)h(y)f_X(x)f_Y(y)\,dxdy$$

$$= \left\{ \int_{-\infty}^{\infty} g(x)f_X(x)\,dx \right\} \left\{ \int_{-\infty}^{\infty} h(y)f_Y(y)\,dy \right\}$$

$$= \mathrm{E}[g(X)]\mathrm{E}[h(Y)]$$

と書けることがわかる. □

▶**命題 4.3（確率変数の標準化）** 確率変数 X の平均 $\mathrm{E}[X] = \mu$, 分散 $\mathrm{Var}(X)$ $= \mathrm{E}[(X - \mu)^2] = \sigma^2$ が存在するとき

$$Z = (X - \mu)/\sigma$$

とおくと，$\mathrm{E}[Z] = 0, \mathrm{Var}(Z) = 1$ となる．これを確率変数の**標準化**と呼ぶ．また，$Y = aZ + b$ とおくと，$\mathrm{E}[Y] = b, \mathrm{Var}(Y) = a^2$ となる．

[証明] $\mathrm{E}[Z] = \mathrm{E}[(X - \mu)/\sigma] = (\mathrm{E}[X] - \mu)/\sigma = 0, \mathrm{Var}(Z) = \mathrm{E}[Z^2] = \mathrm{E}[(X - \mu)^2]/\sigma^2 = 1$ となる．また，$\mathrm{E}[Y] = a\mathrm{E}[Z] + b = b, \mathrm{Var}(Y) = \mathrm{E}[(Y - b)^2] = \mathrm{E}[a^2 Z^2] = a^2$ となる． □

例えば，偏差値のように，平均が 50 で標準偏差が 10 の確率変数を作るときには，$Y = 10(X - \mu)/\sigma + 50$ のようにおけばよい.

$Z = (X - \mu)/\sigma$ とおいて X を標準化すると，$\mathrm{E}[Z] = 0, \mathrm{E}[Z^2] = 1$ となり，平均と分散の影響を取り除くことができる．その上で，$\beta_1 = \mathrm{E}[Z^3]$ と $\beta_2 = \mathrm{E}[Z^4]$ を分布の**歪度**，**尖度**と呼ぶ．X で表すと

$$\beta_1 = \frac{\mathrm{E}[(X - \mu)^3]}{\sigma^3}, \quad \beta_2 = \frac{\mathrm{E}[(X - \mu)^4]}{\sigma^4}$$

と書ける．β_1 は分布の歪みを表し，確率密度関数が y 軸に関して対称なときには $\beta_1 = 0$ となる．正規分布のときには $\beta_1 = 0$ である．β_2 は分布の尖りを表し，正規分布のときには $\beta_2 = 3$ となる．

▶**命題 4.4（マルコフの不等式）**　確率変数 X の関数 $g(X)$ が，$g(X) \geq 0$ を満たすとする．任意の正の実数 c に対して不等式

$$P(g(X) \geq c) \leq \frac{\mathrm{E}[g(X)]}{c} \tag{4.2}$$

が成り立つ．これを**マルコフの不等式**と呼ぶ.

[証明]　$I(A)$ を A が成り立つとき 1，成り立たないとき 0 をとる関数とすると

$$\mathrm{E}[g(X)] = \mathrm{E}[g(X)\{I(g(X) \geq c) + I(g(X) < c)\}]$$
$$\geq \mathrm{E}[g(X)\,I(g(X) \geq c)]$$
$$\geq \mathrm{E}[c\,I(g(X) \geq c)] = c\mathrm{E}[I(g(X) \geq c)]$$

となる．ここで，連続分布のときには

$$\mathrm{E}[I(g(X) \geq c)] = \int_{-\infty}^{\infty} I(g(x) \geq c)f_X(x)\,dx = \int_{g(x) \geq c} f_X(x)\,dx$$

となるので，$\mathrm{E}[I(g(X) \geq c)] = P(g(X) \geq c)$ と書ける．離散分布のときにも同様な等式が得られるので，マルコフの不等式が成り立つことがわかる． □

$P(|X - \mu| \geq c) = P((X - \mu)^2 \geq c^2)$ なので，マルコフの不等式の $g(X)$，c をそれぞれ $(X - \mu)^2$，c^2 とおくと，次の不等式が導かれる.

▶**命題 4.5（チェビシェフの不等式）**　確率変数 X の平均を μ とすると，任意の正の実数 c に対して次の**チェビシェフの不等式**が成り立つ.

$$P(|X - \mu| \geq c) \leq \frac{\mathrm{E}[(X - \mu)^2]}{c^2} \tag{4.3}$$

▶**命題 4.6**　確率変数 X の関数 $g(X)$ が $g(X) \geq 0$ でしかも $\mathrm{E}[g(X)] = 0$ であるとする．このとき，$P(g(X) = 0) = 1$ となる.

[証明]　背理法で示す．$P(g(X) = 0) < 1$ と仮定すると，ある $c > 0$ がとれて $P(g(X) > c) > 0$ となる．一方，マルコフの不等式から $P(g(X) > c) \leq \mathrm{E}[g(X)]/c = 0$ となるので，$P(g(X) > c) = 0$ となり，$P(g(X) > c) > 0$ に反する．したがって，$P(g(X) = 0) = 1$ が成り立つ． □

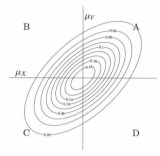

図 4.1 正の相関をもつ 2 次元分布の等高線

4.2 共分散と相関係数

2 つの確率変数 X と Y の間の関係性を捉える指標として共分散と相関係数がある. X の周辺分布の平均と分散を $\mathrm{E}[X] = \mu_X$, $\mathrm{Var}(X) = \sigma_X^2$ とし, Y の周辺分布の平均と分散を $\mathrm{E}[Y] = \mu_Y$, $\mathrm{Var}(Y) = \sigma_Y^2$ とする.

(X, Y) を 2 次元の確率変数とみたときの確率分布の等高線が図 4.1 のように描けているときには, X が大きければ Y も大きくなるように分布している. $(X - \mu_X)(Y - \mu_Y)$ を考えてみると, (X, Y) が (μ_X, μ_Y) を中心に右上 A と左下 C にあるときには正の値, 左上 B と右下 D にあるときには負の値をとる. そこで $(X - \mu_X)(Y - \mu_Y)$ の期待値 $\mathrm{E}[(X - \mu_X)(Y - \mu_Y)]$ を考えてみると, (X, Y) の確率分布が図 4.1 のように分布するときには, 確率変数 (X, Y) が A と C の領域に属する確率が高いので, $\mathrm{E}[(X - \mu_X)(Y - \mu_Y)]$ は正の値をとることになる. したがって, その期待値を, 2 つの確率変数 X と Y の関係を捉える指標として用いることができる. これを X と Y の**共分散**と呼び

$$\sigma_{XY} = \mathrm{Cov}(X, Y) = \mathrm{E}[(X - \mu_X)(Y - \mu_Y)]$$

と書く. 分散と同様に, 共分散を展開すると

$$\mathrm{Cov}(X, Y) = \mathrm{E}[XY] - \mathrm{E}[X]\mathrm{E}[Y] \tag{4.4}$$

と書ける. 実数 a, b, c, d に対して, $\mathrm{Cov}(aX + b, cY + d) = ac\,\mathrm{Cov}(X, Y)$ となるので, 共分散は平行移動に関して不変であるが, 尺度のとり方に依存してしまう. さらに X の単位を 2 倍にすると共分散の値も 2 倍になるので, このままで

は関係の強さを表す指標として利用することができない.

そこで,共分散 σ_{XY} を X と Y の標準偏差の積 $\sigma_X \sigma_Y$ で割ったもの

$$\rho_{XY} = \mathrm{Corr}(X, Y) = \frac{\mathrm{Cov}(X, Y)}{\sqrt{\mathrm{Var}(X)\,\mathrm{Var}(Y)}} = \frac{\sigma_{XY}}{\sigma_X \sigma_Y}$$

を考える.これを X と Y の**相関係数**と呼ぶ.相関係数は $\mathrm{Corr}(aX + b, cY + d)$ $= \frac{ac}{|ac|}\mathrm{Corr}(X, Y)$ となり符号を除いて尺度のとり方に依存しない.

相関係数は不等式 $|\mathrm{Corr}(X, Y)| \le 1$ を満たす.この不等式は

$$\{\mathrm{Cov}(X, Y)\}^2 \le \mathrm{Var}(X)\,\mathrm{Var}(Y) \tag{4.5}$$

すなわち,**コーシー・シュバルツの不等式**

$$\{\mathrm{E}[(X - \mu_X)(Y - \mu_Y)]\}^2 \le \mathrm{E}[(X - \mu_X)^2]\mathrm{E}[(Y - \mu_Y)^2]$$

から導かれる.さらに $|\mathrm{Corr}(X, Y)| = 1$ となる必要十分条件は,$a\,(\ne 0)$ と b が存在して $P(Y = aX + b) = 1$ となることである(演習問題を参照).

$\mathrm{Corr}(X, Y) > 0$ のとき X と Y は**正の相関**,$\mathrm{Corr}(X, Y) < 0$ のとき**負の相関**があるといい,$\mathrm{Corr}(X, Y) = 0$ のとき**無相関**であるという.ここで無相関と独立性とは同値でないことに注意する.もし X と Y が独立であれば,(4.1) と (4.4) から $\mathrm{Cov}(X, Y) = \mathrm{E}[XY] - \mathrm{E}[X]\mathrm{E}[Y] = \mathrm{E}[X]\mathrm{E}[Y] - \mathrm{E}[X]\mathrm{E}[Y] = 0$ となり,無相関になる.しかし,この逆は必ずしも成り立たない.

【例 4.7】(反例) $X \sim \mathcal{N}(0, 1)$ とし,$Y = X^2$ とする.明らかに X と Y は独立でない.しかし,$\mathrm{E}[Y] = \mathrm{E}[X^2] = \mathrm{Var}(X) = 1$ より

$$\mathrm{Cov}(X, Y) = \mathrm{E}[X(Y - 1)] = \mathrm{E}[X(X^2 - 1)] = \mathrm{E}[X^3] - \mathrm{E}[X] = 0$$

となり,X と Y は無相関になる.　　　　　　　　　　　　　　　　　　　□

命題 3.5 からわかるように,正規分布のときには逆も成り立つ.

▶**命題 4.8** 確率変数 (X, Y) が2変量正規分布に従うとき,X と Y が独立になるための必要十分条件は $\mathrm{Cov}(X, Y) = 0$ である.

X と Y の線形結合の分散を評価するとき共分散が現れる. a と b を定数とすると, $aX + bY$ の平均は $\mathrm{E}[aX + bY] = a\mathrm{E}[X] + b\mathrm{E}[Y]$ であり, 分散は

$$\mathrm{Var}(aX + bY) = a^2 \mathrm{Var}(X) + b^2 \mathrm{Var}(Y) + 2ab\,\mathrm{Cov}(X, Y)$$

と書ける. X と Y が無相関であれば, $\mathrm{Var}(aX + bY) = a^2 \mathrm{Var}(X) + b^2 \mathrm{Var}(Y)$ となる. X と Y が負の相関で $ab > 0$ なら, $\mathrm{Cov}(X, Y) < 0$ であるから

$$\mathrm{Var}(aX + bY) < a^2 \mathrm{Var}(X) + b^2 \mathrm{Var}(Y)$$

のような不等式が成り立つ. このことは, 負の相関がある確率変数同士の和は独立なときより分散が小さくなることを意味している.

一般に, n 個の確率変数 $X_1, \ldots, X_n$ と定数 $a_1, \ldots, a_n$ について

$$\mathrm{Var}\Big(\sum_{i=1}^{n} a_i X_i\Big) = \sum_{i=1}^{n} a_i^2 \mathrm{Var}(X_i) + 2\sum_{i=1}^{n}\sum_{j=i+1}^{n} a_i a_j \mathrm{Cov}(X_i, X_j)$$

と表されるので, $X_1, \ldots, X_n$ が無相関なら次のように書ける.

$$\mathrm{Var}\Big(\sum_{i=1}^{n} a_i X_i\Big) = \sum_{i=1}^{n} a_i^2 \mathrm{Var}(X_i) \tag{4.6}$$

4.3 条件付き期待値

条件付き確率分布については 3.4 節で説明したが, その条件付き確率分布に関する期待値を条件付き期待値と呼ぶ.

▷**定義 4.9 (条件付き期待値)** 2 つの確率変数 X, Y と関数 $g(X)$ を考える.

(A) 離散確率変数の場合, $Y = y_i$ を与えたときの X の条件付き確率関数を $p_{X|Y}(x_j|y_i)$ で表すと, $Y = y_i$ を与えたときの $g(X)$ の条件付き期待値は

$$\mathrm{E}[g(X)|Y = y_i] = \sum_{j=1}^{\infty} g(x_j) p_{X|Y}(x_j|y_i)$$

で定義される.

(B)　連続確率変数の場合，$Y = y$ を与えたときの X の条件付き確率密度関数を $f_{X|Y}(x|y)$ で表すと，$Y = y$ を与えたときの $g(X)$ の条件付き期待値は

$$\mathrm{E}[g(X)|Y = y] = \int_{-\infty}^{\infty} g(x) f_{X|Y}(x|y)\, dx$$

で定義される．

　$Y = y$ を与えたときの X の条件付き平均と条件付き分散は $\mathrm{E}[X|Y = y]$，$\mathrm{Var}(X|Y = y) = \mathrm{E}[(X - \mathrm{E}[X|Y = y])^2|Y = y]$ で与えられる．周辺分布の平均と分散を求める際，周辺分布から直接計算するより条件付き平均や条件付き分散を計算してから求める方が易しくなる場合がある（5.5 節を参照）．

▶**命題 4.10（条件付き期待値の性質）**
(1)　**（繰り返し期待値の法則，全期待値の法則）** 次の等式が成り立つ．

$$\mathrm{E}[X] = \mathrm{E}\big[\mathrm{E}[X|Y]\big]$$

　右辺については，まず $\mathrm{E}[X|Y = y]$ を求め，次に y を Y で置き換えて Y に関して期待値をとることを意味する．
(2)　$\mathrm{Var}(X)$ は条件付き平均と条件付き分散を用いて次のように分解できる．

$$\mathrm{Var}(X) = \mathrm{E}\big[\mathrm{Var}(X|Y)\big] + \mathrm{Var}\big(\mathrm{E}[X|Y]\big) \tag{4.7}$$

　ただし，$\mathrm{E}[X|Y]$ は確率変数 Y の関数なので $\mathrm{Var}\big(\mathrm{E}[X|Y]\big)$ は Y の確率分布に関して $\mathrm{E}[X|Y]$ の分散を計算することを意味する．

[証明]　(1) については，連続分布の場合を考えると，右辺は

$$\mathrm{E}\big[\mathrm{E}[X|Y]\big] = \int_{-\infty}^{\infty} \Big\{\int_{-\infty}^{\infty} x f_{X|Y}(x|y)\, dx\Big\} f_Y(y)\, dy$$
$$= \int_{-\infty}^{\infty} \int_{-\infty}^{\infty} x f_{X|Y}(x|y) f_Y(y)\, dy dx$$

と書ける．$f(x, y) = f_{X|Y}(x|y) f_Y(y)$ に注意すると，次のように変形できる．

$$\mathrm{E}\big[\mathrm{E}[X|Y]\big] = \int_{-\infty}^{\infty} x \Big\{\int_{-\infty}^{\infty} f(x, y)\, dy\Big\} dx = \int_{-\infty}^{\infty} x f_X(x)\, dx = \mathrm{E}[X]$$

(2) については, $\mathrm{Var}(X) = \mathrm{E}\big[\{(X - \mathrm{E}[X|Y]) + (\mathrm{E}[X|Y] - \mathrm{E}[X])\}^2\big]$ より

$$\mathrm{Var}(X) = \mathrm{E}\big[(X - \mathrm{E}[X|Y])^2\big] + \mathrm{E}\big[(\mathrm{E}[X|Y] - \mathrm{E}[X])^2\big]$$
$$+ 2\mathrm{E}\big[(X - \mathrm{E}[X|Y])(\mathrm{E}[X|Y] - \mathrm{E}[X])\big]$$

と書ける. $\mathrm{E}\big[(X - \mathrm{E}[X|Y])^2|Y\big] = \mathrm{Var}(X|Y)$ であるから

$$\mathrm{E}\big[(X - \mathrm{E}[X|Y])^2\big] = \mathrm{E}\big[\mathrm{E}[(X - \mathrm{E}[X|Y])^2|Y]\big] = \mathrm{E}\big[\mathrm{Var}(X|Y)\big]$$

と表される. また $\mathrm{E}[X] = \mathrm{E}\big[\mathrm{E}[X|Y]\big]$ であるから

$$\mathrm{E}\big[(\mathrm{E}[X|Y] - \mathrm{E}[X])^2\big] = \mathrm{Var}\big(\mathrm{E}[X|Y]\big)$$

となることがわかる. 最後の項は, $g(Y) = \mathrm{E}[X|Y] - \mathrm{E}[X]$ とおき, $Y = y$ を条件付けした期待値を考えると

$$\mathrm{E}\big[(X - \mathrm{E}[X|Y=y])g(y)\big|Y = y\big] = g(y)\mathrm{E}\big[X - \mathrm{E}[X|Y=y]\big|Y = y\big]$$
$$= g(y)\big(\mathrm{E}[X|Y=y] - \mathrm{E}[X|Y=y]\big) = 0$$

となるので, (4.7) が成り立つ. □

【例 4.11】 2変量正規分布の条件付き分布は命題 3.4 により与えられるので, $\mathrm{E}[X|Y = y] = \mu_X + \rho\frac{\sigma_X}{\sigma_Y}(y - \mu_Y)$, $\mathrm{Var}(X|Y = y) = \sigma_X^2(1 - \rho^2)$ となる. $Y \sim \mathcal{N}(\mu_Y, \sigma_Y^2)$ であるから命題 4.10 より $\mathrm{E}[X] = \mathrm{E}[\mathrm{E}[X|Y]] = \mu_X$,

$$\mathrm{Var}(X) = \sigma_X^2(1 - \rho^2) + \mathrm{Var}\Big(\mu_X + \rho\frac{\sigma_X}{\sigma_Y}(Y - \mu_Y)\Big) = \sigma_X^2$$

となることが確かめられる. □

4.4 積率母関数, 確率母関数とその利用法

本節では, 積率母関数と確率母関数について説明する. これらは, 確率分布を特徴付けるものであるとともに平均, 分散などのモーメントを計算するのに役立つ. まず確率母関数の説明から始める.

▷**定義 4.12**　X を非負の整数の上に値をとる離散確率変数とし，その確率関数
を $p(k) = \mathrm{P}(X = k)$, $k = 0, 1, 2, \ldots$, とする．$|s| \leq 1$ を満たす s に対して

$$G_X(s) = \mathrm{E}[s^X] = \sum_{k=0}^{\infty} s^k p(k)$$

が存在するとき，$G_X(s)$ を X の**確率母関数**と呼ぶ．

　確率母関数は $G_X(s) = p(0) + sp(1) + s^2 p(2) + \cdots + s^k p(k) + \cdots$ と書ける
ので，s に関して微分して $s = 0$ を代入すると，$p(0) = G_X(0)$, $p(1) = G'_X(0)$,
$p(2) = (1/2)G''_X(0)$ となり，一般に

$$p(k) = \frac{1}{k!} G_X^{(k)}(0) = \frac{1}{k!} \frac{d^k}{ds^k} G_X(s)\Big|_{s=0}$$

となる．したがって，確率母関数 $G_X(s)$ と確率分布 $p(k)$, $k \geq 0$, が 1 対 1 に対
応することがわかる．$G'_X(s) = \mathrm{E}[Xs^{X-1}]$, $G''_X(s) = \mathrm{E}[X(X-1)s^{X-2}]$ であり，
一般に $G_X^{(k)}(s) = \mathrm{E}[X(X-1)\cdots(X-k+1)s^{X-k}]$ となるので

$$\mathrm{E}[X(X-1)\cdots(X-k+1)] = G_X^{(k)}(1) \tag{4.8}$$

が成り立つ．左辺を k 次**階乗モーメント**と呼ぶ．

▷**定義 4.13**　X を離散もしくは連続な確率変数とし，適当な $h > 0$ をとって，
$|t| < h$ なるすべての t に対して $\mathrm{E}[e^{tX}]$ が存在すると仮定する．このとき

$$M_X(t) = \mathrm{E}[e^{tX}]$$

を X の**積率母関数** (MGF) と呼ぶ．

　確率母関数 $G_X(\cdot)$ と積率母関数は $M_X(t) = G_X(e^t)$ なる関係がある．確率母
関数が離散確率変数に利用されるのに対して，積率母関数は離散でも連続でも利
用可能である．

▶**命題 4.14（積率母関数の性質）**
(1) 積率母関数 $M_X(t)$ を t に関して微分して $t = 0$ とおくことにより

$$E[X^k] = M_X^{(k)}(0) = \frac{d^k}{dt^k} M_X(t)\Big|_{t=0}, \quad k = 1, 2, \cdots$$

となる. $E[X^k]$ を k 次モーメントと呼ぶ.

(2) 積率母関数と確率分布は 1 対 1 に対応する.

(3) 2 つの確率変数 X と Y の積率母関数 $M_X(t)$, $M_Y(t)$ が存在して, 0 の近傍の任意の t に対して $M_X(t) = M_Y(t)$ であるとする. このとき, すべての u に対して $F_X(u) = F_Y(u)$ が成り立ち, X と Y の分布は等しい.

(4) 実数 a, b に対して $aX + b$ の積率母関数は次のように書ける.

$$M_{aX+b}(t) = E[e^{t(aX+b)}] = e^{bt} M_X(at)$$

(5) 2 つの確率変数 X, Y が独立ならば, 次の式が成り立つ.

$$M_{X+Y}(t) = E[e^{t(X+Y)}] = E[e^{tX}]E[e^{tY}] = M_X(t)M_Y(t)$$

この命題の (1), (4), (5) については容易に確かめられる. また (3) は (2) より導かれる. (2) の証明は容易ではないが, 積率母関数がラプラス変換に対応することに注意すると, ラプラス逆変換: $M_X(t) \to f_X(x)$ を行うことにより, $M_X(t)$ に対して $f_X(x)$ がただ 1 つ定まることになる.

代表的な確率分布の確率母関数と積率母関数を求めよう.

【例 4.15】(2 項分布) 2 項定理を用いると, $Bin(n, p)$ の確率母関数は

$$G_X(s) = E[s^X] = \sum_{k=0}^{n} s^k \binom{n}{k} p^k (1-p)^{n-k}$$

$$= \sum_{k=0}^{n} \binom{n}{k} (ps)^k (1-p)^{n-k} = (ps + 1 - p)^n$$

となり, 積率母関数は $M_X(t) = (pe^t + 1 - p)^n$ となる. $G_X'(s) = np(ps + 1 - p)^{n-1}$, $G_X''(s) = n(n-1)p^2(ps+1-p)^{n-2}$ より, $E[X] = G_X'(1) = np$, $E[X(X-1)] = G_X''(1) = n(n-1)p^2$ となり, 分散は $Var(X) = E[X(X-1)] + E[X] - (E[X])^2 = n(n-1)p^2 + np - n^2p^2 = np(1-p)$ となる. □

【例 4.16】(ポアソン分布) $Po(\lambda)$ については,$\sum_{k=0}^{\infty} p(k) = 1$ を用いると確率母関数は

$$G_X(s) = \mathrm{E}[s^X] = \sum_{k=0}^{\infty} s^k \frac{\lambda^k}{k!} e^{-\lambda} = e^{\lambda s - \lambda} \sum_{k=0}^{\infty} \frac{(\lambda s)^k}{k!} e^{-\lambda s} = e^{\lambda s - \lambda}$$

となり,積率母関数は $M_X(t) = \exp\{(e^t - 1)\lambda\}$ と書ける.$G_X'(s) = \lambda e^{(s-1)\lambda}$,$G_X''(s) = \lambda^2 e^{(s-1)\lambda}$ より,$\mathrm{E}[X] = G_X'(1) = \lambda$, $\mathrm{E}[X(X-1)] = G_X''(1) = \lambda^2$ となり,分散は $\mathrm{Var}(X) = \lambda$ となる. □

【例 4.17】(負の 2 項分布) $NBin(r, p)$ については,$\sum_{k=0}^{\infty} p(k) = 1$ を用いると,確率母関数 $G_X(s)$ は

$$G_X(s) = \mathrm{E}[s^X] = \sum_{k=0}^{\infty} s^k \binom{r+k-1}{k} p^r q^k$$

$$= \frac{p^r}{(1-sq)^r} \sum_{k=0}^{\infty} \binom{r+k-1}{k} (1-sq)^r (sq)^k = \frac{p^r}{(1-sq)^r}$$

となる.また,$G_X'(s) = rqp^r/(1-sq)^{r+1}$, $G_X''(s) = r(r+1)q^2 p^r/(1-sq)^{r+2}$ となるので,$\mathrm{E}[X] = G_X'(1) = rq/p$, $\mathrm{E}[X(X-1)] = r(r+1)q^2/p^2$ となり,分散は $\mathrm{Var}(X) = rq/p^2$ となる. □

【例 4.18】(ガンマ分布) $Ga(\alpha, \beta)$ については,積率母関数は

$$M_X(t) = \mathrm{E}[e^{tX}] = \frac{1}{\Gamma(\alpha)\beta^\alpha} \int_0^\infty e^{tx} x^{\alpha-1} e^{-x/\beta} \, dx$$

$$= \frac{1}{(1-\beta t)^\alpha} \int_0^\infty \frac{x^{\alpha-1}}{\Gamma(\alpha)} \left(\frac{1-\beta t}{\beta}\right)^\alpha \exp\left\{-\frac{1-\beta t}{\beta} x\right\} dx$$

と表され,$1 - \beta t > 0$ のとき積分部分は 1 となるので,$M_X(t) = 1/(1-\beta t)^\alpha$ となる.$M_X'(t) = \alpha\beta(1-\beta t)^{-\alpha-1}$, $M_X''(t) = \alpha(\alpha+1)\beta^2(1-\beta t)^{-\alpha-2}$ より,$\mathrm{E}[X] = M_X'(0) = \alpha\beta$, $\mathrm{E}[X^2] = M_X''(0) = \alpha(\alpha+1)\beta^2$ となる.したがって,$\mathrm{Var}(X) = \mathrm{E}[X^2] - (\mathrm{E}[X])^2 = \alpha\beta^2$ となる. □

【例 4.19】(正規分布)　$\mathcal{N}(\mu, \sigma^2)$ については，積率母関数は

$$M_X(t) = \mathrm{E}[e^{tX}] = \frac{1}{\sqrt{2\pi}\,\sigma} \int_{-\infty}^{\infty} \exp\Big\{ tx - \frac{(x-\mu)^2}{2\sigma^2} \Big\} dx$$

$$= \exp\Big(\mu t + \frac{\sigma^2}{2}t^2 \Big) \int_{-\infty}^{\infty} \frac{1}{\sqrt{2\pi}\sigma} \exp\Big\{ -\frac{\{x-(\mu+\sigma^2 t)\}^2}{2\sigma^2} \Big\} dx$$

と表され，積分部分は 1 となるので，$M_X(t) = \exp\{\mu t + (\sigma^2/2)t^2\}$ となる．
$M_X'(t) = (\mu+\sigma^2 t)\exp\{\mu t + \frac{\sigma^2}{2}t^2\}$, $M_X''(t) = \{\sigma^2+(\mu+\sigma^2 t)^2\}\exp\{\mu t + \frac{\sigma^2}{2}t^2\}$
となるので，$\mathrm{E}[X] = M_X'(0) = \mu$, $\mathrm{E}[X^2] = M_X''(0) = \sigma^2 + \mu^2$ となり，分散は
$\mathrm{Var}(X) = \sigma^2$ となる．　　　　　　　　　　　　　　　　　　　　　　□

分布の再生性

　確率変数の和の分布を求めるのに畳み込みの方法を例 3.7 で説明した．多くの
連続確率分布に利用可能ではあるが，一般に積分を計算するのが大変である．上
の例で扱った確率分布については，積率母関数を用いることによって和の分布を
容易に求めることができる．X と Y が独立に分布し，それぞれの積率母関数を
$M_X(t), M_Y(t)$ とする．このとき，$X+Y$ の積率母関数は

$$M_{X+Y}(t) = \mathrm{E}[e^{t(X+Y)}] = \mathrm{E}[e^{tX}]\mathrm{E}[e^{tY}] = M_X(t)M_Y(t) \tag{4.9}$$

と表される．したがって積率母関数が $M_X(t)M_Y(t)$ になるような分布を見つけ
ることができれば，命題 4.14 より分布を特定することができる．$X+Y$ の分布
が X, Y と同じ分布族に入ることを**分布の再生性**と呼ぶ．(4.9) を用いると，こ
のことを示すことができる．

▶命題 4.20（分布の再生性）　確率変数 X と Y が独立であるとする．
(1)　$X \sim Bin(m,p)$, $Y \sim Bin(n,p) \Longrightarrow X+Y \sim Bin(m+n,p)$
(2)　$X \sim Po(\lambda_1)$, $Y \sim Po(\lambda_2) \Longrightarrow X+Y \sim Po(\lambda_1+\lambda_2)$
(3)　$X \sim NBin(r_1,p)$, $Y \sim NBin(r_2,p) \Longrightarrow X+Y \sim NBin(r_1+r_2,p)$
(4)　$X \sim \mathcal{N}(\mu_1,\sigma_1^2)$, $Y \sim \mathcal{N}(\mu_2,\sigma_2^2) \Longrightarrow X+Y \sim \mathcal{N}(\mu_1+\mu_2,\sigma_1^2+\sigma_2^2)$
(5)　$X \sim Ga(\alpha_1,\beta)$, $Y \sim Ga(\alpha_2,\beta) \Longrightarrow X+Y \sim Ga(\alpha_1+\alpha_2,\beta)$

[証明]　(4) の正規分布については

$$M_X(t)M_Y(t) = \exp\left(\mu_1 t + \frac{\sigma_1^2}{2}t^2\right)\exp\left(\mu_2 t + \frac{\sigma_2^2}{2}t^2\right)$$
$$= \exp\left\{(\mu_1 + \mu_2)t + \frac{\sigma_1^2 + \sigma_2^2}{2}t^2\right\}$$

より，$X + Y$ が $\mathcal{N}(\mu_1 + \mu_2, \sigma_1^2 + \sigma_2^2)$ となる．他の分布の再生性も同様にして示すことができる．　　　　□

▶**命題 4.21**　確率変数 $X_1, \ldots, X_m$ が独立で，各 X_i がポアソン分布 $Po(\lambda_i)$ に従うとする．$X_1 + \cdots + X_m = n$ という条件のもとで $X_1, \ldots, X_m$ の条件付き分布は多項分布 $Mult_m(n, p_1, \ldots, p_m)$ に従う．ただし，$p_i = \lambda_i/(\lambda_1 + \cdots + \lambda_m)$ である．

[証明]　$Y = X_1 + \cdots + X_m$，$\theta = \lambda_1 + \cdots + \lambda_m$ とおくと，ポアソン分布の再生性から $Y \sim Po(\theta)$ となる．このとき条件付き確率 $\mathrm{P}(X_1 = x_1, \ldots, X_m = x_m | Y = n) = \mathrm{P}(X_1 = x_1, \ldots, X_m = x_m, Y = n)/\mathrm{P}(Y = n)$ は，$x_1 + \cdots + x_m = n$ なる制約のもとで

$$\frac{\prod_{i=1}^m \lambda_i^{x_i} e^{-\lambda_i}/x_i!}{\theta^n e^{-\theta}/n!} = \frac{n!}{x_1! \cdots x_m!}\prod_{i=1}^m \left(\frac{\lambda_i}{\theta}\right)^{x_i}$$

と書ける．したがって，条件付き分布が多項分布となることがわかる．　　　　□

多次元分布の積率母関数

　多次元の確率分布の積率母関数の定義は次で与えられる．

▷**定義 4.22**　k 次元の確率変数 $\boldsymbol{X} = (X_1, \ldots, X_k)^\top$ について，ある $h > 0$ をとって，$|t_1| < h, \ldots, |t_k| < h$ なるすべての $\boldsymbol{t} = (t_1, \ldots, t_k)^\top$ に対して

$$M_{\boldsymbol{X}}(\boldsymbol{t}) = \mathrm{E}\left[e^{\boldsymbol{t}^\top \boldsymbol{X}}\right] = \mathrm{E}\left[\exp\left\{\sum_{i=1}^k t_i X_i\right\}\right]$$

が存在するとき，$M_{\boldsymbol{X}}(\boldsymbol{t})$ を $\boldsymbol{X}$ の積率母関数として定義する．

【例 4.23】（多変量正規分布） k 次元の正規分布 $\mathcal{N}_k(\boldsymbol{\mu}, \boldsymbol{\Sigma})$ の確率密度は (3.7) で与えられるので，積率母関数 $M_{\boldsymbol{X}}(\boldsymbol{t}) = \mathrm{E}[e^{\boldsymbol{t}^\top \boldsymbol{X}}]$ は

$$
\begin{aligned}
M_{\boldsymbol{X}}(\boldsymbol{t}) &= \frac{1}{(2\pi)^{k/2}|\boldsymbol{\Sigma}|^{1/2}} \int \exp\Big\{\boldsymbol{t}^\top \boldsymbol{x} - \frac{1}{2}(\boldsymbol{x} - \boldsymbol{\mu})^\top \boldsymbol{\Sigma}^{-1}(\boldsymbol{x} - \boldsymbol{\mu})\Big\} d\boldsymbol{x} \\
&= \exp\Big(\boldsymbol{t}^\top \boldsymbol{\mu} + \frac{1}{2}\boldsymbol{t}^\top \boldsymbol{\Sigma}\boldsymbol{t}\Big) \\
&\quad \times \int \frac{1}{(2\pi)^{k/2}|\boldsymbol{\Sigma}|^{1/2}} \exp\Big\{-\frac{1}{2}(\boldsymbol{x} - \boldsymbol{\nu})^\top \boldsymbol{\Sigma}^{-1}(\boldsymbol{x} - \boldsymbol{\nu})\Big\} d\boldsymbol{x} \\
&= \exp\Big(\boldsymbol{t}^\top \boldsymbol{\mu} + \frac{1}{2}\boldsymbol{t}^\top \boldsymbol{\Sigma}\boldsymbol{t}\Big)
\end{aligned} \tag{4.10}
$$

となる．ただし，$\boldsymbol{\nu} = \boldsymbol{\mu} + \boldsymbol{\Sigma}\boldsymbol{t}$ である．   □

▶命題 4.24   確率変数 $\boldsymbol{X}$ が多変量正規分布 $\mathcal{N}_k(\boldsymbol{\mu}, \boldsymbol{\Sigma})$ に従うとする．$m \le k$ を満たす m に対して，$\boldsymbol{A}$ を $m \times k$ 行列，$\boldsymbol{b}$ を m 次元ベクトルとし，$\boldsymbol{Y} = \boldsymbol{A}\boldsymbol{X} + \boldsymbol{b}$ とおく．このとき，$\boldsymbol{Y}$ は $\mathcal{N}_m(\boldsymbol{A}\boldsymbol{\mu} + \boldsymbol{b}, \boldsymbol{A}\boldsymbol{\Sigma}\boldsymbol{A}^\top)$ に従う．

[証明]   例 4.23 で計算した $\boldsymbol{X}$ の積率母関数を用いると，$\boldsymbol{Y}$ の積率母関数は

$$
\begin{aligned}
\mathrm{E}[e^{\boldsymbol{t}^\top \boldsymbol{Y}}] &= \mathrm{E}[e^{\boldsymbol{t}^\top (\boldsymbol{A}\boldsymbol{X} + \boldsymbol{b})}] = \mathrm{E}[e^{(\boldsymbol{A}^\top \boldsymbol{t})^\top \boldsymbol{X}}]e^{\boldsymbol{t}^\top \boldsymbol{b}} \\
&= \exp\Big\{(\boldsymbol{A}^\top \boldsymbol{t})^\top \boldsymbol{\mu} + \frac{1}{2}(\boldsymbol{A}^\top \boldsymbol{t})^\top \boldsymbol{\Sigma}(\boldsymbol{A}^\top \boldsymbol{t})\Big\} \exp\{\boldsymbol{t}^\top \boldsymbol{b}\} \\
&= \exp\Big\{\boldsymbol{t}^\top (\boldsymbol{A}\boldsymbol{\mu} + \boldsymbol{b}) + \frac{1}{2}\boldsymbol{t}^\top \boldsymbol{A}\boldsymbol{\Sigma}\boldsymbol{A}^\top \boldsymbol{t}\Big\}
\end{aligned}
$$

と書ける．これは，平均 $\boldsymbol{A}\boldsymbol{\mu} + \boldsymbol{b}$，共分散行列 $\boldsymbol{A}\boldsymbol{\Sigma}\boldsymbol{A}^\top$ の多変量正規分布の積率母関数であり，命題 4.24 の結果が得られる．   □

独立性の証明に利用

積率母関数を利用して確率変数の独立性を示すことができる．

▶命題 4.25（独立性）   確率変数 X と Y が独立であるための必要十分条件は

$$
\mathrm{E}[e^{sX + tY}] = \mathrm{E}[e^{sX}]\mathrm{E}[e^{tY}]
$$

が，$|s| < h, |t| < h$ なるすべての s, t について成り立つことである．

　この命題は命題 4.14(2) から得られる．実際，積率母関数から確率分布が一意的に定まるので，右辺の $\mathrm{E}[e^{sX}]\mathrm{E}[e^{tY}]$ に対応する確率密度は X, Y の周辺密度の積 $f_X(x)f_Y(y)$ として与えられる．左辺 $\mathrm{E}[e^{sX+tY}]$ に対応する確率密度を $f(x,y)$ とすると $f(x,y)=f_X(x)f_Y(y)$ が成り立つことがわかる．

　次の命題は正規分布に基づいた統計量同士の独立性を示すのに便利である．例えば，重回帰分析の 12.2 節において使われる．

▶**命題 4.26**　確率変数 $\boldsymbol{X}$ が多変量正規分布 $\mathcal{N}_k(\boldsymbol{\mu}, \boldsymbol{\Sigma})$ に従うとする．$m, n \leq k$ を満たす自然数 m, n に対して，$\boldsymbol{A}$ を $m \times k$ 行列，$\boldsymbol{b}$ を m 次元ベクトル，$\boldsymbol{C}$ を $n \times k$ 行列，$\boldsymbol{d}$ を n 次元ベクトルとする．$\boldsymbol{Y} = \boldsymbol{A}\boldsymbol{X} + \boldsymbol{b}$, $\boldsymbol{Z} = \boldsymbol{C}\boldsymbol{X} + \boldsymbol{d}$ とおくとき，$\boldsymbol{Y}$ と $\boldsymbol{Z}$ が独立になる必要十分条件は $\boldsymbol{A}\boldsymbol{\Sigma}\boldsymbol{C}^\top = \boldsymbol{0}$ である．

[証明]　$\boldsymbol{s}^\top \boldsymbol{Y} + \boldsymbol{t}^\top \boldsymbol{Z} = \{(\boldsymbol{A}^\top \boldsymbol{s})^\top + (\boldsymbol{C}^\top \boldsymbol{t})^\top\}\boldsymbol{X} + \boldsymbol{s}^\top \boldsymbol{b} + \boldsymbol{t}^\top \boldsymbol{d}$ と書けることから，$\boldsymbol{X}$ の積率母関数 (4.10) を用いると，$\boldsymbol{Y}$ と $\boldsymbol{Z}$ の積率母関数 $\mathrm{E}[e^{\boldsymbol{s}^\top \boldsymbol{Y} + \boldsymbol{t}^\top \boldsymbol{Z}}]$ は

$$\exp\left\{\boldsymbol{s}^\top \boldsymbol{A}\boldsymbol{\mu} + \boldsymbol{t}^\top \boldsymbol{C}\boldsymbol{\mu} + \frac{1}{2}(\boldsymbol{s}^\top \boldsymbol{A} + \boldsymbol{t}^\top \boldsymbol{C})\boldsymbol{\Sigma}(\boldsymbol{A}^\top \boldsymbol{s} + \boldsymbol{C}^\top \boldsymbol{t}) + \boldsymbol{s}^\top \boldsymbol{b} + \boldsymbol{t}^\top \boldsymbol{d}\right\}$$
$$= \exp\left\{\boldsymbol{s}^\top(\boldsymbol{A}\boldsymbol{\mu} + \boldsymbol{b}) + \frac{1}{2}\boldsymbol{s}^\top \boldsymbol{A}\boldsymbol{\Sigma}\boldsymbol{A}^\top \boldsymbol{s}\right\}$$
$$\cdot \exp\left\{\boldsymbol{t}^\top(\boldsymbol{C}\boldsymbol{\mu} + \boldsymbol{d}) + \frac{1}{2}\boldsymbol{t}^\top \boldsymbol{C}\boldsymbol{\Sigma}\boldsymbol{C}^\top \boldsymbol{t}\right\} \cdot \exp\left\{\boldsymbol{s}^\top \boldsymbol{A}\boldsymbol{\Sigma}\boldsymbol{C}^\top \boldsymbol{t}\right\}$$

と書ける．命題 4.25 より，$\boldsymbol{Y}$ と $\boldsymbol{Z}$ が独立になる必要十分条件は $\boldsymbol{A}\boldsymbol{\Sigma}\boldsymbol{C}^\top = \boldsymbol{0}$ であることがわかる．　　　　　　　　□

【**例 4.27**】　$Z_1, \ldots, Z_n$ が独立に標準正規分布 $\mathcal{N}(0,1)$ に従い，$X = \sum_{i=1}^n a_i Z_i$, $Y = \sum_{i=1}^n b_i Z_i$ とする．命題 4.26 より，X と Y が独立になる必要十分条件は $\sum_{i=1}^n a_i b_i = 0$ となる．例えば $X = Z_1 + Z_2$, $Y = Z_1 - Z_2$ は独立になる．　　□

　積率母関数は計算しやすいが，必ずしもすべての確率分布について存在するとは限らない．そこで，理論的には**特性関数**

$$\phi_X(t) = \mathrm{E}[e^{\mathrm{i}tX}] = \mathrm{E}[\cos(tX) + \mathrm{i}\sin(tX)]$$

を用いることが好まれる．ここで i は $\mathrm{i}^2 = -1$ を満たす虚数単位である．$\phi_X(t)$

は $f_X(x)$ のフーリエ変換に対応しており，すべての確率分布に対して存在する．
またフーリエの逆変換により，$\phi_X(t)$ から $f_X(x)$ が一意に定まる．

演習問題

問 1　確率変数 X が次の分布に従うとき，積率母関数 $M_X(t)$ を求めよ．これを用い
て $k = 1, 2, 3, 4$ に対して $\mathrm{E}[X^k]$ の値と求めよ．また歪度と尖度を計算せよ．
(1) ポアソン分布 $Po(\lambda)$　　(2) 正規分布 $\mathcal{N}(\mu, \sigma^2)$　　(3) 指数分布 $Ex(\lambda)$

問 2　多項分布 (3.2) について次の問に答えよ．
(1) $i \neq j$ のとき $\mathrm{Cov}(X_i, X_j) = -np_i p_j$ を示せ．また相関係数を与えよ．
(2) $r \leq m$ に対して $S_r = \sum_{i=1}^{r} X_i$ とおくとき，S_r の平均と分散を求めよ．
特に $r = m$ のときには，S_m の平均と分散はどうなるか．

問 3　ポアソン分布 $Po(\lambda)$ に従う確率変数 X について，次の期待値を求めよ．
$$\mathrm{E}\Big[\frac{1}{X+1}\Big], \quad \mathrm{E}\Big[\frac{1}{X+2}\Big]$$

問 4　ある連続確率変数 X の（累積）分布関数が次で与えられている．
$$F(x) = \begin{cases} 0 & (-\infty < x < 0) \\ 1 - (x-2)^2/4 & (0 \leq x < 2) \\ 1 & (2 \leq x) \end{cases}$$
(1) X の確率密度関数 $f(x)$ を求めよ．
(2) $\mathrm{E}[X^k]$ を計算し，$\mathrm{E}[X]$ と $\mathrm{Var}(X)$ の値を求めよ．
(3) この確率分布のメディアンとモードを求めよ．

問 5　確率変数 X が指数分布 $Ex(\lambda)$ に従い，$\mu = \mathrm{E}[X]$，$\sigma^2 = \mathrm{Var}(X)$ とする．$k = 2, 3, 4$ のとき，$\mathrm{P}(|X - \mu| > k\sigma)$ の値を求めよ．この値とチェビシェフの不等式
を用いたときの上限の値とを比較せよ．

問 6　X を非負の整数上で確率をもつ離散確率変数とし，非負の整数 k に対して $F(k)$
$= \mathrm{P}(X \leq k)$ とする．X の期待値が存在するとき，等式
$$\mathrm{E}[X] = \sum_{k=0}^{\infty} \{1 - F(k)\}$$
が成り立つことを示せ．これを利用して幾何分布 $Geo(\theta)$ の平均を求めよ．

問 7　X を正の実数直線上の連続な確率変数とし，その分布関数を $F(x)$ とする．X の期待値が存在するとき，等式

$$\mathrm{E}[X] = \int_0^\infty \{1 - F(x)\}\, dx$$

が成り立つことを示せ．これを利用して指数分布 $Ex(\lambda)$ の平均を求めよ．

問 8　離散確率変数 X の確率関数を $f(x)$, $x = 0, 1, 2, \ldots,$ とするとき，非負の整数 k に対して条件付き確率関数 $\mathrm{P}(X = x \mid X \geq k) = f(x)/\mathrm{P}(X \geq k)$, $x = k, k + 1, k + 2, \ldots,$ を**打ち切り分布**と呼び，その期待値を $\mathrm{E}[g(X)|X \geq k]$ と書く．同様に，X が連続確率変数の場合は，その確率密度関数を $f(x)$, $-\infty < x < \infty$, とするとき，実数 a に対して打ち切り分布は $f(x)/\mathrm{P}(X > a)$, $a < x < \infty$, で与えられ，期待値を $\mathrm{E}[g(X)|X > a]$ と書く．
  (1)　X がポアソン分布 $Po(\lambda)$ に従うとき，$\mathrm{E}[X|X \geq 1]$ を求めよ．
  (2)　X が幾何分布 $Geo(\theta)$ に従うとき，$\mathrm{E}[X - k|X \geq k]$ を求めよ．
  (3)　X が正規分布 $\mathcal{N}(0, \sigma^2)$ に従うとき，$\mathrm{E}[X|X \geq 0]$ を求めよ．
  (4)　X が指数分布 $Ex(\lambda)$ に従い，$a > 0$ とするとき，$\mathrm{E}[X - a|X \geq a]$ を求めよ．

問 9（対数正規分布）　X が正規分布 $\mathcal{N}(\mu, \sigma^2)$ に従うとき，$Y = e^X$ の分布を**対数正規分布**と呼ぶ．ガンマ分布と並んで正の確率変数の代表的な確率分布である．Y の確率密度関数を求め，平均と分散を計算せよ．またメディアンを求めよ．

問 10　確率変数 (X, Y) の同時確率密度関数が $f(x, y) = 2\, I(0 < x < y < 1)$ で与えられるとする．
  (1)　X, Y の周辺分布を与え，それぞれの平均を求めよ．
  (2)　X, Y の共分散 $\mathrm{Cov}(X, Y)$ を求めよ．
  (3)　$Y = y$ を与えたときの X の条件付き確率密度関数を求めよ．
  (4)　$\mathrm{E}[X|Y = y]$, $\mathrm{Var}(X|Y = y)$ を求めよ．

問 11　コーシー・シュバルツの不等式 (4.5) を証明せよ．また等号条件を与えよ．

問 12　2 つの確率変数 X, Y に対して次の事柄を示せ．
  (1)　X と $Y - \mathrm{E}[Y|X]$ が無相関になること．
  (2)　等式 $\mathrm{Var}(Y - \mathrm{E}[Y|X]) = \mathrm{E}[\mathrm{Var}(Y|X)]$ が成り立つこと．
  (3)　不等式 $\mathrm{E}[(Y - X)^2] \geq \mathrm{E}[\mathrm{Var}(Y|X)]$ が成り立つこと．
  (4)　X と Y が独立なとき，$\mathrm{Var}(XY)$ を X と Y の平均と分散を用いて表せ．

問 13　2 つの確率変数 X, Y について，Y は区間 $[0, 1]$ 上を一様に分布し，$Y = y$

が与えられたとき X は区間 $[0, y]$ 上を一様に分布するものと仮定する. 命題 4.10 を用いて X の平均と分散を計算せよ.

問 14　確率変数 $X_1, \ldots, X_n$ が独立に分布し $X_i \sim \mathcal{N}(\mu_i, \sigma_i^2)$ とする. $a_1, \ldots, a_n$ を実数とし $Y = \sum_{i=1}^{n} a_i X_i$ とおく. このとき, Y の積率母関数 $M_Y(t) = \mathrm{E}[e^{tY}]$ を求めよ. 積率母関数を用いて Y の平均と分散を計算せよ.

問 15　確率変数 (X, Y, Z) が (3.16) のディリクレ分布に従うとき, $\mathrm{E}[X]$, $\mathrm{E}[Y]$, $\mathrm{E}[XY]$ の値を求めよ. また X と Y の共分散を求めよ.

問 16　連続な確率変数 (X, Y) の確率密度関数が $f(x, y) = e^{-y} I(0 < x < y)$ で与えられる. (X, Y) の積率母関数 $M_{X,Y}(s, t) = \mathrm{E}[e^{sX+tY}]$ を求めよ. 積率母関数を利用して, $\mathrm{E}[X]$, $\mathrm{E}[Y]$, $\mathrm{E}[XY]$ の値を計算し, 共分散 $\mathrm{Cov}(X, Y)$ の値を求めよ.

問 17　確率ベクトル $\boldsymbol{X}$ が $\mathrm{E}[\boldsymbol{X}] = \mathbf{0}$, $\mathrm{Cov}(\boldsymbol{X}) = \boldsymbol{\Sigma}$ とする. このとき, 行列 $\boldsymbol{A}$, $\boldsymbol{B}$ に対して, $\boldsymbol{AX}$, $\boldsymbol{BX}$ の共分散 $\mathrm{E}[\boldsymbol{AX}(\boldsymbol{BX})^\top]$ を求めよ. またこれが無相関になるための必要十分条件は $\boldsymbol{A\Sigma B}^\top = \mathbf{0}$ であることを示せ.

問 18　平均が 0 で分散が 1 の 4 つの確率変数 Z_1, Z_2, Z_3, Z_4 について, $i \neq j$ のとき $\mathrm{Cov}(Z_i, Z_j) = \rho$ とする. $U_1 = Z_1 + Z_2 + Z_3 + Z_4$, $U_2 = Z_1 + Z_2 - Z_3 - Z_4$ とおくとき, U_1 と U_2 が無相関になることを問 17 の結果を用いて示せ.

問 19　$X_1, \ldots, X_n$ を独立な確率変数とし, $\mathrm{E}[X_i] = \mu_i$, $\mathrm{Var}(X_i) = \sigma^2$ とする. 問 17 の結果を用いて次のモーメントの計算をせよ.
　　(1) $Y = \sum_{i=1}^{n} a_i X_i$, $Z = \sum_{i=1}^{n} b_i X_i$ とおくとき, $\mathrm{Cov}(Y, Z)$ を求めよ. 任意に与えられた係数 $a_1, \ldots, a_n$ に対して, Y と Z が無相関になるような $b_1, \ldots, b_n$ の例を 1 つあげよ. ただし $b_1, \ldots, b_n$ のうち 1 つは 0 でないとする.
　　(2) $\mathrm{E}[\sum_{i=1}^{n} \sum_{j=1}^{n} X_i X_j]$ を求めよ.

問 20　X を $\mathcal{N}(\mu, 1)$ に従う確率変数とし, $\phi(\cdot)$, $\Phi(\cdot)$ を標準正規分布の確率密度関数と分布関数とする. このとき, $\mathrm{E}[\phi(X)]$ と $\mathrm{E}[\Phi(X)]$ を計算せよ.

問 21 (最適予測問題)　2 次元の確率変数 (X, Y) に対して Y を X の関数 $h(X)$ で予測する問題を考える. $\mathrm{MSPE}(h) = \mathrm{E}[\{Y - h(X)\}^2]$ を平均 2 乗予測誤差と呼ぶ. これを最小にする最適予測関数は $h^*(X) = \mathrm{E}[Y|X]$ で与えられ, そのときの平均 2 乗予測誤差は $\mathrm{MSPE}(h^*) = \mathrm{E}[\mathrm{Var}(Y|X)]$ となることを示せ. (X, Y) が 2 次元正規分布に従うときに最適予測関数を求めよ.

第 5 章

統計モデルとデータの縮約

これまでの章で学んだ確率変数と確率分布に関する基本的な性質に
基づいて，本章より統計的推測法の内容に入っていく．その準備のた
めに，本章では，統計モデルの考え方，順序統計量と十分統計量，階
層的な確率モデルやポアソン過程について解説する．

5.1 統計モデルの考え方

統計学の目的の 1 つは，観測されたデータの分析方法を提供することであり，
分析方法には記述統計と推測統計の 2 つのアプローチがある．その違いを説明
するために母集団と標本の枠組みを考えてみる．例えば，全国の高校 3 年生男
子の人数は 2 万人程度であるが，その全体の身長の平均に関心があり，その値
を知りたい場合を考える．高校 3 年生男子の中から n 人の生徒を抽出して得ら
れたデータが $x_1, \ldots, x_n$ であるとき，全国の高校 3 年生男子の身長の全体を**母
集団**，抽出されたデータの集まり $\{x_1, \ldots, x_n\}$ を**標本**と呼び，n を**標本のサイ
ズ**と呼ぶ．標本に基づいて相加平均を $\bar{x} = n^{-1} \sum_{i=1}^{n} x_i$ として計算して，母集
団全体の平均身長を $\bar{x}$ で推定することができる．このように観測データを直接
加工して推測を行う分析方法を**記述統計**と呼ぶ．ここで問題になるのが，抽出さ
れたデータが高校 3 年生男子の全体を偏りなく反映しているか，$\bar{x}$ による推定の
誤差を見積もることができるかという点であり，記述統計の枠組みでは対処する
ことができない．

そこで，母集団について再考するために全国の高校 3 年生男子の身長の分布
を調べてみると，図 5.1 のように描けることがわかる（平成 30 年度学校保健統計調
査より）．この分布は釣り鐘型をしているので正規分布 $\mathcal{N}(\mu, \sigma^2)$ を想定すること
が妥当であるように思われる．このことから，母集団と標本の扱いを次のように
捉え直すことにする．まず，母集団全体が確率分布 $\mathcal{N}(\mu, \sigma^2)$ に従うとし，この

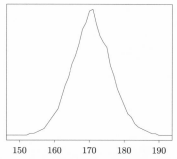

図 5.1　高校 3 年生男子の身長の分布

分布に従う確率変数 $(X_1, \ldots, X_n)$ を標本として，観測データ $(x_1, \ldots, x_n)$ は確率変数 $(X_1, \ldots, X_n)$ の実現値であると捉えることにする．この設定の枠組みを**推測統計**と呼ぶ．

　母集団全体から偏りなく標本を抽出することは，無作為（ランダム）に抽出することで実現できる．無作為に抽出することを**無作為抽出（ランダムサンプリング）**と呼び，無作為に抽出された標本を**無作為標本（ランダム標本）**と呼ぶ．無作為抽出とは確率変数 $X_1, \ldots, X_n$ が独立であると言い換えることができるので，$X_1, \ldots, X_n$ が母集団分布 $\mathcal{N}(\mu, \sigma^2)$ からのランダム標本であることは，次のように記述することができる．

$$X_1, \ldots, X_n, \text{ i.i.d. } \sim \mathcal{N}(\mu, \sigma^2) \tag{5.1}$$

ここで，i.i.d. は independently and identically distributed の略であり，**独立に同一分布**に従うことを表す．正規分布に従う母集団を特に**正規母集団**と呼び，推測統計の基本的なモデルとして第 7 章で説明する．次節の内容になるが，母集団の平均 μ を標本平均 $\overline{X} = n^{-1} \sum_{i=1}^{n} X_i$ で推定するとき，推定誤差は $\mathrm{Var}(\overline{X}) = \sigma^2/n$ で見積もることができるので，n の大きさとともに推定誤差が小さくなることがわかる．実際の推定値は，観測データ $x_1, \ldots, x_n$ を代入することにより，$\overline{x} = n^{-1} \sum_{i=1}^{n} x_i$ で与えられ，その推定誤差が σ^2/n で見積もられることになる．

　ここで，母集団の元の個数が有限の場合と無限の場合で議論が分かれることに注意する．母集団の元が有限個の場合を**有限母集団**，無限個の場合を**無限母集団**と呼ぶ．また母集団から抽出したデータを母集団に戻す抽出方法を**復元抽出**，

戻さない方法を**非復元抽出**と呼ぶ．標本調査では抽出したデータを母集団に戻すことはないので非復元抽出に対応する．N 個の元からなる有限母集団から無作為に非復元で抽出する場合，最初に X_1 を抽出した後では母集団の元の個数は $N-1$ となるので，そこから X_2 を抽出すると X_1 と X_2 の確率分布が異なることになり，標本の確率変数が「同一分布に従う」という仮定は成り立たないことに注意する．これに対して，無限母集団から無作為に非復元抽出する場合には，元が無限個あることから抽出されたランダム標本は「同一分布に従う」と見なすことができる．したがって，独立同一分布の設定 (5.1) は無限母集団からの抽出であることを暗に設定していることになる．全国の高校 3 年生男子の人数 N は約 50 万人で有限であるが，N が極めて大きいので無限母集団と見なして扱うことができる．

正規母集団に限らず様々な母集団分布を考えることができる．例えば，内閣支持率を知りたいときには全国の全有権者が母集団となり，そのうち $100p\%$ の割合の人が支持しているとすると，母集団はベルヌーイ分布 $Ber(p)$ に従うと考えることができる．一般に母集団の確率分布の分布関数が $F(\cdot)$ で与えられるとき，その母集団からのサイズ n のランダム標本 $X_1, \ldots, X_n$ は

$$X_1, \ldots, X_n, \text{ i.i.d. } \sim F(\cdot) \tag{5.2}$$

と表すことができる．$F(\cdot)$ の関数系が正規分布のように特定できる設定を**パラメトリック**，関数系を特定しない設定を**ノンパラメトリック**と呼ぶ．

(5.1), (5.2) は，母集団と標本を通して確率変数の組がどのような分布にどのように従うかを記述しているが，この記述には母集団という概念は登場せず確率分布で置き換わって単純化されている．むしろ具体的な母集団をイメージすることなく，データが発生するメカニズムを確率現象として捉え，確率変数と確率分布を用いてその確率現象を説明するモデルとして捉える場合もある．そこで，観測されたデータが発生するメカニズムを確率分布としてモデル化し，確率変数の組がその確率分布にどのような形で従うかも含めて，確率変数の組と確率分布との関係を記述したものを**統計モデル**と呼ぶことにする．

確率現象を統計モデルとしてどのように設定するかが統計解析において重要な点になる．これを**統計的モデリング**と呼んでいる．第 2 章や第 3 章で学んだ確率分布が基本になるが，5.5 節で紹介するように，それらを階層的に組み立て

た確率モデルなどデータ発生のメカニズムをより柔軟に捉えることができる統計モデルを考えていくことが大切である. 本書では独立同一分布という設定を扱うが, 経済データのように系列相関がある場合には時系列モデルを扱う必要がある. また母集団のイメージやデータ発生のメカニズムなどから統計家は統計モデルを設定するが, それが必ずしも正しいとは限らないことにも注意する. 想定した統計モデルの妥当性は, 仮説検定やモデル選択規準などを通して検討する必要がある (10.2 節と 12.4 節を参照).

最後に, 標本に関わる用語をいくつか紹介する. $X_1, \ldots, X_n$ を標本とするとき, 標本の関数 $T = T(X_1, \ldots, X_n)$ で未知なものを含まないものを**統計量**, 統計量の分布を**標本分布**と呼ぶ. 以下の節で説明する標本平均, 標本分散, 順序統計量, 十分統計量は代表的な統計量である. パラメトリックなモデルの場合, $\mathcal{N}(\mu, \sigma^2)$ の μ, σ^2 や $Ber(p)$ の p を**パラメータ (母数)** と呼び, 未知の場合には標本から推測することになる. 一般にパラメータを θ で表すとき, θ は $X_1, \ldots, X_n$ の関数で推定することになるので, この関数を $\hat{\theta}(X_1, \ldots, X_n)$ もしくは簡単に $\hat{\theta}$ と書いて θ の**推定量**と呼ぶ. この関数のとり方を第 8 章で学ぶことになるが, 1 つの望ましい性質として不偏性という性質があるのでここで定義しておく.

▷**定義 5.1 (不偏性)**   推定量 $\hat{\theta} = \hat{\theta}(X_1, \ldots, X_n)$ が θ の**不偏推定量**であるとは, すべての θ に対して $\hat{\theta}(X_1, \ldots, X_n)$ の期待値が θ になること, すなわち $\mathrm{E}_\theta[\hat{\theta}(X_1, \ldots, X_n)] = \theta$ が成り立つことをいう.

5.2 標本平均, 標本分散, 不偏分散

確率変数 $X_1, \ldots, X_n$ が独立で, 平均 $\mathrm{E}[X_i] = \mu$, 分散 $\mathrm{Var}(X_i) = \sigma^2$ の同一な確率分布に従うとする. **標本平均, 標本分散**は

$$\overline{X} = \frac{1}{n} \sum_{i=1}^{n} X_i, \quad S^2 = \frac{1}{n} \sum_{i=1}^{n} (X_i - \overline{X})^2 \tag{5.3}$$

のように定義され, それぞれ μ, σ^2 を推定するのに使われる.

標本平均 $\overline{X}$ の期待値と分散を求めると, 期待値は $\mathrm{E}[\overline{X}] = \frac{1}{n} \sum_{i=1}^{n} \mathrm{E}[X_i] =$

$\frac{1}{n}\sum_{i=1}^{n}\mu = \mu$ となり，$\overline{X}$ の分散は，(4.6) より

$$\mathrm{Var}(\overline{X}) = \frac{1}{n^2}\sum_{i=1}^{n}\mathrm{Var}(X_i) = \frac{\sigma^2}{n} \tag{5.4}$$

となる．$\mathrm{E}[\overline{X}] = \mu$ だから，$\mathrm{Var}(\overline{X}) = \mathrm{E}[(\overline{X}-\mu)^2]$ と書ける．これは，$\overline{X}$ が μ から平均的にどの程度離れているのかを測っており，μ を $\overline{X}$ で推定するときの誤差を表している．したがって，$\mathrm{Var}(\overline{X}) = \sigma^2/n$ となることは，標本平均の推定誤差が n とともに小さくなることを示している．

S^2 の期待値は，$\sum_{i=1}^{n}(X_i - \overline{X})^2 = \sum_{i=1}^{n}(X_i - \mu)^2 - n(\overline{X} - \mu)^2$ より

$$\mathrm{E}\Big[\sum_{i=1}^{n}(X_i - \overline{X})^2\Big] = \sum_{i=1}^{n}\mathrm{E}[(X_i - \mu)^2] - n\mathrm{E}[(\overline{X} - \mu)^2] \tag{5.5}$$

$$= n\sigma^2 - n\frac{\sigma^2}{n} = (n-1)\sigma^2$$

となるので，$\mathrm{E}[S^2] = \frac{n-1}{n}\sigma^2$ となる．$\mathrm{E}[S^2] \neq \sigma^2$ であるから

$$V^2 = \frac{1}{n-1}\sum_{i=1}^{n}(X_i - \overline{X})^2 \tag{5.6}$$

とおくことにより $\mathrm{E}[V^2] = \sigma^2$ となることがわかる．これを**不偏分散**と呼ぶ．

5.3　順序統計量

代表的な統計量の1つである順序統計量について，その確率分布を導出する．

連続な確率変数 $X_1, \ldots, X_n$ が独立に分布し共通の分布に従うとする．各 X_i の分布関数を $F(\cdot)$，確率密度関数を $f(\cdot)$ とする．n 個の確率変数を小さい順に並べたものを $X_{(1)} \leq \cdots \leq X_{(n)}$ と書いて**順序統計量**と呼ぶ．特に，$X_{(1)}$ を最小統計量，$X_{(n)}$ を最大統計量と呼ぶ．最大統計量の分布関数は

$$F_{X_{(n)}}(x) = \mathrm{P}(X_{(n)} \leq x) = \mathrm{P}(X_1 \leq x, \ldots, X_n \leq x) = \{F(x)\}^n$$

となるので，$X_{(n)}$ の確率密度関数は，これを微分することにより

$$f_{X_{(n)}}(x) = nf(x)\{F(x)\}^{n-1} \tag{5.7}$$

と書ける．最小統計量の分布関数は

$$1 - F_{X_{(1)}}(x) = \mathrm{P}(X_{(1)} \geq x) = \mathrm{P}(X_1 \geq x, \ldots, X_n \geq x) = \{1 - F(x)\}^n$$

より $F_{X_{(1)}}(x) = 1 - \{1 - F(x)\}^n$ となるので，$X_{(1)}$ の確率密度関数は

$$f_{X_{(1)}}(x) = nf(x)\{1 - F(x)\}^{n-1} \tag{5.8}$$

と書ける．

一般に順序統計量 $X_{(j)}$ の確率密度を求めるには，次のような3項分布を形式的に考えるとよい．微小な Δx に対して3つの事象 $\{X_k \leq x\}$, $\{x < X_k \leq x + \Delta x\}$, $\{x + \Delta x < X_k\}$ の確率を $F(x)$, $f(x)\Delta x$, $1 - F(x + \Delta x)$ で表す．

事象	$\{X_k \leq x\}$	$\{x < X_k \leq x + \Delta x\}$	$\{x + \Delta x < X_k\}$
確率	$F(x)$	$f(x)\Delta x$	$1 - F(x + \Delta x)$

$x < X_{(j)} \leq x + \Delta x$ となる確率は，$\{X_k \leq x\}$ となる k が $j - 1$ 個，$\{x < X_k \leq x + \Delta x\}$ となる k が1個，$\{X_k > x + \Delta x\}$ となる k が $n - j$ 個であるような3項分布と解釈できるので

$$\mathrm{P}(x < X_{(j)} \leq x + \Delta x)$$
$$= \frac{n!}{(j-1)!1!(n-j)!}\{F(x)\}^{j-1}f(x)\Delta x\{1 - F(x + \Delta x)\}^{n-j}$$

となる．したがって，$X_{(j)}$ の確率密度関数は

$$f_{X_{(j)}}(x) = \lim_{\Delta x \to 0} \frac{\mathrm{P}(x < X_{(j)} \leq x + \Delta x)}{\Delta x}$$
$$= \frac{n!}{(j-1)!(n-j)!}\{F(x)\}^{j-1}f(x)\{1 - F(x)\}^{n-j}$$

となる．$j = 1, n$ のときには，(5.8), (5.7) に等しいことがわかる．

同様にして，$X_{(i)}$ と $X_{(j)}$, $(i < j)$, の同時確率密度関数 $f_{X_{(i)}, X_{(j)}}(x, y)$ を求めることができる．簡単のために $\Delta x, \Delta y$ を省略して事象と確率を表示すると

事象	$\{X_k < x\}$	$\{X_k = x\}$	$\{x < X_k < y\}$	$\{X_k = y\}$	$\{y < X_k\}$
確率	$F(x)$	$f(x)$	$F(y) - F(x)$	$f(y)$	$1 - F(y)$

のように書けるので，5つの事象がそれぞれ $i-1$ 回，1回，$j-i-1$ 回，1回，$n-j$ 回起こる5項分布に対応する．したがって次のようになる．

$$f_{X_{(i)},X_{(j)}}(x,y) = \frac{n!}{(i-1)!(j-i-1)!(n-j)!}$$
$$\times f(x)f(y)F(x)^{i-1}\{F(y)-F(x)\}^{j-i-1}\{1-F(y)\}^{n-j}$$

特に，$X_{(1)}$ と $X_{(n)}$ の同時確率密度関数は次で与えられる．

$$f_{X_{(1)},X_{(n)}}(x,y) = n(n-1)f(x)f(y)\{F(y)-F(x)\}^{n-2}, \quad x<y$$

$X_{(1)},\ldots,X_{(n)}$ の同時確率密度関数 $f_{X_{(1)},\ldots,X_{(n)}}(x_1,\ldots,x_n)$ は各事象 $\{X_k = x_1\},\ldots,\{X_k=x_n\}$ が1回ずつ起こると考えると，次のように書ける．

$$f_{X_{(1)},\ldots,X_{(n)}}(x_1,\ldots,x_n) = n!f(x_1)\cdots f(x_n), \; x_1<\cdots<x_n$$

【例5.2】（一様分布）　一様分布 $U(0,1)$ に従う独立な確率変数 $X_1,\ldots,X_n$ を考える．X_i の分布関数は $F(x) = xI(0<x<1)+I(x\geq 1)$ と書けるので，$0<x<y<1, i<j$ に対して

$$f_{X_{(j)}}(x) = \frac{n!}{(j-1)!(n-j)!}x^{j-1}(1-x)^{n-j}$$
$$f_{X_{(i)},X_{(j)}}(x,y) = \frac{n!}{(i-1)!(j-i-1)!(n-j)!}x^{i-1}(y-x)^{j-i-1}(1-y)^{n-j}$$

となる．$X_{(j)}$ はベータ分布 $Beta(j,n-j+1)$ に従うので，$\mathrm{E}[X_{(j)}] = j/(n+1)$，$\mathrm{Var}(X_{(j)}) = j(n-j+1)/\{(n+1)^2(n+2)\}$ となる．　　　　□

5.4　十分統計量とデータの縮約

　母集団に関する情報を失わずに統計量を縮約する方法に十分統計量がある．いま n 個の独立な確率変数 $X_1,\ldots,X_n$ がそれぞれ確率（密度）関数 $f(x|\theta)$ に従うとする．確率（密度）関数は，離散確率変数のときには確率関数，連続確率変数のときには確率密度関数を意味するものとする．$\boldsymbol{X} = (X_1,\ldots,X_n)$ としその実現値を $\boldsymbol{x} = (x_1,\ldots,x_n)$ とする．ある統計量 $T = T(\boldsymbol{X})$ が存在して，$\boldsymbol{X}$

がもっている θ についての情報を過不足無く T に引き継ぐことができるなら，そのような統計量を扱うことは意味がある．例えば，表が出る確率が θ のコインを投げる実験を考えてみると，θ の全情報は $\sum_{i=1}^{n} X_i$ を見れば十分であることが容易に想像がつく．もちろん $X_1, \ldots, X_n$ に θ の全情報が含まれている訳であるが，この情報を蓄えるには 2^n 個のメモリーが必要である．これに対して $\sum_{i=1}^{n} X_i$ は $n+1$ 個のメモリーで十分である．

▷**定義 5.3（十分統計量）** 統計量 $T(\boldsymbol{X})$ が θ に関する**十分統計量**であるとは，$T(\boldsymbol{x}) = t$ を満たす $\boldsymbol{x}$ と t に対して，$T(\boldsymbol{X}) = t$ を与えたときの $\boldsymbol{X} = \boldsymbol{x}$ の条件付き確率が θ に依存しないことをいう．

　十分統計量であることを直接示すには条件付き確率を評価しなければならないがそれは必ずしも容易ではない．そこで次の因子分解定理が役立つ．

▶**定理 5.4（因子分解定理）** $T(\boldsymbol{X})$ が θ の十分統計量であるための必要十分条件は，$\boldsymbol{X}$ の同時確率（密度）関数 $f(\boldsymbol{x}|\theta)$ が θ に依存する部分とそうでない部分に分解でき，θ に依存する部分は $T(\cdot)$ を通してのみ $\boldsymbol{x}$ に依存する，すなわち

$$f(\boldsymbol{x}|\theta) = h(\boldsymbol{x})g(T(\boldsymbol{x})|\theta) \tag{5.9}$$

と表されることである．

[**証明**] 簡単のため，離散分布の場合のみ示すが，連続分布や一般の分布においても成り立つ．

（必要性）$t = T(\boldsymbol{x})$ なる $\boldsymbol{x}$ に対して次のように書ける．

$$f(\boldsymbol{x}|\theta) = \mathrm{P}_\theta(\boldsymbol{X} = \boldsymbol{x}) = \mathrm{P}_\theta(\boldsymbol{X} = \boldsymbol{x}, T(\boldsymbol{X}) = t)$$
$$= \mathrm{P}_\theta(T(\boldsymbol{X}) = t)\mathrm{P}(\boldsymbol{X} = \boldsymbol{x}|T(\boldsymbol{X}) = t)$$

そこで，$t = T(\boldsymbol{x})$ より，$\mathrm{P}_\theta(T(\boldsymbol{X}) = t) = g(t|\theta) = g(T(\boldsymbol{x})|\theta)$，$\mathrm{P}(\boldsymbol{X} = \boldsymbol{x}|T(\boldsymbol{X}) = t) = h(\boldsymbol{x})$ とおけば，$f(\boldsymbol{x}|\theta) = h(\boldsymbol{x})g(T(\boldsymbol{x})|\theta)$ と表されることがわかる．

（十分性）$P_\theta(T(\boldsymbol{X}) = t) = \sum_{\boldsymbol{x}:T(\boldsymbol{x})=t} f(\boldsymbol{x}|\theta) = g(t|\theta)\sum_{\boldsymbol{x}:T(\boldsymbol{x})=t} h(\boldsymbol{x})$ となる.
このとき，条件付き確率は，$T(\boldsymbol{x}) = t$ に注意すると，

$$P_\theta(\boldsymbol{X} = \boldsymbol{x}|T(\boldsymbol{X}) = t) = \frac{P_\theta(\boldsymbol{X} = \boldsymbol{x}, T(\boldsymbol{X}) = t)}{P_\theta(T(\boldsymbol{X}) = t)} = \frac{P_\theta(\boldsymbol{X} = \boldsymbol{x})}{P_\theta(T(\boldsymbol{X}) = t)}$$
$$= \frac{g(T(\boldsymbol{x})|\theta)h(\boldsymbol{x})}{g(t|\theta)\sum_{\boldsymbol{x}:T(\boldsymbol{x})=t} h(\boldsymbol{x})} = \frac{h(\boldsymbol{x})}{\sum_{\boldsymbol{x}:T(\boldsymbol{x})=t} h(\boldsymbol{x})}$$

となり，θ に依存しないことから $T(\boldsymbol{X})$ が十分統計量である. □

【例5.5】（正規分布） $X_1,\ldots,X_n$ が独立に正規分布 $\mathcal{N}(\mu,\sigma^2)$ に従うとき，同時確率密度は

$$f(\boldsymbol{x}|\mu,\sigma^2) = \frac{1}{(2\pi\sigma^2)^{n/2}}\exp\Big\{-\frac{1}{2\sigma^2}\sum_{i=1}^n x_i^2 + \frac{1}{\sigma^2}\sum_{i=1}^n x_i\mu - \frac{n\mu^2}{2\sigma^2}\Big\}$$

と書けるので，定理5.4の因子分解定理より $(\sum_{i=1}^n X_i^2, \sum_{i=1}^n X_i)$ が (μ,σ^2) の十分統計量になる. $S^2 = n^{-1}\sum_{i=1}^n X_i^2 - \overline{X}^2$ より，$(\sum_{i=1}^n X_i^2, \sum_{i=1}^n X_i)$ と $(\overline{X}, S^2)$ が1対1に対応するので，$(\overline{X}, S^2)$ も十分統計量になる. □

【例5.6】（一様分布） $X_1,\ldots,X_n$ が独立に区間 $(0,\theta)$ の一様分布 $U(0,\theta)$ に従うとする. このとき，同時確率密度関数は次のように表される.

$$f(\boldsymbol{x}|\theta) = \theta^{-n}I(0 < x_1,\ldots,x_n < \theta) = \theta^{-n}I(x_{(1)} > 0)I(x_{(n)} < \theta)$$

定理5.4より，$T(\boldsymbol{X}) = X_{(n)}$ が θ に対する十分統計量となる. □

5.5 階層的な確率モデル

第2章と第3章で基本となる確率分布を学んだが，それらを階層的に組み立てることによってより柔軟にデータに適合できるような確率分布を作ることができる. 確率変数 (X,Y) の同時確率（密度）関数 $f(x,y)$ は条件付き確率（密度）を用いて $f(x,y) = f_{X|Y}(x|y)f_Y(y)$ のように書くことができる. これは

$$X|Y = y \sim f_{X|Y}(x|y), \quad Y \sim f_Y(y) \tag{5.10}$$

のような階層的な確率モデルとして表すことができる．このような構造をもつモデルを**階層モデル**と呼ぶ．1段目の条件付き確率分布 $f_{X|Y}(x|y)$ はデータを説明するための基本となる分布である．X の周辺確率（密度）は

$$f_X(x) = \sum_{i=1}^{\infty} f_{X|Y}(x|y_i)f_Y(y_i) \text{ もしくは } f_X(x) = \int f_{X|Y}(x|y)f_Y(y)\,dy$$

で与えられるが，2段目の確率分布 $f_Y(y)$ のとり方に応じて広い確率分布のクラスが提供できる．周辺確率密度は $f_{X|Y}(x|y)$ に $f_Y(y)$ という重みを付けて平均をとったもので，**混合分布**と呼ばれる．

【例 5.7】(有限混合モデル) Y を離散確率変数とし，$i=1,\ldots,k$ に対して $f_Y(i)$ $= \mathrm{P}(Y=i) = p_i$, $p_1 + \cdots + p_k = 1$ とする．$Y=i$ を与えたときの X の条件付き確率（密度）関数を $f_i(x)$ と書くと，X の周辺確率（密度）は

$$f_X(x) = p_1 f_1(x) + \cdots + p_k f_k(x) \tag{5.11}$$

のような**有限混合分布**になる．

例えば，図 5.2 は全国の高校 3 年生男子と女子の身長分布（左）と合算したときの分布（右）である（平成 30 年度学校保健統計調査より）．この場合は $k = 2$ であり 2 つの峰をもつ混合分布になる．X の周辺分布の平均と分散は，$\mu_i = \mathrm{E}[X|Y=i]$, $\sigma_i^2 = \mathrm{Var}(X|Y=i)$, $\overline{\mu} = \sum_{i=1}^{k} \mu_i p_i$ とおくと，命題 4.10 より $\mathrm{E}[X] = \mathrm{E}[\mathrm{E}[X|Y]] = \sum_{i=1}^{k} \mu_i p_i = \overline{\mu}$, $\mathrm{Var}(X) = \mathrm{E}[\mathrm{Var}(X|Y)] + \mathrm{Var}(\mathrm{E}[X|Y]) =$

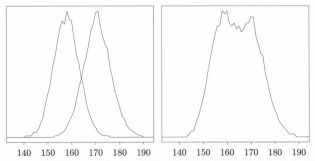

図 5.2 高校生男子と女子の身長の分布（左）と合算した分布（右）

$\sum_{i=1}^{k} \sigma_i^2 p_i + \sum_{i=1}^{k} (\mu_i - \overline{\mu})^2 p_i$ となる.   □

【例5.8】(正規尺度混合分布) Y を正の連続確率変数とし階層モデル

$$X|Y \sim \mathcal{N}(\mu, 1/Y), \quad Y \sim g(y), \ y > 0 \tag{5.12}$$

を考えると, X の周辺確率密度関数は次のように表される.

$$f_X(x) = \int_0^\infty \frac{1}{\sqrt{2\pi}} y^{1/2} e^{-(x-\mu)^2 y/2} g(y) \, dy \tag{5.13}$$

これを**正規尺度混合分布**と呼ぶ. Y がガンマ分布 $Ga(\alpha, \beta)$ に従うときには

$$f_X(x) = \frac{1}{\sqrt{2\pi}\Gamma(\alpha)\beta^\alpha} \int_0^\infty y^{\alpha+\frac{1}{2}-1} \exp\left[-\left\{\frac{1}{\beta} + \frac{(x-\mu)^2}{2}\right\}y\right] dy$$

$$= \frac{\Gamma(\alpha+1/2)}{\sqrt{\pi}\Gamma(\alpha)} \frac{\sqrt{\beta/2}}{\{1 + (\beta/2)(x-\mu)^2\}^{\alpha+1/2}} \tag{5.14}$$

と書ける. 自然数 m に対して $\alpha = m/2, \ \beta = 2/m$ とおくと, 自由度 m の t-分布になり, 正規分布より裾の厚い分布が得られる (7.1.2項を参照). 特に $\beta = 2$, $\alpha = 1/2$ とおき, 命題2.20より $\Gamma(1/2) = \sqrt{\pi}$, $\Gamma(1) = 1$ に注意すると

$$f_X(x) = \frac{1}{\pi} \frac{1}{1 + (x-\mu)^2} \tag{5.15}$$

となり, **コーシー分布**が得られる. この分布については, $\mathrm{E}[|X|] = \infty$ となりモーメントが存在しない (第2章の演習問題を参照).

(5.12) の正規尺度混合分布の平均と分散は, $\mathrm{E}[X|Y] = \mu$, $\mathrm{Var}(X|Y) = 1/Y$ であるから, 命題4.10を用いると $\mathrm{E}[X] = \mu$, $\mathrm{Var}(X) = \mathrm{E}[1/Y]$ となる.   □

【例5.9】(ガンマ・ポアソン分布) 確率変数 (X, Y) の階層モデルとして

$$X|Y \sim Po(Y), \quad Y \sim Ga(\alpha, \beta)$$

を考えると, (X, Y) の同時確率関数は

$$f(x, y) = \frac{y^x}{x!} e^{-y} \frac{y^{\alpha-1}}{\Gamma(\alpha)\beta^\alpha} e^{-y/\beta} = \frac{1}{\Gamma(\alpha)x!\beta^\alpha} y^{x+\alpha-1} e^{-(1+1/\beta)y}$$

と書ける. X の周辺確率分布を**ガンマ・ポアソン分布**と呼び

$$f_X(x) = \frac{\Gamma(x+\alpha)}{\Gamma(\alpha)x!} \frac{\beta^x}{(1+\beta)^{x+\alpha}}$$

で与えられる. α が自然数のときには負の 2 項分布 $NBin(\alpha, 1/(1+\beta))$ になる. ポアソン分布は平均と分散が等しいが, 現実には死亡数などのデータを分析してみると平均より分散の方が大きくなることがあり, ポアソン分布を当てはめることができない. これを**過分散**の問題と呼び, ガンマ・ポアソン分布はこの問題を解決するモデルとして利用される. $E[X|Y] = \text{Var}(X|Y) = Y$, $E[Y] = \alpha\beta$, $\text{Var}(Y) = \alpha\beta^2$ より, 命題 4.10 を用いると, $E[X] = E[Y] = \alpha\beta$, $\text{Var}(X) = E[Y] + \text{Var}(Y) = \alpha\beta(1+\beta)$ となり, 分散が平均より大きくなることがわかる（演習問題を参照）. □

【例 5.10】(ベータ・2 項分布) 確率変数 (X, Y) の階層モデルとして

$$X|Y \sim Bin(n, Y), \quad Y \sim Beta(\alpha, \beta)$$

を考えると, (X, Y) の同時確率関数は

$$f(x, y) = \binom{n}{x} \frac{1}{B(\alpha, \beta)} y^{x+\alpha-1}(1-y)^{n-x+\beta-1}$$

と書けるので, X の周辺確率関数は次のように書ける.

$$f_X(x) = \binom{n}{x} \frac{B(x+\alpha, n-x+\beta)}{B(\alpha, \beta)}, \ x = 0, \dots, n$$

これを**ベータ・2 項分布**と呼ぶが, 平均・分散を直接計算することは困難である. $E[X|Y] = nY$, $\text{Var}(X|Y) = nY(1-Y)$ より, X の平均と分散は, 命題 4.10 を用いて $E[X] = E[nY] = n\alpha/(\alpha+\beta)$, $\text{Var}(X) = E[nY(1-Y)] + \text{Var}(nY) = n(n-1)\text{Var}(Y) + nE[Y](1-E[Y])$ より

$$\text{Var}(X) = n(n-1)\frac{\alpha\beta}{(\alpha+\beta)^2(\alpha+\beta+1)} + n\frac{\alpha\beta}{(\alpha+\beta)^2}$$

と書ける. ただしベータ分布の平均と分散は命題 2.14 で与えられている. □

【例 5.11】(複合ポアソン分布)　非負の整数に対して確率をとる離散確率変数を N とし,その確率関数を $g(n)$ とする.また,$X_1, X_2, \ldots$ を独立な確率変数で X_i の確率(密度)関数を $f(x)$ とし,N と独立であるとする.このとき,X_i のランダムな個数の和 $S_N = X_1 + \cdots + X_N$ を考える.特に,$X_i \sim Po(\lambda)$,$N \sim Po(\nu)$ とするときの S_N の分布を**複合ポアソン分布**と呼ぶ.これは

$$S_N|N \sim Po(N\lambda), \quad N \sim Po(\nu)$$

のような階層モデルとして表される.$\mathrm{E}[S_N|N] = \mathrm{Var}(S_N|N) = N\lambda$ であるから,命題 4.10 より $\mathrm{E}[S_N] = \mathrm{E}[N\lambda] = \nu\lambda$,$\mathrm{Var}(S_N) = \mathrm{E}[N\lambda] + \mathrm{Var}(N\lambda) = \nu\lambda + \nu\lambda^2 = \nu\lambda(1 + \lambda)$ となる(演習問題を参照).　　　　□

2 次元の階層的確率モデルを考えることができる.X, Y, Z を確率変数とし

$$X|Z = z \sim f_{X|Z}(x|z), \quad Y|Z = z \sim f_{Y|Z}(y|z), \quad Z \sim f_Z(z)$$

のような階層モデルを考えると,(X, Y) の共分散は条件付き分布を用いて

$$\mathrm{Cov}(X, Y) = \mathrm{E}[\mathrm{Cov}(X, Y|Z)] + \mathrm{Cov}(\mathrm{E}[X|Z], \mathrm{E}[Y|Z]) \tag{5.16}$$

のように表すことができる(演習問題を参照).特に,$Z = z$ を与えたときの (X, Y) の同時確率 $f_{X,Y|Z}(x,y|z)$ が,すべての x, y に対して

$$f_{X,Y|Z}(x,y|z) = f_{X|Z}(x|z) \times f_{Y|Z}(y|z)$$

と書けるとき,$Z = z$ を与えたもとで X と Y は**条件付き独立**であるという.この場合 $\mathrm{Cov}(X, Y) = \mathrm{Cov}(\mathrm{E}[X|Z], \mathrm{E}[Y|Z])$ となり,共分散を生ずるようなモデルを構成することができる.

【例 5.12】　(X, Y, Z) の同時確率密度関数が

$$f(x, y, z) = e^{-(x+y)z}, \quad x > 0, \ y > 0, \ z > 1$$

で与えられるとする.この同時確率密度を $f(x, y, z) = f_{X,Y|Z}(x,y|z)f_Z(z)$ のように分解すると,$f_Z(z) = z^{-2}I(z > 1)$ であり,$Z = z$ を与えたときの (X, Y) の条件付き密度は

$$f_{X,Y|Z}(x,y|z) = ze^{-zx} \times ze^{-zy} = f_{X|Z}(x|z) \times f_{Y|Z}(y|z)$$

と分解できるので，X と Y は $Z = z$ を与えたもとで条件付き独立になり，$X|Z = z$，$Y|Z = z$ はともに指数分布 $Ex(z)$ に従う．このとき，$\mathrm{Cov}(X,Y) = \mathrm{Cov}(Z^{-1}, Z^{-1}) = \mathrm{E}[Z^{-2}] - (\mathrm{E}[Z^{-1}])^2 = 1/3 - (1/2)^2 = 1/12$ となり，正の相関を生み出すモデルになる．　　　　　　　　　　　　　　　□

5.6 ポアソン過程

　時間とともに確率変数が変化する確率モデルを**確率過程**と呼ぶ．ポアソン過程は時間軸上をランダムに起こる事象についての確率過程であり，ポアソン分布と指数分布を用いて理解することができるのでここで少し説明する．

　時間区間 $(0, t]$ に起こったランダムな事象の回数を N_t とする．例えば，窓口に顧客がランダムにやってくるとき，時刻 t が経過したときまでにやってきた顧客の人数が N_t となる．このとき，$N_0 = 0$ であり，N_t は t に関して非減少である．$0 = t_0 < t_1 < \cdots < t_n$ に対して，n 個の確率変数 $N_{t_1} - N_{t_0}$，$N_{t_2} - N_{t_1}$，$\ldots$，$N_{t_n} - N_{t_{n-1}}$ が互いに独立であるとき，**独立増分**過程と呼ぶ．また $(N_{t_1+h}, \ldots, N_{t_n+h})$ の同時分布が $(N_{t_1}, \ldots, N_{t_n})$ の同時分布に等しいとき，**定常増分**過程と呼ぶ．

　$\{N_t, t \geq 0\}$ が独立定常増分過程で $N_0 = 0$ とし，時間区間 $(0, t]$ において k 個の事象が起こる確率が

$$\mathrm{P}(N_t = k) = e^{-\lambda t} \frac{(\lambda t)^k}{k!}, \quad k = 0, 1, 2, \ldots$$

を満たすとき，パラメータ λ の**ポアソン過程**と呼ぶ．ポアソン過程において，初めて事象が起こるまでに要した時間を R_1 とし，一般に $n - 1$ 番目の事象が起こってから n 番目の事象が起こるまでに要した時間を R_n とする．

▶**命題 5.13**　パラメータ λ のポアソン過程 $\{N_t, t \geq 0\}$ は次の性質をもつ．

(1) 任意の $s < t$ に対して $N_t - N_s \sim Po(\lambda(t - s))$ に従う．

(2) $\{R_n, n = 1, 2, \ldots\}$ は互いに独立に指数分布 $R_n \sim Ex(\lambda)$ に従う．

(3) $S_n = R_1 + \cdots + R_n$ とおくと，$S_n \sim Ga(n, 1/\lambda)$ に従う．

(4)　$\mathrm{P}(S_n \leq t) = \mathrm{P}(N_t \geq n)$ が成り立つ.

[証明]　(1) は, 定常性より $\mathrm{P}(N_t - N_s = k) = \mathrm{P}(N_{t-s} - N_0 = k) = \mathrm{P}(N_{t-s} = k)$ となり, ポアソン過程の定義から $N_t - N_s \sim Po(\lambda(t - s))$ となることがわかる. (2) については, まず R_1 の分布を求めてみると, $\mathrm{P}(R_1 \leq t) = 1 - \mathrm{P}(R_1 > t) = 1 - \mathrm{P}(N_t = 0) = 1 - e^{-\lambda t}$ より $R_1 \sim Ex(\lambda)$ に従うことがわかる. 次に $\mathrm{P}(R_2 \leq t | R_1 = s)$ を考えると, $\mathrm{P}(R_2 \leq t | R_1 = s) = 1 - \mathrm{P}(R_2 > t | R_1 = s) = 1 - \mathrm{P}(N_{t+s} - N_s = 0 | N_s = 1)$ となる. ここで定常独立増分性から

$$\mathrm{P}(N_{t+s} - N_s = 0 | N_s = 1) = \mathrm{P}(N_{t+s} - N_s = 0) = \mathrm{P}(N_t = 0) = e^{-\lambda t}$$

となるので, $\mathrm{P}(R_2 \leq t | R_1 = s) = 1 - e^{-\lambda t}$ と書ける. このことは, R_2 と R_1 は独立で $R_2 \sim Ex(\lambda)$ を意味する. 以下同様にして命題の (2) が示される. (3) は命題 4.20 の分布の再生性から示される. (4) は容易に確かめられる. □

演習問題

問 1　確率変数 $U_1, \ldots, U_n$ が独立に一様分布 $U(0, 1)$ に従うとし, 順序統計量を $U_{(1)} \leq \cdots \leq U_{(n)}$ とする. レンジ $R = U_{(n)} - U_{(1)}$ の確率密度関数を求め, 期待値 $\mathrm{E}[U_{(n)} - U_{(1)}]$ を計算せよ. メディアン $U_{\mathrm{med}} = \mathrm{med}(U_1, \ldots, U_n)$ の期待値 $\mathrm{E}[U_{\mathrm{med}}]$ を求めよ.

問 2　問 1 と同じ設定を考える. このとき, $(U_{(k-1)}, U_{(k)})$ の同時確率密度関数を与えよ. また $W_k = U_{(k)} - U_{(k-1)}$ とおくとき, W_k の確率密度関数を求め, それが k に依存しないことを確かめよ. 期待値 $\mathrm{E}[U_{(k+1)} - U_{(k)}]$ を計算せよ.

問 3　$X_1, \ldots, X_n$ が独立に指数分布 $Ex(\lambda)$ に従うとする.
　　(1)　$X_{(1)}, X_{(n)}$ の周辺確率密度関数 $f_{X_{(1)}}(x)$, $f_{X_{(n)}}(y)$ を求めよ. 特に, $X_{(1)}$ はどのような分布に従うか.
　　(2)　$(X_{(1)}, X_{(n)})$ および $(X_{(1)}, \ldots, X_{(n)})$ の同時確率密度関数を与えよ.

問 4　$X_1, \ldots, X_n$ を独立な確率変数とし, $i = 1, \ldots, n$ に対して X_i が連続な分布関数 $F_i(x)$ に従っているとする. $Y_i = -2 \log\{F_i(X_i)\}$ とおく.
　　(1)　$S = \sum_{i=1}^{n} Y_i$ とおくとき, S の確率分布を求め, $\mathrm{E}[S]$ の値を計算せよ.
　　(2)　$\min\{Y_1, \ldots, Y_n\}$ の確率密度関数を与え, 平均と分散を求めよ.
　　(3)　$1 \leq k < n$ を満たす自然数 k に対して $W = \sum_{j=1}^{k} Y_j / \sum_{i=1}^{n} Y_i$ とおく.

W の確率密度を求め，$\mathrm{E}[W]$ を計算せよ．

問5　例 5.9 ではガンマ・ポアソン分布の平均と分散を命題 4.10 を用いて求めた．これを積率母関数から直接計算することを考える．X の周辺分布の積率母関数 $M_X(t)$ を求め，$M_X(t)$ から X の平均と分散を計算せよ．

問6　X と N を離散確率変数とし，N を与えたときの X の条件付き確率分布が $Bin(N, \theta)$ に従い，また N の周辺分布が $Bin(m, \lambda)$ に従うとする．ここで $0 < \theta < 1$, $0 < \lambda < 1$ を満たしている．このとき，X の周辺確率分布を求めよ．

問7　例 5.11 で与えられた複合分布について，S_N の積率母関数を求めよ．X_i の平均と分散を μ, σ^2 とするとき，積率母関数から S_N の平均と分散を計算せよ．複合ポアソン分布の平均と分散を与えよ．

問8　等式 (5.16) が成り立つことを示せ．

問9　N をポアソン分布 $Po(\lambda)$ に従う確率変数，$X_1, X_2, \ldots$ を独立な確率変数で，各 X_i は $\mathcal{N}(\mu, \sigma^2)$ に従い N とは独立であるとする．$\overline{X}_{N+1} = (N+1)^{-1} \sum_{i=1}^{N+1} X_i$ とおくとき，$\overline{X}_{N+1}$ の平均と分散を計算せよ．

問10　U が一様分布 $U(0, 1)$ に従う確率変数で，U を与えたとき X と Y は条件付き独立であり，$X|U \sim Ber(U)$, $Y|U \sim Ber(1-U)$ のようなベルヌーイ分布に従うとする．このとき，(X, Y) の同時確率関数を求めよ．$\mathrm{E}[X], \mathrm{E}[Y], \mathrm{E}[XY]$ の値を求め，共分散 $\mathrm{Cov}(X, Y)$ を計算せよ．

問11　X, Y, V を確率変数とし，V を与えたとき X と Y は条件付き独立であり，条件付き確率分布は $X|V \sim Ex(V)$, $Y|V \sim Ex(V)$ に従い，V の周辺分布は指数分布 $Ex(1)$ に従うとする．$Z = X + Y$, $W = X/(X+Y)$ とおく．
　　(1) V を与えたときの Z と W の条件付き確率分布を求めよ．また，Z と W の周辺分布を求めよ．
　　(2) Z と W が独立であることを示せ．

第6章

大数の法則と中心極限定理

n 個の確率変数に基づいた標本平均について，n を大きくしていくときの性質は統計学において最も重要な結果である．n が大きいとき，標本平均がその期待値に収束することを大数の法則，標本平均の分布が正規分布で近似できることを中心極限定理と呼ぶ．n が大きいときの性質は漸近理論，極限理論などと呼ばれる．本章では，大数の法則と中心極限定理とともにデルタ法など関連する内容を説明する．

6.1 大数の法則

公平なコインを投げる回数を 10 回，100 回，1000 回と増やしていくと，コインの表の出る回数の比率は $\frac{1}{2}$ に近づいていくことは容易に想像がつく．実際，実験を行った結果が次の表で与えられるが，予想通りの結果である．

回数	10	100	1000	10000
比率	0.565	0.501	0.502	0.5002

このことを数学的に記述すると，$i = 1, \ldots, n$ に対して確率変数 X_i を，表が出るとき $X_i = 1$，裏が出るとき $X_i = 0$ とし，確率が $\mathrm{P}(X_i = 1) = \frac{1}{2}$, $\mathrm{P}(X_i = 0) = \frac{1}{2}$ に従い，$X_1, \ldots, X_n$ が独立に分布するとき，比率 $\overline{X}_n = (X_1 + \cdots + X_n)/n$ が $\frac{1}{2}$ に近づくことを意味する．次の大数の法則は，この近づき方が確率収束の意味で成り立つことを示している．

▶**定理 6.1（大数の法則）** n 個の確率変数 $X_1, \ldots, X_n$ が独立に分布し，共通の平均 μ と分散 σ^2 をもつとする．$\overline{X}_n = n^{-1} \sum_{i=1}^{n} X_i$ とおくとき，どんな正の定数 c に対しても，$n \to \infty$ とするとき

$$\mathrm{P}(|\overline{X}_n - \mu| > c) \to 0$$

となる．この性質を**大数の法則**と呼ぶ．

[証明]　$\mathrm{E}[(\overline{X}_n - \mu)^2] = \sigma^2/n$ であることに注意すると，命題 4.5 のチェビシェフの不等式より，次の不等式が成り立つ．

$$\mathrm{P}(|\overline{X}_n - \mu| > c) \leq \frac{\mathrm{E}[(\overline{X} - \mu)^2]}{c^2} = \frac{\sigma^2}{nc^2}$$

$n \to \infty$ のとき右辺は 0 に収束するので $\mathrm{P}(|\overline{X}_n - \mu| > c) \to 0$ となる．　　□

　定理 6.1 の収束の方法を一般に確率収束と呼ぶ．$Y_n = g_n(X_1, \ldots, X_n)$ を確率変数 $X_1, \ldots, X_n$ の関数とする．

▷ 定義 6.2（確率収束と平均 2 乗収束）

(1)　任意の $c > 0$ に対して，$n \to \infty$ のとき $\mathrm{P}(|Y_n - a| > c) \to 0$ となることを，Y_n は a に**確率収束**するといい，$Y_n \to_p a$ と書く．

(2)　$n \to \infty$ のとき $\mathrm{E}[(Y_n - a)^2] \to 0$ となることを，Y_n は a に**平均 2 乗収束**するという．

　チェビシェフの不等式を用いると，平均 2 乗収束すれば確率収束することがわかる．

【例 6.3】(一様乱数によるモンテカルロ積分)　$G = \int_0^1 (x+1)^{-2}\, dx$ の値は $G = 1/2$ になるが，これを次のようにして大数の法則を用いて近似することを考える．$U_1, \ldots, U_n$ を独立に一様分布 $U(0,1)$ に従う確率変数とし

$$\overline{G}_n = \frac{1}{n} \sum_{i=1}^{n} \frac{1}{(U_i + 1)^2}$$

とおく．このとき大数の法則より $\overline{G}_n \to_p \mathrm{E}[(U_1 + 1)^{-2}] = G$ に確率収束することがわかる．シミュレーション実験の結果が次の表で示される．

シミュレーション回数 (n)	10	100	1000	10000
平均値 $(\overline{G}_n)$	0.4575	0.4687	0.4909	0.4995
真値との差	0.0424	0.0312	0.0090	0.0004

n を大きくしていくと 0.5 に近づくことがわかる．乱数を用いて積分値を計算する方法を**モンテカルロ積分**と呼ぶ． □

6.2　中心極限定理

表が出る確率が 0.7 の偏ったコインを 5 回，20 回，40 回と投げると，表の出る回数の分布はそれぞれ 2 項分布 $Bin(5, 0.7)$，$Bin(20, 0.7)$，$Bin(40, 0.7)$ に従う．この確率分布を図示すると図 6.1 のようになる．一連の分布形の変化から，投げる回数を増やしていくと正規分布に近づいていくことが予想される．この性質を中心極限定理と呼ぶ．

中心極限定理を数学的に記述するために，分布の収束について定義する．

▷**定義 6.4（分布収束）**　確率変数 $X_1, \ldots, X_n$ の関数 $Y_n = g_n(X_1, \ldots, X_n)$ について，Y_n の分布関数を $F_n(y)$，確率変数 Y の分布関数を $F(y)$ とする．このとき，Y_n が Y に**分布収束（法則収束）**するとは，$F(y)$ の連続点において

$$\lim_{n \to \infty} F_n(y) = F(y)$$

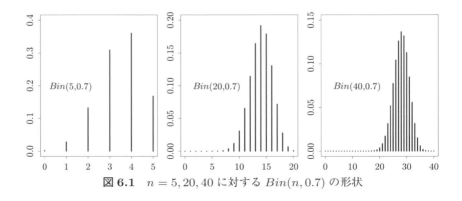

図 6.1　$n = 5, 20, 40$ に対する $Bin(n, 0.7)$ の形状

が成り立つことをいい，$Y_n \to_d Y$ もしくは $Y_n \to_d F$ のように書く.

分布収束を示すには，次の**連続性定理**が役立つ.

▶**定理 6.5（連続性定理）** 定義 6.4 と同じ設定のもとで，Y_n, Y の積率母関数を
それぞれ $M_n(t), M(t)$ とする．ある h に対して $|t| < h$ なるすべての t に対して
$M_n(t) \to M(t)$ ならば，$F(y)$ の連続点 y において $F_n(y) \to F(y)$ が成り立つ.

【例 6.6】（ポアソン分布） $X_1, \ldots, X_n$ を独立な確率変数で X_i はポアソン分布
$Po(\lambda)$ に従うとする．$S_n = \sum_{i=1}^{n} X_i$ とおくと，命題 4.20 で与えられた分布の
再生性から $S_n \sim Po(n\lambda)$ に従うことがわかる．そこで

$$Y_n = \frac{S_n - n\lambda}{\sqrt{n\lambda}}$$

とおくとき，Y_n がどのような分布に収束するのかを調べてみよう．Y_n の積率母
関数は S_n の積率母関数を用いて

$$M_n(t) = \mathrm{E}\big[e^{tY_n}\big] = \mathrm{E}\Big[\exp\Big\{\frac{t}{\sqrt{n\lambda}}S_n - t\sqrt{n\lambda}\Big\}\Big]$$

$$= \exp\Big[\Big\{\exp\Big(\frac{t}{\sqrt{n\lambda}}\Big) - 1\Big\}n\lambda\Big]\exp\Big\{-t\sqrt{n\lambda}\Big\}$$

と書ける．指数関数のテーラー展開

$$\exp\Big\{\frac{t}{\sqrt{n\lambda}}\Big\} = 1 + \frac{t}{\sqrt{n\lambda}} + \frac{t^2}{2n\lambda} + o(n^{-1})$$

を用いて整理すると，$M_n(t) = e^{t^2/2 + o(1)}$ となる．ただし，$o(n^{-1}), o(1)$ は無限
小の記号で $\lim_{n\to\infty} n \times o(n^{-1}) = \lim_{n\to\infty} o(1) = 0$ を意味する．したがって

$$\lim_{n\to\infty} M_n(t) = e^{t^2/2}$$

となる．例 4.19 より，右辺は標準正規分布 $\mathcal{N}(0,1)$ の積率母関数であるから，
連続性定理 6.5 より，Y_n は $\mathcal{N}(0,1)$ に分布収束することが示された． □

上の例で紹介した分布収束は中心極限定理として一般化することができる.

▶**定理 6.7（中心極限定理）**　確率変数 $X_1, \ldots, X_n$ が独立に同一の分布に従い，$\mathrm{E}[X_i] = \mu$, $\mathrm{Var}(X_i) = \sigma^2$ とする．X_i の積率母関数が存在するとき

$$\lim_{n\to\infty} \mathrm{P}(\sqrt{n}\,(\overline{X} - \mu)/\sigma \leq x) = \int_{-\infty}^{x} \frac{1}{\sqrt{2\pi}} e^{-u^2/2}\, du = \Phi(x)$$

が成り立つ．これを**中心極限定理** (CLT) と呼ぶ．

［証明］　$Z_i = (X_i - \mu)/\sigma$, $i = 1, \ldots, n$, とおくと，$\mathrm{E}[Z_i] = 0$, $\mathrm{Var}(Z_i) = 1$, $\mathrm{E}[\overline{Z}] = 0$, $\mathrm{Var}(\overline{Z}) = n^{-1}$ となる．このとき，次を示せばよい．

$$\lim_{n\to\infty} \mathrm{P}(\sqrt{n}\,\overline{Z} \leq z) = \Phi(z)$$

$\sqrt{n}\,\overline{Z} = Z_1/\sqrt{n} + \cdots + Z_n/\sqrt{n}$ より，この積率母関数は次のように書ける．

$$M_{\sqrt{n}\,\overline{Z}}(t) = \mathrm{E}[e^{t(Z_1/\sqrt{n} + \cdots + Z_n/\sqrt{n})}] = \left(\mathrm{E}[e^{(t/\sqrt{n})Z_1}]\right)^n \tag{6.1}$$

Z_1 の積率母関数を $\varphi(\theta) = \mathrm{E}[e^{\theta Z_1}]$ とおくと，$\mathrm{E}[e^{(t/\sqrt{n})Z_1}] = \varphi(t/\sqrt{n})$ と表されるので，n が大きいとき $\varphi(\cdot)$ をテーラー展開すると次のようになる．

$$\varphi\Big(\frac{t}{\sqrt{n}}\Big) = \varphi(0) + \frac{t}{\sqrt{n}}\varphi'(0) + \frac{t^2}{2n}\varphi''(0) + o(n^{-1})$$

ここで，$\varphi(0) = 1$, $\varphi'(0) = \mathrm{E}[Z_1] = 0$, $\varphi''(0) = \mathrm{E}[Z_1^2] = \mathrm{Var}(Z_1) = 1$ より

$$\varphi\Big(\frac{t}{\sqrt{n}}\Big) = 1 + \frac{t^2}{2n} + o(n^{-1})$$

と近似できる．したがって，(6.1) は

$$M_{\sqrt{n}\,\overline{Z}}(t) = \left(1 + \frac{t^2}{2n} + o(n^{-1})\right)^n \to e^{t^2/2}$$

に収束する．$e^{t^2/2}$ は標準正規分布 $\mathcal{N}(0,1)$ の積率母関数であるから，連続性定理 6.5 より，$\sqrt{n}\,\overline{Z}$ が $\mathcal{N}(0,1)$ に分布収束することがわかる．　　　　□

【例 6.8】（連続補正）　確率変数 X が 2 項分布 $Bin(n,p)$ に従うとする．整数 m_1, m_2 が $0 \leq m_1 \leq m_2 \leq n$ を満たすとき，確率 $\mathrm{P}(m_1 \leq X \leq m_2)$ の近似値を中心極限定理を用いて求めることを考える．X はベルヌーイ分布に従う n 個の独立な確率変数の和で表されるので，n が大きいときには中心極限定理が適用できて $(X - np)/\sqrt{np(1-p)}$ は標準正規分布で近似できる．したがって

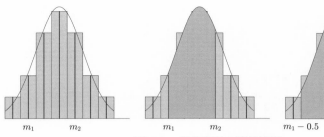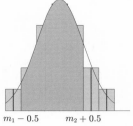

図 6.2 正規近似の連続補正

$$\mathrm{P}(m_1 \le X \le m_2) \approx \Phi\left(\frac{m_2 - np}{\sqrt{np(1-p)}}\right) - \Phi\left(\frac{m_1 - np}{\sqrt{np(1-p)}}\right)$$

のように近似し，標準正規分布の分布関数 $\Phi(\cdot)$ を用いて確率を計算することができる．しかし，m_1, m_2 が整数であるから $X = m_1, X = m_2$ で確率をもつことになる．図 6.2 が示唆するように，$m_1 \le X \le m_2$ の確率を考えるより $m_1 - 0.5 \le X \le m_2 + 0.5$ の確率を求めた方が近似がよくなることが知られている．そこで

$$\mathrm{P}(m_1 \le X \le m_2) \approx \Phi\left(\frac{m_2 + 0.5 - np}{\sqrt{np(1-p)}}\right) - \Phi\left(\frac{m_1 - 0.5 - np}{\sqrt{np(1-p)}}\right) \tag{6.2}$$

で近似する．これを**連続補正**と呼ぶ．サイコロを 120 回投げて 6 の目が 25 回以上で 30 回以下出る正確な確率は $\mathrm{P}(25 \le Y_{120} \le 30) = 0.129$ であるが，通常の正規近似では 0.103，連続補正した正規近似 (6.2) では 0.130 となり，連続補正した方が近似がよいことがわかる． □

6.3 収束関連の事項

　大数の法則や中心極限定理は標本平均の漸近的な性質であるが，確率収束や分布収束は標本平均に限らず一般的な性質を述べている．この節では，確率収束と分布収束に関する一般的な結果を紹介する．

　以下の説明では，U_n, V_n は n に依存する確率変数，U は n に依存しない確率変数，a は n に依存しない定数とする．例えば，n 個の確率変数 $X_1, \ldots, X_n$ が独立に同一な分布に従うとき，関数 $U_n = g_n(X_1, \ldots, X_n)$ を考えればよい．標本平均 $\overline{X}$ はこのような確率変数である．

▶**定理 6.9**

(1) 確率収束 $U_n \to_p a$ と分布収束 $U_n \to_d a$ は同値になる.

(2) $h(\cdot)$ を連続な関数とするとき, $U_n \to_p a$ ならば $h(U_n) \to_p h(a)$ であり, また $U_n \to_d U$ ならば $h(U_n) \to_d h(U)$ となる.

　定理 6.9(2) は連続写像定理と呼ばれる. 確率収束と分布収束は連続関数によって引き継がれることを意味する. いま $h(U_n, V_n) = U_n + V_n$ と $h(U_n, V_n) = U_n V_n$ を考えると, いずれも連続関数なので連続写像定理により, 次の**スラツキーの定理**が成り立つ.

▶**定理 6.10 (スラツキーの定理)**　$U_n \to_d U, V_n \to_p a$ とするとき, $U_n + V_n \to_d U + a, U_n V_n \to_d aU$ が成り立つ.

　次の定理は**デルタ法**と呼ばれる.

▶**定理 6.11 (デルタ法)**　関数 $h(\cdot)$ は, その微分導関数 $h'(\cdot)$ が連続で $h'(\mu) \neq 0$ とする. $\sqrt{n}\,(U_n - \mu) \to_d \mathcal{N}(0, \sigma^2)$ ならば, 次の分布収束が成り立つ.

$$\sqrt{n}\,\{h(U_n) - h(\mu)\} \to_d \mathcal{N}\big(0, \sigma^2 \{h'(\mu)\}^2\big) \tag{6.3}$$

[証明]　テーラー展開を用いて示すことができる. $h(U_n)$ の $U_n = \mu$ の周りでのテーラー展開から $h(U_n) \approx h(\mu) + h'(\mu)(U_n - \mu)$ と書けるので

$$\sqrt{n}\,\{h(U_n) - h(\mu)\} \approx h'(\mu)\sqrt{n}\,(U_n - \mu) \to_d h'(\mu)\mathcal{N}(0, \sigma^2)$$

となる. $h'(\mu)\mathcal{N}(0, \sigma^2)$ は $\mathcal{N}(0, \{h'(\mu)\}^2\sigma^2)$ であるから (6.3) が成り立つ.

　この議論をもう少し厳密に行うと次のようになる. $h(U_n)$ を $U_n = \mu$ の周りでテーラー展開し, 剰余項を考慮すると次のようになる.

$$h(U_n) = h(\mu) + h'(\mu^*)(U_n - \mu)$$

ただし, μ^* は $|\mu^* - \mu| < |U_n - \mu|$ を満たす点である. スラツキーの定理より

$$U_n - \mu = \frac{1}{\sqrt{n}}[\sqrt{n}\,(U_n - \mu)] \to_d 0 \cdot \mathcal{N}(0, \sigma^2) = 0$$

となる．定理 6.9 より $U_n \to_p \mu$ となり，$\mu^* \to_p \mu$ となるので，$h'(\cdot)$ の連続性から $h'(\mu^*) \to_p h'(\mu)$ となる．したがって，スラッキーの定理より $\sqrt{n}\,\{h(U_n) - h(\mu)\} = h'(\mu^*)\sqrt{n}\,(U_n - \mu) \to_d h'(\mu)\mathcal{N}(0, \sigma^2)$ が成り立つ．　　□

【例 6.12】　$X_1, \ldots, X_n$ が独立に $Ber(\theta)$ に従うとすると，中心極限定理より $\sqrt{n}\,(\overline{X} - \theta) \to_d \mathcal{N}(0, \theta(1-\theta))$ となる．$h(\theta) = \log\{\theta/(1-\theta)\} = \log\theta - \log(1-\theta)$ を**ロジット**と呼ぶ．$h(\theta)$ の微分導関数は $h'(\theta) = 1/\{\theta(1-\theta)\}$ と書けるので，デルタ法を用いると $0 < \theta < 1$ に対して

$$\sqrt{n}\left\{\log\left(\frac{\overline{X}}{1-\overline{X}}\right) - \log\left(\frac{\theta}{1-\theta}\right)\right\} \to_d \mathcal{N}\left(0, \frac{1}{\theta(1-\theta)}\right)$$

となる．　　□

演習問題

問 1　確率変数 $X_1, X_2, \ldots$ が独立に分布し，各 X_i は 2 項分布 $Bin(k_i, \theta_i)$ に従うとする．$\mu = \lim_{n\to\infty} n^{-1}\sum_{i=1}^n k_i \theta_i$ と $\lim_{n\to\infty} n^{-1}\sum_{i=1}^n k_i$ が存在するとき，標本平均 $\overline{X}_n$ は μ に確率収束することを示せ．

問 2　$G = \int_{-\infty}^{\infty} x^2 e^{-x^2/2}\,dx/\sqrt{2\pi}$ の積分を考える．$X_1, \ldots, X_n$ を独立に正規分布 $\mathcal{N}(0,1)$ に従う確率変数とするとき，G のモンテカルロ積分 $\overline{G}_n$ を求めよ．$\overline{G}_n$ が 1 に確率収束することを示せ．また $\sqrt{n}\,(\overline{G}_n - 1)$ はどのような分布に収束するか．

問 3　積分 $I = \int_0^{\infty} \sin(x)e^{-x^2}\,dx$ の値を，モンテカルロ積分を用いて数値的に求めたい．一様分布 $U(0,1)$ に従う独立な確率変数を $U_1, \ldots, U_n$ とするとき，これらに基づいて I のモンテカルロ積分を与えよ．

問 4　確率変数 $X_1, \ldots, X_n$ が独立で分布関数 $F(x)$ に従うとする．経験分布関数は $F_n(x) = \sum_{i=1}^n I(X_i \le x)/n$ で与えられる．このとき，$F_n(x)$ は $F(x)$ に確率収束することを示せ．$\sqrt{n}\,(F_n(x) - F(x))$ はどのような分布に収束するか．

問 5　確率変数 X が負の 2 項分布 $NBin(m, p)$ に従っているものとする．$m \to \infty$ とするとき，X/m が $\mathrm{E}[X/m]$ に確率収束することを示せ．また $(X - \mathrm{E}[X])/\sqrt{m}$

の漸近分布を導け.

問 6　確率変数 X が 2 項分布 $Bin(n, p)$ に従うとき，$np = \lambda$ のもとで $n \to \infty$, $p \to 0$ とすると，X の分布がポアソン分布 $Po(\lambda)$ に分布収束することを，2.1.6 項では確率関数を直接評価して示した．この性質を積率母関数を用いて示せ.

問 7　確率変数 $X_1, \ldots, X_n$ が独立で，各 X_i の確率密度関数は $f(x) = 2x\, I(0 < x < 1)$ とする．$S_n = X_1 + \cdots X_n$ とおくとき，中心極限定理を用いると $\mathrm{P}(S_n \le a)$ はどのように近似できるか．標準正規分布の分布関数 $\Phi(\cdot)$ を用いて表せ.

問 8　確率変数 $X_1, \ldots, X_n$ が独立で，$X_i \sim Po(\lambda)$ に従うとする．また $g(\cdot)$ を連続微分可能な関数とし $g'(\lambda) \ne 0$ とする.
  (1) $n \to \infty$ のとき $\sqrt{n}\,\{g(\overline{X}) - g(\lambda)\}$ の漸近分布を求めよ.
  (2) $n \to \infty$ のとき $\sqrt{n}\,\{g(\overline{X}) - g(\lambda)\}$ の漸近分布が $\mathcal{N}(0, 1)$ になるような関数 $g(\cdot)$ を求めよ．このような変換を**分散安定化変換**と呼ぶ.

問 9　$X_1, \ldots, X_n$ が独立に平均 μ，分散 σ^2 の分布に従うとし，標本分散を S^2 とする．$n \to \infty$ のとき，S^2 が σ^2 に確率収束することを示せ．また $\sqrt{n}\,(S^2 - \sigma^2)$ の漸近分布を求めよ.

問 10　$U_1, \ldots, U_n$ を独立な確率変数で，各 U_i は区間 $(0, \theta)$ 上の一様分布 $U(0, \theta)$ に従うとする．$U_{(n)} = \max(U_1, \ldots, U_n)$ とする.
  (1) $U_{(n)}$ の確率密度関数を求めよ.
  (2) $n \to \infty$ のとき，$U_{(n)}$ が θ に確率収束することを示せ.
  (3) $n \to \infty$ のとき，$n(\theta - U_{(n)})$ の分布はどのような分布に収束するか.

問 11　確率変数の列 $\{U_n\}$, $n = 1, 2, \ldots$, について，U_n の確率が $P(U_n = k/n) = 1/n$, $k = 1, \ldots, n$, で与えられるとする．このとき，U_n は一様分布 $U(0, 1)$ に分布収束することを示せ.

問 12　確率変数 X がガンマ分布 $Ga(\alpha, \beta)$ に従うとする．β を固定し $\alpha \to \infty$ とするとき，$(X - \alpha\beta)/\sqrt{\alpha\beta^2}$ は $\mathcal{N}(0, 1)$ に分布収束する．この収束をガンマ分布の積率母関数を用いて示せ.

第 7 章

正規分布から導かれる分布

本章では，正規分布から導かれる確率分布として，カイ 2 乗分布，t-分布，F-分布について説明し，標本平均と標本分散の独立性やそれらに関連した確率分布についても解説する．これらの確率分布は，第 9 章以降で仮説検定や信頼区間を求めるときに利用される．

7.1　カイ 2 乗分布，t-分布，F-分布

7.1.1　カイ 2 乗分布

正規分布に従ういくつかの確率変数について，それらの 2 乗和は推定や検定において重要な役割を担うことになる．カイ 2 乗分布はその 2 乗和の確率分布に関連している．まず定義を与えよう．

▷**定義 7.1（カイ 2 乗分布）**　自然数 m に対して $\alpha = m/2$, $\beta = 2$ であるガンマ分布 $Ga(m/2, 2)$ を**自由度 m のカイ 2 乗分布**と呼び，χ_m^2 で表す．その確率密度関数は (2.11) より次で与えられる．

$$f(x) = \frac{1}{\Gamma(m/2)2^{m/2}} x^{m/2-1} \exp\left\{-\frac{x}{2}\right\}, \quad x \geq 0$$

▶**命題 7.2（カイ 2 乗分布の性質）**

(1)　確率変数 Z が標準正規分布 $\mathcal{N}(0,1)$ に従うとき，$Z^2 \sim \chi_1^2$ に従う．

(2)　X と Y が独立で $X \sim \chi_m^2$, $Y \sim \chi_n^2$ に従うとき $X + Y \sim \chi_{m+n}^2$ に従う．

(3)　m 個の確率変数 $Z_1, \ldots, Z_m$ が独立にそれぞれ標準正規分布 $\mathcal{N}(0,1)$ に従うとき，それらの 2 乗和は自由度 m のカイ 2 乗分布に従う．

$$Z_1^2 + \cdots + Z_m^2 \sim \chi_m^2$$

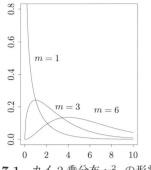

図 7.1 カイ 2 乗分布 χ_m^2 の形状

(4) 確率変数 X が χ_m^2 に従うとき,その平均と分散は $\mathrm{E}[X] = m$, $\mathrm{Var}(X) = 2m$ となり,積率母関数は $M_X(t) = 1/(1-2t)^{m/2}$ となる.また,実数 a に対して X^a の期待値は次のように書ける.

$$\mathrm{E}[X^a] = 2^a \frac{\Gamma(a+m/2)}{\Gamma(m/2)}, \quad m > -2a \tag{7.1}$$

[証明] (1) は,命題 2.20 で示されている.積率母関数 $\mathrm{E}[e^{tZ^2}]$ を直接計算しても示すことができる.(2) は,命題 4.20 のガンマ分布の再生性 $Ga(m/2, 2) + Ga(n/2, 2) = Ga((m+n)/2, 2)$ による.(3) は,(2) より $Z_1^2 + Z_2^2 \sim \chi_2^2$ が成り立つ.これを繰り返していけばよい.(4) の前半は,χ_m^2 が $Ga(m/2, 2)$ であることに注意すると,命題 2.12 と例 4.18 より得られる.(7.1) については

$$\mathrm{E}[X^a] = \frac{1}{\Gamma(m/2)} \frac{1}{2^{m/2}} \int_0^\infty x^{a+m/2-1} \exp\left\{-\frac{x}{2}\right\} dx$$
$$= \frac{\Gamma(a+m/2)}{\Gamma(m/2)} \frac{2^{a+m/2}}{2^{m/2}} \int_0^\infty \frac{x^{a+m/2-1}}{\Gamma(a+m/2) 2^{a+m/2}} \exp\left\{-\frac{x}{2}\right\} dx$$

と変形でき,積分部分が 1 になることからわかる. □

7.1.2 t-分布

確率変数 X が正規分布 $\mathcal{N}(\mu, \sigma^2)$ に従うとき,$(X - \mu)/\sigma$ は標準正規分布 $\mathcal{N}(0, 1)$ に従うことは命題 2.15 で学んだ.ここで σ^2 の代わりにその推定量で置き換えたものは,仮説検定において重要な役割を担う.t-分布はこの確率分布に

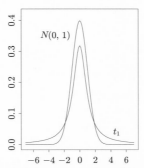

図 7.2　自由度 1 の t-分布と標準正規分布

関連しており，σ^2 を推定量で置き換えた分だけ正規分布より裾の厚い分布になる．t-分布の定義は次で与えられる．

▷**定義 7.3（t-分布）**　2 つの確率変数 Z と U が独立に分布し，$Z \sim \mathcal{N}(0,1)$，$U \sim \chi_m^2$ に従うとする．

$$T = \frac{Z}{\sqrt{U/m}} \tag{7.2}$$

とおくとき，この確率分布を**自由度 m の t-分布**と呼び，t_m で表す．

▶**命題 7.4（t-分布の性質）**

(1) t-分布 t_m の確率密度関数は次で与えられる．

$$f_T(t) = \frac{\Gamma((m+1)/2)}{\Gamma(m/2)} \frac{1}{\sqrt{\pi m}} \frac{1}{(1+t^2/m)^{(m+1)/2}}, \quad -\infty < t < \infty$$

(2) $m = 1$ のとき T は (5.15) のコーシー分布に従い，$m \to \infty$ のとき T は標準正規分布に分布収束する．

(3) $m \geq 2$ のとき $\mathrm{E}[|T|] < \infty$ であり，$m \geq 3$ のとき $\mathrm{E}[T^2] < \infty$ となる．

[証明]　T の定義 (7.2) から，例 5.8 の (5.12) でとり上げた階層モデル

$$T|U \sim \mathcal{N}(0, m/U), \quad U \sim \chi_m^2$$

の形で表すことができる．(1) については，(5.14) において $\mu = 0$，$\alpha = m/2$，

$\beta = 2/m$ と置くことにより得られる. (2) の前半は例 5.8 で示されている. 後半は, t-分布の定義より $T = Z/\sqrt{U/m}$ と表され, $m \to \infty$ のとき U/m が 1 に確率収束することに注意すると, スラツキーの定理から $T \to_d \mathcal{N}(0,1)$ が成り立つことがわかる. (3) については, (7.1) を用いると, $\mathrm{E}[|T|] = \mathrm{E}[|Z|]\mathrm{E}[\sqrt{m}\,U^{-1/2}]$ が存在するためには, $m > 1$ である必要がある. また

$$\mathrm{E}[T^2] = \mathrm{E}[Z^2]\mathrm{E}[mU^{-1}] = \frac{m}{2}\frac{\Gamma(m/2 - 1)}{\Gamma(m/2)}$$

となり, これが存在するためには $m > 2$ である必要がある. □

7.1.3 F-分布

F-分布も t-分布と同様, 第 9 章以降の仮説検定において重要な分布であり, 分散の同等性検定や線形回帰モデルの説明変数の選択に関する仮説検定などで用いられる. F-分布の定義は次で与えられる.

▷**定義 7.5** 2 つの独立な確率変数 S と T について, S は χ_m^2 に従い, T は χ_n^2 に従うとする. このとき

$$Y = \frac{S/m}{T/n}$$

とおくとき, Y の分布を**自由度 (m, n) の F-分布**と呼び, $F_{m,n}$ で表す.

▶**命題 7.6（F-分布の性質）** S, T, Y は定義 7.5 で与えられたものとする.

(1) $W = Y/(Y + n/m)$ とおくと, $W = S/(S + T)$ でありベータ分布 $Beta(m/2, n/2)$ に従う.

(2) Y の確率密度関数は次で与えられる.

$$f_Y(y) = \frac{\Gamma((m+n)/2)}{\Gamma(m/2)\Gamma(n/2)}\frac{(m/n)^{m/2}y^{m/2-1}}{(1 + (m/n)y)^{(m+n)/2}}, \quad y > 0 \qquad (7.3)$$

(3) T が自由度 m の t-分布に従うとき, T^2 は $F_{1,m}$ に従う.

(4) $\mathrm{E}[Y] = n/(n-2)$, $\mathrm{E}[Y^2] = (m+2)n^2/\{m(n-2)(n-4)\}$ となる.

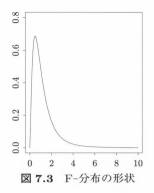

図 7.3　F-分布の形状

[証明]　(1) は例 3.9 の中で示されているように，W の周辺確率密度が

$$f_W(w) = \frac{\Gamma((m+n)/2)}{\Gamma(m/2)\Gamma(n/2)} w^{m/2-1}(1-w)^{n/2-1}$$

となることからわかる．(2) については，$W = Y/(Y + n/m)$ なる変数変換を行うと，$dw = \frac{n}{m}(y + \frac{n}{m})^{-2} dy$ より，

$$f_Y(y) = \frac{\Gamma((m+n)/2)}{\Gamma(m/2)\Gamma(n/2)} \left(\frac{y}{y+n/m}\right)^{m/2-1} \left(\frac{n/m}{y+n/m}\right)^{n/2-1} \frac{n/m}{(y+n/m)^2}$$

となる．これを整理すると (7.3) が得られる．(4) については (7.1) より

$$\mathrm{E}[Y] = \frac{n}{m}\mathrm{E}[S]\mathrm{E}[T^{-1}] = \frac{n}{m}\frac{\Gamma(\frac{m}{2}+1)}{\Gamma(\frac{m}{2})}\frac{\Gamma(\frac{n}{2}-1)}{\Gamma(\frac{n}{2})} = \frac{n}{n-2}$$

$$\mathrm{E}[Y^2] = \frac{n^2}{m^2}\mathrm{E}[S^2]\mathrm{E}[T^{-2}] = \frac{n^2}{m^2}\frac{\Gamma(\frac{m}{2}+2)}{\Gamma(\frac{m}{2})}\frac{\Gamma(\frac{n}{2}-2)}{\Gamma(\frac{n}{2})} = \frac{(m+2)n^2}{m(n-2)(n-4)}$$

となる．　　　　　　　　　　　　　　　　　　　　　　　　　　　　　　□

7.2 標本平均と不偏分散の確率分布

確率変数 $X_1, \ldots, X_n$ が独立に正規分布 $\mathcal{N}(\mu, \sigma^2)$ に従うとする．

$$X_1, \ldots, X_n \text{ i.i.d.} \sim \mathcal{N}(\mu, \sigma^2) \tag{7.4}$$

標本平均 $\overline{X} = n^{-1}\sum_{i=1}^n X_i$ と不偏分散 $V^2 = (n-1)^{-1}\sum_{i=1}^n (X_i - \overline{X})^2$ については，(5.4) より $\mathrm{E}[\overline{X}] = \mu$，$\mathrm{Var}(\overline{X}) = \sigma^2/n$ であり，(5.5) より $\mathrm{E}[V^2] = \sigma^2$ で

ある．正規分布のもとでは，さらに標本平均と不偏分散の確率分布の性質を与えることができる．

▶**定理 7.7 ($\overline{X}$ と V^2 の独立性)**　確率変数の組 $(X_1 - \overline{X}, \ldots, X_n - \overline{X})$ は標本平均 $\overline{X}$ と独立である．V^2 は $(X_1 - \overline{X}, \ldots, X_n - \overline{X})$ の関数だから，V^2 と $\overline{X}$ は独立になる．

[**証明**]　$\boldsymbol{Y} = (X_1 - \overline{X}, \ldots, X_n - \overline{X})$, $\boldsymbol{t} = (t_1, \ldots, t_n)$ に対して

$$M_{\overline{X}, \boldsymbol{Y}}(s, \boldsymbol{t}) = \mathrm{E}[\exp\{s\overline{X} + t_1(X_1 - \overline{X}) + \cdots + t_n(X_n - \overline{X})\}]$$

を考える．命題 4.25 より，$M_{\overline{X}, \boldsymbol{Y}}(s, \boldsymbol{t})$ が，s の関数と $\boldsymbol{t}$ の関数の積で表されることを示せばよい．$\overline{t} = n^{-1}\sum_{i=1}^{n} t_i$, $c_i = s/n + t_i - \overline{t}$ とおくと

$$s\overline{X} + \sum_{i=1}^{n} t_i(X_i - \overline{X}) = \sum_{i=1}^{n} t_i X_i + (s - n\overline{t})\overline{X} = \sum_{i=1}^{n} c_i X_i$$

と書ける．したがって，次のように表される．

$$M_{\overline{X}, \boldsymbol{Y}}(s, \boldsymbol{t}) = \mathrm{E}\left[e^{\sum_{i=1}^{n} c_i X_i}\right] = \prod_{i=1}^{n} e^{\mu c_i + \frac{\sigma^2}{2} c_i^2} = \exp\left\{\sum_{i=1}^{n} c_i \mu + \frac{\sigma^2}{2}\sum_{i=1}^{n} c_i^2\right\}$$

ここで $\sum_{i=1}^{n} c_i = s$, $\sum_{i=1}^{n} c_i^2 = s^2/n + \sum_{i=1}^{n}(t_i - \overline{t})^2$ より次のようになる．

$$M_{\overline{X}, \boldsymbol{Y}}(s, \boldsymbol{t}) = \exp\left\{\mu s + \frac{\sigma^2}{2n}s^2\right\}\exp\left\{\frac{\sigma^2}{2}\sum_{i=1}^{n}(t_i - \overline{t})^2\right\}$$

$\overline{X}$ と $\boldsymbol{Y}$ の積率母関数は $M_{\overline{X}}(s) = M_{\overline{X}, \boldsymbol{Y}}(s, \boldsymbol{0})$, $M_{\boldsymbol{Y}}(\boldsymbol{t}) = M_{\overline{X}, \boldsymbol{Y}}(0, \boldsymbol{t})$ より

$$M_{\overline{X}, \boldsymbol{Y}}(s, \boldsymbol{t}) = M_{\overline{X}}(s) M_{\boldsymbol{Y}}(\boldsymbol{t})$$

と書ける．これは，$\overline{X}$ と $\boldsymbol{Y}$ が独立であることを示している．　　　□

▶**定理 7.8**　$\sum_{i=1}^{n}(X_i - \overline{X})^2/\sigma^2 = (n-1)V^2/\sigma^2$ は自由度 $n-1$ のカイ 2 乗分布 χ_{n-1}^2 に従う．

[証明]　簡単のために，$W_0 = \sum_{i=1}^n (X_i - \mu)^2/\sigma^2$, $W_1 = \sum_{i=1}^n (X_i - \overline{X})^2/\sigma^2$, $W_2 = n(\overline{X} - \mu)^2/\sigma^2$ とおく．$\sum_{i=1}^n (X_i - \mu)^2 = \sum_{i=1}^n (X_i - \overline{X})^2 + n(\overline{X} - \mu)^2$ と分解できるので $W_0 = W_1 + W_2$ となる．$\sqrt{n}\,(\overline{X} - \mu)/\sigma \sim \mathcal{N}(0,1)$ より $W_2 = n(\overline{X} - \mu)^2/\sigma^2 \sim \chi_1^2$ であるから，$M_{W_2}(t) = (1 - 2t)^{-1/2}$ となる．また $W_0 = \sum_{i=1}^n (X_i - \mu)^2/\sigma^2 \sim \chi_n^2$ であるから，$M_{W_0}(t) = (1 - 2t)^{-n/2}$ となる．定理 7.7 より，$\overline{X}$ と $\sum_{i=1}^n (X_i - \overline{X})^2$ は独立なので，W_1 と W_2 は独立となり

$$M_{W_0}(t) = \mathrm{E}[e^{tW_0}] = \mathrm{E}[e^{tW_1 + tW_2}] = \mathrm{E}[e^{tW_1}]\mathrm{E}[e^{tW_2}] = M_{W_1}(t)M_{W_2}(t)$$

と書ける．以上から

$$M_{W_1}(t) = \frac{M_{W_0}(t)}{M_{W_2}(t)} = \frac{(1 - 2t)^{-n/2}}{(1 - 2t)^{-1/2}} = \frac{1}{(1 - 2t)^{(n-1)/2}}$$

となり，$W_1 \sim \chi_{n-1}^2$ となることがわかる．　　　　　　　　　　□

以上の結果をまとめると次のようになる．

▶**命題 7.9（まとめ）**　確率変数 $X_1, \ldots, X_n$ は独立で正規分布 $\mathcal{N}(\mu, \sigma^2)$ に従うとする．このとき，$\overline{X}$ と V^2 は独立であり，$\overline{X} \sim \mathcal{N}(\mu, \sigma^2/n)$, $(n-1)V^2/\sigma^2 \sim \chi_{n-1}^2$ に従う．

統計モデル (7.4) のもとでは，$Z = \sqrt{n}\,(\overline{X} - \mu)/\sigma$ は $\mathcal{N}(0,1)$ に従う．ここで σ^2 を不偏分散 V^2 で置き換えたものを T とおくと

$$T = \frac{\sqrt{n}\,(\overline{X} - \mu)}{V} = \frac{\sqrt{n}\,(\overline{X} - \mu)/\sigma}{\sqrt{V^2/\sigma^2}} = \frac{Z}{\sqrt{U/(n-1)}}$$

のように表される．μ が既知のとき，T を **t-統計量** と呼ぶ．ここで，$U = \sum_{i=1}^n (X_i - \overline{X})^2/\sigma^2$ であり，これは Z と独立に χ_{n-1}^2 に従う．したがって，t-分布の定義 7.3 より，T が自由度 $n-1$ の t-分布に従うことがわかる．

▶**命題 7.10（t-統計量の分布）**　確率変数 $X_1, \ldots, X_n$ は独立で $X_i \sim \mathcal{N}(\mu, \sigma^2)$ に従うとする．このとき $T = \sqrt{n}\,(\overline{X} - \mu)/V$ は t_{n-1}-分布に従う．

演習問題

問1 確率変数 $X_1, \ldots, X_9$ が独立で，各 X_i が $\mathcal{N}(\mu, 1)$ に従うとする．$\overline{X}$ を標本平均とする．
  (1) $\mathrm{P}(\mu - 1/3 \leq \overline{X} \leq \mu + 1/3)$ の確率を求めよ．
  (2) $\mathrm{P}(\mu - c/3 \leq \overline{X} \leq \mu + c/3) = 0.95$ となる c の値を求めよ．

問2 確率変数 $X_1, \ldots, X_9$ が独立で，各 X_i が $\mathcal{N}(\mu, \sigma^2)$ に従うとする．$\overline{X}$ を標本平均，V^2 を不偏分散とする．
  (1) $\mathrm{P}(\mu - V/3 \leq \overline{X} \leq \mu + V/3)$ の確率を求めよ．
  (2) $\mathrm{P}(\mu - cV/3 \leq \overline{X} \leq \mu + cV/3) = 0.95$ となる c の値を求めよ．

問3 確率変数 $X_1, \ldots, X_n$ が独立で，各 X_i が $\mathcal{N}(\mu, \sigma^2)$ に従うとする．V^2 を不偏分散とするとき，$\mathrm{E}[V^2]$, $\mathrm{Var}(V^2)$ を求めよ．

問4 確率変数 X, Y が独立で，ともに指数分布 $Ex(1)$ に従うとする．このとき，$W = X/Y$ の確率密度関数 $f_W(w)$ と分布関数 $F_W(w)$ を求めよ．

問5 確率変数 $X_1, \ldots, X_n$ が独立に，$X_i \sim \mathcal{N}(\mu, \sigma^2)$ に従うとし，$\overline{X}$, S^2 を標本平均，標本分散とする．$\overline{X} + \sqrt{n}\,S$ と $\overline{X} + (\sqrt{n}\,S)^{-1}$ の平均と共分散を求めよ．

問6 自然数 n に対して X を χ_n^2 に従う確率変数とする．$n \to \infty$ とするとき，次の事項に答えよ．
  (1) X/n が 1 に確率収束することを示し，$\sqrt{n}\,(X/n - 1)$ の漸近分布を求めよ．
  (2) $\sqrt{X} - \sqrt{n}$ の漸近分布を求めよ．

問7 X と Y は独立な確率変数で，$X \sim \mathcal{N}(0, 1)$, $\mathrm{P}(Y = -1) = \mathrm{P}(Y = 1) = 1/2$ とする．$Z = XY$ とおくとき，$Z \sim \mathcal{N}(0, 1)$ を示せ．X と Z は独立でないこと，$\mathrm{Cov}(X, Z) = 0$ となることを示せ．

問8 連続な確率変数 X, Y が独立で同一分布に従い $Z = \min(X, Y)$ とおく．
  (1) X, Y の確率分布が $\mathcal{N}(0, 1)$ であるとき，Z と Z^2 の確率密度関数を求めよ．
  (2) X, Y の確率密度関数 $f(x)$ が対称性 $f(x) = f(-x)$ を満たすとき，Z^2 の分布は X^2 の分布に等しいことを示せ．

第8章

パラメータの推定

本章では，確率分布のパラメータの推定を扱う．推定方法としてモーメント法と最尤法があり，最尤法については漸近正規性と漸近有効性という優れた性質がある．不偏推定，クラメール・ラオ不等式など，推定の基本的な性質を解説する．

8.1　パラメトリックモデルの例

確率分布が未知のパラメータを含んだモデルとして与えられるときには，次の例のように観測データからそのパラメータを推定してやる必要がある．

【例 8.1】（正規分布の当てはめ）　次のデータは男子大学生 50 人の身長を調べた結果である．これをヒストグラムで表すと図 8.1（左）のようになる．

```
170 173 175 170 172 165 167 168 172 174 168 170 173 178 173 163 172
173 179 172 168 167 168 174 167 180 171 181 177 170 170 175 169 175
173 171 172 176 176 167 173 172 168 168 171 170 176 173 170 185
```

このデータに正規分布 $\mathcal{N}(\mu, \sigma^2)$ を当てはめてみよう．標本平均と標本分散を計算すると $\bar{x} = 172$, $s^2 = 17.6$ となり，これらを平均，分散の推定値とすると，正規分布 $\mathcal{N}(172, 17.6)$ が当てはまることになる．実際この密度関数を図 8.1（左）のヒストグラムに重ねたものが図 8.1（右）であり，この分布の当てはめは良さそうである．この当てはめの妥当性は第 10 章で再検討する．　　　　□

【例 8.2】（指数分布の当てはめ）　次のデータは，ある都市の災害発生により消防車が出動する時間間隔のデータを 50 個とったものである．これをヒストグラムに表すと図 8.2（左）のようになる．

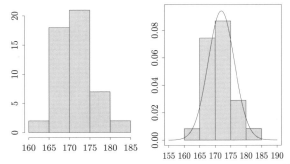

図 8.1 身長データのヒストグラムと $\mathcal{N}(172, 17.6)$ の形状

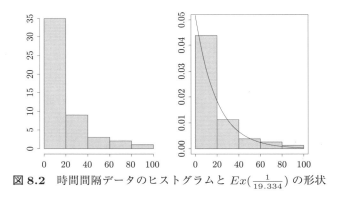

図 8.2 時間間隔データのヒストグラムと $Ex(\frac{1}{19.334})$ の形状

3.1 11.1   7.2 19.5 28.9 80.6 22.1   7.1 10.8 10.8 16.9 12.7   0.3 28.0   0.3
8.6   7.9 30.8 12.2   1.0   4.3 75.1   2.6   1.6   9.5   6.0   8.7 39.2 19.7 15.8
29.6 32.9 26.7 14.1 23.5   1.6 18.0 11.7 54.9 60.7   8.6 12.0   2.9 47.1 15.4
15.7 18.9 42.3 12.4 15.3

この形状は指数分布に近いので $Ex(\lambda)$ を当てはめてみよう．$\mathrm{E}[X] = \frac{1}{\lambda}$ であり標本平均が 19.334 となることから，λ を $\frac{1}{19.334}$ で推定するのが良さそうである．そこで指数分布 $Ex(\frac{1}{19.334})$ を重ねて描いてみると図 8.2（右）のようになる．指数分布の当てはめの妥当性についても第 10 章で再検討するが，5.6 節のポアソン過程で学んだように，出動の時間間隔が指数分布に従うことは災害発生がランダムに起こることを意味することになる． □

【例 8.3】(ポアソン分布の当てはめ) 東京都における 2022 年 6 月の 1 日当たりの交通事故による死亡数の度数分布が次で与えられる. 30 日間のデータなので, $n = 30$ となる (交通事故総合分析センターの統計データより作成).

死亡数	0	1	2	3	4	5
観測度数	22	7	1	0	0	0
期待度数	22.2	6.7	1.0	0.1	0.0	0.0

標本平均と標本分散は $\bar{x} = 0.3$, $s^2 = 0.28$ であり, 両者が近い値をとるのでポアソン分布の当てはまりが良さそうである. X がポアソン分布 $Po(\lambda)$ に従うとき $\mathrm{E}[X] = \lambda$ であるから, λ を標本平均 $\bar{x} = 0.3$ で推定することにする. ポアソン分布 $Po(0.3)$ の確率から期待度数を求めてみる. 例えば, $X = 0$ の期待度数は $Po(0.3)$ の $X = 0$ での確率に $n = 30$ を掛けたもの $\mathrm{P}(X = 0) \times n$ として求まり, 計算すると 22.2 となる. 以下同様にして上の表の期待度数の数値が求まる. 観測数とポアソン分布を仮定したときの期待度数の数値が近いことから, このデータにはポアソン分布の当てはめが良いことがわかる.   □

一般に, 想定されるパラメトリックな確率分布が k 個の未知パラメータ $\boldsymbol{\theta} = (\theta_1, \ldots, \theta_k)$ を含んでいるとし, 確率 (密度) 関数を $f(x|\boldsymbol{\theta})$ で表す. $f(x|\boldsymbol{\theta})$ から独立に確率変数 $X_1, \ldots, X_n$ がとられるとすると, 統計モデルは

$$X_1, \ldots, X_n, \text{ i.i.d. } \sim f(x|\boldsymbol{\theta}), \ \boldsymbol{\theta} = (\theta_1, \ldots, \theta_k) \tag{8.1}$$

のように表される. 簡単のために $\boldsymbol{X} = (X_1, \ldots, X_n)$ とおく. また, X_i の実現値を x_i とし, $\boldsymbol{x} = (x_1, \ldots, x_n)$ と書くことにする.

未知のパラメータ $\boldsymbol{\theta}$ の値を言い当てることを**推定**もしくは**点推定**と呼ぶ. $\boldsymbol{X}$ は確率分布を通して $\boldsymbol{\theta}$ の情報を含んでいるので, $\boldsymbol{X}$ の関数として $\boldsymbol{\theta}$ を推定することになる. この関数を $\widehat{\boldsymbol{\theta}}(\boldsymbol{X})$ もしくは単に $\widehat{\boldsymbol{\theta}}$ と書いて, $\boldsymbol{\theta}$ の**推定量**と呼ぶ. この関数に $\boldsymbol{X}$ の実現値 $\boldsymbol{x} = (x_1, \ldots, x_n)$ を代入した $\widehat{\boldsymbol{\theta}}(\boldsymbol{x})$ を**推定値**と呼ぶ.

具体的な推定方法は $\boldsymbol{X}$ の関数 $\widehat{\boldsymbol{\theta}}(\boldsymbol{X})$ をどのようにとるかに対応しており, その関数のとり方と性質を本節で学んでいく. 推定量の望ましい性質の 1 つとして一致性がある. これは, n を大きくしていくと推定量が真の値 $\boldsymbol{\theta}$ に近づくことを意味する.

▷**定義 8.4（一致性）**　$n \to \infty$ のとき，推定量 $\widehat{\boldsymbol{\theta}}(X_1, \ldots, X_n)$ が $\boldsymbol{\theta}$ に確率収束するとき，$\widehat{\boldsymbol{\theta}}$ は $\boldsymbol{\theta}$ の**一致推定量**であるという．

8.2　推定方法

代表的な推定量の求め方としてモーメント法と最尤法を説明する．

8.2.1　モーメント法

X を確率（密度）関数 $f(x|\boldsymbol{\theta}), \boldsymbol{\theta} = (\theta_1, \ldots, \theta_k)$, に従う確率変数として，$k$ 次までのモーメントを次のように表すことにする．

$$\mathrm{E}[X] = g_1(\boldsymbol{\theta}), \ \mathrm{E}[X^2] = g_2(\boldsymbol{\theta}), \ldots, \mathrm{E}[X^k] = g_k(\boldsymbol{\theta})$$

n 個の確率変数 $X_1, \ldots, X_n$ が (8.1) のように独立に $f(x|\boldsymbol{\theta})$ に従うものとすると，大数の法則から，$n \to \infty$ のとき $n^{-1} \sum_{i=1}^{n} X_i^j$ は $\mathrm{E}[X^j]$ に確率収束することがわかる．そこで，$\mathrm{E}[X^j]$ を $n^{-1} \sum_{i=1}^{n} X_i^j$ で置き換えた連立方程式

$$\begin{cases} \dfrac{1}{n} \sum_{i=1}^{n} X_i = g_1(\theta_1, \ldots, \theta_k), \\ \qquad\qquad \vdots \\ \dfrac{1}{n} \sum_{i=1}^{n} X_i^k = g_k(\theta_1, \ldots, \theta_k), \end{cases}$$

を考える．方程式の個数 k は未知パラメータの個数と等しくなるようにとる．この連立方程式を $\theta_1, \ldots, \theta_k$ について解いた解を**モーメント推定量**と呼ぶ．

▶**命題 8.5**　適当な条件のもとでモーメント推定量は $\boldsymbol{\theta}$ の一致推定量である．

【**例 8.6**】（**ポアソン分布**）　X がポアソン分布 $Po(\lambda)$ に従うとき $\mathrm{E}[X] = \lambda$ となる．$X_1, \ldots, X_n$ が $Po(\lambda)$ に従う独立な確率変数のとき，$\mathrm{E}[X]$ を標本平均 $\overline{X}$ で置き換えることになるので，λ のモーメント推定量は $\overline{X}$ となる．　　　　□

【例 8.7】(正規分布) X が正規分布 $\mathcal{N}(\mu, \sigma^2)$ に従うとき $\mathrm{E}[X] = \mu$, $\mathrm{E}[X^2] = \mathrm{E}[(X-\mu)^2] + \mu^2 = \sigma^2 + \mu^2$ となる。$X_1, \ldots, X_n$ が $\mathcal{N}(\mu, \sigma^2)$ に従う独立な確率変数のとき，$\mathrm{E}[X]$, $\mathrm{E}[X^2]$ を $\overline{X}$, $n^{-1}\sum_{i=1}^n X_i^2$ で置き換えると，連立方程式

$$\overline{X} = \mu, \quad \frac{1}{n}\sum_{i=1}^n X_i^2 = \sigma^2 + \mu^2$$

が得られる。この解 $\widehat{\mu}$, $\widehat{\sigma}^2$ は，$\widehat{\mu} = \overline{X}$, $\widehat{\sigma}^2 = n^{-1}\sum_{i=1}^n (X_i - \overline{X})^2 = S^2$ となり，これらが μ, σ^2 のモーメント推定量になる。 □

8.2.2 最尤法

最尤法は，原理的には方程式の根を数値的に解けばよいので，様々な応用分野で利用されている。しかも，漸近的には最も良い推定量であることが理論上保証される。

$\boldsymbol{X} = (X_1, \ldots, X_n)$ の同時確率（密度）関数を $\boldsymbol{\theta}$ の関数として

$$L(\boldsymbol{\theta}) = \prod_{i=1}^n f(x_i|\boldsymbol{\theta})$$

のように書き**尤度関数**と呼ぶ。その対数をとったもの $\ell(\boldsymbol{\theta}) = \sum_{i=1}^n \log f(x_i|\boldsymbol{\theta})$ を**対数尤度関数**と呼ぶ。

▷**定義 8.8（MLE）** 尤度関数もしくは対数尤度関数を最大にする $\boldsymbol{\theta}$，すなわち次の式を満たす $\widehat{\boldsymbol{\theta}}$ を**最尤推定量 (MLE)** と呼ぶ。

$$L(\widehat{\boldsymbol{\theta}}) = \max_{\boldsymbol{\theta}} L(\boldsymbol{\theta})$$

$\boldsymbol{\theta} = (\theta_1, \ldots, \theta_k)$ であるから，MLE の定義から，連立方程式

$$\frac{\partial}{\partial \theta_i} L(\theta_1, \ldots, \theta_k|\boldsymbol{x}) = 0, \quad i = 1, \ldots, k,$$

の解が MLE の候補となる。これを**尤度方程式**と呼ぶ。連立方程式を数値的に解くことができるので，原理的には多くの確率分布のパラメータに対して MLE を求めることができる。

▶**命題 8.9（MLE の一致性）**　適当な条件のもとで，MLE は $\boldsymbol{\theta}$ の一致推定量である.

　一般的な証明を与えるにはクラメールの一致性やワルドの一致性などを証明する必要があり簡単ではないが，よく知られた確率モデルのもとで一致性を確かめることは比較的容易である.

▶**命題 8.10（MLE の不変性）**　$\tau = \tau(\boldsymbol{\theta})$ を $\boldsymbol{\theta}$ の関数とし τ の推定を考える. $\widehat{\boldsymbol{\theta}}$ が $\boldsymbol{\theta}$ の MLE ならば $\tau(\widehat{\boldsymbol{\theta}})$ が τ の MLE になる.

　$\tau(\cdot)$ が 1 対 1 の関数ならば容易に証明することができるが，この命題は 1 対 1 に限らずあらゆる関数に対して成り立つ.

【例 8.11】（ポアソン分布）　$X_1, \ldots, X_n$ が独立にポアソン分布 $Po(\lambda)$ に従うとき，対数尤度は

$$\ell(\lambda) = \sum_{i=1}^{n} \{x_i \log(\lambda) - \lambda - \log(x_i!)\} = n\overline{x} \log(\lambda) - n\lambda - \sum_{i=1}^{n} \log(x_i!)$$

と書けるので，λ に関して微分することにより，尤度方程式は

$$\frac{d}{d\lambda}\ell(\lambda) = \frac{n\overline{x}}{\lambda} - n = 0$$

となる. したがって，λ の MLE は $\hat{\lambda} = \overline{X}$ となる. 標準偏差は $\sqrt{\lambda}$ であるが，この MLE は命題 8.10 より $\sqrt{\overline{X}}$ になる. $\overline{X}$，$\sqrt{\overline{X}}$ が λ，$\sqrt{\lambda}$ の一致推定量であることは容易に確かめることができる. □

【例 8.12】（正規分布）　$X_1, \ldots, X_n$ が独立に正規分布 $\mathcal{N}(\mu, \sigma^2)$ に従うとき，対数尤度関数は

$$\ell(\mu, \sigma^2) = -\frac{n}{2}\log(2\pi) - \frac{n}{2}\log(\sigma^2) - \frac{1}{2\sigma^2}\sum_{i=1}^{n}(x_i - \mu)^2$$

で与えられるので，これを μ と σ^2 に関して偏微分すると，尤度方程式は

$$\frac{\partial}{\partial \mu} \ell(\mu, \sigma^2) = \frac{1}{\sigma^2} \sum_{i=1}^{n} (x_i - \mu) = 0$$

$$\frac{\partial}{\partial \sigma^2} \ell(\mu, \sigma^2) = -\frac{n}{2\sigma^2} + \frac{1}{2\sigma^4} \sum_{i=1}^{n} (x_i - \mu)^2 = 0$$

となる. この解を求めると, μ と σ^2 の MLE は $\hat{\mu} = \overline{X}$, $\hat{\sigma}^2 = n^{-1} \sum_{i=1}^{n} (X_i - \overline{X})^2 = S^2$ となり, モーメント推定量と一致する. 標準偏差 σ の MLE は, 命題 8.10 より $\hat{\sigma} = S$ となる. $\hat{\mu}, \hat{\sigma}^2, \hat{\sigma}$ は μ, σ^2, σ の一致推定量である. □

【例 8.13】(多項分布) 多次元の離散確率変数 $(X_1, \ldots, X_m)$ が (3.2) の多項分布に従うとすると, 対数尤度は

$$\ell(p_1, \ldots, p_m) = \sum_{i=1}^{m} x_i \log(p_i) + \log(n!) - \sum_{i=1}^{m} \log(x_i!)$$

と書ける. $p_1, \ldots, p_m$ の MLE は, $p_1 + \cdots + p_m = 1$ という制約のもとで対数尤度 $\ell(p_1, \ldots, p_m)$ を最大にする解として得られる. 条件付き最大化問題となるのでラグランジュ未定乗数法を用いる.

$$H(p_1, \ldots, p_m) = \ell(p_1, \ldots, p_m) - \lambda(p_1 + \cdots + p_m - 1)$$

とおき, これを p_i で偏微分すると, 次の方程式が得られる.

$$\frac{\partial}{\partial p_i} H(p_1, \ldots, p_m) = \frac{x_i}{p_i} - \lambda = 0, \quad i = 1, \ldots, m$$

この解は $p_i = x_i/\lambda$ となるので, これを $p_1 + \cdots + p_m = 1$ に代入すると, $\lambda = \sum_{i=1}^{m} x_i = n$ となる. したがって, p_i の MLE は $\hat{p}_i = X_i/n$, $i = 1, \ldots, m$, となることがわかる. □

8.3 最尤推定量の漸近正規性

MLE の良さは, 標本サイズが大きいときに MLE の分布が正規分布に収束し, しかもその分布の漸近分散が最小になることである. このような理論的に優れた性質は MLE が支持される理由の 1 つである.

θ が 1 次元のパラメータの場合を考えよう. 1 つの確率変数 X が確率 (密度)

関数 $f(x|\theta)$ に従うとする．この関数に対数をとって θ に関して微分したもの

$$S(\theta, X) = \frac{d}{d\theta} \log f(X|\theta)$$

を**スコア関数**と呼ぶ．スコア関数の 2 乗の期待値を

$$I(\theta) = \mathrm{E}[\{S(\theta, X)\}^2] \tag{8.2}$$

と書き，θ の**フィッシャー情報量**と呼ぶ．

n 個の確率変数 $X_1, \ldots, X_n$ が独立に $f(x|\theta)$ に従うときには，確率変数の組を $\boldsymbol{X} = (X_1, \ldots, X_n)$，実現値を $\boldsymbol{x} = (x_1, \ldots, x_n)$ で表すと，$\boldsymbol{X}$ の同時確率（密度）関数 $f(\boldsymbol{x}|\theta)$ は $f(\boldsymbol{x}|\theta) = \prod_{i=1}^{n} f(x_i|\theta)$ と書けるので，スコア関数は

$$S_n(\theta, \boldsymbol{X}) = \frac{d}{d\theta} \log f(\boldsymbol{X}|\theta)$$

となり，そのときフィッシャー情報量は次で定義される．

$$I_n(\theta) = \mathrm{E}[\{S_n(\theta, \boldsymbol{X})\}^2] = \mathrm{E}\left[\left\{\frac{d}{d\theta} \log f(\boldsymbol{X}|\theta)\right\}^2\right]$$

以下の説明では，微分と積分もしくは微分と無限級数の間の順序交換などいくつかの条件を仮定する．これを**正則条件**と呼ぶ（具体的な条件については，例えば久保川 (2017)『現代数理統計学の基礎』を参照）．

▶**命題 8.14（スコア関数とフィッシャー情報量の性質）**　適当な正則条件を仮定する．

(1)　$\mathrm{E}[S(\theta, X)] = 0$ が成り立つ．

(2)　次の等式が成り立つ．

$$I(\theta) = -\mathrm{E}\left[\frac{d^2}{d\theta^2} \log f(X|\theta)\right] \tag{8.3}$$

(3)　$X_1, \ldots, X_n$ が独立で同一分布に従うときには，n 個の確率変数に基づいたフィッシャー情報量は 1 個の確率変数に基づいたフィッシャー情報量の n 倍になる．すなわち，$I_n(\theta) = nI(\theta)$ が成り立つ．

[**証明**]　確率変数が連続の場合について示そう．離散確率変数のときも同様に示される．(1) については

$$\mathrm{E}[S(\theta, X)] = \int_{-\infty}^{\infty} \frac{d \log f(x|\theta)}{d\theta} f(x|\theta)\, dx$$

$$= \int_{-\infty}^{\infty} \frac{df(x|\theta)}{d\theta} dx = \frac{d}{d\theta} \int_{-\infty}^{\infty} f(x|\theta)\, dx = \frac{d}{d\theta} 1 = 0$$

となる. (2) については,

$$\frac{d^2}{d\theta^2} \log f(x|\theta) = \frac{d}{d\theta} \frac{\frac{df(x|\theta)}{d\theta}}{f(x|\theta)} = \frac{1}{f(x|\theta)} \frac{d^2 f(x|\theta)}{d\theta^2} - \Big(\frac{\frac{df(x|\theta)}{d\theta}}{f(x|\theta)} \Big)^2$$

$$= \frac{1}{f(x|\theta)} \frac{d^2 f(x|\theta)}{d\theta^2} - \{ S(\theta, x) \}^2$$

と書ける. (1) と同様にして

$$\mathrm{E}\Big[\frac{1}{f(X|\theta)} \frac{d^2 f(X|\theta)}{d\theta^2} \Big] = \frac{d^2}{d\theta^2} \int_{-\infty}^{\infty} f(x|\theta)\, dx = 0$$

となるので, (8.3) が成り立つ.

(3) については, $S_n(\theta, \boldsymbol{X}) = \sum_{i=1}^{n} S(\theta, X_i)$ と $\mathrm{E}[S(\theta, X_i)] = 0$ より

$$I_n(\theta) = \mathrm{E}[\{ S_n(\theta, \boldsymbol{X}) \}^2]$$

$$= \sum_{i=1}^{n} \mathrm{E}[\{ S(\theta, X_i) \}^2] + \sum_{i=1}^{n} \sum_{j=1, j \neq i}^{n} \mathrm{E}[S(\theta, X_i)] \mathrm{E}[S(\theta, X_j)] = n I(\theta)$$

となる. □

次の定理は, 標本サイズ n が大きいときに MLE の分布が正規分布に収束する性質を述べており, 極めて重要な結果である.

▶**定理 8.15 (MLE の漸近正規性)** 確率変数 $X_1, \ldots, X_n$ が独立で $f(x|\theta)$ に従うとし, θ を 1 次元母数とする. θ の MLE を $\hat{\theta}$ とすると, $n \to \infty$ のとき適当な正則条件のもとで $\sqrt{n}\,(\hat{\theta} - \theta)$ は正規分布

$$\sqrt{n}\,(\hat{\theta} - \theta) \to_d \mathcal{N}\Big(0, \frac{1}{I(\theta)} \Big) \tag{8.4}$$

に分布収束する. $\sqrt{n}\,(\hat{\theta} - \theta)$ の極限の分布は漸近分布と呼ばれるが, MLE の漸近分布は正規分布になる. これを MLE の**漸近正規性**と呼ぶ. 漸近分布の分散は**漸近分散**と呼ばれ, MLE の漸近分散は $1/I(\theta)$ で与えられることがわかる.

[**証明**] 対数尤度関数 $\ell(\theta) = \sum_{i=1}^{n} \log f(X_i|\theta)$ に対して，MLE $\hat{\theta}$ は $\ell'(\hat{\theta}) = 0$ を満たす．$\ell'(\hat{\theta})$ を $\hat{\theta} = \theta$ の周りでテーラー展開すると

$$0 = \ell'(\hat{\theta}) \approx \ell'(\theta) + \ell''(\theta)(\hat{\theta} - \theta)$$

と近似できるので

$$\sqrt{n}\,(\hat{\theta} - \theta) \approx \frac{\sqrt{n}\,\ell'(\theta)}{-\ell''(\theta)} = \frac{\frac{1}{\sqrt{n}}\sum_{i=1}^{n}\frac{d}{d\theta}\log f(X_i|\theta)}{-\frac{1}{n}\sum_{i=1}^{n}\frac{d^2}{d\theta^2}\log f(X_i|\theta)} \tag{8.5}$$

と書ける．ここで $S(\theta, X_i) = \frac{d}{d\theta}\log f(X_i|\theta)$ とおくと，(8.5) の分子は

$$\frac{1}{\sqrt{n}}\sum_{i=1}^{n}\frac{d}{d\theta}\log f(X_i|\theta) = \frac{1}{\sqrt{n}}\sum_{i=1}^{n}S(\theta, X_i)$$

と表される．また命題 8.14 より，$\mathrm{E}[S(\theta, X_i)] = 0$，$\mathrm{Var}(S(\theta, X_i)) = I(\theta)$ であり，$S(\theta, X_1), \ldots, S(\theta, X_n)$ が独立に同一分布に従うので，中心極限定理より，分子は次のような正規分布に分布収束する．

$$\frac{1}{\sqrt{n}}\sum_{i=1}^{n}S(\theta, X_i) \to_d \mathcal{N}(0, I(\theta))$$

一方 (8.5) の分母については，$\frac{d^2}{d\theta^2}\log f(X_1|\theta), \ldots, \frac{d^2}{d\theta^2}\log f(X_n|\theta)$ は独立で同一分布に従うので，大数の法則より

$$-\frac{1}{n}\sum_{i=1}^{n}\frac{d^2}{d\theta^2}\log f(X_i|\theta) \to_p -\mathrm{E}\left[\frac{d^2}{d\theta^2}\log f(X_1|\theta)\right]$$

に確率収束する．命題 8.14 より，この式の右辺は $I(\theta)$ に等しいことがわかる．

以上より，(8.5) の分子が正規分布に分布収束し，分母が $I(\theta)$ に確率収束することから，定理 6.10 のスラツキーの定理より

$$\sqrt{n}\,(\hat{\theta} - \theta) \to_d \frac{\mathcal{N}(0, I(\theta))}{I(\theta)} = \mathcal{N}\left(0, \frac{1}{I(\theta)}\right)$$

となり，定理の結果を示すことができる． $\square$

【例 8.16】（ポアソン分布） 例 8.11 と同じ設定でポアソン分布のパラメータ λ の推定を扱う. λ の MLE は $\hat{\lambda} = \overline{X}$ である. $\log f(X_1|\lambda) = X_1 \log \lambda - \lambda - \log(X_1!)$ を λ に関して 2 回微分すると

$$\frac{\partial^2 \log f(X_1|\lambda)}{\partial \lambda^2} = -\frac{X_1}{\lambda^2}$$

と書けるので，命題 8.14 よりフィッシャー情報量は $I(\lambda) = 1/\lambda$ となる. 定理 8.15 より，$\sqrt{n}\,(\overline{X} - \lambda) \to_d \mathcal{N}(0, \lambda)$ となる. □

定理 8.15 の拡張の 1 つとして，関数 $h(\theta)$ の MLE $h(\hat{\theta})$ の漸近分布を考えることができる. この場合，定理 6.11 のデルタ法を用いれば，$h'(\theta) \neq 0$ を満たす θ に対して次の分布収束が成り立つことがわかる.

$$\sqrt{n}\,\{h(\hat{\theta}) - h(\theta)\} \to_d \mathcal{N}\Big(0, \frac{\{h'(\theta)\}^2}{I(\theta)}\Big) \tag{8.6}$$

【例 8.17】（ベルヌーイ分布） 確率変数 $X_1, \ldots, X_n$ が独立に $Ber(p)$ に従うとすると，$\mu = \mathrm{E}[X_1] = p$, $\sigma^2 = \mathrm{Var}(X_1) = p(1-p)$ である. $\log f(X_1|p) = X_1 \log p + (1 - X_1) \log(1 - p)$ を p に関して 2 回微分すると

$$\frac{\partial^2 \log f(X_1|p)}{\partial p^2} = -\frac{X_1}{p^2} - \frac{1 - X_1}{(1-p)^2}$$

となる. 命題 8.14 よりフィッシャー情報量は $I(p) = 1/\{p(1-p)\}$ となる. p の MLE は $\overline{X}$ であり，定理 8.15 より $\sqrt{n}\,(\overline{X} - p) \to_d \mathcal{N}(0, p(1-p))$ となる.

$\sigma^2 = p(1-p)$ の MLE は，命題 8.10 の MLE の不変性より $\hat{\sigma}^2 = \overline{X}(1 - \overline{X})$ となる. この漸近分布を求めるために，$h(p) = p(1-p)$ とおく. $h'(p) = 1 - 2p$ より，$p \neq 1/2$ に対して

$$\sqrt{n}\,\{\overline{X}(1 - \overline{X}) - p(1-p)\} \to_d \mathcal{N}\big(0, (1 - 2p)^2 p(1-p)\big)$$

となる. □

母数が多次元の場合への拡張も可能である. $\boldsymbol{\theta} = (\theta_1, \ldots, \theta_k)$ とし

$$I_{ij}(\boldsymbol{\theta}) = \mathrm{E}\Big[\Big\{\frac{\partial}{\partial \theta_i} \log f(X|\boldsymbol{\theta})\Big\}\Big\{\frac{\partial}{\partial \theta_j} \log f(X|\boldsymbol{\theta})\Big\}\Big] \tag{8.7}$$

とおく. $I_{ij}(\boldsymbol{\theta})$ を (i, j) 成分にもつ $k \times k$ 行列 $\boldsymbol{I}(\boldsymbol{\theta}) = (I_{ij}(\boldsymbol{\theta}))$ を**フィッシャー情報量行列**と呼ぶ. $\boldsymbol{\theta}$ の MLE を $\widehat{\boldsymbol{\theta}}$ とすると, 定理 8.15 と同様にして

$$\sqrt{n}\,(\widehat{\boldsymbol{\theta}} - \boldsymbol{\theta}) \to_d \mathcal{N}_k\big(\mathbf{0}, \{\boldsymbol{I}(\boldsymbol{\theta})\}^{-1}\big) \tag{8.8}$$

が成り立つ. ここで $\mathcal{N}_k(\mathbf{0}, \{\boldsymbol{I}(\boldsymbol{\theta})\}^{-1})$ は平均 $\mathbf{0}$, 共分散行列 $\{\boldsymbol{I}(\boldsymbol{\theta})\}^{-1}$ の多変量正規分布で, その確率密度関数は (3.7) で与えられている.

【例 8.18】(正規分布)　例 8.12 で扱った正規分布について, μ, σ^2 の MLE $\widehat{\mu} = \overline{X}$, $\widehat{\sigma}^2 = S^2$ の漸近分布を求めよう. 例 8.12 の中の対数尤度関数を μ, σ^2 に関して 2 回偏微分すると

$$\frac{\partial^2 \ell(\mu, \sigma^2)}{\partial \mu^2} = -\frac{n}{\sigma^2}, \quad \frac{\partial^2 \ell(\mu, \sigma^2)}{\partial \mu \partial \sigma^2} = -\frac{1}{\sigma^4} \sum_{i=1}^{n} (X_i - \mu)$$

$$\frac{\partial^2 \ell(\mu, \sigma^2)}{\partial (\sigma^2)^2} = \frac{n}{2\sigma^4} - \frac{1}{\sigma^6} \sum_{i=1}^{n} (X_i - \mu)^2$$

となるので, フィッシャー情報量行列は

$$\boldsymbol{I}_n(\mu, \sigma^2) = n \begin{pmatrix} 1/\sigma^2 & 0 \\ 0 & 1/(2\sigma^4) \end{pmatrix}$$

で与えられる. したがって, MLE $(\overline{X}, S^2)$ の漸近分布は

$$\sqrt{n}\left\{ \begin{pmatrix} \overline{X} \\ S^2 \end{pmatrix} - \begin{pmatrix} \mu \\ \sigma^2 \end{pmatrix} \right\} \to_d \mathcal{N}_2\left(\mathbf{0}, \begin{pmatrix} \sigma^2 & 0 \\ 0 & 2\sigma^4 \end{pmatrix}\right)$$

となる.　　　　　　　　　　　　　　　　　　　　　　　　　　　　　□

8.4　クラメール・ラオ不等式と有効性

　モーメント法と最尤法を紹介してきたが, その他ベイズ法など様々な推定量が存在する. そのときどの推定量を選んだら良いかが問題となる. 選択規準の 1 つとして取り上げられるのが平均 2 乗誤差, 分散, バイアスである.

　いま, n 個の確率変数 $X_1, \ldots, X_n$ が独立で $f(x|\theta)$ に従うとし, θ を 1 次元のパラメータとする. $\boldsymbol{X} = (X_1, \ldots, X_n)$ とおき, 推定量 $\widehat{\theta} = \widehat{\theta}(\boldsymbol{X})$ の推定誤差を

測る方法として次の**平均 2 乗誤差** (MSE) がある.

$$\mathrm{MSE}_\theta(\hat{\theta}) = \mathrm{E}_\theta[\{\hat{\theta}(\boldsymbol{X}) - \theta\}^2] \tag{8.9}$$

$\mathrm{Bias}_\theta(\hat{\theta}) = \mathrm{E}_\theta[\hat{\theta}] - \theta$ を $\hat{\theta}$ の**バイアス**と呼び, $\mathrm{Var}_\theta(\hat{\theta}) = \mathrm{E}_\theta[\{\hat{\theta} - \mathrm{E}_\theta[\hat{\theta}]\}^2]$ より

$$\mathrm{MSE}_\theta(\hat{\theta}) = \mathrm{Var}_\theta(\hat{\theta}) + \{\mathrm{Bias}_\theta(\hat{\theta})\}^2$$

と分解できる. $\mathrm{E}[\hat{\theta}] = \theta$ のときにはバイアスは 0 になるので $\mathrm{MSE}_\theta(\hat{\theta}) = \mathrm{Var}_\theta(\hat{\theta})$ となり, 分散の大小で推定量の良さを測ることができる. 定義 5.1 より, 推定量 $\hat{\theta}$ が性質 $\mathrm{E}_\theta[\hat{\theta}(\boldsymbol{X})] = \theta$ を満たすとき, $\hat{\theta} = \hat{\theta}(\boldsymbol{X})$ は θ の**不偏推定量**であるという.

【例 8.19】(2 項分布) 確率変数 $X_1, \ldots, X_n$ が独立に $Ber(p)$ に従うとすると, $\mu = \mathrm{E}[X_1] = p$, $\sigma^2 = \mathrm{Var}(X_1) = p(1-p)$ である. $\mathrm{E}[\overline{X}] = p$ であるから, 平均 μ の不偏推定量は $\hat{\mu} = \overline{X}$ となる. 分散 $\sigma^2 = p(1-p)$ の不偏推定量を求めるために $\mathrm{E}[\overline{X}(1-\overline{X})]$ を計算してみる. $Y = n\overline{X}$ とおくと

$$\overline{X}(1-\overline{X}) = \frac{1}{n^2}\{(n-1)Y - Y(Y-1)\}$$

と表すことができる. $Y \sim Bin(n,p)$ であり, 命題 2.3 の証明を参照すると $\mathrm{E}[Y(Y-1)] = n(n-1)p^2$ と書けるので, $\mathrm{E}[\overline{X}(1-\overline{X})] = n^{-2}\{(n-1)np - n(n-1)p^2\} = n^{-1}(n-1)p(1-p)$ となる. したがって, σ^2 の不偏推定量として

$$\hat{\sigma}^2 = \frac{n}{n-1}\overline{X}(1-\overline{X})$$

が得られる. ちなみに, MLE は $\overline{X}(1-\overline{X})$ であり不偏ではない. □

不偏推定量のクラスの中では分散が小さいほど良い推定量となるが, この分散の下限を提示してくれるのが次の定理である.

▶**定理 8.20 (クラメール・ラオ不等式)** 適当な正則条件を仮定する. $\hat{\theta} = \hat{\theta}(\boldsymbol{X})$ が θ の不偏推定量のとき, 次の不等式が任意の θ に対して成り立つ.

$$\mathrm{Var}_\theta(\hat{\theta}) \geq \frac{1}{nI(\theta)} \tag{8.10}$$

これを**クラメール・ラオの不等式**，右辺を**クラメール・ラオの下限**と呼ぶ．

[証明]　命題 8.14 より，$\mathrm{E}[S_n(\theta, \boldsymbol{X})] = 0$, $\mathrm{E}[\{S_n(\theta, \boldsymbol{X})\}^2] = nI(\theta)$ となること
に注意する．ここでコーシー・シュバルツの不等式を用いると

$$\left\{ \mathrm{E}[\{\hat{\theta}(\boldsymbol{X}) - \theta\}S_n(\theta, \boldsymbol{X})] \right\}^2 \leq \mathrm{E}[\{\hat{\theta}(\boldsymbol{X}) - \theta\}^2] \times \mathrm{E}[\{S_n(\theta, \boldsymbol{X})\}^2]$$

が成り立つ．$\mathrm{Var}_\theta(\hat{\theta}) = \mathrm{E}[\{\hat{\theta}(\boldsymbol{X}) - \theta\}^2]$ より

$$\mathrm{Var}_\theta(\hat{\theta}) \geq \frac{\{\mathrm{E}[\{\hat{\theta}(\boldsymbol{X}) - \theta\}S_n(\theta, \boldsymbol{X})]\}^2}{nI(\theta)} \tag{8.11}$$

となる．ここで，$d\boldsymbol{x} = dx_1 \cdots dx_n$ とすると，$\mathrm{E}[S_n(\theta, \boldsymbol{X})] = 0$ より

$$\mathrm{E}[\{\hat{\theta}(\boldsymbol{X}) - \theta\}S_n(\theta, \boldsymbol{X})] = \mathrm{E}[\hat{\theta}(\boldsymbol{X})S_n(\theta, \boldsymbol{X})]$$
$$= \int \cdots \int \hat{\theta}(\boldsymbol{x}) \frac{d}{d\theta} f(\boldsymbol{x}|\theta) \, d\boldsymbol{x} = \frac{d}{d\theta} \int \cdots \int \hat{\theta}(\boldsymbol{x}) f(\boldsymbol{x}|\theta) \, d\boldsymbol{x} = \frac{d}{d\theta} \theta = 1$$

となり，不等式 (8.10) が成り立つ．　　　　　　　　　　　　　　　　　　□

　分散がクラメール・ラオの下限に一致するような推定量は，最も分散を小さく
していることを意味するので，**最良不偏推定量**もしくは**一様最小分散不偏推定量**
と呼ばれる．クラメール・ラオ不等式は

$$\mathrm{E}_\theta[\{\sqrt{n}(\hat{\theta} - \theta)\}^2] \geq \frac{1}{I(\theta)}$$

のように表すことができるが，$n \to \infty$ のときにも

$$\lim_{n \to \infty} \mathrm{E}_\theta[\{\sqrt{n}(\hat{\theta} - \theta)\}^2] \geq \frac{1}{I(\theta)}$$

が成り立つことになる．このことは，$\sqrt{n}(\hat{\theta} - \theta)$ の漸近分布の分散（漸近分散）
が $1/I(\theta)$ より小さくならないことに対応するので，漸近分散が $1/I(\theta)$ となる推
定量を**漸近有効**な推定量と呼ぶ．定理 8.15 からわかるように，MLE は漸近有
効な推定量である．

【例 8.21】（ポアソン分布）　例 8.11 と同じ設定でポアソン分布のパラメータ λ の
推定を扱う．例 8.16 より，フィッシャー情報量は $I(\lambda) = 1/\lambda$ であるから，λ の

任意の不偏推定量 $\hat{\lambda}$ の分散についてはクラメール・ラオ不等式

$$\mathrm{Var}(\hat{\lambda}) \geq \frac{\lambda}{n}$$

が成り立つ. $\mathrm{Var}(\overline{X}) = \lambda/n$ であるから, $\overline{X}$ は下限に一致することがわかる. このことは, $\overline{X}$ が最良不偏推定量であることを示している. □

【例 8.22】(正規分布)　例 8.12 の正規分布の設定において, 例 8.18 より平均 μ のフィッシャー情報量は $I(\mu) = 1/\sigma^2$ となるので, μ のすべての不偏推定量 $\widehat{\mu}$ のクラメール・ラオ不等式は

$$\mathrm{Var}(\widehat{\mu}) \geq \frac{\sigma^2}{n}$$

と表される. $\overline{X}$ の分散は $\mathrm{Var}(\overline{X}) = \sigma^2/n$ であるから, $\overline{X}$ は, クラメール・ラオの下限に達しているので, 最良不偏推定量になる. □

　定理 8.20 の拡張の 1 つとして, 関数 $h(\theta)$ の推定問題があげられる. $\hat{h} = \hat{h}(\boldsymbol{X})$ を $h(\theta)$ の不偏推定量とする. 定理 8.20 の証明をたどり

$$\mathrm{E}[\{\hat{h}(\boldsymbol{X}) - h(\theta)\}S_n(\theta, \boldsymbol{X})] = \frac{d}{d\theta} \int \cdots \int \hat{h}(\boldsymbol{x}) f(\boldsymbol{x}|\theta) \, d\boldsymbol{x} = h'(\theta)$$

に注意すると, (8.10) は次のような不等式に拡張されることがわかる.

$$\mathrm{Var}_\theta(\hat{h}) \geq \frac{\{h'(\theta)\}^2}{nI(\theta)} \tag{8.12}$$

この式から

$$\lim_{n \to \infty} \mathrm{E}[\{\sqrt{n}\,(\hat{h}(\boldsymbol{X}) - h(\theta))\}^2] \geq \frac{\{h'(\theta)\}^2}{I(\theta)}$$

が成り立つ. この下限は (8.6) で与えられた MLE $h(\hat{\theta})$ の漸近分散に等しいので, $h(\theta)$ の推定においても MLE が漸近有効であることを示唆している.

8.5　十分統計量とラオ・ブラックウェルの定理

　$T(\boldsymbol{X})$ を θ の十分統計量とすると, 因子分解定理 5.4 より対数尤度は

$$\log f(\boldsymbol{X}|\theta) = \log h(\boldsymbol{X}) + \log g(T(\boldsymbol{X})|\theta)$$

と書けるので，対数尤度を最大化することは $\log g(T(\boldsymbol{X})|\theta)$ を最大化すること
に等しい．したがって，θ の MLE は十分統計量 $T(\boldsymbol{X})$ の関数として与えられ
る．このことは，十分統計量に基づいて推定量を求めれば十分であることを示唆
している．この事実を数式の上で明らかにしているのが次の**ラオ・ブラックウェ
ルの定理**である．

▶**定理 8.23（ラオ・ブラックウェルの定理）** $T = T(\boldsymbol{X})$ を θ に対する十分統計
量とする．$\mathrm{E}_\theta[\{\hat{\theta}(\boldsymbol{X})\}^2] < \infty$ であるような θ の任意の推定量 $\hat{\theta}(\boldsymbol{X})$ に対して，
$T = t$ を与えたときの $\hat{\theta}(\boldsymbol{X})$ の条件付き期待値

$$\hat{\theta}^*(t) = \mathrm{E}[\hat{\theta}(\boldsymbol{X})|T = t]$$

を考える．このとき，$\hat{\theta}^*(T)$ は θ に依存しないので推定量として利用され，しか
も (8.9) で定義された平均2乗誤差に関して

$$\mathrm{MSE}_\theta(\hat{\theta}(\boldsymbol{X})) \geq \mathrm{MSE}_\theta(\hat{\theta}^*(T))$$

がすべての θ に対して成り立つ．

[証明]　十分統計量の定義 5.3 より，$\mathrm{E}[\hat{\theta}(\boldsymbol{X})|T = t]$ が θ に依存しないことがわ
かる．また $\hat{\theta}(\boldsymbol{X})$ の MSE は

$$\begin{aligned}
\mathrm{MSE}_\theta(\hat{\theta}(\boldsymbol{X})) &= \mathrm{E}_\theta[\{\hat{\theta}(\boldsymbol{X}) - \hat{\theta}^*(T) + \hat{\theta}^*(T) - \theta\}^2] \\
&= \mathrm{E}_\theta[\{\hat{\theta}(\boldsymbol{X}) - \hat{\theta}^*(T)\}^2] + \mathrm{E}_\theta[\{\hat{\theta}^*(T) - \theta\}^2] \\
&\quad + 2\mathrm{E}_\theta[\{\hat{\theta}(\boldsymbol{X}) - \hat{\theta}^*(T)\}\{\hat{\theta}^*(T) - \theta\}]
\end{aligned}$$

と分解できる．右辺の第3項については，$T = t$ を与えたときの条件付き期待値
を計算すると

$$\begin{aligned}
&\mathrm{E}[\{\hat{\theta}(\boldsymbol{X}) - \hat{\theta}^*(t)\}\{\hat{\theta}^*(t) - \theta\}|T = t] \\
&= \{\mathrm{E}[\hat{\theta}(\boldsymbol{X})|T = t] - \hat{\theta}^*(t)\}\{\hat{\theta}^*(t) - \theta\} = 0
\end{aligned}$$

となる．また $\mathrm{E}_\theta[\{\hat{\theta}^*(T) - \theta\}^2] = \mathrm{MSE}_\theta(\hat{\theta}^*(T))$ であり $\mathrm{E}_\theta[\{\hat{\theta}(\boldsymbol{X}) - \hat{\theta}^*(T)\}^2] \geq 0$

に注意すると, $\mathrm{MSE}_\theta(\hat{\theta}(\boldsymbol{X})) \geq \mathrm{MSE}_\theta(\hat{\theta}^*(T))$ となる. □

ラオ・ブラックウェルの定理は, どんな推定量 $\hat{\theta}(\boldsymbol{X})$ に対しても, それが T の関数でなければ, 条件付き期待値 $\mathrm{E}[\hat{\theta}(\boldsymbol{X})|T]$ により改良されることを示している. ただし $\hat{\theta}$ が T のみの関数なら条件付き期待値をとっても変わらない.

【例 8.24】(正規分布)　　例 8.12 の正規分布の設定において, μ を推定する問題を考える. X_1 だけで μ を推定することもできるが明らかに好ましくない. 定理 8.23 のラオ・ブラックウェルの定理を用いると, $\mathrm{E}[X_1|\overline{X}]$ の方が分散が小さくなる. 定理 7.7 より $X_1 - \overline{X}$ は $\overline{X}$ と独立になるので

$$\mathrm{E}[X_1|\overline{X}] = \overline{X} + \mathrm{E}[X_1 - \overline{X}|\overline{X}] = \overline{X} + \mathrm{E}[X_1 - \overline{X}] = \overline{X}$$

と表わすことができる. 明らかに $\overline{X}$ の分散は X_1 の分散よりも小さくなり, ラオ・ブラックウェルの定理を確かめることができる. □

演習問題

問 1　　例 8.2 の時間間隔データに指数分布 $Ex(\lambda)$ を当てはめるとする. このとき, λ の MLE の値を求めよ. この指数分布の平均と分散の MLE の値を与えよ. また, 24 時間以内に消防車が出動しない確率の推定値を与えよ.

問 2　　例 8.3 で取り上げた, 東京都の 1 日当たりの交通事故による死亡数のデータについて, ポアソン分布 $Po(\lambda)$ を当てはめる. このとき, λ の MLE の値を求めよ. また 1 日に 1 件以上の死亡事故が起こる確率の推定値を与えよ.

問 3　　確率変数 $X_1, \ldots, X_n$ が独立にベルヌーイ分布 $Ber(p)$ に従うとする. $\theta = p(1 - p)$ とおく.
　(1) p の十分統計量を与え, p のモーメント推定量と MLE を求めよ.
　(2) θ の MLE と不偏推定量を求めよ. θ の MLE は標本分散 S^2 に一致し, θ の不偏推定量は不偏分散 V^2 に一致することを示せ.

問 4　　確率変数 $X_1, \ldots, X_n$ が独立に $\mathcal{N}(\mu, \sigma^2)$ に従うとする.
　(1) $\sigma^2 = \sigma_0^2$ で既知とするとき, μ の十分統計量と MLE $\widehat{\mu}^{\mathrm{M}}$ を与えよ. μ のすべての不偏推定量 $\widehat{\mu}$ に対してクラメール・ラオの不等式を求め, $\widehat{\mu}^{\mathrm{M}}$ が

この下限に達することを示せ.

(2) 上の事実を用いて，メディアン $X_\mathrm{med} = \mathrm{med}(X_1, \ldots, X_n)$ の分散が $\widehat{\mu}^\mathrm{M}$ の分散より大きくなることを示せ.

(3) $\mu = \mu_0$ で既知とするとき，σ^2 の十分統計量と MLE $\hat{\sigma}^{2\mathrm{M}}$ を与えよ．σ^2 のすべての不偏推定量 $\hat{\sigma}^2$ に対してクラメール・ラオの不等式を求めよ．$\hat{\sigma}^{2\mathrm{M}}$ はこの下限に達しているか.

問 5 $X_1, \ldots, X_n$ が独立で，パレート分布

$$f(x|\alpha, \beta) = \beta \frac{\alpha^\beta}{x^{\beta+1}} \, I(x \geq \alpha)$$

に従うとする．ここで，$\alpha > 0,\ \beta > 0$ である.

(1) (α, β) の十分統計量を求め，(α, β) の MLE $(\hat{\alpha}, \hat{\beta})$ を求めよ.

(2) 以下の問では，$\alpha = \alpha_0$ で既知とし，$\theta = 1/\beta$ とおく．θ の MLE $\hat{\theta}^\mathrm{M}$ を求め，それが θ の不偏推定量になることを示せ.

(3) θ のフィッシャー情報量 $I(\theta)$ を求め，$n \to \infty$ のとき $\sqrt{n}\,(\hat{\theta}^\mathrm{M} - \theta)$ の漸近分布を与えよ.

(4) θ のすべての不偏推定量 $\hat{\theta}$ に対するクラメール・ラオの不等式を求めよ．θ の MLE $\hat{\theta}^\mathrm{M}$ が下限に達するかを調べよ.

問 6 確率変数 $X_1, \ldots, X_n$ が独立で，両側指数分布

$$f(x|\theta) = \frac{1}{2\theta} \exp\left\{ -\frac{|x|}{\theta} \right\}$$

に従うとする.

(1) θ の十分統計量を与え，θ のモーメント推定量と MLE $\hat{\theta}^\mathrm{M}$ を求めよ.

(2) θ のフィッシャー情報量を計算し，$\sqrt{n}\,(\hat{\theta}^\mathrm{M} - \theta)$ の漸近分布を求めよ.

(3) θ のすべての不偏推定量についてのクラメール・ラオの不等式を求め，$\hat{\theta}^\mathrm{M}$ がこの下限に達しているかを調べよ.

問 7 (X_1, X_2, X_3) を 3 項分布 $Mult_3(n, p_1, p_2, p_3)$ に従う確率変数とする．ただし，p_1, p_2, p_3 は，$p_1 = 1 - \theta,\ p_2 = 1 - \theta,\ p_3 = 2\theta - 1$ で与えられていて，θ は $1/2 < \theta < 1$ を満たす未知母数とする．$Y_1 = X_1 + X_3,\ Y_2 = X_2 + X_3$ として以下の問に答えよ.

(1) Y_1 の平均と分散を求めよ.

(2) Y_1 と Y_2 の共分散 $\mathrm{Cov}(Y_1, Y_2)$ を求めよ.

(3) $\hat{\theta}^\mathrm{U} = (Y_1 + Y_2)/(2n)$ とおくとき，$\hat{\theta}^\mathrm{U}$ が θ の不偏推定量であることを示し，$\hat{\theta}^\mathrm{U}$ の分散を計算せよ．また $\mathrm{Var}(Y_1/n)$ と $\mathrm{Var}(\hat{\theta}^\mathrm{U})$ を比較せよ.

問 8 確率変数 $X_1, \ldots, X_n$ が独立で，指数分布

$$f(x|\theta) = e^{-(x-\theta)}\, I(x > \theta)$$

に従うとする.
  (1) θ の十分統計量を求め, θ の MLE $\hat{\theta}^{\mathrm{M}}$ を与えよ.
  (2) $X_{(1)}$ に基づいた θ の不偏推定量 $\hat{\theta}^{\mathrm{U}}$ を求めよ.
  (3) 両者の MSE を計算して比較せよ.
  (4) $\hat{\theta}^{\mathrm{M}}$ が θ に確率収束することを示し, $n(\hat{\theta}^{\mathrm{M}} - \theta)$ の確率分布を求めよ.

問 9 確率変数 $X_1, \ldots, X_n$ が独立に確率密度関数

$$f(x|\theta) = \frac{\theta}{x^2}\, I(x > \theta)$$

に従うとする. ただし, $n \geq 3$, $\theta > 0$ とする.
  (1) X_1 の平均が存在しないことを示せ.
  (2) θ の十分統計量, MLE $\hat{\theta}^{\mathrm{M}}$, 不偏推定量 $\hat{\theta}^{\mathrm{U}}$ を与えよ.
  (3) 両者の MSE を計算して比較せよ.
  (4) $\hat{\theta}^{\mathrm{M}}$ が θ に確率収束することを示し, $n(\hat{\theta}^{\mathrm{M}} - \theta)$ の漸近分布を求めよ.

問 10 $X_1, \ldots, X_n$ が $E[X_i] = \mu$, $\mathrm{Var}(X_i) = \sigma^2$ を満たす確率変数の列とし, $i \neq j$ に対して $\mathrm{Cov}(X_i, X_j) = \rho_{ij}\sigma^2$ であるとする. ρ_{ij} が次で与えられるとき, 標本平均 $\overline{X}$ の分散を求め, μ の一致推定量になることを示せ.
  (a) $\rho_{i,i+1} = b > 0$ であり, $|i - j| \geq 2$ に対して $\rho_{ij} = 0$
  (b) $\rho_{ij} = \rho^{|i-j|}$, $0 < \rho < 1$

問 11 $X_1, \ldots, X_n$ が $Ga(\alpha, \beta)$ に従う独立な確率変数とする. $\overline{X} = n^{-1}\sum_{i=1}^{n} X_i$, $S^2 = n^{-1}\sum_{i=1}^{n}(X_i - \overline{X})^2$ とおくと, α, β のモーメント推定量が $\hat{\alpha} = \overline{X}^2/S^2$, $\hat{\beta} = S^2/\overline{X}$ で与えられることを示せ. また α, β の MLE を求めるための尤度方程式を与えよ. $\mathrm{E}[\log X_1]$ はどのような値になるか.

問 12(∗) 確率変数 $X_1, \ldots, X_n$ が独立で, 両側指数分布

$$f(x|\theta) = \frac{1}{2}e^{-|x-\theta|}, \quad -\infty < x < \infty$$

に従うとする. n が奇数, すなわち $n = 2m+1$ のとき, θ の MLE を求め, これが θ に確率収束することを示せ.

第9章

仮説検定と信頼区間

前章で学んだ推定と並んで統計的推測の主要なトピックの1つが仮説検定である．例えば，喫煙と肺ガンの間に因果関係があるかをデータから判断するのが検定である．この場合，「因果関係がある」という判断には，因果関係がないのに「ある」と誤って判断してしまうリスクを伴う．そこで，こうした誤りのリスクを 1% や 5% という小さい確率で押さえ込むことによって，「因果関係がある」という強い主張を保証してあげるのが仮説検定の考え方である．本章では，仮説検定の考え方や検定方法，尤度比検定，ワルド検定，t-検定，F-検定，信頼区間などについて学ぶ．

9.1 仮説検定とは

仮説検定は，2つの仮説を立ててどちらが正しいかをデータから判断する統計手法である．例えば，コインが歪みのないものか，多少の歪みがあるのかを検証したいとする．コインの表の出る確率を θ とすると，歪みがないという仮説は $\theta = 0.5$ と表すことができる．一方歪みがあるという仮説は $\theta \neq 0.5$ と書くことができる．いま単純な場合として，$\theta = 0.5$ か $\theta = 0.7$ かをデータから判断することを考えてみよう．歪みがないという仮説を $H_0 : \theta = 0.5$ と書いて**帰無仮説**と呼ぶ．表の出る確率が 0.7 の歪みを持つという仮説を $H_1 : \theta = 0.7$，もしくは $H_A : \theta = 0.7$ と書いて**対立仮説**と呼ぶ．どちらを帰無仮説にとるかについては後で説明するが，常識的な仮説や否定したい仮説を帰無仮説にとる．

10 回コインを投げる実験を行ったところ 6 回表が出たとしよう．この実験結果からどちらの仮説が正しいと判断したらよいだろうか．表の出る回数を X で表すと，X は 2 項分布 $Bin(10, \theta)$ に従う．$\theta = 0.5$ と $\theta = 0.7$ のときの $X = k$ となる確率 $p(k|\theta)$ を表示すると下の表のようになる．2 項分布は，$\theta = 0.5$ のときには $k = 5$ を中心に分布し，$\theta = 0.7$ のときには $k = 7$ を中心に分布してい

る．確率 $p(k|0.5)$ は，$\theta = 0.5$ のときに k という値が現れる尤もらしさを表し
ているので，$k = 6$ という値が出る尤もらしさは 0.205 という意味になる．$\theta = 0.7$ のときに $k = 6$ という値が出る尤もらしさは 0.200 であるから，$p(6|0.5) > p(6|0.7)$ となり，$k = 6$ という値は $\theta = 0.7$ より $\theta = 0.5$ のときの方が起こり易
いことがわかる．

k	0	1	2	3	4	5	6	7	8	9	10
$p(k|0.5)$	.001	.010	.044	.117	.205	.246	.205	.117	.044	.010	.001
$p(k|0.7)$	.000	.000	.001	.009	.037	.103	.200	.267	.233	.121	.028
$\frac{p(k|0.5)}{p(k|0.7)}$	165	70.8	30.4	13.0	5.58	2.39	1.02	.439	.188	.081	.035

以上の内容から，どちらの仮説が尤もらしいかを調べるには確率関数の比
$\frac{p(k|0.5)}{p(k|0.7)}$ を用いるのがよいことがわかる．この比を**尤度比**と呼ぶ．$k \leq 6$ のと
きには $\frac{p(k|0.5)}{p(k|0.7)} > 1$ となり $\theta = 0.5$ の仮説が受け入れられ，$k \geq 7$ のときには
$\frac{p(k|0.5)}{p(k|0.7)} < 1$ となり $\theta = 0.7$ の仮説が受け入れられるというルールを考えるのが
自然なように思える．2 つの仮説を対称に考えるのであれば，このルールが妥当
である．しかし，統計的仮説検定においては帰無仮説と対立仮説を非対称に扱
う．その理由は，誤った仮説を選択してしまうリスクが帰無仮説と対立仮説で
は非対称に扱われる点にある．上述の例で，$X \leq 6$ なら仮説 $\theta = 0.5$ を選択し，
$X \geq 7$ なら仮説 $\theta = 0.7$ を選択するルールをとる場合，$\theta = 0.5$ が正しいのに誤
って $\theta = 0.7$ を選択してしまう確率は

$$\mathrm{P}_{\theta=0.5}(X \geq 7) = \sum_{k=7}^{10} p(k|0.5) = 0.172$$

となる．これを**第 1 種の誤り**の確率と呼ぶ．一方，$\theta = 0.7$ が正しいのに誤って
$\theta = 0.5$ を選択してしまう確率は

$$\mathrm{P}_{\theta=0.7}(X \leq 6) = \sum_{k=0}^{6} p(k|0.7) = 0.350$$

となる．これを**第 2 種の誤り**の確率と呼ぶ．

統計的仮説検定では，第 1 種の誤りの確率を**有意水準**といって 0.01, 0.05 など
小さい値に設定する．これは，帰無仮説を否定することは「重大な意味をもつ」

と考え，誤って帰無仮説を否定してしまうリスクを小さくしたいことを意味する．上述の例では，コインに歪みがないという仮説は当然成り立つと思われる常識的な仮説であり，この仮説が否定されることは少なからず驚きを与えることになる．「このコインには歪みがあります」という衝撃的な主張に対しては，その主張が誤る確率を 0.01, 0.05 など小さい値に押さえ，高い信頼性をもってその主張が正しいことを保証してあげることが統計的仮説検定の考え方である．例えば，第 1 種の誤りの確率を 0.055 以下に抑えるように検定のルールを作ろうとすると，上の表から $X \geq 8$ のとき帰無仮説 $H_0 : \theta = 0.5$ を否定するようにとればよい．実際，$\mathrm{P}_{\theta=0.5}(X \geq 8) = 0.055$ を満たしている．

9.2　統計的仮説検定の考え方

　統計的仮説検定のポイントと用語をまとめておこう．わかりやすく説明するために，次のような正規母集団のモデルを想定してみる．ある地域の小学校 1 年生男子児童の身長が平均 μ, 分散 σ_0^2 の正規分布に従っているとし，その母集団からサイズ n のランダム標本 $X_1, \ldots, X_n$ がとられるとする．

$$X_1, \ldots, X_n, \text{ i.i.d. } \sim \mathcal{N}(\mu, \sigma_0^2) \tag{9.1}$$

その実現値を $x_1, \ldots, x_n$ とし，$\boldsymbol{X} = (X_1, \ldots, X_n)$, $\boldsymbol{x} = (x_1, \ldots, x_n)$ とおく．μ は未知のパラメータ，σ_0^2 の値はわかっているものとする．小学校 1 年生男子児童の身長の全国平均の値は μ_0 として知られているとき，この地域の男子児童の身長の平均 μ が全国平均 μ_0 に等しいか否かを判断したい．

帰無仮説と対立仮説

　一般に，仮説検定では**帰無仮説**と**対立仮説**という 2 つの排反な仮説を設け，それぞれ H_0, H_1（もくしは H_A）という記号で表す．排反とは，2 つの仮説の両方に含まれるパラメータは存在しないという意味である．通常は，否定したい仮説や自然で常識的な仮説，経験上もしくは理論上成り立つ仮説などを帰無仮説にとる．上の例では，この地域の児童の身長の平均 μ が全国平均 μ_0 に等しいのが自然であるので，次のような仮説を帰無仮説にとる．

$$H_0 : \mu = \mu_0$$

対立仮説については，状況に応じていくつかの設定の仕方がある．例えば，特定のわかっている値 μ_1, $(\mu_1 \neq \mu_0)$, と比較したいときには

$$H_1 : \mu = \mu_1$$

となる．仮説は μ_1 という1点からなるので**単純仮説**と呼ばれる．仮説が複数の点から構成されている場合は**複合仮説**と呼ぶ．例えば次のような仮説のとり方が考えられる．

$$H_1 : \mu \neq \mu_0, \quad H_1 : \mu < \mu_0, \quad H_1 : \mu > \mu_0$$

最初の対立仮説は全国平均と同等でないこと，2番目は全国平均より劣っていること，3番目は優れていることを意味する．最初の検定を**両側検定**，2番目，3番目の検定を**片側検定**と呼ぶ．

帰無仮説 H_0 が否定されるとき，**H_0 を棄却する**もしくは**有意である**という．帰無仮説 H_0 を棄却できないときには**H_0 を受容する**という．

検定統計量と棄却域

仮説検定は，標本に基づいて H_0 を棄却するか否かを判断する．そこで適当な統計量 $W = W(\boldsymbol{X})$ と定数 C を用いて

「$W(\boldsymbol{X}) > C$ のとき H_0 を棄却する」，「$W(\boldsymbol{X}) \leq C$ のとき H_0 を受容する」

のような形で検定を行うことができるとき，W を**検定統計量**と呼ぶ．この場合，C の値は H_0 の棄却と受容の境界を与えており，**棄却限界** (棄却点，閾値，臨界点) と呼ばれる．検定統計量として H_0 と H_1 を最も良く識別できるような関数 $W(\boldsymbol{X})$ を見つけることが大事である．

検定統計量を用いると，標本空間は，仮説 H_0 を棄却する領域と受容する領域に分割される．$R = \{\boldsymbol{x} \mid W(\boldsymbol{x}) > C\}$ を H_0 の**棄却域**，$A = \{\boldsymbol{x} \mid W(\boldsymbol{x}) \leq C\}$ を H_0 の**受容域**と呼ぶ．

(9.1) で与えられる正規母集団のモデルにおいて

$$H_0 : \mu = \mu_0 \quad \text{vs.} \quad H_1 : \mu = \mu_1, \quad (\mu_1 > \mu_0) \tag{9.2}$$

なる検定問題を考えてみる. 標本平均 $\overline{X}$ を用いて $W = \sqrt{n}\,(\overline{X} - \mu_0)/\sigma_0$ なる形の検定統計量を考えると, 定数 C を適当にとって, $\sqrt{n}\,(\overline{X} - \mu_0)/\sigma_0 > C$ ならば H_0 を棄却し, $\sqrt{n}\,(\overline{X} - \mu_0)/\sigma_0 \le C$ ならば H_0 を受容するという方法が自然である. この検定統計量による H_0 の棄却域と受容域は $R = \{\boldsymbol{x} \mid \sqrt{n}\,(\overline{x} - \mu_0)/\sigma_0 > C\}$, $A = \{\boldsymbol{x} \mid \sqrt{n}\,(\overline{x} - \mu_0)/\sigma_0 \le C\}$ となる.

有意水準と第1種の誤りおよび第2種の誤り

帰無仮説 H_0 が正しいにもかかわらず帰無仮説を棄却してしまうことを**第1種の誤り**と呼び, その確率は

$$\mathrm{P}(\boldsymbol{X} \in R | H_0) = \mathrm{P}(W > C | H_0)$$

と表される. $\mathrm{P}(\boldsymbol{X} \in R | H_0)$ は帰無仮説 H_0 が正しいときに $\boldsymbol{X}$ が棄却域 R に入る確率, すなわち H_0 を棄却する確率を表す. 一方, 帰無仮説 H_0 が間違っているにもかかわらず帰無仮説を受容してしまうことを**第2種の誤り**と呼び, その確率は次のように書ける.

$$\mathrm{P}(\boldsymbol{X} \in A | H_1) = 1 - \mathrm{P}(\boldsymbol{X} \in R | H_1) = \mathrm{P}(W \le C | H_1)$$

ところで, 帰無仮説 H_0 を棄却するか受容するかの境を与える点 C についてはどのように決めればよいだろうか. そこで帰無仮説と対立仮説の違いについてもう一度ふれておこう. というのは, 統計的仮説検定では理論上もしくは経験上当然成り立つと予想される仮説や否定したい仮説を帰無仮説にとり, この帰無仮説を棄却することに意味をもたせる. したがって, 帰無仮説を棄却する決定には99% や95% のような高い信頼性をもたせて, その棄却の正しさを保証してやる必要がある. 言い換えると, 帰無仮説 H_0 が正しいのに H_0 を誤って棄却してしまう, 第1種の誤りの確率をできるだけ小さくしたい. そこで**有意水準**と呼ばれる小さい正の実数 α を与え, 第1種の誤りの確率が α 以下になるように C の値を定める. すなわち, 帰無仮説のもとで

$$\mathrm{P}(\boldsymbol{X} \in R | H_0) = \mathrm{P}(W > C | H_0) \le \alpha \tag{9.3}$$

が満たされるように C の値を定めることになる. 有意水準として $\alpha = 0.05$ や $\alpha = 0.01$ という小さい値が用いられる. (9.3) のように第 1 種の誤りの確率が α 以下であるような検定を**有意水準 α の検定**と呼ぶ.

(9.1) の正規母集団モデルにおいて (9.2) の検定問題を考えると, 検定統計量は $W = \sqrt{n}\,(\overline{X} - \mu_0)/\sigma_0$ であり, $W > C$ のとき帰無仮説を棄却する. $H_0 : \mu = \mu_0$ が正しいにもかかわらず H_0 を棄却してしまう確率が有意水準 α になるように C をとることになるので

$$\mathrm{P}_{\mu=\mu_0}\Big(\frac{\sqrt{n}\,(\overline{X} - \mu_0)}{\sigma_0} > C\Big) = \alpha$$

を満たす C の値を定めることになる. $Z = \sqrt{n}\,(\overline{X} - \mu_0)/\sigma_0$ とおくと, $H_0 : \mu = \mu_0$ のもとで $Z \sim \mathcal{N}(0,1)$ となるので, 次のように書ける.

$$\mathrm{P}_{\mu=\mu_0}\Big(\frac{\sqrt{n}\,(\overline{X} - \mu_0)}{\sigma_0} > C\Big) = \mathrm{P}(Z > C)$$

ここで, z_α を標準正規分布の上側 $100\alpha\%$ 点として

$$\mathrm{P}(Z > z_\alpha) = 1 - \Phi(z_\alpha) = \alpha \tag{9.4}$$

で定義する. $C = z_\alpha$ ととれば $\mathrm{P}_{\mu=\mu_0}(\sqrt{n}\,(\overline{X} - \mu_0)/\sigma_0) > z_\alpha) = \alpha$ となるので, 有意水準 α の検定の棄却域は次のように書けることがわかる.

$$R = \Big\{\boldsymbol{x} \mid \frac{\sqrt{n}\,(\overline{x} - \mu_0)}{\sigma_0} > z_\alpha\Big\}$$

検定関数と検出力

第 2 種の誤りの確率を 1 から引いたものを β で表す. これは

$$\beta = 1 - \mathrm{P}(\boldsymbol{X} \in A | H_1) = \mathrm{P}(\boldsymbol{X} \in R | H_1) = \mathrm{P}(W > C | H_1)$$

と表され**検出力**と呼ぶ. 有意水準 α の検定の中でより大きな検出力を与える検定手法が優れていることになる.

検定の第 1 種の誤りの確率や検出力を表すときには, 検定関数を用いると便利である. $W > C$ のとき帰無仮説 H_0 を棄却する検定について, **検定関数**を

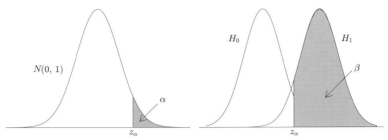

図 9.1 有意水準（左）と検出力（右）

$$\phi(\boldsymbol{X}) = \begin{cases} 1 & (W > C \text{ のとき}) \\ 0 & (W \leq C \text{ のとき}) \end{cases} \tag{9.5}$$

で定義する．このとき，第 1 種の誤りの確率は $\mathrm{P}(W > C | H_0) = \mathrm{E}_{H_0}[\phi(\boldsymbol{X})]$，検出力は $\mathrm{P}(W > C | H_1) = \mathrm{E}_{H_1}[\phi(\boldsymbol{X})]$ と表される．(9.1) の正規母集団モデルにおける検定問題 (9.2) については，検定関数を

$$\phi(\boldsymbol{X}) = \begin{cases} 1 & (\sqrt{n}\,(\overline{X} - \mu_0)/\sigma_0 > z_\alpha \text{のとき}) \\ 0 & (\sqrt{n}\,(\overline{X} - \mu_0)/\sigma_0 \leq z_\alpha \text{のとき}) \end{cases}$$

とすると，$\mathrm{E}_{\mu=\mu_0}[\phi(\boldsymbol{X})] = \alpha$, $\mathrm{E}_{\mu=\mu_1}[\phi(\boldsymbol{X})] = \beta$ となることがわかる．

$$\beta(\mu) = \mathrm{E}_\mu[\phi(\boldsymbol{X})]$$

を**検出力関数**と呼び，$\beta(\mu_0) = \alpha$, $\beta(\mu_1) = \beta$ のように表すことができる．

P 値・有意確率

有意確率もしくは P 値と呼ばれる関数があり，有意水準や検定結果とともに P 値が報告されることがある．(9.2) の単純仮説に対して検定統計量 $W = W(\boldsymbol{X}) = \sqrt{n}\,(\overline{X} - \mu_0)/\sigma_0$ を扱い，$W(\boldsymbol{X}) > z_\alpha$ のとき H_0 を棄却するのが有意水準 α の検定であった．ここで

$$p(W(\boldsymbol{x})) = \mathrm{P}_{\mu=\mu_0}(W(\boldsymbol{X}) \geq W(\boldsymbol{x})) \tag{9.6}$$

で定義される確率を **P 値**（**有意確率**）と呼ぶ．$W(\boldsymbol{X})$ の分布関数を $F_W(w)$ とおくと，$w = W(\boldsymbol{x})$ に対して $\mathrm{P}_{\mu=\mu_0}(W(\boldsymbol{X}) \geq w) = 1 - F_W(w)$ と表され，命

題 2.17 より $p(W(\boldsymbol{X})) = 1 - F_W(W(\boldsymbol{X}))$ は H_0 のもとで一様分布 $U(0, 1)$ に従うことがわかる. このことから, すべての α, $(0 < \alpha < 1)$, に対して等式

$$\mathrm{P}_{\mu=\mu_0}(p(W(\boldsymbol{X})) \leq \alpha) = \alpha$$

が成り立つことがわかる. したがって, 棄却域は $R = \{\boldsymbol{x} \mid p(W(\boldsymbol{x})) \leq \alpha\}$ と表すこともできる. いま, データを観測して $p(W(\boldsymbol{x}))$ を計算したところ $p(W(\boldsymbol{x})) = 0.03$ であったとしよう. $\alpha = 0.05$ なら $p(W(\boldsymbol{x})) < 0.05$ となり有意になるが, $\alpha = 0.01$ なら $p(W(\boldsymbol{x})) > 0.01$ となり有意にならないことがわかる.

このことは, 逆に, 観測されたデータ $\boldsymbol{x}$ の有意確率 $p(W(\boldsymbol{x}))$ の値を求め, その値から検定が有意になるような有意水準を決めることも可能であることを意味する. しかし, このような恣意的な操作は, 「検定は手続き上, 有意水準を先に決める」というルールに反している. 検定結果を記述する際に, 有意水準 α の値と有意であるか否かを報告するとともに, データの有意性の程度を明らかにするために有意確率の値を併せて報告することが望ましい.

仮説検定の手順

以上説明してきた検定方法の手順をまとめると次のようになる.

(1) 母集団の確率分布のパラメータに関して, 帰無仮説 H_0 と対立仮説 H_1 を設定する.

(2) 検定統計量 W を定め, 帰無仮説 H_0 が正しいときの W の確率分布を求める.

(3) 有意水準 α の値を決め, W に基づいて帰無仮説 H_0 の棄却域 R を定める.

(4) 実現値 $\boldsymbol{x} = (x_1, \ldots, x_n)$ が棄却域 R に入れば帰無仮説 H_0 を棄却し, 棄却域に入らなければ H_0 を棄却しない.

9.3 尤度比検定

9.3.1 尤度比とネイマン・ピアソンの補題

検定統計量の導出には様々な方法があるが, 9.1 節で取り上げたように, 尤度関数の比はどちらの仮説が尤もらしいかを示しているので, 尤度比を用いることによって 2 つの仮説を識別する統計量を求めることができる.

　例えば (9.1) の正規母集団モデルにおける検定問題 (9.2) について尤度比を求めてみよう．尤度関数を $L(\mu|\boldsymbol{x}) = (2\pi\sigma_0^2)^{-n/2} \exp\{-\sum_{i=1}^{n}(x_i - \mu)^2/(2\sigma_0^2)\}$ とし，$\sum_{i=1}^{n}(x_i - \mu)^2 = \sum_{i=1}^{n}(x_i - \overline{x})^2 + n(\overline{x} - \mu)^2$ と表されることに注意すると，$\mu_0 < \mu_1$ に対して尤度比は次のように書ける．

$$\frac{L(\mu_0|\boldsymbol{x})}{L(\mu_1|\boldsymbol{x})} = \frac{\exp\{-n(\overline{x} - \mu_0)^2/(2\sigma_0^2)\}}{\exp\{-n(\overline{x} - \mu_1)^2/(2\sigma_0^2)\}} \tag{9.7}$$
$$= \exp\left\{-(\mu_1 - \mu_0)\frac{n(\overline{x} - \mu_0)}{\sigma_0^2} + \frac{n(\mu_1 - \mu_0)^2}{2\sigma_0^2}\right\}$$

尤度比が $L(\mu_0|\boldsymbol{x})/L(\mu_1|\boldsymbol{x}) < C$ のとき帰無仮説 H_0 を棄却することになるので，この不等式を解くと適当な定数 C' を用いて $\sqrt{n}\,(\overline{x} - \mu_0)/\sigma_0 > C'$ と書くことができる．したがって尤度比から導出される検定統計量は $W = \sqrt{n}\,(\overline{X} - \mu_0)/\sigma_0$ となり，前節で取り上げたものに一致することがわかる．尤度比の不等式を解いた時点では C' は C, μ_0, μ_1, σ_0^2 に依存しているが，実は有意水準 α に対して $\mathrm{P}_{\mu=\mu_0}(\sqrt{n}\,(\overline{X} - \mu_0)/\sigma_0 > C') = \alpha$ を満たすように C' を決めることになるので，結局 $C' = z_\alpha$ となり μ_1 の値によらないことがわかる．最終的には尤度比検定は，$\sqrt{n}\,(\overline{X} - \mu_0)/\sigma_0 > z_\alpha$ のとき帰無仮説 H_0 を棄却する検定になる．

　実は，一般に単純仮説からなる検定問題については尤度比検定が最強力であること，すなわち検出力を最大にすることが，次のネイマン・ピアソンの補題で示される．$X_1, \ldots, X_n$ を独立にそれぞれ確率（密度）関数 $f(x|\theta)$ に従うとし，θ は 1 次元のパラメータとする．仮説検定

$$H_0 : \theta = \theta_0 \text{ vs. } H_1 : \theta = \theta_1, \quad (\theta_0 \neq \theta_1) \tag{9.8}$$

を考える．$\boldsymbol{x} = (x_1, \ldots, x_n)$ に対して $f(\boldsymbol{x}|\theta) = \prod_{i=1}^{n} f(x_i|\theta)$ とおくと，尤度比 $f(\boldsymbol{x}|\theta_0)/f(\boldsymbol{x}|\theta_1)$ に基づいた棄却域は，正の定数 k に対して

$$R = \{\boldsymbol{x} \in \mathcal{X} \mid f(\boldsymbol{x}|\theta_1) > kf(\boldsymbol{x}|\theta_0)\} \tag{9.9}$$

と表される．有意水準 α に対して，$k > 0$ を適当にとって，$P_{\theta=\theta_0}(\boldsymbol{X} \in R) = \alpha$ を満たすと仮定する．

▶**定理 9.1（ネイマン・ピアソンの補題）**　(9.8) の検定問題において，棄却域が (9.9) で与えられる尤度比検定は最強力である．すなわち，有意水準 α の検定の

中で尤度比検定は最も検出力の高い検定になる.

[証明]　連続確率変数の場合のみ示す. $\boldsymbol{X} = (X_1, \ldots, X_n)$ とおくと, 尤度比検定の検定関数は (9.9) の棄却域を用いて次のように表される.

$$\phi(\boldsymbol{X}) = \begin{cases} 1 & (\boldsymbol{X} \in R \text{ のとき}) \\ 0 & (\boldsymbol{X} \notin R \text{ のとき}) \end{cases}$$

第1種の誤りの確率は $\mathrm{E}_{\theta_0}[\phi(\boldsymbol{X})] = \alpha$ であり, 検出力は $\mathrm{E}_{\theta_1}[\phi(\boldsymbol{X})]$ となる. 有意水準 α の任意の検定の棄却域を R', その検定関数を $\phi'(\boldsymbol{X})$ とすると

$$\phi'(\boldsymbol{X}) = \begin{cases} 1 & (\boldsymbol{X} \in R' \text{ のとき}) \\ 0 & (\boldsymbol{X} \notin R' \text{ のとき}) \end{cases}$$

であり, $\mathrm{E}_{\theta_0}[\phi'(\boldsymbol{X})] = \alpha$ を満たす. いずれも $\theta = \theta_0$ では第1種の誤りの確率が有意水準 α に一致しているので, $\mathrm{E}_{\theta_0}[\phi'(\boldsymbol{X})] - \mathrm{E}_{\theta_0}[\phi(\boldsymbol{X})] = 0$ となり

$$\int \cdots \int (\phi(\boldsymbol{x}) - \phi'(\boldsymbol{x})) f(\boldsymbol{x}|\theta_0) \, d\boldsymbol{x} = 0$$

と表される. ただし $d\boldsymbol{x} = dx_1 \cdots dx_n$ である. この等式を用いると, 2つの検定の検出力の差は次のように変形できる.

$$\begin{aligned} E_{\theta_1}[\phi(\boldsymbol{X}) - \phi'(\boldsymbol{X})] &= \int \cdots \int (\phi(\boldsymbol{x}) - \phi'(\boldsymbol{x})) f(\boldsymbol{x}|\theta_1) \, d\boldsymbol{x} \\ &= \int \cdots \int (\phi(\boldsymbol{x}) - \phi'(\boldsymbol{x})) \{f(\boldsymbol{x}|\theta_1) - k f(\boldsymbol{x}|\theta_0)\} \, d\boldsymbol{x} \end{aligned}$$

さらに R 上の積分とその補集合 R^c 上の積分に分けると

$$\begin{aligned} &\int \cdots \int_R (\phi(\boldsymbol{x}) - \phi'(\boldsymbol{x})) \{f(\boldsymbol{x}|\theta_1) - k f(\boldsymbol{x}|\theta_0)\} \, d\boldsymbol{x} \\ &\quad + \int \cdots \int_{R^c} (\phi(\boldsymbol{x}) - \phi'(\boldsymbol{x})) \{f(\boldsymbol{x}|\theta_1) - k f(\boldsymbol{x}|\theta_0)\} \, d\boldsymbol{x} \end{aligned}$$

と表される. ここで, R 上では, $f(\boldsymbol{x}|\theta_1) - k f(\boldsymbol{x}|\theta_0) > 0$ であり, しかも $\phi(\boldsymbol{x}) = 1$ より $\phi(\boldsymbol{x}) - \phi'(\boldsymbol{x}) \geq 0$ となるので, 被積分関数は非負である. 一方, R^c 上では, $f(\boldsymbol{x}|\theta_1) - k f(\boldsymbol{x}|\theta_0) \leq 0$ であり, しかも $\phi(\boldsymbol{x}) = 0$ より $\phi(\boldsymbol{x}) - \phi'(\boldsymbol{x}) \leq 0$ となるので, この場合も被積分関数は非負となる. 以上より, $E_{\theta_1}[\phi(\boldsymbol{X}) - $

$\phi'(\boldsymbol{X})] \geq 0$, すなわち $E_{\theta_1}[\phi(\boldsymbol{X})] \geq E_{\theta_1}[\phi'(\boldsymbol{X})]$ となり, $\phi(\boldsymbol{X})$ は他のどんな検定 $\phi'(\boldsymbol{X})$ よりも検出力が高いことがわかる. したがって, 尤度比検定 $\phi(\boldsymbol{X})$ は最強力検定である. $\square$

ここで, 9.2 節の冒頭で取り上げた正規母集団において片側検定 $H_0 : \mu = \mu_0$ vs. $H_1 : \mu > \mu_0$ を考えてみる. 対立仮説の点 μ_1 を任意にとって, 単純仮説の検定 $H_0 : \mu = \mu_0$ vs. $H_1' : \mu = \mu_1$ $(\mu_1 > \mu_0)$ を考えてみると, 尤度比 (9.7) から導かれる検定は, $W = \sqrt{n}\,(\overline{X} - \mu_0)/\sigma_0 > z_\alpha$ のとき H_0 を棄却するというもので, これ自体 μ_1 のとり方に依存しない. 定理 9.1 より, 対立仮説にどんな点をとっても尤度比検定が最強力検定になることから, 尤度比検定は片側検定 $H_0 : \mu = \mu_0$ vs. $H_1 : \mu > \mu_0$ において一様に最強力な検定になっていることがわかる. 一般に次の定理が成り立つ.

▶ **定理 9.2** 単純仮説の検定 $H_0 : \theta = \theta_0$ vs. $H_1' : \theta = \theta_1$, $(\theta_1 > \theta_0)$ から導かれる尤度比検定 (9.9) について, 有意水準 α の検定が対立仮説の点 θ_1 に依存しないと仮定する. このとき, 尤度比検定は, 片側検定 $H_0 : \theta = \theta_0$ vs. $H_1 : \theta > \theta_0$ において一様最強力な検定になる.

9.3.2 尤度比検定と帰無分布の近似

単純仮説については尤度比が帰無仮説と対立仮説を識別するための重要な統計量を導くことを示した. より一般的な複合仮説についても尤度比の考え方を用いて優れた検定統計量を導出することができる.

$X_1, \ldots, X_n$ が独立にそれぞれ確率 (密度) 関数 $f(x|\boldsymbol{\theta})$ に従っているとする. ここで, $\boldsymbol{\theta}$ は m 次元のパラメータで, $\boldsymbol{\theta}$ のとりうる空間を Θ で表す. Θ が 2 つの集合に分割され, $\Theta = \Theta_0 \cup \Theta_1$, $\Theta_0 \cap \Theta_1 = \emptyset$, とする. ここで, Θ_0 を k 次元のパラメータからなる集合で $k < m$ を満たすとし, より一般的な検定問題

$$H_0 : \boldsymbol{\theta} \in \Theta_0 \text{ vs. } H_1 : \boldsymbol{\theta} \in \Theta_1$$

を考える. 尤度関数 $L(\boldsymbol{\theta}|\boldsymbol{x}) = \prod_{i=1}^{n} f(x_i|\boldsymbol{\theta})$ に対して

$$\Lambda(\boldsymbol{X}) = \frac{\max_{\boldsymbol{\theta} \in \Theta_0} L(\boldsymbol{\theta}|\boldsymbol{X})}{\max_{\boldsymbol{\theta} \in \Theta} L(\boldsymbol{\theta}|\boldsymbol{X})} \tag{9.10}$$

を**尤度比検定統計量**と呼び，$\Lambda(\boldsymbol{X}) < C$ のとき H_0 を棄却する検定を**尤度比検定** (LRT) と呼ぶ．$\boldsymbol{\theta}$ の MLE を $\widehat{\boldsymbol{\theta}}$，$\Theta_0$ の制約のもとでの $\boldsymbol{\theta}$ の MLE を $\widehat{\boldsymbol{\theta}}_0$ とおくと，上で定義された尤度比検定統計量は $\Lambda(\boldsymbol{X}) = L(\widehat{\boldsymbol{\theta}}_0|\boldsymbol{X})/L(\widehat{\boldsymbol{\theta}}|\boldsymbol{X})$ と表すことができる．

▶**定理 9.3（尤度比検定の漸近分布）** Θ の次元を m，Θ_0 の次元を $k\,(k < m)$ とし，$H_0 : \boldsymbol{\theta} \in \Theta_0$ vs $H_1 : \boldsymbol{\theta} \in \Theta_1$ に対する尤度比検定統計量を $\Lambda(\boldsymbol{X})$ とする．このとき，帰無仮説 H_0 のもとで $-2\log\Lambda(\boldsymbol{X})$ の分布は自由度 $m - k$ のカイ 2 乗分布に収束する．

$$-2\log\Lambda(\boldsymbol{X}) \to_d \chi^2_{m-k} \tag{9.11}$$

[証明] θ を 1 次元のパラメータとし，$\Theta_0 = \{\theta_0\}$，$\Theta_1 = \{\theta \mid \theta \neq \theta_0\}$ となる簡単な場合のみ示すことにする．対数尤度 $\ell(\theta_0)$ を $\theta_0 = \hat{\theta}$ の周りでテーラー展開し，$\hat{\theta}$ が MLE であることに注意すると，$\ell'(\hat{\theta}) = 0$ より

$$\ell(\theta_0) \approx \ell(\hat{\theta}) + \ell'(\hat{\theta})(\theta_0 - \hat{\theta}) + \frac{1}{2}\ell''(\hat{\theta})(\theta_0 - \hat{\theta})^2$$
$$\approx \ell(\hat{\theta}) + \frac{1}{2}\ell''(\hat{\theta})(\theta_0 - \hat{\theta})^2$$

と近似できる．これを代入すると

$$-2\log\Lambda(\boldsymbol{X}) = -2\ell(\theta_0) + 2\ell(\hat{\theta}) \approx \{-\ell''(\hat{\theta})\}(\hat{\theta} - \theta_0)^2$$

となる．H_0 のもとで大数の法則より $-\ell''(\hat{\theta})/n \to_p I(\theta_0)$ となり，また中心極限定理より $\sqrt{n}\,(\hat{\theta} - \theta_0) \to_d \mathcal{N}(0, 1/I(\theta_0))$ となるので，$nI(\theta_0)(\hat{\theta} - \theta_0)^2 \to_d \chi^2_1$ となる．これらの結果とスラツキーの定理とから，H_0 のもとで $\{-\ell''(\hat{\theta})\}(\hat{\theta} - \theta_0)^2 \to_d \chi^2_1$ となることが示される． □

この結果を用いると，一般的な仮説に対する有意水準 α の尤度比検定の近似的な棄却域は次のようになる．

$$R = \{\boldsymbol{x} \in \mathcal{X} \mid -2\log\Lambda(\boldsymbol{x}) > \chi^2_{m-k,\alpha}\} \tag{9.12}$$

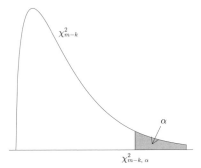

図 9.2   カイ 2 乗分布の分位点 $\chi^2_{m-k,\alpha}$

ただし，$\chi^2_{m-k,\alpha}$ は，自由度 $m-k$ のカイ 2 乗分布 χ^2_{m-k} に従う確率変数 U に対して $\mathrm{P}(U > \chi^2_{m-k,\alpha)}) = \alpha$ を満たす上側 $100\alpha\%$ 点である．

【例 9.4】（両側検定） $X_1, \ldots, X_n$ が独立に $\mathcal{N}(\mu, \sigma_0^2)$ に従うとする．σ_0^2 が既知のとき，両側検定 $H_0 : \mu = \mu_0$ vs $H_1 : \mu \neq \mu_0$ を考える．尤度関数は

$$L(\mu|\boldsymbol{x}) = \frac{1}{(2\pi\sigma_0^2)^{n/2}} \exp\left\{-\frac{\sum_{i=1}^n (x_i - \overline{x})^2}{2\sigma_0^2} - \frac{n(\overline{x} - \mu)^2}{2\sigma_0^2}\right\}$$

と表され，μ の MLE は $\widehat{\mu} = \overline{X}$ であるから，尤度比統計量は

$$\Lambda(\boldsymbol{X}) = \frac{L(\mu_0|\boldsymbol{X})}{L(\widehat{\mu}|\boldsymbol{X})} = \exp\left\{-\frac{n}{2\sigma_0^2}(\overline{X} - \mu_0)^2\right\}$$

となり，$\Lambda(\boldsymbol{X}) < C$ のとき H_0 を棄却するのが尤度比検定となる．

$$-2\log\Lambda(\boldsymbol{X}) = \frac{n(\overline{X} - \mu_0)^2}{\sigma_0^2}$$

であり，これは H_0 のもとで χ_1^2 に従うことがわかる．したがって，検定統計量は $W = \sqrt{n}|\overline{X} - \mu_0|/\sigma_0$ となり，有意水準が α の H_0 の棄却域は $R = \{\boldsymbol{x} \in \mathbb{R}^n \mid n(\overline{x} - \mu_0)^2/\sigma_0^2 > \chi_{1,\alpha}^2\}$ と書ける．これを次のように表すこともできる．

$$R = \left\{\boldsymbol{x} \in \mathbb{R}^n \,\middle|\, \overline{x} < \mu_0 - \frac{\sigma_0}{\sqrt{n}}z_{\alpha/2}, \ \overline{x} > \mu_0 + \frac{\sigma_0}{\sqrt{n}}z_{\alpha/2}\right\}$$

ただし $z_{\alpha/2}$ は，$\mathcal{N}(0,1)$ に従う確率変数 Z に対して $\mathrm{P}(Z > z_{\alpha/2}) = \alpha/2$ を満たす分位点である．棄却域が両側にできることがわかる．   □

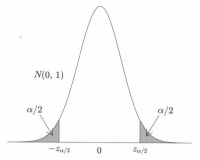

図 9.3 正規分布の両側の分位点 $-z_{\alpha/2}$ と $z_{\alpha/2}$

【**例 9.5**】(**t-検定**)　例 9.4 で扱われた両側検定の問題について分散 σ^2 が未知の場合を考える．μ, σ^2 の MLE は $\widehat{\mu} = \overline{X}, \hat{\sigma}^2 = S^2$ であり，帰無仮説 $H_0 : \mu = \mu_0$ の制約のもとで σ^2 の MLE は $\hat{\sigma}_0^2 = n^{-1} \sum_{i=1}^n (X_i - \mu_0)^2$ となるので，尤度比統計量は次のように書ける．

$$\Lambda(\boldsymbol{X}) = \frac{L(\mu_0, \hat{\sigma}_0^2 | \boldsymbol{X})}{L(\widehat{\mu}, \hat{\sigma}^2 | \boldsymbol{X})} = \left(\frac{\hat{\sigma}^2}{\hat{\sigma}_0^2}\right)^{n/2} \frac{\exp\{-\sum_{i=1}^n (X_i - \mu_0)^2/(2\hat{\sigma}_0^2)\}}{\exp\{-\sum_{i=1}^n (X_i - \overline{X})^2/(2\hat{\sigma}^2)\}}$$
$$= \left\{1 + n(\overline{X} - \mu_0)^2/(n\hat{\sigma}^2)\right\}^{-n/2}$$

$\Lambda(\boldsymbol{X}) < C$ のとき H_0 を棄却するのが尤度比検定となる．H_0 のもとで

$$-2 \log \Lambda(\boldsymbol{X}) = n \log\left(1 + \frac{n(\overline{X} - \mu_0)^2}{n\hat{\sigma}^2}\right) \approx \frac{n(\overline{X} - \mu_0)^2}{\hat{\sigma}^2}$$

のように近似できるので，これは H_0 のもとで χ_1^2 に分布収束することがわかる．検定統計量は，$V^2 = (n-1)^{-1} \sum_{i=1}^n (X_i - \overline{X})^2$ に対して $W = \sqrt{n}|\overline{X} - \mu_0|/V$ で与えられる．実際，$\Lambda(\boldsymbol{X}) < C$ は適当な定数 C' を用いて $W > C'$ と表すことができる．有意水準が α の近似的な棄却域は，$R = \{\boldsymbol{x} \in \mathbb{R}^n \mid n(\overline{x} - \mu_0)^2/V^2 > \chi_{1,\alpha}^2\}$ で与えられる．

　しかし，t-分布を用いると近似ではなく正確な棄却域を求めることができる．$T = \sqrt{n}(\overline{X} - \mu_0)/V$ とおくと H_0 のもとで T は自由度 $n-1$ の t-分布に従うので，次のような棄却域を用いることができる．

$$R = \left\{\boldsymbol{x} \in \mathbb{R}^n \,\middle|\, \overline{x} < \mu_0 - \frac{V}{\sqrt{n}} t_{n-1, \alpha/2}, \ \overline{x} > \mu_0 + \frac{V}{\sqrt{n}} t_{n-1, \alpha/2}\right\}$$

このとき，尤度比検定は正確に $P_{H_0}(\boldsymbol{X} \in R) = \alpha$ を満たすことがわかる．　□

9.4　2 標本の正規母集団に関する検定

　2 つの母集団のパラメータが等しいか否かを検定する問題は様々な場面で登場する．例えば，新薬の効果を検証したいときには，調査対象を対照群と処理群に分け，対照群にはプラセボ（偽薬）を与え，処理群には新薬を与える実験を行う．こうした 2 群について効果の平均に差があるか否かをデータから検定することが考えられる．

　ここでは，2 つの標本 $X_1, \ldots, X_m, Y_1, \ldots, Y_n$ が互いに独立に分布し，$X_i \sim \mathcal{N}(\mu_1, \sigma_1^2)$, $Y_j \sim \mathcal{N}(\mu_2, \sigma_2^2)$ に従うという 2 標本問題を扱い，パラメータの同等性を検定する方法について説明する．$\boldsymbol{X} = (X_1, \ldots, X_m)$, $\boldsymbol{Y} = (Y_1, \ldots, Y_n)$ とし，実現値を $\boldsymbol{x} = (x_1, \ldots, x_m)$, $\boldsymbol{y} = (y_1, \ldots, y_n)$ とする．

9.4.1　平均の同等性検定

　平均の同等性に関する検定

$$H_0 : \mu_1 = \mu_2 \text{ vs. } H_1 : \mu_1 \neq \mu_2$$

を考える．まず，分散が等しく $\sigma_1^2 = \sigma_2^2 = \sigma^2$ とし，μ_1, μ_2, σ^2 が未知のパラメータである場合を扱う．$U = \sum_{i=1}^m (X_i - \overline{X})^2 + \sum_{j=1}^n (Y_j - \overline{Y})^2$ とおくと，尤度関数は

$$L(\mu_1, \mu_2, \sigma^2 | \boldsymbol{X}, \boldsymbol{Y}) = (2\pi\sigma^2)^{-(m+n)/2}$$
$$\times \exp\left[-\frac{1}{2\sigma^2} \{ U + m(\overline{X} - \mu_1)^2 + n(\overline{Y} - \mu_2)^2 \} \right]$$

と書けるので，μ_1, μ_2, σ^2 の MLE は $\widehat{\mu}_1 = \overline{X}$, $\widehat{\mu}_2 = \overline{Y}$, $\hat{\sigma}^2 = (m+n)^{-1} U$ で与えられる．$\hat{\sigma}^2$ は 2 つの標本を用いているので**プールされた標本分散**と呼ばれる．一方，H_0 のもとで $\mu_1 = \mu_2 = \mu$ とおくと，$m(\overline{X} - \mu)^2 + n(\overline{Y} - \mu)^2$ を最小化することにより，μ の MLE は $\widehat{\mu} = (m\overline{X} + n\overline{Y})/(m+n)$ となる．また $m(\overline{X} - \widehat{\mu})^2 + n(\overline{Y} - \widehat{\mu})^2 = mn(m+n)^{-1}(\overline{X} - \overline{Y})^2$ と書けるので，H_0 のもとでの σ^2 の MLE は

$$\hat{\sigma}_0^2 = \frac{1}{m+n}\Big\{ U + \frac{mn}{m+n}(\overline{X} - \overline{Y})^2 \Big\}$$

となる．したがって，尤度比は

$$\Lambda(\boldsymbol{X}, \boldsymbol{Y}) = \frac{L(\widehat{\mu}, \widehat{\mu}, \hat{\sigma}_0^2 | \boldsymbol{X}, \boldsymbol{Y})}{L(\widehat{\mu}_1, \widehat{\mu}_2, \hat{\sigma}^2 | \boldsymbol{X}, \boldsymbol{Y})} = \Big(1 + \frac{mn}{m+n} \frac{(\overline{X} - \overline{Y})^2}{U} \Big)^{-(m+n)/2}$$

となり，$\Lambda(\boldsymbol{X}, \boldsymbol{Y}) < C$ のとき H_0 を棄却するのが尤度比検定となる．m, n がともに大きいときには

$$-2\log \Lambda(\boldsymbol{X}, \boldsymbol{Y}) = (m+n)\log\Big(1 + \frac{mn}{m+n}\frac{(\overline{X} - \overline{Y})^2}{U} \Big) \approx \frac{mn(\overline{X} - \overline{Y})^2}{U/(m+n)}$$

のように近似できるので，H_0 のもとで χ_1^2 に分布収束することがわかる．この近似分布を用いて棄却域を作ることができるが，t–分布を用いると正確な棄却域を求めることができる．プールされた不偏分散を

$$\hat{\sigma}_U^2 = \frac{1}{m+n-2}\Big\{ \sum_{i=1}^{m}(X_i - \overline{X})^2 + \sum_{j=1}^{n}(Y_j - \overline{Y})^2 \Big\}$$

とおき，検定統計量 T を

$$T = \sqrt{\frac{mn}{m+n}}\,\frac{\overline{X} - \overline{Y}}{\hat{\sigma}_U}$$

で定義すると，H_0 のもとで T は自由度 $m+n-2$ の t–分布に従う．したがって

$$R = \Big\{ (\boldsymbol{x}, \boldsymbol{y}) \,\Big|\, |\overline{x} - \overline{y}| > \sqrt{\frac{m+n}{mn}}\,\hat{\sigma}_U t_{m+n-2, \alpha/2} \Big\}$$

を棄却域とする検定は，正確に $P_{H_0}((\boldsymbol{X}, \boldsymbol{Y}) \in R) = \alpha$ を満たす尤度比検定であることがわかる．

　平均の同等性に関して片側検定 $H_0 : \mu_1 = \mu_2$ vs. $H_1 : \mu_1 < \mu_2$ についても同様にして棄却域を構成することができる．例えば，農事試験において肥料を加えた農作区画と加えない区画の間では作物の収穫量に差が出るかを検定するとき，肥料を加えた方の収穫量が少なくなることはないと考えて，片側検定を積極的に用いることが勧められる．この場合，棄却域は

$$R = \Big\{ (\boldsymbol{x}, \boldsymbol{y}) \,\Big|\, \overline{y} - \overline{x} > \sqrt{\frac{m+n}{mn}}\,\hat{\sigma}_U t_{m+n-2, \alpha} \Big\}$$

となり，両側検定よりも右側の棄却域が広くなって棄却されやすくなる．

分散の異なる2つの母集団の平均の同等性検定は**ベーレンス・フィッシャー問題**と呼ばれる. 異なる2つの分散を σ_1^2, σ_2^2 とすると $\overline{X} - \overline{Y} \sim \mathcal{N}(\mu_1 - \mu_2, \sigma_1^2/m + \sigma_2^2/n)$ となるので, $\overline{X} - \overline{Y}$ に基づいて検定統計量を作ろうとすると帰無仮説の分布が σ_1^2 と σ_2^2 に依存してしまい, 棄却限界を正確に求めることができないという問題が生ずる. 1つの近似方法は, $V_1^2 = (m-1)^{-1} \sum_{i=1}^m (X_i - \overline{X})^2$, $V_2^2 = (n-1)^{-1} \sum_{j=1}^n (Y_j - \overline{Y})^2$ に対して

$$T_W = \frac{\overline{X} - \overline{Y}}{\sqrt{V_1^2/m + V_2^2/n}}, \; \nu = \left[\frac{\{(V_1^2/m) + (V_2^2/n)\}^2}{(V_1^2/m)^2/(m-1) + (V_2^2/n)^2/(n-1)} \right]$$

とおく. ただし, $[\cdot]$ はガウス記号であり, $[x]$ は実数 x の整数部分と定義する. このとき, T_W は帰無仮説 H_0 のもとで近似的に自由度 ν の t-分布に従うことが知られている. これを**ウェルチの t-検定**と呼ぶ.

9.4.2 分散の同等性検定

次に, 分散の同等性

$$H_0 : \sigma_1^2 = \sigma_2^2 \text{ vs. } H_1 : \sigma_1^2 \neq \sigma_2^2$$

を検定する問題を考える. μ_1, μ_2 を $\widehat{\mu}_1 = \overline{X}$, $\widehat{\mu}_2 = \overline{Y}$ で推定し, μ_1, μ_2 にこれらの推定量を代入した後の尤度関数は, $S_1^2 = m^{-1} \sum_{i=1}^m (X_i - \overline{X})^2$, $S_2^2 = n^{-1} \sum_{j=1}^n (Y_j - \overline{Y})^2$ に対して

$$L(\sigma_1^2, \sigma_2^2 | \boldsymbol{X}, \boldsymbol{Y}) = (2\pi\sigma_1^2)^{-m/2} (2\pi\sigma_2^2)^{-n/2} \exp\left\{ -\frac{mS_1^2}{2\sigma_1^2} - \frac{nS_2^2}{2\sigma_2^2} \right\}$$

と書ける. σ_1^2, σ_2^2 の MLE は S_1^2, S_2^2 である. また, 帰無仮説 H_0 のもとでは, $\sigma_1^2 = \sigma_2^2 = \sigma^2$ とおくと, σ^2 の MLE は

$$\hat{\sigma}^2 = \frac{mS_1^2 + nS_2^2}{m + n}$$

となる. したがって, 尤度比は

$$\Lambda(\boldsymbol{X}, \boldsymbol{Y}) = \frac{L(\hat{\sigma}^2, \hat{\sigma}^2 | \boldsymbol{X}, \boldsymbol{Y})}{L(S_1^2, S_2^2 | \boldsymbol{X}, \boldsymbol{Y})} = \left(\frac{1 + m/n}{(S_2^2/S_1^2) + m/n} \right)^{\frac{m}{2}} \left(\frac{1 + n/m}{(S_1^2/S_2^2) + n/m} \right)^{\frac{n}{2}}$$

と書けて, $\Lambda(\boldsymbol{X}, \boldsymbol{Y}) < C$ のとき H_0 を棄却するのが尤度比検定となる. m, n がともに大きいときには, H_0 のもとで $-2\log\Lambda(\boldsymbol{X}, \boldsymbol{Y}) \to_d \chi_1^2$ に分布収束する

ことから，この近似分布を用いて棄却域を作ることができる．しかし，$\Lambda(\boldsymbol{X}, \boldsymbol{Y}) < C$ を満たす範囲を明示的に与えることはできないので数値的に求める必要がある．これに対して F-分布を用いると，尤度比検定ではないが正確な棄却域を与えることができる．

分散の不偏推定量を $V_1^2 = (m-1)^{-1} m S_1^2$, $V_2^2 = (n-1)^{-1} n S_2^2$ とおき，

$$F = \frac{V_1^2}{V_2^2}$$

とおくと，定義 7.5 より $H_0 : \sigma_1^2 = \sigma_2^2$ のもとで F は自由度 $(m-1, n-1)$ の F-分布 $F_{m-1,n-1}$ に従うことがわかる．また尤度比 $\Lambda(\boldsymbol{X}, \boldsymbol{Y})$ は F の関数として表され，F が小さいときと大きいときに $\Lambda(\boldsymbol{X}, \boldsymbol{Y})$ は小さい値をとる．このことから，$F < c_1$ もしくは $F > c_2$ のとき帰無仮説を棄却するように c_1, c_2 を求めてもよいことがわかる．$F_{m-1,n-1,\alpha}$ を $F_{m-1,n-1}$ 分布の上側 $100\alpha\%$ 点とすると，次の棄却域は有意水準 α の F-検定になる．

$$R = \{(\boldsymbol{x}, \boldsymbol{y}) \mid F < F_{m-1,n-1,1-\alpha/2} \text{ もしくは } F > F_{m-1,n-1,\alpha/2}\}$$

上述のように，この検定は尤度比検定ではないことと，有意水準を両側に $\alpha/2$ ずつ割り当てていることに注意する．

9.4.3　対のあるデータの同等性検定

コレステロールを下げる薬による治療について，同じ人の治療前のコレステロールの値 X_i と治療を始めて 1 ヶ月後の値 Y_i を測定することを考えよう．治療前の平均と分散を $E[X_i] = \mu_1$, $\mathrm{Var}(X_i) = \sigma_1^2$, 治療開始 1 ヶ月後の平均と分散を $E[Y_i] = \mu_2$, $\mathrm{Var}(Y_i) = \sigma_2^2$ とする．X_i と Y_i は同じ人の値であるから相関が存在し，その相関係数を ρ とする．$Z_i = X_i - Y_i$ とし，(X_i, Y_i) に 2 変量正規分布を仮定すると，Z_i の分散は $\sigma^2 = \mathrm{Var}(Z_i) = \sigma_1^2 + \sigma_2^2 - 2\rho\sigma_1\sigma_2$ となる．このとき，$Z_1, \ldots, Z_n$ は互いに独立に分布し次のような正規分布に従う．

$$Z_i \sim \mathcal{N}(\mu_1 - \mu_2, \sigma^2)$$

$\overline{Z} = n^{-1} \sum_{i=1}^{n} Z_i$, $V^2 = (n-1)^{-1} \sum_{i=1}^{n} (Z_i - \overline{Z})^2$ とおくと $(n-1)V^2/\sigma^2 \sim \chi_{n-1}^2$ に従う．したがって分散が未知の 1 変数の正規母集団に関する検定問題に帰着できることがわかる．両側検定 $H_0 : \mu_1 = \mu_2$ vs. $H_1 : \mu_1 \neq \mu_2$ については，

$|\overline{X} - \overline{Y}|/V > (1/\sqrt{n})t_{n-1,\alpha/2}$ のとき帰無仮説 H_0 を棄却するのが有意水準 α の検定になる.

コレステロールを下げる薬なので治療後の方がコレステロールの値が高くなることは考えにくいので,片側検定 $H_0 : \mu_1 = \mu_2$ vs. $H_1 : \mu_1 > \mu_2$ を考えるのが自然である.この場合には,$(\overline{X} - \overline{Y})/V > (1/\sqrt{n})t_{n-1,\alpha}$ のとき帰無仮説 H_0 を棄却するのが有意水準 α の検定となる.

9.5　ワルド型検定

尤度比検定を中心に説明してきたが,近似的な検定手法を与える方法として MLE や標本平均に基づいたワルド型の検定についてこの節で解説する.

9.5.1　最尤推定量に基づいた検定

$X_1, \ldots, X_n$ が独立にそれぞれパラメトリックな確率(密度)関数 $f(x|\theta)$ に従うとし,θ を 1 次元のパラメータとする.θ の MLE を $\hat{\theta}$ とすると,定理 8.15 より適当な正則条件のもとで $n \to \infty$ のとき $\sqrt{n}(\hat{\theta} - \theta) \to_d \mathcal{N}(0, 1/I(\theta))$ が成り立つ.定理 6.10 のスラツキーの定理より

$$\sqrt{n}\sqrt{I(\hat{\theta})}(\hat{\theta} - \theta) \to_d \mathcal{N}(0, 1)$$

に収束することがわかる.したがって,定数 θ_0 に対して $H_0 : \theta = \theta_0$ vs. $H_1 : \theta \neq \theta_0$ のような両側検定については,有意水準 α の近似的な棄却域は

$$R = \{\boldsymbol{x} \mid \sqrt{n}\sqrt{I(\hat{\theta})}\,|\hat{\theta} - \theta_0| > z_{\alpha/2}\} \tag{9.13}$$

となる.このような検定を**ワルド検定**と呼ぶ.

【例 9.6】　$X_1, \ldots, X_n$ が独立にベルヌーイ分布 $Ber(\theta)$ に従うとき,両側検定 $H_0 : \theta = \theta_0$ vs. $H_1 : \theta \neq \theta_0$ を考えてみよう.θ の MLE は $\overline{X}$ であり,フィッシャー情報量は $I(\theta) = [\theta(1-\theta)]^{-1}$ となるので

$$\frac{\sqrt{n}\,(\overline{X} - \theta_0)}{\sqrt{\overline{X}(1 - \overline{X})}} \to_d \mathcal{N}(0, 1)$$

のように近似できる.したがって,ワルド検定の近似的な棄却域は

$$R = \{\boldsymbol{x} \mid \sqrt{n}\,|\overline{x} - \theta_0| > \sqrt{\overline{x}(1 - \overline{x})}\,z_{\alpha/2}\}$$

と書ける. □

9.5.2 標本平均に基づいた検定

中心極限定理を用いれば標本平均に基づいた近似的な検定を行うことができる.$X_1, \ldots, X_n$ が独立に同一分布に従い,平均が μ,分散が σ^2 であるとし,特にパラメトリックな分布は仮定しない.定理 6.7 の中心極限定理より $\sqrt{n}\,(\overline{X} - \mu) \to_d \mathcal{N}(0, \sigma^2)$ に収束するので,$S^2 = n^{-1}\sum_{i=1}^{n}(X_i - \overline{X})^2$ とおくと

$$\frac{\sqrt{n}\,(\overline{X} - \mu)}{S} \to_d \mathcal{N}(0, 1)$$

となる.したがって,与えられた定数 μ_0 に対して両側検定 $H_0 : \mu = \mu_0$ vs. $H_1 : \mu \neq \mu_0$ を考えると,ワルド型の検定の棄却域は次で与えられる.

$$R = \{\boldsymbol{x} \mid \sqrt{n}|\overline{x} - \mu_0| > Sz_{\alpha/2}\} \tag{9.14}$$

【例 9.7】(対のあるデータの同等性検定) 夫婦の間で内閣支持率に差があるかを検定する問題を考える.夫の支持率を θ_1,妻の支持率を θ_2 とし,n 組の夫婦についてデータがとられたとする.$(X_1, Y_1), \ldots, (X_n, Y_n)$ が互いに独立で

$$X_i = \begin{cases} 1 & (\text{夫が支持する}) \\ 0 & (\text{夫が支持しない}) \end{cases} \qquad Y_i = \begin{cases} 1 & (\text{妻が支持する}) \\ 0 & (\text{妻が支持しない}) \end{cases}$$

とすると,$\mathrm{E}[X_i] = \theta_1$,$\mathrm{E}[Y_i] = \theta_2$ である.夫婦のペアについては X_i と Y_i が必ずしも独立とは限らない点に注意する.このとき,両側検定 $H_0 : \theta_1 = \theta_2$ vs. $H_1 : \theta_1 \neq \theta_2$ を考える.

この問題は,$Z_i = X_i - Y_i$ とおくと 1 標本の問題に帰着できる.Z_i の平均は $\mathrm{E}[Z_i] = \mathrm{E}[X_i] - \mathrm{E}[Y_i] = \theta_1 - \theta_2$ であり,その分散を $\sigma^2 = \mathrm{Var}(Z_i)$ とする.

$\overline{Z} = n^{-1} \sum_{i=1}^n Z_i$, $S^2 = n^{-1} \sum_{i=1}^n (Z_i - \overline{Z})^2$ とおくと $S^2 \to_p \sigma^2$ より

$$\frac{\sqrt{n}\,\{(\overline{X} - \overline{Y}) - (\theta_1 - \theta_2)\}}{S} \to_d \mathcal{N}(0,1)$$

が成り立つ. したがって, 有意水準 α の近似的な棄却域は

$$R = \{(\boldsymbol{x}, \boldsymbol{y}) \mid \sqrt{n}|\overline{x} - \overline{y}| > S z_{\alpha/2}\} \tag{9.15}$$

で与えられる. □

9.6 信頼区間

点推定は, パラメータの値を言い当てることであったが, 推定値がパラメータの値に一致することは稀である. 実際には, 推定値はパラメータの真の値の周りに散らばって分布するので, その散らばりの程度を考慮した区間としてパラメータを推定する方が意味がある. これを**区間推定**と呼ぶ.

$X_1, \ldots, X_n$ が独立で確率（密度）関数 $f(x|\theta)$ に従い, θ は 1 次元のパラメータとする. $\boldsymbol{X} = (X_1, \ldots, X_n)$ とし, 2 つの統計量 $L(\boldsymbol{X})$, $U(\boldsymbol{X})$ が $L(\boldsymbol{X}) \leq U(\boldsymbol{X})$ を満たすとする.

▷**定義 9.8（信頼区間）** 区間 $[L(\boldsymbol{X}), U(\boldsymbol{X})]$ が, すべての θ に対して

$$\mathrm{P}_\theta(\theta \in [L(\boldsymbol{X}), U(\boldsymbol{X})]) \geq 1 - \alpha$$

を満たすとき, **信頼係数** $1 - \alpha$ **の信頼区間**と呼ぶ.

区間推定は点推定の拡張のように思われるが, むしろ仮説検定と関連しており, 検定の受容域を反転することによって導くことができる. いま, $\theta_0 \in \Theta$ を任意にとって, $\Theta_1 = \Theta \backslash \{\theta_0\}$ に対して検定問題 $H_0 : \theta = \theta_0$ vs. $H_1 : \theta \in \Theta_1$ を考え, 有意水準 α の検定の受容域を $A(\theta_0)$ と書くことにする. 第 1 種の誤りの確率が α なので

$$\mathrm{P}_{\theta_0}(\boldsymbol{X} \in A(\theta_0)) = 1 - \alpha$$

が成り立つ. そこで, $\boldsymbol{X} \in A(\theta_0)$ を θ_0 に関して逆に解くことにより

$$C(\boldsymbol{X}) = \{\theta_0 \in \Theta \mid \boldsymbol{X} \in A(\theta_0)\}$$

が得られる．θ_0 を θ に置き換えると，$\mathrm{P}_\theta(\theta \in C(\boldsymbol{X})) = \mathrm{P}_\theta(\boldsymbol{X} \in A(\theta)) = 1 - \alpha$ となるので，$C(\boldsymbol{X})$ が信頼係数 $1 - \alpha$ の信頼区間になることがわかる．

【例 9.9】(正規母集団) $X_1, \ldots, X_n$ が独立にそれぞれ $\mathcal{N}(\mu, \sigma^2)$ に従うとし，μ の信頼区間を作ってみよう．まず $\sigma^2 = \sigma_0^2$ が既知の場合を考える．$H_0 : \mu = \mu_0$ vs. $H_1 : \mu \neq \mu_0$ に対する検定の棄却域は例 9.4 より $R = \{\overline{x} \mid \sqrt{n}\,|\overline{x} - \mu_0|/\sigma_0 > z_{\alpha/2}\}$ となるので，受容域は

$$A(\mu_0) = \{\overline{x} \mid \sqrt{n}\,|\overline{x} - \mu_0|/\sigma_0 \leq z_{\alpha/2}\}$$

となる．これを反転させ $\overline{x}$ を確率変数 $\overline{X}$ で置き換えると

$$\begin{aligned} C(\overline{X}) &= \big\{\mu_0 \mid \overline{X} - (\sigma_0/\sqrt{n})z_{\alpha/2} \leq \mu_0 \leq \overline{X} + (\sigma_0/\sqrt{n})z_{\alpha/2}\big\} \\ &= \Big[\overline{X} - \frac{\sigma_0}{\sqrt{n}}z_{\alpha/2},\ \overline{X} + \frac{\sigma_0}{\sqrt{n}}z_{\alpha/2}\Big] \end{aligned}$$

となり，信頼係数 $1 - \alpha$ の信頼区間が得られる．

また，片側検定 $H_0 : \mu = \mu_0$ vs. $H_1 : \mu > \mu_0$ の場合には棄却域は $R = \{\overline{x} \mid \sqrt{n}\,(\overline{x} - \mu_0)/\sigma_0 > z_\alpha\}$ となるので，受容域は

$$A(\mu_0) = \{\overline{x} \mid \sqrt{n}\,(\overline{x} - \mu_0)/\sigma_0 \leq z_\alpha\}$$

と書ける．これを反転させて信頼区間を求めると，右側半区間となる．

$$C(\overline{X}) = \Big[\overline{X} - \frac{\sigma_0}{\sqrt{n}}z_\alpha,\ \infty\Big)$$

次に σ^2 が未知の場合を考えよう．$V^2 = (n-1)^{-1}\sum_{i=1}^n (X_i - \overline{X})^2$ とおくと，検定 $H_0 : \mu = \mu_0$ vs. $H_1 : \mu \neq \mu_0$ の受容域は例 9.5 より

$$A(\mu_0) = \{\boldsymbol{X} \mid \sqrt{n}\,|\overline{X} - \mu_0|/V \leq t_{n-1, \alpha/2}\}$$

であり，これを反転させると

$$C(\overline{X}, V^2) = \Big[\overline{X} - \frac{V}{\sqrt{n}}t_{n-1, \alpha/2},\ \overline{X} + \frac{V}{\sqrt{n}}t_{n-1, \alpha/2}\Big]$$

となり，信頼係数 $1 - \alpha$ の信頼区間が得られる． □

9.5 節で取り上げたワルド型検定を用いると，明示的な信頼区間を与えることができる．MLE に基づいた信頼区間を与えてみよう．$X_1, \ldots, X_n$ が独立にパラメトリックな確率（密度）関数 $f(x|\theta)$ に従うとし，θ を 1 次元のパラメータとする．θ の MLE を $\hat{\theta}$ とすると，(9.13) より両側検定 $H_0 : \theta = \theta_0$ vs. $H_1 : \theta \neq \theta_0$ の受容域は

$$A(\theta_0) = \left\{ \boldsymbol{X} \mid \sqrt{n}\sqrt{I(\hat{\theta})}\,|\hat{\theta} - \theta_0| \leq z_{\alpha/2} \right\}$$

と書けるので，これを反転させると信頼係数 $1 - \alpha$ の近似的な信頼区間

$$C(\hat{\theta}) = \left[\hat{\theta} - \left\{ nI(\hat{\theta}) \right\}^{-1/2} z_{\alpha/2}, \ \hat{\theta} + \left\{ nI(\hat{\theta}) \right\}^{-1/2} z_{\alpha/2} \right]$$

が得られる．

【例 9.10】　ベルヌーイ分布 $Ber(\theta)$ における θ の近似的な信頼区間を求めてみよう．例 9.6 で扱った仮説検定の問題については，受容域が

$$A(\theta_0) = \left\{ \boldsymbol{X} \mid \sqrt{n}\,|\overline{X} - \theta_0| \leq \sqrt{\overline{X}(1 - \overline{X})}\,z_{\alpha/2} \right\}$$

で与えられるので，これを反転させると

$$C(\overline{X}) = \left[\overline{X} - \sqrt{\overline{X}(1 - \overline{X})}\,\frac{z_{\alpha/2}}{\sqrt{n}}, \ \overline{X} + \sqrt{\overline{X}(1 - \overline{X})}\,\frac{z_{\alpha/2}}{\sqrt{n}} \right]$$

となる．　　　　　　　　　　　　　　　　　　　　　　　　　　□

分布系を仮定しなくても標本平均に基づいた近似的な信頼区間を構成することができる．$X_1, \ldots, X_n$ が独立に同一分布に従い，平均が μ，分散が σ^2 であるとする．$S^2 = n^{-1}\sum_{i=1}^{n}(X_i - \overline{X})^2$ とおくと，両側検定 $H_0 : \mu = \mu_0$ vs. $H_1 : \mu \neq \mu_0$ の受容域は (9.14) より

$$A(\theta_0) = \left\{ \boldsymbol{X} \mid \sqrt{n}\,|\overline{X} - \mu_0| \leq Sz_{\alpha/2} \right\}$$

となる．これを反転させると，信頼係数 $1 - \alpha$ の信頼区間

$$C(\overline{X}, S^2) = \left[\overline{X} - \frac{S}{\sqrt{n}} z_{\alpha/2}, \ \overline{X} + \frac{S}{\sqrt{n}} z_{\alpha/2} \right]$$

が得られる．

【**例 9.11**】 対のあるデータの同等性検定が例 9.7 で扱われた. そこでは, 2 値をとる対の確率変数 $(X_1, Y_1), \ldots, (X_n, Y_n)$ が互いに独立に分布していて, $\mathrm{E}[X_i] = \theta_1$, $\mathrm{E}[Y_i] = \theta_2$ である場合を扱った. ここでは, 平均の差 $\Delta = \theta_1 - \theta_2$ の信頼区間を作ろう. 両側検定 $H_0 : \theta_1 - \theta_2 = \Delta_0$ vs. $H_1 : \theta_1 - \theta_2 \neq \Delta_0$ については, (9.15) と同様にして有意水準 α の H_0 の近似的な受容域は

$$A(\Delta_0) = \{\overline{X}, \overline{Y}, S^2 \mid \sqrt{n}\,|\overline{X} - \overline{Y} - \Delta_0| \leq S\, z_{\alpha/2}\}$$

となるので, これを反転させると $\theta_1 - \theta_2$ の信頼区間

$$C(\overline{X}, \overline{Y}, S^2) = \left[\overline{X} - \overline{Y} - \frac{S}{\sqrt{n}} z_{\alpha/2},\ \overline{X} - \overline{Y} + \frac{S}{\sqrt{n}} z_{\alpha/2}\right]$$

が得られる. □

【**例 9.12**】（**目標精度とサンプルサイズ**） 95% 信頼区間を作ると, 区間の幅が狭いほど推定量の推定精度が高くなり, またサンプルサイズを大きくすると区間の幅が小さくなる. 例えば, 分散 σ_0^2 が既知の正規分布 $\mathcal{N}(\mu, \sigma_0^2)$ に従う独立な確率変数 $X_1, \ldots, X_n$ に基づいて, 信頼係数 $1 - \alpha$ の μ の信頼区間を

$$\mathrm{P}\left[|\overline{X} - \mu| \leq \frac{\sigma_0}{\sqrt{n}} z_{\alpha/2}\right] = 1 - \alpha$$

から作ることができる. 見方を変えると, この式は, μ を $\overline{X}$ で推定するときの推定誤差 $|\overline{X} - \mu|$ が $(\sigma_0/\sqrt{n}) z_{\alpha/2}$ 以下になる確率が $1 - \alpha$ であることを示している. もしこの推定誤差 $|\overline{X} - \mu|$ をある定数 c 以下にしたいのであれば, $(\sigma_0/\sqrt{n}) z_{\alpha/2} \leq c$, すなわち標本サイズ n が

$$n \geq \frac{\sigma_0^2}{c^2} \{z_{\alpha/2}\}^2$$

を満たすように大きくとる必要がある. したがって, 確率 $1 - \alpha$ で推定誤差を c 以下にしたいときには, この不等式から必要な標本サイズ n が求まる.

　同様にして, 内閣支持率の推定の場合に推定誤差と必要な標本サイズを計算してみよう. $X_1, \ldots, X_n$ をベルヌーイ分布 $Ber(p)$ からのランダム標本とすると, 信頼係数 95% の p の近似的な信頼区間は次の式より得られる.

$$\mathrm{P}\left[|\overline{X} - p| \leq 1.96 \frac{\{\overline{X}(1 - \overline{X})\}^{1/2}}{\sqrt{n}}\right] \approx 0.95$$

これより，確率 95% で推定誤差が c 以下になるためには，標本サイズ n は

$$n \geq (1.96)^2 \frac{\overline{X}(1 - \overline{X})}{c^2}$$

を満たす必要がある．$\overline{X}$ が観測できているときにはこの方法で必要な標本サイズを計算することができるが，標本サイズは標本をとる前に設計するので，$\overline{X}$ の値がわからないのが一般的である．この場合，$\overline{X}(1 - \overline{X}) \leq 1/4$ より

$$n \geq (1.96)^2 \frac{1}{4c^2} \tag{9.16}$$

を満たすように標本サイズ n をとれば，確率 95% で推定誤差が c より小さくすることができる．例えば，確率 95% で推定誤差を 0.04 以下にするときには (9.16) より $n \geq 600$ となる．   □

　信頼区間について誤解されやすい点についての注意を述べておきたい．信頼係数 95% の信頼区間 $[L(\boldsymbol{X}), U(\boldsymbol{X})]$ とは，確率変数に基づいた区間の確率が $\mathrm{P}_\theta(L(\boldsymbol{X}) \leq \theta \leq U(\boldsymbol{X})) = 0.95$ を満たすことであり，実現値に基づいて得られた区間 $[L(\boldsymbol{x}), U(\boldsymbol{x})]$ についてそれが θ を含む確率が 95% であるという意味ではないことに注意する．実現値 $\boldsymbol{x}$ が与えられた後は区間 $[L(\boldsymbol{x}), U(\boldsymbol{x})]$ は θ を含むか含まないかのどちらかである．信頼区間 $[L(\boldsymbol{X}), U(\boldsymbol{X})]$ は確率変数 $\boldsymbol{X}$ に基づいているので，$\boldsymbol{X} = \boldsymbol{x}$ の値によって θ を含んだり，含まなかったりする．信頼係数 95% とは，例えば 100 回実現値を発生させる実験をしたとき，5 回程度は θ を含んでいないという意味になる．

9.7　相関係数の検定とフィッシャーの z 変換

　本章の最後に，相関係数の検定について説明する．4.2 節で 2 つの確率変数の直線的な関係の強さを相関係数という指標を用いて測ることができることを学んだ．ここでは，2 つの変数が無相関か否かを検定することを考えたい．

　2 次元確率変数 $(X_1, Y_1), \ldots, (X_n, Y_n)$ が互いに独立で，(3.6) で与えられた 2 次元正規分布に従うとする．標本共分散を $S_{XY} = \frac{1}{n} \sum_{i=1}^{n} (X_i - \overline{X})(Y_i - \overline{Y})$ とし，標本分散を $S_X^2 = \frac{1}{n} \sum_{i=1}^{n} (X_i - \overline{X})^2$, $S_Y^2 = \frac{1}{n} \sum_{i=1}^{n} (Y_i - \overline{Y})^2$ とするとき

$$R_{XY} = \frac{S_{XY}}{S_X S_Y}$$

を**標本相関係数**と呼ぶ.

下の表は，2018 年都道府県別の出生率と死亡率のデータの一部である．数値は人口 1,000 についての率を表している（データについてはサポートページを参照．国立社会保障・人口問題研究所のホームページから引用）．

	北海道	青森	岩手	宮城	秋田	山形	⋯	長崎	熊本	大分	宮崎	鹿児島	沖縄
出生率	6.2	6.2	6.2	7.1	5.2	6.4	⋯	7.6	8.2	7.2	7.9	8.1	11.0
死亡率	12.2	14.3	14.1	10.7	15.8	14.1	⋯	13.3	12.3	12.8	13.0	13.8	8.5

このデータの標本相関係数の値は -0.603 となり出生率と死亡率の間には負の相関があることがわかるが，図 9.4 を見ると，左端の点（秋田）と右端の点（沖縄）を除くと無相関に近いように見えるので，仮説検定を通して無相関か否かを判断したい．そこで，相関係数 $\rho = \mathrm{Corr}(X_1, Y_1)$ に関する検定問題を考える．$H_0 : \rho = 0$ vs. $H_1 : \rho \neq 0$ の検定については，命題 3.4 と第 11 章の回帰分析の説明から t-分布を用いて検定することができる．実際，H_0 のもとで

$$T = \sqrt{n-2}\, R_{XY} / \sqrt{1 - R_{XY}^2} \ \sim\ t_{n-2} \tag{9.17}$$

に従うので，$|T| > t_{n-2, \alpha/2}$ のとき H_0 が棄却される（第 11 章の演習問題を参照）．上の例では，$|T| = 5.07$, $t_{45, 0.025} = 2.01$ より H_0 は棄却される．

一般に，$\rho_0 \neq 0$ に対して $H_0 : \rho = \rho_0$ vs. $H_1 : \rho \neq \rho_0$ を検定するときには，ρ

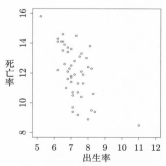

図 9.4 出生率と死亡率のプロット

が 0 から離れるにつれ R_{XY} の分布の非対称性が増大するので

$$Z = \frac{1}{2} \log\left(\frac{1 + R_{XY}}{1 - R_{XY}}\right)$$

のような変換を用いる。これを**フィッシャーの z 変換**と呼ぶ。

$$\xi = \xi(\rho) = \frac{1}{2} \log\left(\frac{1 + \rho}{1 - \rho}\right)$$

とおくと，n が大きいとき Z は $Z \sim \mathcal{N}(\xi, (n-3)^{-1})$ で近似できることが知られている（サポートページを参照）．$n-3$ の代わりに n を用いても漸近分布は変わらないが，$n-3$ を用いた方が近似がよいとされる．この近似を用いると，上の両側検定の棄却域は

$$\sqrt{n-3}\,|Z - \xi_0| > z_{\alpha/2}, \quad \xi_0 = \xi(\rho_0)$$

で与えられることがわかる．したがって無相関であるかの検定は $\sqrt{n-3}\,|Z| > z_{\alpha/2}$ となる．上の例では，$n = 47$, $z = -0.697$ より，$\sqrt{n-3}\,|z| = 4.623$ となり，$z_{0.025} = 1.96$ より「無相関である」という帰無仮説は棄却される．

ξ の信頼区間は $Z \pm z_{\alpha/2}/\sqrt{n-3}$ で与えられる．これを

$$\rho = \rho(\xi) = \frac{e^\xi - e^{-\xi}}{e^\xi + e^{-\xi}}$$

のようにして ρ に戻すと ρ の信頼区間が得られる．具体的には，$\rho_L = \rho(Z - z_{\alpha/2}/\sqrt{n-3})$, $\rho_R = \rho(Z + z_{\alpha/2}/\sqrt{n-3})$ とおくとき，$[\rho_L, \rho_R]$ が信頼区間になる．上の例では ρ の信頼係数 95% の信頼区間は $[-0.758, -0.381]$ となる．

演習問題

問 1 例 8.1 では男子大学生 50 人の身長のデータを取り上げ，正規分布 $\mathcal{N}(\mu, \sigma^2)$ を当てはめた．20 歳男性の身長の全国平均が $\mu_0 = 170.4$ であるとき，この集団の学生の身長が全国平均と等しいかを調べたい．仮説検定 $H_0 : \mu = \mu_0$ vs. $H_1 : \mu \neq \mu_0$ について有意水準 5% で検定せよ．また，μ の信頼係数 95% の信頼区間を与えよ．

問 2 例 8.2 では，時間間隔のデータを取り上げ，$n = 50$ として指数分布 $Ex(1/\theta)$ を当てはめた．消防車の出動時間間隔が 24 時間程度か否かを検定するため，$\theta_0 = 24$ に対して仮説検定 $H_0 : \theta = \theta_0$ vs. $H_1 : \theta \neq \theta_0$ を考える．有意水準 5% で検

定せよ．また，θ の信頼係数 95% の信頼区間を与えよ．

問 3 例 8.3 では，東京都の 1 日当たりの交通事故による死亡数のデータを取り上げ，$n = 30$ としてポアソン分布 $Po(\lambda)$ を当てはめた．1 日 1 件の死亡事故が起こるか否かの検定 $H_0 : \lambda = 1$ vs. $H_1 : \lambda \neq 1$ について有意水準 5% で検定せよ．また，λ の信頼係数 95% の信頼区間を与えよ．

問 4 あるハンバーガーショップで販売されているフライドポテトについて，2 つの店舗 A，B で M サイズの重さを調べてみた．店舗 A では，$m = 10$ 個のフライドポテトをランダムに購入した結果，重さの標本平均は $\overline{x}_A = 132(\mathrm{g})$，標本分散は $s_A^2 = 8^2$ であった．同様にして，店舗 B では，$n = 15$ 個について，$\overline{x}_B = 135$，$s_B^2 = 10^2$ であった．店舗 A の母集団平均と分散を μ_A, σ_A^2 とし，店舗 B の母集団平均と分散を μ_B, σ_B^2 とする．

   (1) $\sigma_A^2 = \sigma_B^2 = \sigma^2$ という設定のもとで仮説検定 $H_0 : \mu_A = \mu_B$ vs. $H_1 : \mu_A \neq \mu_B$ を考える．有意水準 5% で検定せよ．

   (2) 同じ設定のもとで，$\mu_A - \mu_B$ の信頼係数 95% の信頼区間を求めよ．

   (3) σ_A^2 と σ_B^2 が等しいという仮定を外した場合，(1) の仮説検定は有意水準 5% でどうなるか．

問 5 $X_1, \ldots, X_n$ をベルヌーイ分布 $Ber(p)$ からのランダム標本とする．

   (1) 信頼係数 99% の p の近似的な信頼区間を与えよ．

   (2) 与えられた精度で p を推定するために必要なサンプルサイズ n を求める問題を考える．c を正の定数とし，99% の確率で $|\overline{X} - p| \leq c$ を満たすようにするには，少なくとも n をどのようにとる必要があるか．$c = 0.04$ のときには n はどの程度の数が必要か．

問 6 確率変数 $(X_1, X_2, X_3, X_4, X_5)$ が多項分布 $Mult_5(n, p_1, p_2, p_3, p_4, p_5)$ に従うとする．$X_1 + \cdots + X_5 = n, p_1 + \cdots + p_5 = 1$ を満たす．

   (1) 仮説検定 $H_0 : p_1 = 1/2$ vs. $H_1 : p_1 \neq 1/2$ について，有意水準 α の尤度比検定とワルド型検定を与えよ．

   (2) ワルド型検定に基づいて，信頼係数 $1 - \alpha$ の p_1 の信頼区間を与えよ．

   (3) 仮説検定 $H_0 : p_1 = p_2 = p_3$ vs. $H_1 :$「$p_1 = p_2 = p_3$ でない」について，有意水準 α の尤度比検定の棄却域を求めよ．

問 7 確率変数 $X_1, \ldots, X_n$ および $Y_1, \ldots, Y_n$ が互いに独立に分布し，$X_i \sim Po(\lambda)$，$Y_j \sim Po(\mu)$ に従うとする 2 標本問題を考える．$S = \sum_{i=1}^n X_i$, $T = \sum_{i=1}^n Y_i$ として次の問に答えよ．

   (1) $H_0 : \lambda = \mu$ vs. $H_1 : \lambda \neq \mu$ なる仮説検定問題について，有意水準 α の尤度比検定の棄却域を求めよ．

(2) $S + T = m$ を与えたときの S の条件付き確率は $Bin(m, \theta)$, $\theta = \lambda/(\lambda + \mu)$, となることを示せ. また (1) の検定問題は, $H_0 : \theta = 1/2$ vs. $H_1 : \theta \neq 1/2$ と表すことができる. 条件付き確率に基づいて, この検定の有意水準 α の検定の近似的な棄却域を与えよ.

問8 2次元の確率変数 $(X_1, Y_1), \ldots, (X_n, Y_n)$ が独立で, 2変量正規分布に従い, X_i, Y_i の平均は $E[X_i] = \mu_1$, $E[Y_i] = \mu_2$, 分散は $\mathrm{Var}(X_i) = \sigma_1^2$, $\mathrm{Var}(Y_i) = \sigma_2^2$, 共分散は $\mathrm{Cov}(X_i, Y_i) = \rho\sigma_1\sigma_2$ であるとする. 例えば, i 番目の患者について, 血圧を下げる治療をする前の数値を X_i, 治療を始めて 1 ヶ月後の数値を Y_i をすると, (X_i, Y_i) は対のあるデータであり, X_i と Y_i の間には相関がある.

(1) $H_0 : \mu_1 = \mu_2$ vs. $H_1 : \mu_1 \neq \mu_2$ なる両側検定の棄却域を求めよ.

(2) $\mu_1 - \mu_2$ の信頼係数 $1 - \alpha$ の信頼区間を与えよ.

(3) $H_0 : \mu_1 = \mu_2$ vs. $H_1 : \mu_1 > \mu_2$ なる片側検定の棄却域を求めよ.

問9 確率変数 $X_1, \ldots, X_n$ が独立に確率密度 $f(x|\theta)$ に従うとする. 既知の θ_0 に対して, $H_0 : \theta = \theta_0$ vs. $H_1 : \theta \neq \theta_0$ を検定する問題を考える. $\boldsymbol{X} = (X_1, \ldots, X_n)$ とし, 有意水準 α の検定の棄却域が $W(\boldsymbol{X}) > c_\alpha$ で与えられるとする. ただし, c_α は $\mathrm{P}_{\theta_0}(W(\boldsymbol{X}) > c_\alpha) = \alpha$ となる定数である.

(1) $\boldsymbol{X}$ の実現値 $\boldsymbol{x}$ に対して P 値 $p(\boldsymbol{x})$ を定義せよ.

(2) $H_0 : \theta = \theta_0$ のもとで, $\mathrm{P}_{\theta_0}(p(\boldsymbol{X}) \leq \alpha) = \alpha$ となることを示せ.

(3) 棄却域 $W(\boldsymbol{x}) > c_\alpha$ は, $p(\boldsymbol{x}) < \alpha$ とも表されることを示せ.

問10 確率変数 $X_1, \ldots, X_n$ が独立に $\mathcal{N}(0, \theta)$ に従うとする.

(1) θ の MLE $\hat{\theta}^\mathrm{M}$ を求めよ. 仮説検定 $H_0 : \theta = \theta_0$ vs. $H_1 : \theta \neq \theta_0$ について, 有意水準 α の尤度比検定の棄却域を与えよ.

(2) 上の仮説検定に関して, 第1種の誤りの確率が正確に α になるような検定の棄却域を与えよ.

(3) (2) で求めた検定に基づいて, θ に関する信頼係数 $1 - \alpha$ の信頼区間を与えよ.

第 10 章

カイ 2 乗適合度検定と応用例

　　仮説検定は様々な場面で役立つ．例えば，最近発見された古典の執筆者の真偽に関する検定，薬害における薬と疾病との因果関係の検定，正規分布の妥当性の検定など，利用トピックは多岐にわたる．多項分布に基づいたカイ 2 乗適合度検定は様々な場面で利用されるので，本章ではその検定手法と応用例を中心に解説する．

10.1　多項分布による適合度検定

10.1.1　カイ 2 乗適合度検定

　パラメトリックな統計モデルを想定するとパラメータの推定や仮説検定などを通してより精密な推測を行うことができる．しかし，想定された統計モデルが正しいことが大前提となるため，そのモデルがデータを説明するのに適していなければ間違った推測を与えてしまう恐れがある．例えば，標準的な方法として正規分布に基づいた推測手法を用いてデータ解析を行うことがあるが，その前に正規分布を当てはめることの妥当性を検討する必要がある．本節では，確率分布の妥当性を多項分布に基づいて検定する方法について解説する．

　簡単な例として，サイコロを 30 回投げて歪みがあるかを検証する実験を行ったところ，出た目の回数が次の表のようになったとする．

サイコロの目	1	2	3	4	5	6
観測度数	5	3	8	2	4	8
期待度数	5	5	5	5	5	5
差の 2 乗	0	4	9	9	1	9

　ここで期待度数はサイコロが正確であると仮定したときに出る理論上の数である．この実験結果からサイコロは各目が 1/6 の等確率で出る正確なサイコロと考えてよいだろうか．そこでこの表の最後の行に与えられているように，

{(観測度数) − (期待度数)}^{2} の値を計算してみる. この値が大きいときにはサイコロには何か歪みがあると判断されることになるが, その判断をどのように行うかについて以下で説明しよう.

一般に, m 個のカテゴリー $C_1, \ldots, C_m$ について, 個々のデータは p_i の確率で C_i のカテゴリーに入ると仮定すると, $p_1 + \cdots + p_m = 1$ である. n 個のデータについてカテゴリー C_i に入る個数を x_i とすると, $x_1 + \cdots + x_m = n$ を満たすことになる. $C_1, \ldots, C_m$ に入る個数を確率変数で表したものを $X_1, \ldots, X_m$ とし $\boldsymbol{X} = (X_1, \ldots, X_m)$ とおく. $\boldsymbol{x} = (x_1, \ldots, x_m)$ に対して $\boldsymbol{X} = \boldsymbol{x}$ となる確率は (3.2) で定義された多項分布に従い, 確率関数は

$$p(\boldsymbol{x}) = \frac{n!}{x_1! \cdots x_m!} p_1^{x_1} \cdots p_m^{x_m}$$

で与えられる. 一方, 理論上想定される確率が $\pi_1, \ldots, \pi_m$ であり, 観測データに基づいた確率分布が理論上想定される確率分布に等しいかを検定する問題は

$$H_0 : p_1 = \pi_1, \ldots, p_m = \pi_m \text{ vs. } H_1 : \text{ある } i \text{ に対して } p_i \neq \pi_i$$

と表される. H_0 のもとで計算される期待度数は $n\pi_1, \ldots, n\pi_m$ となる.

カテゴリー	C_1	C_2	$\cdots$	C_m
真の確率	p_1	p_2	$\cdots$	p_m
理論確率	π_1	π_2	$\cdots$	π_m

カテゴリー	C_1	C_2	$\cdots$	C_m
観測度数	x_1	x_2	$\cdots$	x_m
期待度数	$n\pi_1$	$n\pi_2$	$\cdots$	$n\pi_m$

観測データに基づいた確率分布と理論上想定される確率分布との違いは $(x_1 - n\pi_1)^2, \ldots, (x_m - n\pi_m)^2$ に基づいて測ることができるので

$$Q(\boldsymbol{x}) = \sum_{i=1}^{m} \frac{(x_i - n\pi_i)^2}{n\pi_i} = \sum_{i=1}^{m} \frac{(O_i - E_i)^2}{E_i} \tag{10.1}$$

が検定統計量として考えられる. ただし $O_i = x_i$ は**観測度数**, $E_i = n\pi_i$ は**期待度数**を表している. これを**カイ 2 乗適合度検定**と呼び, n が大きいとき H_0 のもとで $Q(\boldsymbol{X}) \approx \chi^2_{m-1}$ で近似できることが知られている. そこで, 棄却域を $Q(\boldsymbol{x}) > \chi^2_{m-1,\alpha}$ とする検定を考えればよいことになる. ただし, $\chi^2_{m-1,\alpha}$ は自由度 $m-1$ のカイ 2 乗分布 χ^2_{m-1} の上側 100α% 点である. 上の例では

$$Q(\boldsymbol{x}) = \frac{(5-5)^2}{5} + \frac{(3-5)^2}{5} + \frac{(8-5)^2}{5} + \frac{(2-5)^2}{5} + \frac{(4-5)^2}{5} + \frac{(8-5)^2}{5}$$

を計算すると，$Q(\boldsymbol{x}) = 6.4$ となり，$\chi^2_{5,0.05} = 11.07$ より，有意水準 5% で有意でないことがわかる．

【例 10.1】 ある町の $n = 800$ 人の血液型を調査したところ下の表のようになった．この町の血液型の分布が日本の標準と一致するかを検定したい．

表 10.1 観測度数と理論確率

血液型	A	B	O	AB
観測度数	317	168	230	85
理論確率	0.37	0.22	0.32	0.09

表 10.2 観測度数と期待度数

血液型	A	B	O	AB
観測度数	317	168	230	85
期待度数	296	176	256	72

この場合，$Q(\boldsymbol{x})$ を計算すると $Q(\boldsymbol{x}) = 6.82$ となる．$\chi^2_{3,0.05} = 7.815$ より，有意水準 5% で有意でないことがわかる． □

【例 10.2】(同等性検定) 3 つの小説における単語の使用頻度が表 10.3 で与えられるとき，これらが同じ著者の作品かを検定したい場合を考えてみよう．

表 10.3 単語の使用頻度

単語	小説 1	小説 2	小説 3	合計
a	182	103	80	365
an	24	13	27	64
this	42	12	16	70
that	109	34	24	167
合計	357	162	147	666

表 10.4 $I \times J$ の一般的な設定

	B_1	B_2	$\cdots$	B_J	合計
A_1	x_{11}	x_{12}	$\cdots$	x_{1J}	$x_{1.}$
A_2	x_{21}	x_{22}	$\cdots$	x_{2J}	$x_{2.}$
$\vdots$	$\vdots$	$\vdots$	$\cdots$	$\vdots$	$\vdots$
A_I	x_{I1}	x_{I2}	$\cdots$	x_{IJ}	$x_{I.}$
合計	$x_{.1}$	$x_{.2}$	$\cdots$	$x_{.J}$	$x_{..}$

表 10.4 の一般的な設定で，$(x_{1j}, \ldots, x_{Ij})$ は多項分布 $Mult_I(x_{.j}, \pi_{1j}, \ldots, \pi_{Ij})$，$j = 1, \ldots, J$，に従う．すべての作品が同一著者であることを検定したいので，帰無仮説は

$$H_0 : \pi_{i1} = \pi_{i2} = \cdots = \pi_{iJ} = \pi_i, \quad i = 1, \ldots, I$$

と書ける．H_0 のもとで π_i は $\hat{\pi}_i = x_{i.}/x_{..}$ で推定できるので，(A_i, B_j) のセルに

対する期待度数は

$$E_{ij} = x_{.j}\hat{\pi}_i = x_{i.}x_{.j}/x_{..}$$

となる. $O_{ij} = x_{ij}$ なので,カイ 2 乗適合度検定は次のようになる.

$$Q = \sum_{i=1}^{I}\sum_{j=1}^{J}\frac{(O_{ij} - E_{ij})^2}{E_{ij}} = \sum_{i=1}^{I}\sum_{j=1}^{J}\frac{(x_{ij} - x_{i.}x_{.j}/x_{..})^2}{x_{i.}x_{.j}/x_{..}}$$

制約がないときのパラメータ数は $J(I-1)$, H_0 のもとでのパラメータ数は $I-1$ であるから,自由度は $J(I-1) - (I-1) = (I-1)(J-1)$ となる.したがって,$Q > \chi^2_{(I-1)(J-1),\alpha}$ のとき H_0 を棄却するのが有意水準 α の検定になる.表 10.3 の例については $Q = 3.23 + 15.25 + 2.04 + 9.81 = 30.33$, $\chi^2_{6,0.01} = 16.81$ より,1% で有意となり,同一著者であることが棄却される. □

10.1.2 クロス表データの独立性検定

2 つの事柄の関係性の有無を調べるのにクロス表(分割表)を用いる.

表 10.5 観測値

観測値	皮膚疾患	健康	計
化粧品使用	80	60	140
化粧品非使用	10	40	50
計	90	100	190

表 10.6 独立な場合の期待度数

期待度数	皮膚疾患	健康	計
化粧品使用	66.3	73.7	140
化粧品非使用	23.7	26.3	50
計	90	100	190

例えば,ある化粧品と皮膚疾患との関係を調べるため,その皮膚疾患の患者 90 人と健常者 100 人について,その化粧品の使用と皮膚疾患について調査したところ,表 10.5 のデータが得られた.化粧品と皮膚疾患に因果関係があるかが問われているとする.表 10.6 は因果関係がないと仮定したときの期待度数を与えている.この計算の仕方について以下で説明しよう.

一般に,A の事象 A_1, A_2 と B の事象 B_1, B_2 について**クロス表**を考える.n 個のデータのうち A_i かつ B_j である観測度数を x_{ij} とし,真の確率を p_{ij} とする.これをクロス表で表すと以下のようになる.

	B_1	B_2	計
A_1	x_{11}	x_{12}	$x_{1.}$
A_2	x_{21}	x_{22}	$x_{2.}$
計	$x_{.1}$	$x_{.2}$	n

	B_1	B_2	計
A_1	p_{11}	p_{12}	$p_{1.}$
A_2	p_{21}	p_{22}	$p_{2.}$
計	$p_{.1}$	$p_{.2}$	1

因果関係がないということは A と B が確率的に独立であることに対応するので，帰無仮説

H_0: 「すべての (i,j) に対して $p_{ij} = p_{i.} \times p_{.j}$」

を対立仮説 H_1: 「ある (i,j) に対して $p_{ij} \neq p_{i.} \times p_{.j}$」 に対して検定することになる．$x_{ij}$ に対応する確率変数を X_{ij} で表すと，$\boldsymbol{X} = (X_{11}, X_{12}, X_{21}, X_{22})$ は多項分布 $Mult_4(n, p_{11}, p_{12}, p_{21}, p_{22})$ に従う．$\mathrm{E}[X_{ij}] = np_{ij}$ であるから，H_0 のもとでは $\mathrm{E}[X_{ij}] = np_{i.}p_{.j}$ となる．ここで，$p_{i.}$ は $x_{i.}/n$ で，$p_{.j}$ は $x_{.j}/n$ で推定できるので，H_0 のもとでは $np_{i.}p_{.j}$ を $x_{i.}x_{.j}/n$ で推定することになる．

	B_1	B_2	計
A_1	$x_{1.}x_{.1}/n$	$x_{1.}x_{.2}/n$	$x_{1.}$
A_2	$x_{2.}x_{.1}/n$	$x_{2.}x_{.2}/n$	$x_{2.}$
計	$x_{.1}$	$x_{.2}$	n

そこで，独立性を検定するためには，$(x_{ij} - x_{i.}x_{.j}/n)^2$, $i,j = 1,2$, に基づいた統計量を用いればよいので

$$Q(\boldsymbol{x}) = \sum_{i=1}^{2} \sum_{j=1}^{2} \frac{(x_{ij} - x_{i.}x_{.j}/n)^2}{x_{i.}x_{.j}/n}$$

を考えればよい．これをクロス表の独立性に関する**カイ 2 乗適合度検定**と呼ぶ．H_0 のもとでは n が大きいとき $Q(\boldsymbol{X}) \approx \chi_1^2$ で近似できることが知られているので，棄却域は $Q(\boldsymbol{X}) > \chi_{1,\alpha}^2$ となる．上の例の場合

$$Q = \frac{(80 - 66.3)^2}{66.3} + \frac{(60 - 73.7)^2}{73.7} + \frac{(10 - 23.7)^2}{23.7} + \frac{(40 - 26.3)^2}{26.3} = 20.43$$

となり，$\chi_{1,0.01}^2 = 6.635$, $\chi_{1,0.05}^2 = 3.841$ より，有意水準 5% でも 1% でも有意となり，化粧品と皮膚疾患との間に関係がないという仮説は棄却される．

2×2 のクロス表は一般の $r \times c$ のクロス表に拡張することができる．A の事

象を $A_1, \ldots, A_r$, B の事象を $B_1, \ldots, B_c$ とし, n 個のデータのうち A_i かつ B_j である観測度数を X_{ij} とし, 真の確率を p_{ij} とする.

表 10.7　観測度数

	B_1	$\cdots$	B_j	$\cdots$	B_c	計
A_1	X_{11}	$\cdots$	X_{1j}	$\cdots$	X_{1c}	$X_{1\cdot}$
.	.		.		.	.
A_i	X_{i1}	$\cdots$	X_{ij}	$\cdots$	X_{ic}	$X_{i\cdot}$
.	.		.		.	.
A_r	X_{r1}	$\cdots$	X_{rj}	$\cdots$	X_{rc}	$X_{r\cdot}$
計	$X_{\cdot 1}$	$\cdots$	$X_{\cdot j}$	$\cdots$	$X_{\cdot c}$	n

表 10.8　同時確率

	B_1	$\cdots$	B_j	$\cdots$	B_c	計
A_1	p_{11}	$\cdots$	p_{1j}	$\cdots$	p_{1c}	$p_{1\cdot}$
.	.		.		.	.
A_i	p_{i1}	$\cdots$	p_{ij}	$\cdots$	p_{ic}	$p_{i\cdot}$
.	.		.		.	.
A_r	p_{r1}	$\cdots$	p_{rj}	$\cdots$	p_{rc}	$p_{r\cdot}$
計	$p_{\cdot 1}$	$\cdots$	$p_{\cdot j}$	$\cdots$	$p_{\cdot c}$	1

ここで, A と B の関係が独立か否かという問題に関心があるので, 帰無仮説は「H_0: すべての (i,j) に対して $p_{ij} = p_{i\cdot} \times p_{\cdot j}$」となる. H_0 のもとでは $E[X_{ij}] = np_{i\cdot}p_{\cdot j}$ であり, $p_{i\cdot}$ は $X_{i\cdot}/n$ で, $p_{\cdot j}$ は $X_{\cdot j}/n$ で推定されるので, H_0 のもとで $np_{i\cdot}p_{\cdot j}$ は $X_{i\cdot}X_{\cdot j}/n$ で推定される. そこで, 独立であるか否かを

$$Q(\boldsymbol{X}) = \sum_{i=1}^{r} \sum_{j=1}^{c} \frac{(X_{ij} - X_{i\cdot}X_{\cdot j}/n)^2}{X_{i\cdot}X_{\cdot j}/n}$$

で検定することになる. 制約がないときのパラメータ数は $rc - 1$, H_0 のもとでのパラメータ数は $r + c - 2$ であるから, 自由度は $(rc - 1) - (r + c - 2) = (r-1)(c-1)$ となる. H_0 のもとで $Q(\boldsymbol{X}) \to_d \chi^2_{(r-1)(c-1)}$ に収束することが知られているので, 棄却域は $Q(\boldsymbol{X}) > \chi^2_{(r-1)(c-1),\alpha}$ となる.

【例 10.3】（フィッシャーの正確検定）　ある銀行で 50 名の行員（男性 25 名, 女性 25 名）の昇進案が検討され, 表 10.9 のような結果になった.

　昇進についてジェンダーバイアスがあるかを検定したい. 男女の違いと昇進の関係の有無を検定するのでカイ 2 乗適合度検定を用いて調べてみる. Q の値を計算すると, $Q = 3.57$, $\chi^2_{1,0.05} = 3.84$ となり, 有意水準 5% で有意でない. しかし, $\chi^2_{1,0.06} = 3.54$ であるから, 有意水準 6% では有意となり, 微妙な状況であることがわかる.

　そこで, **フィッシャーの正確検定**を取り上げてみる. 男女で差別がないという

表10.9 昇進とジェンダー

	男性	女性	
昇進	21	15	36
保留	4	10	14
合計	25	25	50

表10.10 一般的な設定

	B_1	B_2	合計
A_1	X_{11}	X_{12}	$x_{1\cdot}$
A_2	X_{21}	X_{22}	$x_{2\cdot}$
合計	$x_{\cdot 1}$	$x_{\cdot 2}$	$x_{\cdot\cdot}$

ことは，表10.9の数値は無作為化のもとで得られた数値を意味する．この確率が極めて小さければ稀にしか起こらないことになり，無作為化が棄却され男女で差別がないことが棄却される．表10.10において，周辺の値 $x_{1\cdot}, x_{2\cdot}, x_{\cdot 1}$ が固定されていて，X_{ij} を確率変数とみるとき，X_{11} の値が決まれば他の変数の値も自動的に決まることに注意する．X_{11} の値がランダムに分布するとき，$X_{11} = x$ となる確率は (2.9) の超幾何分布

$$p(x) = \mathrm{P}(X_{11} = x) = \left(\begin{array}{c} x_{1\cdot} \\ x \end{array} \right) \left(\begin{array}{c} x_{2\cdot} \\ x_{\cdot 1} - x \end{array} \right) \Big/ \left(\begin{array}{c} x_{\cdot\cdot} \\ x_{\cdot 1} \end{array} \right)$$

で与えられる．ただし x の範囲は $\max(x_{\cdot 1} - x_{2\cdot}, 0) \leq x \leq \min(x_{1\cdot}, x_{\cdot 1})$ である．表10.9の数値について $p(x)$ の値 (%) を求めると

x	12	13	14	15	16	17	18	19	20	21	22	23	24
$p(x)$	0.0	0.2	1.1	4.4	11.6	20.4	24.6	20.4	11.6	4.4	1.1	0.2	0.0

となり，$\mathrm{P}(X_{11} \geq 21) = 0.057$ となる．有意水準5%の片側検定を考えると，x_{11} の数値が $x_{11} \geq 22$ の範囲に入るときに検定が有意となり無作為化が棄却される．この例では $x_{11} = 21$ であるから，有意水準5%の棄却域に入らないのでジェンダーバイアスがないことは棄却できない．　　　　　　　　　□

10.1.3　尤度比検定とカイ2乗適合度検定

カイ2乗適合度検定は多項分布に基づいた仮説検定であることを学んだ．しかし，カイ2乗適合度検定の形や自由度についてもう少し説得力のある説明を尋ねたくなる．ここでは，(9.10) の尤度比検定とカイ2乗適合度検定との関係について調べてみることにする．

確率変数 $\boldsymbol{X} = (X_1, \ldots, X_m)$ が多項分布 $Mult_m(n, \boldsymbol{p})$ に従うとする. ただし $\boldsymbol{p} = (p_1, \ldots, p_m)$ であり, $p_1 + \cdots + p_m = 1$, $X_1 + \cdots + X_m = n$ を満たしている. より一般的な仮説検定は

$$H_0 : p_1 = p_1(\boldsymbol{\theta}), \ldots, p_m = p_m(\boldsymbol{\theta}) \text{ vs. } H_1 : \text{ある } i \text{ に対して } p_i \neq p_i(\boldsymbol{\theta})$$

と表すことができる. ここで, $\boldsymbol{\theta} = (\theta_1, \ldots, \theta_k)$, $k < m$, は未知のパラメータであり, 帰無仮説 H_0 は p_i が $\boldsymbol{\theta}$ の既知の関数を用いて $p_i(\boldsymbol{\theta})$ で与えられることを示している. 例えば, 10.1.1 項の帰無仮説は $k = 0$ で $\pi(\boldsymbol{\theta}) = \pi_i$ が定数の場合に対応し, 10.1.2 項の帰無仮説は $m = 4$, $k = 2$, $p_{11} = \theta_1\theta_2$, $p_{12} = \theta_1(1 - \theta_2)$, $p_{21} = (1 - \theta_1)\theta_2$, $p_{22} = (1 - \theta_1)(1 - \theta_2)$ に対応している.

制約無しのときの $\boldsymbol{p}$ の MLE は例 8.13 より $\hat{\boldsymbol{p}} = (\hat{p}_1, \ldots, \hat{p}_m)$, $\hat{p}_i = X_i/n$, となる. 帰無仮説 H_0 のもとでの $\boldsymbol{\theta}$ の MLE $\widehat{\boldsymbol{\theta}}$ は

$$L(\boldsymbol{p}(\boldsymbol{\theta})|\boldsymbol{X}) = \frac{n!}{X_1! \cdots X_m!} \{p_1(\boldsymbol{\theta})\}^{X_1} \cdots \{p_m(\boldsymbol{\theta})\}^{X_m}$$

を最大化する解として与えられるので, (9.10) の尤度比は

$$\Lambda(\boldsymbol{X}) = \frac{L(\boldsymbol{p}(\widehat{\boldsymbol{\theta}})|\boldsymbol{X})}{L(\hat{\boldsymbol{p}}|\boldsymbol{X})} = \prod_{i=1}^{m} \Big(\frac{p_i(\widehat{\boldsymbol{\theta}})}{\hat{p}_i}\Big)^{X_i}$$

と書ける. $X_i = n\hat{p}_i$ より次のように表すことができる.

$$-2\log \Lambda(\boldsymbol{X}) = 2n \sum_{i=1}^{m} \hat{p}_i \log\Big(\frac{\hat{p}_i}{p_i(\widehat{\boldsymbol{\theta}})}\Big)$$

ここで $\log(x)$ を $x = x_0$ の周りでテーラー展開すると

$$\log(x) \approx \log(x_0) + \frac{1}{x_0}(x - x_0) - \frac{1}{2x_0^2}(x - x_0)^2 \tag{10.2}$$

で近似できるので, 結局

$$\begin{aligned} x\log\Big(\frac{x}{x_0}\Big) &\approx x\Big\{\log(x_0) + \frac{1}{x_0}(x - x_0) - \frac{1}{2x_0^2}(x - x_0)^2\Big\} - x\log(x_0) \\ &= \frac{x}{x_0}(x - x_0) - \frac{x}{2x_0^2}(x - x_0)^2 \approx (x - x_0) + \frac{1}{2x_0}(x - x_0)^2 \end{aligned}$$

のような形で近似できる. H_0 のもとでは $\hat{p}_i - p_i(\widehat{\boldsymbol{\theta}})$ は 0 に確率収束するので,

$x = \hat{p}_i$, $x_0 = p_i(\widehat{\boldsymbol{\theta}})$ としてこの近似式を用いると $\sum_{i=1}^{m} \hat{p}_i = \sum_{i=1}^{m} p_i(\widehat{\boldsymbol{\theta}}) = 1$ より

$$-2\log\Lambda(\boldsymbol{X}) \approx 2n\sum_{i=1}^{m}\{\hat{p}_i - p_i(\widehat{\boldsymbol{\theta}})\} + n\sum_{i=1}^{m}\frac{\{\hat{p}_i - p_i(\widehat{\boldsymbol{\theta}})\}^2}{p_i(\widehat{\boldsymbol{\theta}})}$$
$$= n\sum_{i=1}^{m}\frac{\{\hat{p}_i - p_i(\widehat{\boldsymbol{\theta}})\}^2}{p_i(\widehat{\boldsymbol{\theta}})}$$

となり，カイ 2 乗適合度検定が現れる．改めて $O_i = X_i$, $E_i = np_i(\widehat{\boldsymbol{\theta}})$ とおくと，H_0 のもとで次のような関係が成り立つことになる．

$$-2\log\Lambda(\boldsymbol{X}) = 2\sum_{i=1}^{m}O_i\log\Big(\frac{O_i}{E_i}\Big) \approx \sum_{i=1}^{m}\frac{(O_i - E_i)^2}{E_i}$$

制約無しのときのパラメータ数は $m-1$，H_0 のもとでのパラメータ数は k であることに注意すると，定理 9.3 より尤度比検定は H_0 のもとで χ^2_{m-k-1} に収束することがわかる．したがって，カイ 2 乗適合度検定は自由度 $m-k-1$ のカイ 2 乗分布から棄却限界を求めることができる．例えば，10.1.1 項の帰無仮説は $k=0$ なので自由度は $m-1$ となり，10.1.2 項の $r \times c$ のクロス表については $m = cr$, $k = c+r-2$ に対応するので，自由度は $m-k-1 = cr-(c+r-2)-1 = cr-c-r+1 = (c-1)(r-1)$ となる．

10.2　分布系の検定

10.2.1　Q-Q プロット

例 8.1 でとりあげた身長のデータについては，$\bar{x} = 172$, $s^2 = 4.2^2$ であることからヒストグラムに正規分布 $\mathcal{N}(172, 4.2^2)$ の確率密度関数を重ねてみると図 8.1（右）のようになる．この図から正規分布への当てはまりの様子を見ることができるが，ここで紹介する Q-Q プロットを用いると当てはまりの程度がもう少し見やすくなる．

確率変数 $X_1, \ldots, X_n$ が独立に分布し，X_i が分布関数 $F(\cdot)$ に従うとし，順序統計量を $X_{(1)} \leq \cdots \leq X_{(n)}$ とする．$X \sim F$ のとき，命題 2.17 の確率積分変換により $F(X)$ は一様分布に従うので，$F(X_{(1)}) \leq \cdots \leq F(X_{(n)})$ は一様分布からとられたランダム標本に関する順序統計量となる．例 5.2 から

$$\mathrm{E}[F(X_{(j)})] = \frac{j}{n+1}$$

となる. そこで, $X_{(j)}$ の実現値を $x_{(j)}$ とするとき, $j = 1,\dots,n$ に対して $(F(x_{(j)}), j/(n+1))$ を x-y 平面にプロットしたものを **P-P プロット** と呼ぶ. また F の逆変換を施した点

$$\left(x_{(j)},\ F^{-1}\left(\frac{j}{n+1}\right)\right),\quad j = 1,\dots,n$$

をプロットしたものを **Q-Q プロット** と呼ぶ. F が正規分布のときには両方を総称して **正規確率プロット** と呼ぶ. こうしてプロットされた点が直線 $y = x$ に沿って布置されているとき, 確率分布 F の当てはまりがよいと判断される.

　正規分布を当てはめる場合, 平均 μ と分散 σ^2 が未知の正規分布 $\mathcal{N}(\mu, \sigma^2)$ を用いることになるので, その分布関数 F は標準正規分布の分布関数 $\Phi(\cdot)$ を用いて $F(x) = \Phi((x-\mu)/\sigma)$ と表すことができる. この場合は, $\Phi(\cdot)$ の逆関数を用いて, $j = 1,\dots,n$ に対して

$$\left(\frac{x_{(j)}-\mu}{\sigma},\ \Phi^{-1}\left(\frac{j}{n+1}\right)\right)\ \text{もしくは}\ \left(x_{(j)},\ \sigma\Phi^{-1}\left(\frac{j}{n+1}\right)+\mu\right)$$

を x-y 平面にプロットすればよい. 実際には, μ, σ^2 は未知なので, それらの推定値 $\bar{x}, s^2$ を代入したものを用いる. 図 10.1 は例 8.1 でとりあげた身長のデータに $\mathcal{N}(172, 4.2^2)$ を当てはめたときの Q-Q プロットである. 直線の近くにプロットされているほど正規分布への当てはまりがよいことを示しているが, 右上の点を除いて直線に沿っていることがわかる. 右上の点が直線から離れていく傾向にあり, 正規分布の当てはめの妥当性が懸念される. そこで仮説検定に基づいた判

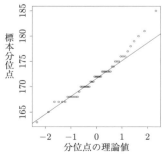

図 10.1　Q-Q プロット（データの分布と $\mathcal{N}(172, 4.2^2)$ の比較）

断が必要になる.

10.2.2 正規性の検定

例 8.1 の身長データが正規分布 $\mathcal{N}(\mu, \sigma^2)$ に当てはまっているかを調べるために正規分布の検定を考えてみる.これを**正規性の検定**と呼ぶ.正規性の検定を含めて分布の形状を検定するのに用いられるのがカイ 2 乗適合度検定である.階級 I, II, III, IV, V を $\sim 165 \sim 170 \sim 175 \sim 180 \sim$ とし,それぞれの階級に入る度数を数えたものが下の表の観測度数である.このデータの平均と標準偏差は $\overline{x} = 172$, $s = 4.2$ であるから,正規分布 $\mathcal{N}(172, 4.2^2)$ についてそれぞれの範囲の確率を求め,それに 50 を掛けたものを期待度数として下欄に与える.

階級	I	II	III	IV	V
観測度数	2	18	21	7	2
期待度数	2.46	13.46	22.10	10.50	1.48

カイ 2 乗検定統計量の値を計算すると,$Q(\boldsymbol{x}) = 3.02$ となる.帰無仮説 H_0 は「データが正規分布 $\mathcal{N}(\mu, \sigma^2)$ に従うこと」であり,2 つの未知パラメータを含んでいる.したがって,帰無仮説のもとでのカイ 2 乗適合度検定の自由度は $5 - 1 - 2 = 2$ となる.自由度 2 のカイ 2 乗分布の上側 5% 点は $\chi^2_{2, 0.05} = 5.99$ であり,$3.02 < 5.99$ より正規分布であることは棄却できないことがわかる.

分布の形状を特徴付ける指数として分布の平均と分散を学んだ.これらは 2 次モーメントまでを用いた特徴付けであり,3 次,4 次のモーメントを用いた指数も分布を特徴付けるものとして用いることができる.4.1 節で取り上げた分布の歪度,尖度は $\beta_1 = \mathrm{E}[(X - \mu)^3]/\sigma^3$, $\beta_2 = \mathrm{E}[(X - \mu)^4]/\sigma^4$ と表され,β_1 は分布の歪み,β_2 は分布の尖りを表す.β_1, β_2 のモーメント推定量は**標本歪度**,**標本尖度**と呼ばれ,次で与えられる.

$$b_1 = \frac{\frac{1}{n} \sum_{i=1}^{n} (X_i - \overline{X})^3}{S^3}, \quad b_2 = \frac{\frac{1}{n} \sum_{i=1}^{n} (X_i - \overline{X})^4}{S^4}$$

例 8.1 の身長データについては,$b_1 = 0.644$, $b_2 = 3.73$ となり,右に少し歪んでいるが尖度は正規分布に近いことがわかる.

帰無仮説の正規分布のもとでは次のような分布に収束する.

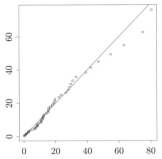

図 10.2 Q–Q プロット（データの分布と $Ex(\frac{1}{19.334})$ の比較）

$$\sqrt{n}\, b_1 \to_d \mathcal{N}(0,6), \quad \sqrt{n}\, (b_2 - 3) \to_d \mathcal{N}(0,24)$$

したがって，b_1 については $\sqrt{n/6}\,|b_1| > z_{\alpha/2}$ のとき正規性が棄却され，b_2 については $\sqrt{n/24}\,|b_2 - 3| > z_{\alpha/2}$ のときに正規性が棄却される．先ほどの例では $\sqrt{n/6}\,|b_1| = 1.86,\ \sqrt{n/24}\,|b_2 - 3| = 1.05$ となり，$\alpha = 0.05$ に対して $z_{0.025} = 1.96$ よりいずれも正規分布を棄却することができない．

10.2.3 指数分布の検定

例 8.2 で取り上げた時間間隔データについて指数分布 $Ex(\frac{1}{19.334})$ を当てはめたものが図 8.2（右）であった．これを Q–Q プロットしてみると，図 10.2 のようになり，右上の点を除いて指数分布がよく当てはまっていることがわかる．指数分布の妥当性を検定するためにカイ 2 乗適合度検定を調べてみる．階級 I, II, III, IV, V を 〜20〜40〜60〜80〜とし，それぞれの階級に入る度数が下の表で与えられている．指数分布 $Ex(\frac{1}{19.334})$ についてそれぞれの範囲の確率を求めそれに 50 を掛けたものを期待度数として下欄に与える．

階級	I	II	III	IV	V
観測度数	35	9	3	2	1
期待度数	32.23	11.45	4.07	1.45	0.80

カイ 2 乗検定統計量の値を計算すると，$Q(\boldsymbol{x}) = 1.30$ となる．帰無仮説 H_0 は「データが指数分布 $Ex(\lambda)$ に従うこと」になるので未知パラメータ数は 1 で

ある．したがって，帰無仮説のもとでのカイ 2 乗適合度検定の自由度は $5-1-1=3$ となる．自由度 3 のカイ 2 乗分布の上側 5% 点は $\chi^2_{3,0.05} = 7.81$ であり，$1.30 < 7.81$ より指数分布であることは棄却できない．

ここで，時間間隔の分布が斉次的か否かを検定してみよう．$i = 1, \ldots, n$ に対して各 X_i が $Ex(\lambda_i)$ に従うというモデルにおいて，帰無仮説 H_0 を「すべての X_i が共通の指数分布 $Ex(\lambda)$ に従う」とし，この否定を対立仮説とする．制約がないときには λ_i の MLE は $\hat{\lambda}_i = 1/X_i$ であり，H_0 のもとでは λ の MLE は $\hat{\lambda} = 1/\overline{X}$ であるから，尤度比は

$$\Lambda(\boldsymbol{X}) = \frac{\hat{\lambda}^n \exp\{-\hat{\lambda} n \overline{X}\}}{\prod_{i=1}^n \hat{\lambda}_i \exp\{-\hat{\lambda}_i X_i\}} = \frac{\prod_{i=1}^n X_i}{(\overline{X})^n}$$

と書ける．対数関数のテーラー展開 (10.2) を用いると，H_0 のもとで

$$-2 \log \Lambda(\boldsymbol{X}) = 2n \log \overline{X} - 2 \sum_{i=1}^n \log X_i \approx \frac{nS^2}{(\overline{X})^2}$$

のように近似することができる．H_1 のパラメータ数は n，H_0 のパラメータ数は 1 なので，この尤度比は H_0 のもとで自由度 $n-1$ のカイ 2 乗分布に従うことがわかる．したがって

$$nS^2/(\overline{X})^2 > \chi^2_{n-1,\alpha}$$

のとき，H_0 を棄却するのが有意水準 α の近似的な尤度比検定になる．統計量 $S/\overline{X}$ は，**変動係数**と呼ばれ，単位の異なるもの同士のバラツキを比較するのに用いられる．上の例では，$ns^2/(\overline{x}^2) = 50 \times 330.714/(19.334)^2 = 44.236$, $\chi^2_{49,0.05} = 66.34$ より，斉時な指数分布であることは棄却されない．

10.2.4　ポアソン分布の検定

例 8.3 において，東京都における 2022 年 6 月の 1 日当たりの交通事故による死亡数の分布を扱い，ポアソン分布 $Po(0.3)$ の適合が良さそうだと述べた．この適合の妥当性をカイ 2 乗適合度検定を用いて再検討してみよう．

死亡数	0	1	2	3 以上
観測度数	22	7	1	0
期待度数	22.2	6.7	1.0	0.1

上の表からカイ 2 乗検定統計量を計算すると $Q = 0.12$ となる．自由度は $4 - 1 - 1 = 2$ となり $\chi^2_{2,0.05} = 5.99$ となるので，ポアソン分布は受容される．

次に，2012 年から 2021 年までの 10 年間に起こった飲酒運転事故による死亡数について，全国月別のデータを調べてみる（交通事故総合分析センターの統計データより作成）．12 ヶ月が 10 年間あるので $n = 120$ のデータと見なして死亡数の度数分布表をまとめたのが次の表である．例えば，この表から死亡数が 8 の月が 5 つあることになる．

死亡数	7 以下	8	9	10	11	12	13	14	15	16	17	18	19	20
観測度数	0	5	0	2	5	9	12	13	6	11	3	9	12	9

死亡数	21	22	23	24	25	26	27	28	29	30	31	32	33 以上
観測度数	4	5	5	2	2	2	0	1	1	1	0	1	0

このデータの標本平均と標本分散は $\overline{x} = 16.88$, $s^2 = 23.57$ となり，平均より分散の方が大きくなるので，ポアソン分布の当てはまりは良くないのではないかと思われる．そこでカイ 2 乗検定統計量を計算すると $Q = 69.04$ となり，自由度は $27 - 1 - 1 = 25$ であるから $\chi^2_{25,0.05} = 37.65$ となる．したがって有意水準 5% でポアソン分布は棄却される．

ポアソン分布を現実のデータに当てはめる際に注意するのが**過分散**の問題である．そこで，$i = 1, \ldots, n$ に対して各 X_i が $Po(\lambda_i)$ に従うとすると，$\mathrm{E}[\overline{X}] = \overline{\lambda} = n^{-1} \sum_{i=1}^{n} \lambda_i$ であり，$V^2 = (n-1)^{-1} \sum_{i=1}^{n} (X_i - \overline{X})^2$ に対して

$$\mathrm{E}[V^2] = \overline{\lambda} + \frac{1}{n-1} \sum_{i=1}^{n} (\lambda_i - \overline{\lambda})^2 \tag{10.3}$$

となるので，$\lambda_1, \ldots, \lambda_n$ が異なるときには $\mathrm{E}[V^2] > \mathrm{E}[\overline{X}]$ となる（演習問題を参照）．帰無仮説 H_0 を「すべての X_i が共通のポアソン分布 $Po(\lambda)$ に従う」こととし，この否定を対立仮説にする．制約がないときの λ_i の MLE は $\hat{\lambda}_i = X_i$ であり，H_0 のもとでは λ の MLE は $\hat{\lambda} = \overline{X}$ であるから，尤度比

$$\Lambda(\boldsymbol{X}) = \frac{\prod_{i=1}^{n} \hat{\lambda}^{X_i} \exp\{-\hat{\lambda}\}/X_i!}{\prod_{i=1}^{n} \hat{\lambda}_i^{X_i} \exp\{-\hat{\lambda}_i\}/X_i!} = \prod_{i=1}^{n} \left(\frac{\overline{X}}{X_i}\right)^{X_i}$$

と書ける．対数関数のテーラー展開 (10.2) を用いると，H_0 のもとで

$$-2\log\Lambda(\boldsymbol{X}) = 2\sum_{i=1}^{n} X_i(\log X_i - \log\overline{X}) \approx \frac{nS^2}{\overline{X}}$$

のように近似することができる．H_1, H_0 のパラメータ数はそれぞれ n, 1 なので，尤度比は H_0 のもとで自由度 $n-1$ のカイ 2 乗分布に従う．したがって

$$nS^2/\overline{X} > \chi^2_{n-1,\alpha} \tag{10.4}$$

のとき，H_0 を棄却するのが有意水準 α の近似的な尤度比検定になる．これをポアソン分布の**過分散検定**と呼ぶ．

　上の例では，$ns^2/\overline{x} = 120 \times 23.57/16.88 = 167.56$, $\chi^2_{119,0.05} = 145.46$ より，ポアソン分布であることが棄却される．月によってポアソン分布のパラメータ λ の値が異っている場合には分散が平均より大きくなる傾向になる．このような過分散の現象を説明するようなモデルとして階層ベイズモデルなどが提案されている（例 5.9 を参照）．

演習問題

問 1　10 個の一様乱数を発生させてみた．0.21, 035, 0.46, 0.51, 0.55, 0.62, 0.79, 0.80, 0.83, 0.92．これが一様分布 $U(0,1)$ からの乱数と見なせるかを検定せよ．

問 2　10 個の正規乱数を発生させてみた．-2.03, -1.21, -0.5, -0.22, -0.13, 0.03, 0.39, 0.78, 1.52, 2.14．正規分布 $\mathcal{N}(0,1)$ からの乱数と見なせるかを検定せよ．

問 3　エンドウ豆の分類に関する観測データとメンデルの法則による理論確率が次の表で与えられている．

表現型	黄色丸型	黄色しわ型	緑色丸型	緑色しわ型	合計
観測度数	315	101	108	32	556
理論確率	9/16	3/16	3/16	1/16	1

(1) それぞれの表現型の期待度数を与えよ．

(2) カイ 2 乗適合度検定を用いて，メンデルの法則が成り立つかを有意水準 5% で検定せよ.

(3) この観測データに対する P 値を求めよ．観測データがメンデルの法則に合いすぎているのではないかとの指摘がある．このような疑義がある理由を述べよ.

問 4 2021 年の東京都の月別自殺者数が警察庁のホームページで公開されている．季節性があるかを調べたい.

月	1	2	3	4	5	6	7	8	9	10	11	12	合計
自殺者数	195	190	187	197	201	216	189	203	173	179	193	169	2292

(1) 季節性がないとした場合の期待度数を与えよ.

(2) 季節性があるかをカイ 2 乗適合度検定を用いて有意水準 5% で検定せよ.

問 5 ハーディー・ワインベルグ平衡によると，遺伝子型 AA, Aa, aa の出現確率はそれぞれ $(1-\theta)^2$, $2\theta(1-\theta)$, θ^2 で与えられる．いま，1000 人の赤血球抗原の遺伝子型 MM, MN, NN を調べたところ次の表のようになった．ハーディー・ワインベルグ平衡が成り立つかを検証したい.

遺伝子型	MM	MN	NN	合計
観測度数	330	490	180	1000

(1) MM, MN, NN の度数を確率変数 X_1, X_2, X_3 で表すと，$X_1+X_2+X_3 = 1000$ を満たす．ハーディー・ワインベルグ平衡が成り立つときには (X_1, X_2, X_3) はどのような確率分布に従うか.

(2) (1) で求めた確率分布について，θ の MLE を X_1, X_2, X_3 を用いて表せ．観測度数を代入したときの θ の推定値を与えよ.

(3) ハーディー・ワインベルグ平衡が成り立つときの MM, MN, NN の期待度数を与えよ．カイ 2 乗適合度検定を用いてハーディー・ワインベルグ平衡が成り立つかを有意水準 5% で検定せよ.

問 6 等式 (10.3) を示せ.

第 11 章

回帰分析—単回帰モデル—

イアン・エアーズ (2010)『その数学が戦略を決める』（文春文庫）の中でワインの価格の分析が取り上げられている．それは，ある地域のワインの価格は，冬の降水量，育成期の平均気温，収穫期の降水量などで決まり，ワインの価格は

$$(ワインの価格) = a + b \times (冬の降雨量) + c \times (育成期平均気温)$$
$$- d \times (収穫期降雨量)$$
$$+ e \times (1983 年までのワインの熟成年数)$$

という形の式で予測できるというものである．冬の降雨量がわかっていて，春から夏にかけての天気の長期予報が出ていれば，それらの情報を利用して今年のワインの価格を 3 月や 4 月の時点でも予測できることになる．実際には様々な要因が影響するので予測価格が当たるとは限らないが，何も考えずに例年通りの投資を行うことに比べて，予測式などの統計情報に基づいた投資戦略は ' 賢い ' 決定を与えることになるであろう．上の式で登場する a, b, c, d, e の値は最小 2 乗法を用いてデータから求めることができる．本章では，予測式の導出や要因の有意性の検定，残差分析など単回帰分析についての様々な統計手法と留意点を説明する．

11.1 最小 2 乗法

人口とゴミの排出量の関係は，当然人口が増えればゴミの排出量が増えるので，比例関係で説明できると思われる．表 11.1 は，平成 29 年度茨城県の 44 市町村のゴミの 1 日当たりの排出量（トン単位）のデータである（環境省廃棄物処理技術情報のホームページから引用，データについてはサポートページを参照）．人口（千単位）を x 軸，ゴミの排出量を y 軸にとってデータをプロットしたのが図 11.1（左）である．明らかに両者は比例関係にあることが見てとれる．

いま n 個の 2 次元データ $(x_1, y_1), \ldots, (x_n, y_n)$ が観測されているとする．x と

表 11.1 人口とゴミの排出量（茨城県）

市町村	1	2	3	4	5	6	$\cdots$	39	40	41	42	43	44
人口	272.9	182.9	143.1	144.4	76.2	52.5	$\cdots$	47.4	9.2	22.7	8.8	25.3	16.5
ゴミ排出量	317.7	171.0	166.7	136.2	83.7	57.2	$\cdots$	57.4	8.8	15.7	9.5	22.9	13.8

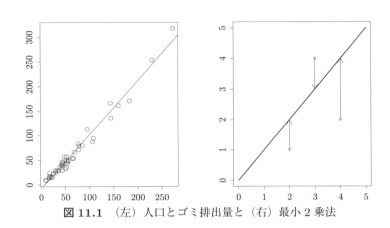

図 11.1 （左）人口とゴミ排出量と（右）最小 2 乗法

y との関係を直線 $y = \alpha + \beta x$ で表すことを考えたいが，α, β をどのように決めたらよいだろうか．

図 11.1（右）のように，y_i と $\alpha + \beta x_i$ との差の 2 乗和を考える．

$$h(\alpha, \beta) = \sum_{i=1}^{n}(y_i - \alpha - \beta x_i)^2$$

最小 2 乗法 (LS) は，$h(\alpha, \beta)$ が最小になるように α と β を定める方法である．$h(\alpha, \beta)$ を最小化する α と β は，$h(\alpha, \beta)$ を α, β で偏微分したものを 0 と置いた解として得られるので，具体的には次の方程式を解くことになる．

$$\frac{\partial h(\alpha, \beta)}{\partial \alpha} = -2 \sum_{i=1}^{n}(y_i - \alpha - \beta x_i) = 0$$

$$\frac{\partial h(\alpha, \beta)}{\partial \beta} = -2 \sum_{i=1}^{n} x_i(y_i - \alpha - \beta x_i) = 0$$

$\overline{y} = n^{-1} \sum_{i=1}^{n} y_i, \overline{x} = n^{-1} \sum_{i=1}^{n} x_i$ とおき，上の方程式を書き換えると

$$\overline{y} = \alpha + \beta\overline{x}, \quad \sum_{i=1}^{n}(x_i - \overline{x})\{(y_i - \overline{y}) - \beta(x_i - \overline{x})\} = 0$$

となる. $S_{xy} = n^{-1}\sum_{i=1}^{n}(x_i - \overline{x})(y_i - \overline{y})$, $S_{xx} = n^{-1}\sum_{i=1}^{n}(x_i - \overline{x})^2$ とおくと, 2 番目の式は, $S_{xy} - \beta S_{xx} = 0$ と書けるので, $\widehat{\beta} = S_{xy}/S_{xx}$ が解となる. これを $\overline{y} = \alpha + \beta\overline{x}$ に代入すると, $\widehat{\alpha} = \overline{y} - \widehat{\beta}\overline{x}$ が得られる. したがって, α, β の最小 2 乗法による解は

$$\widehat{\alpha} = \overline{y} - \widehat{\beta}\overline{x}, \quad \widehat{\beta} = \frac{S_{xy}}{S_{xx}}$$

で与えられる. これらを $y = \alpha + \beta x$ に代入すると, 次の直線の式が得られる.

$$y = \widehat{\alpha} + \widehat{\beta}x = \overline{y} - \widehat{\beta}\overline{x} + \widehat{\beta}x = \overline{y} + \frac{S_{xy}}{S_{xx}}(x - \overline{x}) \tag{11.1}$$

これを**回帰直線**と呼ぶ. 回帰直線は, 点 $(\overline{x}, \overline{y})$ を通り, 傾きが S_{xy}/S_{xx} の直線である. 表 11.1 のデータについては $\widehat{\alpha}, \widehat{\beta}$ の値が $-7.64972, 1.09926$ となるので, 図 11.1 (左) の中に描かれた回帰直線は $y = -7.650 + 1.099x$ となる. 例えば, 10 年後の市町村の人口が予測できれば 10 年後のゴミの排出量が予想できるので, 焼却施設の将来計画などを作成する材料として利用できる.

標本相関係数との関係

標本相関係数との関係を調べてみる. 2 次元データ $(x_1, y_1), \ldots, (x_n, y_n)$ の標本相関係数 r_{xy} は, $S_{yy} = n^{-1}\sum_{i=1}^{n}(y_i - \overline{y})^2$ に対して $r_{xy} = S_{xy}/\sqrt{S_{xx}S_{yy}}$ で与えられる. これを用いると

$$\widehat{\beta} = \frac{S_{xy}}{\sqrt{S_{xx}S_{yy}}}\frac{\sqrt{S_{yy}}}{\sqrt{S_{xx}}} = r_{xy}\frac{\sqrt{S_{yy}}}{\sqrt{S_{xx}}}$$

と書けることがわかる. したがって, 回帰直線は

$$y = r_{xy}\frac{\sqrt{S_{yy}}}{\sqrt{S_{xx}}}(x - \overline{x}) + \overline{y} \text{ もしくは } \frac{y - \overline{y}}{\sqrt{S_{yy}}} = r_{xy}\frac{x - \overline{x}}{\sqrt{S_{xx}}}$$

と表される. $(y_i - \overline{y})/\sqrt{S_{yy}}$, $(x_i - \overline{x})/\sqrt{S_{xx}}$ により変数を標準化した後で回帰直線を求めると, 回帰係数の推定値は相関係数 r_{xy} に一致することがわかる. 相

関係数は $-1 \leq r_{xy} \leq 1$ を満たすので，回帰直線の傾きの絶対値は 1 以下になる．これを**平均への回帰**と呼ぶ．この性質を最初に発見したのは遺伝学者のフランシス・ゴルトンといわれる．父親の身長 (x) と息子の身長 (y) の 2 次元データを調べたところ，背の高い父親の集合 A とそれに対応する息子の集合 B について，集合 B に入る息子の身長の平均は集合 A に入る父親の身長の平均より小さくなることから，ゴルトンはこの性質を「平凡への回帰」と呼び，これが回帰分析の名前の由来とされる．

11.2　単回帰モデル

　最小 2 乗法による回帰直線の求め方を学んだが，図 11.1 から見てとれるように，すべての観測点が回帰直線上にあるとは限らず，ほとんどの点が誤差を伴って回帰直線の周りに分布している．そこで，y_i が真の回帰直線上の点 $\alpha + \beta x_i$ の周りに誤差を伴って分布するというモデルを考える．

$$y_i = \alpha + \beta x_i + u_i, \quad i = 1, \ldots, n \tag{11.2}$$

これを**単回帰モデル**と呼び，y を x に回帰するという．α を **y-切片項**，β を**回帰係数**，y を**従属変数**，**応答変数**，x を**独立変数**，**説明変数**，u を**誤差項**と呼ぶ．説明変数 $x_1, \ldots, x_n$ は確率変数ではなく，与えられた定数とする．

　誤差項の標準的な仮定は，確率変数 $u_1, \ldots, u_n$ が次の (A1)-(A3) の条件を満たすことである．

(A1) $\mathrm{E}[u_i] = 0$, $i = 1, \ldots, n$

(A2) $\mathrm{E}[u_i u_j] = 0$, $(i \neq j)$, すなわち，無相関である．

(A3) $\mathrm{Var}(u_i) = \sigma^2$, すなわち，分散は均一である．

　α と β の最小 2 乗推定量は $\widehat{\alpha} = \overline{y} - \widehat{\beta}\overline{x}$, $\widehat{\beta} = S_{xy}/S_{xx}$ で与えられる．これらを用いて回帰直線 $y = \widehat{\alpha} + \widehat{\beta}x$ を引くことができる．しかし，各データについて回帰直線上の点 $\widehat{\alpha} + \widehat{\beta}x_i$ と y_i との間には差が生じている．その差を

$$e_i = y_i - (\widehat{\alpha} + \widehat{\beta}x_i), \quad i = 1, \ldots, n$$

とおいて**残差**と呼ぶ．また残差の 2 乗の和をとったもの

$$\text{RSS} = \sum_{i=1}^{n} e_i^2 = \sum_{i=1}^{n} \{y_i - (\widehat{\alpha} + \widehat{\beta}x_i)\}^2$$

を**残差平方和** (RSS) と呼ぶ. 分散 σ^2 は

$$\widehat{\sigma}^2 = \frac{1}{n-2}\text{RSS}$$

で推定される. 表 11.1 のゴミ排出量の例では $\widehat{\sigma}^2$ の値は 104.65 になる.

残差の定義から $e_i = y_i - (\widehat{\alpha} + \widehat{\beta}x_i) = y_i - \overline{y} - \widehat{\beta}(x_i - \overline{x})$ より, $\sum_{i=1}^{n} e_i = 0$ となる. また $\sum_{i=1}^{n} e_i(x_i - \overline{x}) = \sum_{i=1}^{n}(y_i - \overline{y})(x_i - \overline{x}) - \widehat{\beta}\sum_{i=1}^{n}(x_i - \overline{x})^2 = 0$ となることがわかる. したがって, 次の命題が成り立つ.

▶**命題 11.1** 残差 $e_1, \ldots, e_n$ については, 標本平均は 0 であり, $x_1, \ldots, x_n$ との標本相関係数 $r_{e,x}$ も 0 になる. すなわち, 残差は説明変数の影響を取り除いた統計量と解釈できる.

▶**命題 11.2** 仮定 (A1), (A2), (A3) のもとで次の事項が成り立つ.
(1) $\widehat{\alpha}, \widehat{\beta}$ は α, β の不偏推定量である.
(2) $\widehat{\alpha}, \widehat{\beta}$ の分散と共分散は次のようになる.

$$\text{Var}(\widehat{\alpha}) = \frac{\sigma^2 \sum_{i=1}^{n} x_i^2}{n^2 S_{xx}}, \ \text{Var}(\widehat{\beta}) = \frac{\sigma^2}{n S_{xx}}, \ \text{Cov}(\widehat{\alpha}, \widehat{\beta}) = -\frac{\sigma^2 \overline{x}}{n S_{xx}} \tag{11.3}$$

(3) $\text{E}[e_i] = 0$ であり, $\widehat{\sigma}^2$ は $\text{E}[\widehat{\sigma}^2] = \sigma^2$ となり, σ^2 の不偏推定量になる.

[証明] $y_i = \alpha + \beta x_i + u_i$ より, $\overline{u} = n^{-1}\sum_{i=1}^{n} u_i$ とおくと $y_i - \overline{y} = \beta(x_i - \overline{x}) + (u_i - \overline{u})$ と書けるので, $S_{xy} = n^{-1}\sum_{i=1}^{n}(x_i - \overline{x})\{\beta(x_i - \overline{x}) + (u_i - \overline{u})\} = \beta S_{xx} + n^{-1}\sum_{i=1}^{n}(x_i - \overline{x})u_i$ となる. また $\sum_{i=1}^{n}(x_i - \overline{x})(u_i - \overline{u}) = \sum_{i=1}^{n}(x_i - \overline{x})u_i$ と書けることに注意する. したがって

$$\widehat{\beta} = \frac{S_{xy}}{S_{xx}} = \beta + \frac{\sum_{i=1}^{n}(x_i - \overline{x})u_i}{n S_{xx}} \tag{11.4}$$

と書けるので, $\text{E}[\widehat{\beta}] = \beta$ となることがわかる. また

$$\widehat{\alpha} = \overline{y} - \widehat{\beta}\overline{x} = \alpha + \overline{u} - \frac{\sum_{i=1}^{n}(x_i - \overline{x})u_i}{n S_{xx}}\overline{x} \tag{11.5}$$

と表されるので，$\mathrm{E}[\widehat{\alpha}] = \alpha$ が成り立つ．以上より (1) が示された．(1) は条件 (A1) のみで成り立つことに注意する．(2) については，(11.4) より

$$\mathrm{Var}(\widehat{\beta}) = \frac{1}{n^2 S_{xx}^2} \sum_{i=1}^{n} (x_i - \overline{x})^2 \mathrm{E}[u_i^2] = \frac{\sigma^2}{n S_{xx}}$$

となる．また，(11.5) より次のようになる．

$$\mathrm{Var}(\widehat{\alpha}) = \mathrm{Var}(\overline{u}) - 2\frac{\sum_{i=1}^{n}(x_i - \overline{x})\mathrm{E}[\overline{u}u_i]}{n S_{xx}}\overline{x} + \mathrm{E}\Big[\Big\{\frac{\sum_{i=1}^{n}(x_i - \overline{x})u_i}{n S_{xx}}\Big\}^2\Big]\overline{x}^2$$

ここで，$\mathrm{Var}(\overline{u}) = \sigma^2/n$, $\sum_{i=1}^{n}(x_i - \overline{x})\mathrm{E}[\overline{u}u_i] = \sum_{i=1}^{n}(x_i - \overline{x})\sigma^2/n = 0$ より

$$\mathrm{Var}(\widehat{\alpha}) = \frac{\sigma^2}{n} + \frac{\sigma^2\overline{x}^2}{n S_{xx}} = \frac{\sigma^2 \sum_{i=1}^{n} x_i^2}{n^2 S_{xx}}$$

となることがわかる．最後に，$\widehat{\alpha}$ と $\widehat{\beta}$ の共分散は

$$\mathrm{Cov}(\widehat{\alpha}, \widehat{\beta}) = \mathrm{E}\Big[\Big\{\overline{u} - \frac{\sum_{i=1}^{n}(x_i - \overline{x})u_i}{n S_{xx}}\overline{x}\Big\}\frac{\sum_{i=1}^{n}(x_i - \overline{x})u_i}{n S_{xx}}\Big]$$
$$= -\mathrm{E}\Big[\Big\{\frac{\sum_{i=1}^{n}(x_i - \overline{x})u_i}{n S_{xx}}\Big\}^2\Big]\overline{x} = -\frac{\sigma^2\overline{x}}{n S_{xx}}$$

となる．以上より，分散および共分散が (11.3) で与えられることがわかる．

(3) については

$$e_i = y_i - \widehat{\alpha} - \widehat{\beta}x_i = u_i - \overline{u} - \frac{\sum_{j=1}^{n}(x_j - \overline{x})u_j}{n S_{xx}}(x_i - \overline{x})$$

と書けるので，$\mathrm{E}[e_i] = 0$ となることは容易にわかる．また

$$\sum_{i=1}^{n}\mathrm{E}[e_i^2] = \sum_{i=1}^{n}\mathrm{E}[(u_i - \overline{u})^2] + \frac{\mathrm{E}[\{\sum_{j=1}^{n}(x_j - \overline{x})u_j\}^2]}{(n S_{xx})^2}\sum_{i=1}^{n}(x_i - \overline{x})^2$$
$$- 2\frac{\mathrm{E}[\{\sum_{j=1}^{n}(x_j - \overline{x})u_j\}^2]}{n S_{xx}}$$

であり，$\mathrm{E}[\sum_{i=1}^{n}(u_i - \overline{u})^2] = (n-1)\sigma^2$, $\mathrm{E}[\{\sum_{i=1}^{n}(x_i - \overline{x})u_i\}^2] = n S_{xx}\sigma^2$ より

$$\mathrm{E}[\mathrm{RSS}] = (n-1)\sigma^2 + \sigma^2 - 2\sigma^2 = (n-2)\sigma^2$$

となる．   □

$\widehat{\beta}$ の分散が $\mathrm{Var}(\widehat{\beta}) = \sigma^2/(n S_{xx})$ で与えられるということは，$x_1, \ldots, x_n$ の分

散が大きいほど $\widehat{\beta}$ の推定精度が高くなることを意味する. また

$$\mathrm{Var}(\widehat{\alpha}) = \frac{\sigma^2}{n} + \frac{\sigma^2 \overline{x}^2}{n S_{xx}}$$

と書けるので, $\overline{x}^2$ が大きいほど $\widehat{\alpha}$ の分散 $\mathrm{Var}(\widehat{\alpha})$ が大きくなる. $\overline{x}$ が原点から離れるにつれ y–切片の推定量 $\widehat{\alpha}$ のバラツキが大きくなることを意味する.

正規性の仮定

以上では分布系の仮定をしていないが, 誤差項 u_i に正規分布を仮定すると精密な分布の性質を導くことができる. 正規分布を仮定することを**正規性の仮定**と呼ぶ. 正規性を仮定すると, 命題 3.5 より仮定 (A2) は $u_1, \ldots, u_n$ が独立に分布することを意味する.

(A4) u_i が正規分布 $\mathcal{N}(0, \sigma^2)$ に従う.

▶**命題 11.3** (A1) から (A4) の仮定のもとで, $(\widehat{\alpha}, \widehat{\beta})$ の同時分布は

$$\begin{pmatrix} \widehat{\alpha} \\ \widehat{\beta} \end{pmatrix} \sim \mathcal{N}_2 \left(\begin{pmatrix} \alpha \\ \beta \end{pmatrix}, \frac{\sigma^2}{n S_{xx}} \begin{pmatrix} n^{-1} \sum_{i=1}^n x_i^2 & -\overline{x} \\ -\overline{x} & 1 \end{pmatrix} \right)$$

のような 2 次元正規分布に従う. $(n-2)\hat{\sigma}^2/\sigma^2 = \mathrm{RSS}/\sigma^2 \sim \chi_{n-2}^2$ に従い, $\hat{\sigma}^2$ は $(\widehat{\alpha}, \widehat{\beta})$ と独立に分布する.

証明は第 12 章の重回帰分析の章で与える. 命題 11.3 より, $\widehat{\alpha}$, $\widehat{\beta}$ の周辺分布は次のようになる.

$$\widehat{\alpha} \sim \mathcal{N}\Big(\alpha, \frac{\sigma^2 \sum_{i=1}^n x_i^2}{n^2 S_{xx}}\Big), \quad \widehat{\beta} \sim \mathcal{N}\Big(\beta, \frac{\sigma^2}{n S_{xx}}\Big) \tag{11.6}$$

検定, 信頼区間, 予測

(11.6) の分布から仮説検定や信頼区間を構成することができる. 線形回帰モデルは y を x で説明するモデルであり, x から y への因果の方向が想定されている. このとき興味深い問題は x と y の間に因果関係が存在するか否かという点である. これを両側検定で表現すると, $H_0 : \beta = 0$ vs. $H_1 : \beta \neq 0$ のように書ける. 一般に既知の定数 β_0 に対して

$$H_0 : \beta = \beta_0 \quad \text{vs.} \quad H_1 : \beta \neq \beta_0$$

なる検定問題を考えてみよう. $(\widehat{\beta} - \beta)/(\sigma/\sqrt{nS_{xx}}) \sim \mathcal{N}(0, 1)$, $(n-2)\hat{\sigma}^2/\sigma^2 \sim \chi^2_{n-2}$ であり, それらは互いに独立であることから, H_0 のもとで

$$\frac{\sqrt{nS_{xx}}}{\hat{\sigma}} (\widehat{\beta} - \beta_0) \sim t_{n-2}$$

に従う. 自由度 $n-2$ の t-分布の上側 $100(\alpha/2)\%$ 点を $t_{n-2,\alpha/2}$ で表すと

$$\frac{\sqrt{nS_{xx}}}{\hat{\sigma}} |\widehat{\beta} - \beta_0| \geq t_{n-2,\alpha/2}$$

のとき H_0 を棄却するのが有意水準 α の検定となる. x と y の間の因果関係の有無に関する検定は $\beta_0 = 0$ と置くことにより, $\sqrt{nS_{xx}}|\widehat{\beta}|/\hat{\sigma} \geq t_{n-2,\alpha/2}$ のとき有意水準 α で因果関係がないことが棄却される. 表 11.1 のゴミ排出量の例では $\sqrt{nS_{xx}}|\widehat{\beta}|/\hat{\sigma}$ の値が 40.34 となり, $t_{42,0.005} = 2.70$ より有意水準 1% で有意となって因果関係があることが示される.

　β の信頼区間は検定の受容域を反転させて求めることができるので, 信頼係数 $1 - \alpha$ の β の信頼区間は

$$\widehat{\beta} \pm \frac{\hat{\sigma}}{\sqrt{nS_{xx}}} t_{n-2,\alpha/2}$$

となる. ここで $a \pm b$ は $[a - b, a + b]$ を意味するものとする. 表 11.1 のゴミ排出量の例では, β の信頼係数 99% の信頼区間は $[1.025, 1.172]$ となる.

　次に, 新たな説明変数 x_0 の値に対して y_0 の値を**予測**する問題を考える. (x_0, y_0) は同じ単回帰モデル

$$y_0 = \alpha + \beta x_0 + u_0$$

に従い, u_0 は $u_1, \ldots, u_n$ と独立に $\mathcal{N}(0, \sigma^2)$ に従うとする. このとき, y_0 を

$$\hat{y}_0 = \widehat{\alpha} + \widehat{\beta} x_0$$

で予測することができる. $\hat{y}_0 - y_0 = (\widehat{\alpha} - \alpha) + (\widehat{\beta} - \beta)x_0 - u_0$ の平均と分散は, $\mathrm{E}[\hat{y}_0 - y_0] = 0$, $\mathrm{Var}(\hat{y}_0 - y_0) = \sigma^2 D^2$ となる. ただし

$$D^2 = 1 + \frac{1}{n} + \frac{(x_0 - \overline{x})^2}{nS_{xx}} \tag{11.7}$$

である．したがって $\hat{y}_0 - y_0 \sim \mathcal{N}(0, \sigma^2 D^2)$ に従うことがわかる．$(\hat{y}_0 - y_0)/(\hat{\sigma}D)$ $\sim t_{n-2}$ となるので，信頼係数 $1 - \alpha$ の y_0 の予測信頼区間は

$$\hat{y}_0 \pm \hat{\sigma} D t_{n-2, \alpha/2}$$

で与えられる．表 11.1 のゴミ排出量の例では，$x_0 = 100$ 千人の市の予測値 $\hat{y}$ は 102.25 であり，ゴミの排出量の信頼係数 95% の予測信頼区間は $[81.29, 123.21]$ として与えられる．

外挿の危険性

　予測を行う際の留意点は，x_0 は $x_1, \ldots, x_n$ が分布する範囲内に入っていなければ誤った予測値を与える可能性がある点である．x と y の関係を $y = \hat{\alpha} + \hat{\beta}x$ という直線で近似できるのは x が $x_1, \ldots, x_n$ の範囲に入っているときで，これを**内挿**と呼ぶ．これに対して，$x_1, \ldots, x_n$ の範囲外の x_0 に対して $\hat{\alpha} + \hat{\beta}x_0$ で予測することを**外挿**と呼ぶ．範囲の外では同じ回帰直線が当てはまるとは限らないので，外挿には危険が伴う．

　例えば，故障した電子機器を修理するために，交換する部品の個数（x 個）と修理に要した時間（y 分）のデータをプロットし回帰直線 $y = 25.71 + 12.80x$ を書き加えたのが図 11.2（左）である．この回帰分析は交換する部品の個数が 1 から 10 までの範囲で取られたデータに関して行われており，$x = 7$ 個の部品を交換するのに要する時間は $25.71 + 12.80 \times 7 = 115.31$ と予測される．仮に交換

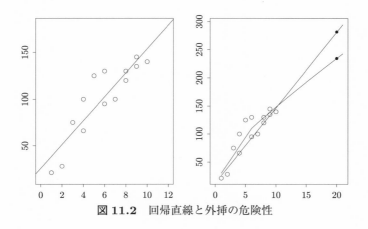

図 11.2　回帰直線と外挿の危険性

する部品の個数が 20 個の場合，この回帰直線に当てはめて $25.71 + 12.80 \times 20 = 281.71$ として予測してよいだろうか．交換する部品の数が多くなれば学習効果が働いて図 11.2（右）のように時間を短縮して修理することができるかもしれない．したがって，狭い範囲のデータで作られた回帰直線を観測されていない範囲で利用することには注意が必要である．

11.3　回帰診断

11.3.1　決定係数

データが回帰モデルにどの程度当てはまっているかを調べる方法として，データと予測値との相関係数を求めてみることが考えられる．この相関係数を 2 乗したものを**決定係数** (R-square) と呼び R^2 で表す．R^2 が 1 に近いほどモデルのデータへの当てはまりがよいことを意味する．

$\hat{y}_i = \hat{\alpha} + \hat{\beta} x_i$ は回帰直線に基づいた y_i の予測値である．$n^{-1} \sum_{i=1}^{n} \hat{y}_i = \overline{y}$ に注意すると，$(\hat{y}_i, y_i)$, $i = 1, \ldots, n$, の相関係数の 2 乗は

$$R^2 = \frac{\{\sum_{i=1}^{n} (\hat{y}_i - \overline{y})(y_i - \overline{y})\}^2}{\sum_{i=1}^{n} (\hat{y}_i - \overline{y})^2 \sum_{i=1}^{n} (y_i - \overline{y})^2}$$

と書ける．$\overline{y} = \hat{\alpha} + \hat{\beta} \overline{x}$ より $\hat{y}_i - \overline{y} = \hat{\beta}(x_i - \overline{x})$ と書けるので

$$\sum_{i=1}^{n} (\hat{y}_i - \overline{y})(\hat{y}_i - y_i) = \sum_{i=1}^{n} (\hat{y}_i - \overline{y})\{(\hat{y}_i - \overline{y}) - (y_i - \overline{y})\}$$

$$= \hat{\beta} \sum_{i=1}^{n} (x_i - \overline{x})\{\hat{\beta}(x_i - \overline{x}) - (y_i - \overline{y})\} = \hat{\beta} n (\hat{\beta} S_{xx} - S_{xy}) = 0$$

となることに注意すると

$$\sum_{i=1}^{n} (\hat{y}_i - \overline{y})(y_i - \overline{y}) = \sum_{i=1}^{n} (\hat{y}_i - \overline{y})(\hat{y}_i - \overline{y} + y_i - \hat{y}_i)$$

$$= \sum_{i=1}^{n} (\hat{y}_i - \overline{y})^2 - \sum_{i=1}^{n} (\hat{y}_i - \overline{y})(\hat{y}_i - y_i) = \sum_{i=1}^{n} (\hat{y}_i - \overline{y})^2$$

となる．したがって，R^2 は

$$R^2 = \sum_{i=1}^{n} (\hat{y}_i - \overline{y})^2 / \sum_{i=1}^{n} (y_i - \overline{y})^2 \tag{11.8}$$

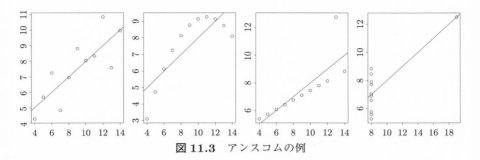

図 11.3 アンスコムの例

と書き直すことができる. ここで, 全変動平方和は

$$\sum_{i=1}^{n}(y_i - \overline{y})^2 = \sum_{i=1}^{n}(\hat{y}_i - \overline{y} + y_i - \hat{y}_i)^2 = \sum_{i=1}^{n}(\hat{y}_i - \overline{y})^2 + \sum_{i=1}^{n}(\hat{y}_i - y_i)^2$$

のように, 回帰平方和と残差平方和の和に分解できる. この等式を用いると, 決定係数 R^2 は

$$R^2 = 1 - RSS / \sum_{i=1}^{n}(y_i - \overline{y})^2 \tag{11.9}$$

と表される. したがって, 全変動平方和のうち残差平方和 RSS の割合が小さい程, モデルのデータへの当てはまりがよいことを意味する.

決定係数の値が高ければデータの回帰モデルへの当てはまりがよいことになるが, 決定係数の値だけで判断するのは危険である. 図 11.3 は, **アンスコムの例**として知られているデータをプロットしたもので, 最小 2 乗解を求めるとすべて同じ回帰直線 $y = 3 + 0.5x$ が得られる. しかし, 左の図を除くと, 回帰直線がデータ全体を表現しているとは言いがたい. そこで, 次の残差分析を調べることが大切になる.

11.3.2 残差分析

単回帰モデル (11.2) は, $u_i = y_i - (\alpha + \beta x_i)$ と変形できる. これは, データ y_i を $\alpha + \beta x_i$ で説明したとき, 説明しきれない部分を誤差項 u_i として表していると解釈できる. 誤差項 $u_1, \ldots, u_n$ が平均 0, 分散 σ^2 でランダムに分布するということは, y_i の変動を回帰直線で説明しきれない部分に何ら情報や傾向

性が存在しないことを意味する. この説明しきれない部分を見るのに残差 $e_i = y_i - (\widehat{\alpha} + \widehat{\beta} x_i)$, $i = 1, \ldots, n$, が用いられる. 残差に傾向性が確認できなければ単回帰モデルを用いることが妥当であると判断される. 残差に基づいて回帰モデルの妥当性を検討することを**残差分析**と呼ぶ.

残差を標準偏差で割ったもの $e_{s,i} = e_i / \widehat{\sigma}$ を**標準化残差**と呼ぶ. i もしくは x_i を横軸にとって $(i, e_{s,i})$, $(x_i, e_{s,i})$ などをプロットしたものを**残差プロット**と呼ぶ. 残差プロットが 0 を中心にランダムに分布し傾向性が見られなければ回帰分析が妥当であると解釈する. しかし, 残差の分布に何らかの傾向性が残っているときには回帰直線での近似だけでは不十分で, その傾向性を取り除くために対策を施す必要がある. 逆に, 残差の傾向性から新たな発見が見出される場合もある.

変数変換による回帰モデルへの適合の改善

価格や資産のデータはしばしば右に歪んだ分布をする. 表 11.2 は, 京浜急行線沿いの 40 箇所の宅地について 2001 年の 1 m² 当たりの公示価格 (y, 千円単位) と東京駅から最寄り駅までの乗車時間 (x, 分単位) のデータであり, それをプロットしたものが図 11.4 (左) で与えられる.

回帰式は $y = 584.74 - 5.76x$ となる. 土地の価格が東京駅までの乗車時間で説明できるという事実は面白い. 本章の冒頭でふれたようにワインの価格が天候の条件で説明できる式が得られれば農業経営や投資などで役立つであろう. 一般に商品などの価格を説明できる回帰式を求める方法を**ヘドニック法**と呼んでいる.

図 11.4 (左) の回帰分析による決定係数は 0.77 である. 残差分析の結果が図 11.4 (中) で与えられているが, 両側で正の大きい値をとり中心付近で負の値をとるような U 字型の傾向性が見てとれる. 確かに, この回帰式では x の値を大きくしていくと y は負の値をとることになり, 負の価格をとることは好ましくない. 土地の公示価格データの歪度は 0.973 であり, 少し右に歪んでいる. そこで, 対数変換した y の値を用いることにして

$$\log(y_i) = \alpha + \beta x_i + u_i$$

のような対数変換モデルを考える. 回帰分析をした結果, 決定係数は 0.87 に上昇し, 標準化残差も図 11.4 (右) に描かれているように U 字型の傾向が多少緩

表 11.2 土地価格と通勤時間のデータ

時間	16	18	19	20	22	23	27	29	30	31	32	33	35
価格	607	629	484	605	463	470	550	400	367	416	375	332	302

時間	36	38	38	39	40	42	43	47	48	49	50	53	54
価格	331	313	332	271	315	249	335	340	245	264	223	245	210

時間	56	57	59	63	65	66	69	70	71	72	73	75	86	88
価格	276	212	213	205	233	206	163	235	194	223	213	198	157	143

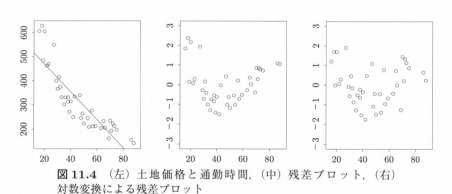

図 11.4 （左）土地価格と通勤時間，（中）残差プロット，（右）対数変換による残差プロット

和される．$\log(y_i)$ の歪度は 0.337 となり歪みが緩和されたことがわかる．

分布の正規性のチェック

$e_{s,i}$ の値がしばしば $-2 \sim 2$ の範囲を超えているときには分布の正規性が疑われる．その場合は，正規分布の仮定のもとで導かれる結果が使えないので，検定や信頼区間を構成する際に注意が必要である．分布の正規性を調べるためには，10.2.1 項で解説した Q-Q プロットを残差に適用してみるのがよい．

図 11.5（左）は，図 11.4 で取り上げた土地価格データについてその残差の正規 Q-Q プロットである．右端が正規確率からかなり離れている．これに対して図 11.5（右）は対数変換したモデルにおける残差の正規 Q-Q プロットで，正規分布への当てはまりが良くなっていることがわかる．

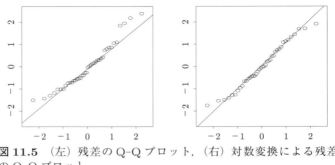

図 11.5 （左）残差の Q-Q プロット，（右）対数変換による残差 の Q-Q プロット

分散の不均一性

図 11.6（左）は 20 社の従業員数 (x) と管理職の人数 (y) をプロットしたもの で，標準化残差をプロットしたものが図 11.6（中）である．従業員数が大きく なるにつれて管理職の人数のバラツキが大きくなる傾向があり，分散均一性の仮 定 (A3) が疑われる．そこで，誤差の分散が x_i^2 に比例して $\mathrm{Var}(u_i) = \sigma^2 x_i^2$ と書 けているとする．単回帰モデル (11.2) の両辺を x_i で割ると

$$\frac{y_i}{x_i} = \frac{1}{x_i}\alpha + \beta + \frac{u_i}{x_i}$$

となり，$\mathrm{Var}(u_i/x_i) = \sigma^2$ となることから等分散性の仮定 (A3) が満たされるこ とになる．このことは，最小 2 乗法 (LS) が

$$\sum_{i=1}^{n}\left(\frac{y_i}{x_i} - \frac{1}{x_i}\alpha - \beta\right)^2 = \sum_{i=1}^{n}\frac{1}{x_i^2}(y_i - \alpha - \beta x_i)^2$$

と表されることを示している．これを最小化する方法を，重み x_i^{-2} をもつ**重み 付き最小 2 乗法** (WLS) と呼ぶ．

図 11.6（右）は WLS による残差をプロットしたもので，最小 2 乗法 (LS) に よるもの（中図）より均一分散の設定に近くなることがわかる．図 11.6（左） の中の点線は LS による回帰直線，実線は WLS による回帰直線を表している．

系列相関の有無

残差 e_i と e_{i-1} の間に相関がある場合，誤差項 u_i の仮定 (A2) が満たされなく

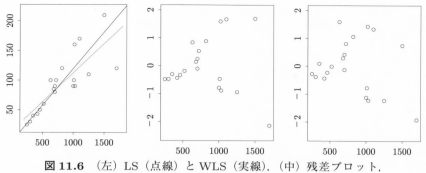

図 11.6 （左）LS（点線）と WLS（実線），（中）残差プロット，（右）WLS による残差プロット

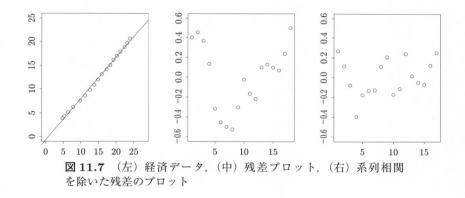

図 11.7 （左）経済データ，（中）残差プロット，（右）系列相関を除いた残差のプロット

なる．これを**系列相関**と呼ぶ．例えば，図 11.7（左）は，実質家計可処分所得（x）と実質家計最終消費支出（y）について 1970 年から 1987 年までの 18 年分の値をプロットしたものである（内閣府国民経済計算のホームページから引用，データについてはサポートページを参照）．回帰直線を描いてみると図 11.7（左）のようになり回帰分析がうまくいっているように見える．実際，決定係数は 0.9963 である．しかし，標準化残差をプロットすると図 11.7（中）のようになり，正に出やすいときには正の値，負が出やすくなると負の値が続くことがわかる．これは残差が独立ではなく正の相関をもつことを示していて，いわゆる系列相関の存在が疑われる．そこで，ダービン・ワトソン統計量 DW を用いて系列相関の有無を調べてみる．

　時間がインデックスになるので，i の代わりに t を用いることにし，$\varepsilon_1, \ldots, \varepsilon_n$

を互いに独立に $\mathcal{N}(0, \sigma^2)$ に従う誤差項とすると，単回帰モデルは

$$y_t = \alpha + \beta x_t + u_t, \quad u_t = \rho u_{t-1} + \varepsilon_t, \quad t = 1, \ldots, n$$

と書ける．系列相関の有無に関する仮説検定は，$H_0 : \rho = 0$ vs. $H_1 : \rho > 0$ となる．残差を e_t で表すと，**ダービン・ワトソン比** DW は

$$\mathrm{DW} = \frac{\sum_{t=2}^{n}(e_t - e_{t-1})^2}{\sum_{t=1}^{n} e_t^2}$$

で与えられる．このとき，2 つの棄却限界に関する値 d_L と d_U を用いて

$$\begin{cases} \mathrm{DW} > d_U & \text{のとき } H_0 \text{ を受容} \\ \mathrm{DW} < d_L & \text{のとき } H_0 \text{ を棄却} \\ d_L \leq \mathrm{DW} \leq d_U & \text{のとき結論を保留} \end{cases}$$

となる検定を**ダービン・ワトソン検定**と呼ぶ．d_L, d_U の値は有意水準と自由度に依存し数表で与えられる．図 11.7 の例では，DW の値が 0.3425 になり，有意水準 5%，自由度 $18 - 2 = 16$ では $d_L = 1.10$ であるから，H_0 は棄却される．

　残差に系列相関が存在する場合，それを取り除く方法として**コクラン・オーカット法**が知られている．

$$y_t - \rho y_{t-1} = \alpha + \beta x_t + u_t - \rho(\alpha + \beta x_{t-1} + u_{t-1})$$
$$= \alpha(1 - \rho) + \beta(x_t - \rho x_{t-1}) + \varepsilon_t$$

より，$y_t^* = y_t - \rho y_{t-1}, x_t^* = (x_t - \rho x_{t-1}), \alpha^* = \alpha(1 - \rho), \beta^* = \beta$ とおくと

$$y_t^* = \alpha^* + \beta^* x_t^* + \varepsilon_t, \quad t = 2, \ldots, n$$

のように表される．これは単回帰モデルなので最小 2 乗法により α^*, β^* の推定値を求めることができ，その結果 α, β の推定値が得られることになる．ただし，ρ は未知なので次のような推定量で置き換える必要がある．

$$\hat{\rho} = \frac{\sum_{t=2}^{n} e_t e_{t-1}}{\sum_{t=1}^{n} e_t^2}$$

このモデルの残差をプロットしてみてなお系列相関があるときには上の方法をもう一度行うとよいとされる．上の例では $\hat{\rho} = 0.766$ であるからコクラン・オーカット法により回帰分析を行い残差をプロットしたものが図 11.7（右）である．

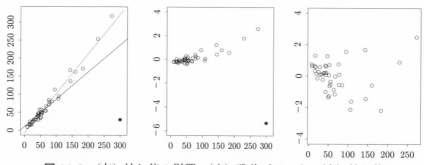

図 11.8 （左）外れ値の影響，（中）残差プロット，（右）外れ値
を除いた残差プロット

系列相関の傾向が緩和されるのがわかる．DW の値は 1.187 となり，自由度 15
の d_L, d_U の値が $d_L = 1.08, d_U = 1.36$ なので結論は保留される．

外れ値の有無

　回帰分析は**外れ値**（異常値）の影響を敏感に受けるので注意が必要である．例
えば，表 11.1 のゴミ排出量のデータに外れ値 (300, 30) を加えてみるとどうなる
であろうか．回帰直線は $y = 10.63 + 0.75x$ となり，図 11.8（左）のように外れ
値の影響を大きく受けてしまう．外れ値の存在の有無を調べるには標準化残差で
±2 を超える点に注意するとよい．横軸に人口をとって標準化残差をプロットし
たものが図 11.8（中）であり，1 点だけ明らかに他から離れた点があることがわ
かる．この点を除いて標準化残差をプロットしたのが図 11.8（右）であり，人
口が多くなるとバラツキが大きくなる傾向も多少見られるが回帰分析がうまくい
っているように見える．

個々のデータの影響力の測定

　y_i の予測値 $\hat{y}_i$ を $y_1, \ldots, y_n$ の線形和で表すと

$$\hat{y}_i = \hat{\alpha} + \hat{\beta}x_i = \overline{y} + \frac{x_i - \overline{x}}{S_{xx}}S_{xy} = p_{i1}y_1 + p_{i2}y_2 + \cdots + p_{in}y_n$$

と書ける．ただし p_{ij} は

$$p_{ij} = \frac{1}{n} + \frac{(x_i - \overline{x})(x_j - \overline{x})}{\sum_{k=1}^{n}(x_k - \overline{x})^2}$$

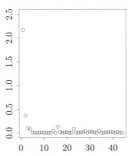

図 11.9　ゴミ排出データのクックの距離

で与えられる. $\sum_{j=1}^{n} p_{ij} = 1$ であるから, p_{ij} は予測値 $\hat{y}_i$ における観測値 y_j の寄与度を表している. $p_{11}, \ldots, p_{nn}$ を**てこ比**と呼び, p_{ii} は p_{ii} の値が大きいときには y_i のモデルへの影響力が大きいと考えられるので, 外れ値の候補になる.

てこ比に関連してクックの距離と呼ばれる指標が知られている. $\hat{\alpha}_{(-i)}, \widehat{\beta}_{(-i)}$ を, (x_i, y_i) を除いた残りのデータで構成された推定値とする. y_j の予測値

$$\hat{y}_{j(-i)} = \hat{\alpha}_{(-i)} + \widehat{\beta}_{(-i)} x_j, \quad j = 1, \ldots, n$$

を考えると, y_i が外れ値のときには $(\hat{y}_j - \hat{y}_{j(-i)})^2$ の値は大きくなる. そこで観測値 y_i の影響力を測るものとして

$$C_i = \frac{\sum_{j=1}^{n} (\hat{y}_j - \hat{y}_{j(-i)})^2}{2\hat{\sigma}^2}, \ i = 1, \ldots, n$$

を**クックの距離**と呼ぶ. てこ比を用いると次のように表すことができる.

$$C_i = \frac{e_i^2}{2\hat{\sigma}^2} \frac{p_{ii}}{1 - p_{ii}}$$

y_i のクックの距離が大きいときには y_i が外れ値であることが懸念される.

表 11.1 のゴミ排出データについてクックの距離を求めてみると, 図 11.9 のようになる. 一番大きな人口のデータのクックの距離が 2 を超えておりかなり大きな影響を与えていることがわかる.

演習問題

問 1　13 人の親子の身長を調べ, 親から子への要因分析を行ってみた. x, y をそれぞれ父親, 息子の身長とする. y を x で説明する回帰分析を R を用いて行ったと

ころ，次の分析結果を得た．

```
Residuals:        Min      1Q    Median      3Q      Max
              -3.5103  -2.3164  -0.2991  1.5070   4.5070

Coefficients:                Estimate  Std. Error  t value  Pr(> |t|)
              (Intercept)    47.8025     19.8113    2.413     0.0344
                        x     0.7543      0.1192    6.328   5.61e-05

Residual standard error:  2.71 on 11 degrees of freedom
Multiple R-squared:  0.7845, Adjusted R-squared:  0.7649
F-statistic:  40.04 on 1 and 11 DF, p-value:  5.615e-05
```

(1) 残差平方和の自由度を答えよ．

(2) 回帰直線を与えよ．

(3) 決定係数を答えよ．外れ値はあると思われるか．

(4) 父親の身長は息子の身長を説明するのに有意水準 5% で有意といえるか．

問2 次の表はある県の 15 の市について人口 (x) と一般行政職員数 (y) を調べたデータである．ただし人口の単位は 10,000 人，職員数の単位は 100 人である．

番号	1	2	3	4	5	6	7	8	9	10	11	12	13	14	15
人口	7.7	4.7	14.4	7.8	5.3	5.2	8.1	4.6	20.0	5.7	11.2	11.1	4.0	4.9	6.6
職員数	3.4	2.1	7.1	3.9	2.7	2.7	4.4	2.6	11.5	3.3	6.6	6.7	2.5	3.1	4.3

(1) 単回帰モデルを当てはめるとき，α, β, σ^2 の不偏推定量による推定値を求めよ．

(2) 決定係数 R^2 を求めよ．

(3) x の値を横軸にとって残差をプロットし，回帰分析に問題があるかを検討せよ．

(4) 仮説検定 $H_0 : \beta = 0$ vs. $H_1 : \beta \neq 0$ を有意水準 5% で検定せよ．

(5) β について信頼係数 95% の信頼区間を与えよ．

問3 標準残差をプロットしたところ次のような傾向性が見られた．それぞれどのように対処したらよい．

(1) 正の値になると正の値が続き，負の値に変わると負の値が続いている．

(2) 説明変数の値が大きくなるにつれて，残差のバラツキが大きくなる．

(3) 標準残差の値が 2 を超える点が 1 つあり，クックの距離を調べたところ他に比べてかなり大きな値を示している．

(4) 残差が，U 字型をしており，x 軸の両側で正で大きく中央付近で負で小さい．

(5) 残差を正規 Q-Q プロットすると，x 軸の両端近くで直線 $y = x$ よりも上

側にプロットされている.

問 4 予測量の分散が (11.7) で与えられることを示せ.

問 5 $Y_1, \ldots, Y_n$ を独立な確率変数とし, 各 i に対して $Y_i \sim \mathcal{N}(\alpha + \beta x_i, \sigma^2)$ とする. 定数 $x_1, \ldots, x_n$ は $\sum_{i=1}^n x_i = 0$, $\sum_{i=1}^n x_i^2 = n$ を満たすものとする.
   (1) α, β の最小 2 乗推定量 $\widehat{\alpha}$, $\widehat{\beta}$ を求めよ.
   (2) 定数 x に対して $y = \alpha + \beta x$ を $\widehat{y} = \widehat{\alpha} + \widehat{\beta}x$ で推定する. $\widehat{y}$ が y の不偏推定量であることを示し, 分散 $\mathrm{Var}(\widehat{y})$ を計算せよ.
   (3) $\widehat{y}$ の確率分布を求めよ. y の信頼係数 $1 - \alpha$ の信頼区間を与えよ.

問 6 $Y_1, \ldots, Y_n$ を独立な確率変数とし, 各 i に対して $\mathrm{E}[Y_i] = \beta x_i$, $\mathrm{Var}(Y_i) = \sigma^2$ とし, 正規分布を仮定しない. $\sum_{i=1}^n x_i^2 > 0$ とするとき, $\sum_{i=1}^n (Y_i - \beta x_i)^2$ を最小にする β の推定量 $\widehat{\beta}^{\mathrm{L}}$ を求めよ. また $\widehat{\beta}^{\mathrm{L}}$ の平均と分散を求めよ.

問 7 問 6 と同じ設定のもとで次の問に答えよ.
   (1) 定数 $c_1, \ldots, c_n$ に対して $\sum_{i=1}^n c_i Y_i$ を線形推定量という. 線形推定量が β の不偏推定量になるための $c_1, \ldots, c_n$ の条件を与えよ.
   (2) 線形でかつ不偏な推定量のクラスを線形不偏推定量と呼ぶ. この推定量のクラスの中で分散を最小にするもの $\widehat{\beta}^{\mathrm{B}}$ を求め, その分散を与えよ.
   (3) $x_1, \ldots, x_n$ は 0 でない定数とするときには, $\widehat{\beta}^{\mathrm{A}} = \{\sum_{i=1}^n (Y_i/x_i)\}/n$ なる形の推定量を考えることができる. この推定量の不偏性を示し, その分散を求めて, $\widehat{\beta}^{\mathrm{B}}$ の分散と比較せよ.

問 8 $Y_1, \ldots, Y_n$ を独立な確率変数とし, $i = 1, \ldots, n$ に対して $Y_i \sim \mathcal{N}(\beta x_i, \sigma^2)$ に従うとする. ここで, $x_1, \ldots, x_n$ は定数で $\sum_{i=1}^n x_i^2 > 0$ とし, β と σ^2 は未知母数とする.
   (1) (β, σ^2) の十分統計量と MLE $(\widehat{\beta}^{\mathrm{M}}, \widehat{\sigma}^{2\mathrm{M}})$ を求めよ.
   (2) σ^2 が既知のとき, β のフィッシャー情報量 $I_n(\beta)$ を求めよ. またクラメール・ラオ不等式を与え, $\widehat{\beta}^{\mathrm{M}}$ が不偏推定量の中で分散を最小にしていることを示せ.
   (3) $\widehat{\sigma}^{2\mathrm{M}}$ の期待値を求め, σ^2 の不偏推定量を与えよ.

問 9 問 8 と同じ設定で, $\widehat{\beta} = \sum_{i=1}^n x_i Y_i / \sum_{i=1}^n x_i^2$, $V^2 = (n-1)^{-1} \sum_{i=1}^n (Y_i - \widehat{\beta}x_i)^2$ とおく.
   (1) $\widehat{\beta} \sim \mathcal{N}(\beta, \sigma^2 / \sum_{i=1}^n x_i^2)$ を示せ.
   (2) $\widehat{\beta}$ と V^2 は独立になることを示せ.
   (3) $(n-1)V^2/\sigma^2 \sim \chi_{n-1}^2$ を示せ.
   (4) y_i と x_i の因果関係に関する仮説 $H_0: \beta = 0$ vs. $H_1: \beta \neq 0$ を検定す

るためには，どのような検定方式を用いたらよいか．

問 10 n 個の 2 次元確率変数 $(X_1, Y_1), \ldots, (X_n, Y_n)$ が互いに独立に分布していると仮定する．また各 $i = 1, \ldots, n$ に対して，X_i を与えたときの Y_i の条件付き分布および X_i の周辺分布が

$$Y_i|X_i \sim \mathcal{N}(\alpha + \beta X_i, 1), \quad X_i \sim \mathcal{N}(\mu, 1)$$

で与えられていると仮定する．ただし，α, β, μ は実数値をとる未知母数であり，$\boldsymbol{X} = (X_1, \ldots, X_n)$，$\boldsymbol{x} = (x_1, \ldots, x_n)$ とする．このとき，次の問に答えよ．

(1) α, β, μ の MLE $\widehat{\alpha}, \widehat{\beta}, \widehat{\mu}$ を求めよ．

(2) $\boldsymbol{X} = \boldsymbol{x}$ を与えたときの $\widehat{\beta}$ の条件付き分布と条件付き分散 $\mathrm{Var}(\widehat{\beta} \mid \boldsymbol{X} = \boldsymbol{x})$ を求めよ．

(3) $\widehat{\beta}$ の周辺分布と分散 $\mathrm{Var}(\widehat{\beta})$ を求めよ．

問 11 (9.17) を示せ．

第 12 章

重回帰モデル

第 11 章で，回帰分析が 2 変数の間の因果関係を調べたり予測する
のに役立つことを学んだ．そこでは 1 つの説明変数を扱ったが，複
数の説明変数が利用できるときにはそれらを使った方が 'よい' モデ
ルになるように思われる．例えば，息子の身長を説明するのに父親の
身長だけでなく母親の身長も使った方が説明力が上がると考えるのが
自然である．しかし複数の説明変数を扱うとなると記述が煩雑になっ
てしまう．そこで行列を導入し複数の変数をベクトルや行列で表現す
ると見やすくなる．本章では，複数の説明変数に基づいた重回帰モデ
ルの基本的な内容を行列を用いて説明する．

12.1 重回帰モデルの行列表現と最小 2 乗法

単回帰モデルは共変量の数が 1 つであったが，本章では共変量が複数ある場
合に拡張することを考える．例えば，表 12.1 は，京浜急行線沿いの 30 箇所の宅
地について 2001 年の 1 m^2 当たりの公示価格 (y_i) と東京駅から最寄り駅までの
時間 (x_{1i}) および宅地から最寄り駅までの距離 (x_{2i}) のデータである．6 つの駅
について，駅近くの 5 つの宅地が選ばれている．土地価格の単位は千円，東京
駅までの乗車時間は分単位で，駅までの距離の単位は 10 m である．土地価格が
東京駅までの乗車時間で説明できることは 11.3.2 項で調べた．同じ駅近くの宅
地であれば駅に近いほど価格が上がるのが自然なので，駅までの距離 x_{2i} を説明
変数に加えた方が望ましいように思われる．具体的には

$$y_i = \beta_0 + \beta_1 x_{1i} + \beta_2 x_{2i} + u_i, \quad i = 1, \ldots, n \tag{12.1}$$

のような回帰モデルを考えたい．ここで誤差項 $u_1, \ldots, u_n$ は独立な確率変数で，
$\mathrm{E}[u_i] = 0$, $\mathrm{Var}(u_i) = \sigma^2$ を満たす．

一般に，n 個の k 次元データ $(y_1, \boldsymbol{x}_1), \ldots, (y_n, \boldsymbol{x}_n)$ が観測されているとする．

表 12.1　土地の価格と乗車時間と駅までの距離

土地の価格 (y)	338	537	605	393	569	440	550	386	376	414
乗車時間 (x_1)	20	20	20	20	20	27	27	27	27	27
駅までの距離 (x_2)	46	32	80	73	29	41	9	22	53	45

土地の価格 (y)	251	267	271	337	413	223	248	251	237	254
乗車時間 (x_1)	39	39	39	39	39	49	49	49	49	49
駅までの距離 (x_2)	156	97	46	33	13	181	88	44	88	45

土地の価格 (y)	253	233	308	214	473	163	177	201	180	195
乗車時間 (x_1)	65	65	65	65	65	84	84	84	84	84
駅までの距離 (x_2)	123	189	61	178	52	66	133	17	45	117

ただし，$\boldsymbol{x}_i$ は $\boldsymbol{x}_i = (x_{1i}, \ldots, x_{k-1,i})^\top$ のように $k-1$ 個の変数の値からなる縦ベクトルとし，ベクトル $\boldsymbol{a}$ の転置ベクトルを $\boldsymbol{a}^\top$ で表す．y_i を $\boldsymbol{x}_i$ で説明するモデルとして次の**重回帰モデル**を考える．

$$y_i = \beta_0 + \beta_1 x_{1i} + \cdots + \beta_{k-1} x_{k-1,i} + u_i, \quad i = 1, \ldots, n \tag{12.2}$$

$\beta_0, \ldots, \beta_{k-1}$ を**偏回帰係数**と呼び，y を $\{x_1, \ldots, x_{k-1}\}$ に回帰するモデルという．y_i を被説明変数と呼び，$\boldsymbol{x}_i$ を説明変数と呼ぶ．ベクトルを用いて

$$\beta_0 + \beta_1 x_{1i} + \cdots + \beta_{k-1} x_{k-1,i} = \left(1, x_{1i}, \ldots, x_{k-1,i}\right) \begin{pmatrix} \beta_0 \\ \beta_1 \\ \vdots \\ \beta_{k-1} \end{pmatrix}$$

と書けるので，重回帰モデルは行列を用いて

$$\begin{pmatrix} y_1 \\ \vdots \\ y_n \end{pmatrix} = \begin{pmatrix} 1, x_{11}, \ldots, x_{k-1,1} \\ \vdots \\ 1, x_{1n}, \ldots, x_{k-1,n} \end{pmatrix} \begin{pmatrix} \beta_0 \\ \beta_1 \\ \vdots \\ \beta_{k-1} \end{pmatrix} + \begin{pmatrix} u_1 \\ \vdots \\ u_n \end{pmatrix}$$

のように表すことができる．$\boldsymbol{y} = (y_1, \ldots, y_n)^\top$，$\boldsymbol{u} = (u_1, \ldots, u_n)^\top$ を n 次元縦ベクトル，$\boldsymbol{\beta} = (\beta_0, \beta_1, \ldots, \beta_{k-1})^\top$ を k 次元縦ベクトルとし，$\boldsymbol{X}$ を

$$\boldsymbol{X} = \begin{pmatrix} 1, x_{11}, \ldots, x_{k-1,1} \\ \vdots \\ 1, x_{1n}, \ldots, x_{k-1,n} \end{pmatrix}$$

のような $n \times k$ 行列とすると，重回帰モデル (12.2) は

$$\boldsymbol{y} = \boldsymbol{X}\boldsymbol{\beta} + \boldsymbol{u} \tag{12.3}$$

という形で簡潔に表すことができる．

最小 2 乗法と残差平方和

次に，回帰係数ベクトル $\boldsymbol{\beta}$ の最小 2 乗推定量を求めよう．そこで $h(\boldsymbol{\beta}) = \sum_{i=1}^{n}\{y_i - (\beta_0 + \beta_1 x_{1i} + \cdots + \beta_{k-1} x_{k-1,i})\}^2$ とおいて，それを最小にする解を求める．$h(\boldsymbol{\beta})$ を行列を用いて表すと，次のように書けることがわかる．

$$h(\boldsymbol{\beta}) = (\boldsymbol{y} - \boldsymbol{X}\boldsymbol{\beta})^{\top}(\boldsymbol{y} - \boldsymbol{X}\boldsymbol{\beta}) \tag{12.4}$$

$\boldsymbol{X}^{\top}\boldsymbol{X}$ が正則行列，すなわち $(\boldsymbol{X}^{\top}\boldsymbol{X})^{-1}$ が存在すると仮定する．$\widehat{\boldsymbol{\beta}}, \boldsymbol{P}$ を

$$\widehat{\boldsymbol{\beta}} = (\boldsymbol{X}^{\top}\boldsymbol{X})^{-1}\boldsymbol{X}^{\top}\boldsymbol{y} \tag{12.5}$$

$$\boldsymbol{P} = \boldsymbol{X}(\boldsymbol{X}^{\top}\boldsymbol{X})^{-1}\boldsymbol{X}^{\top} \tag{12.6}$$

で定義すると，$h(\boldsymbol{\beta})$ を次のように展開することができる．

$$\begin{aligned} h(\boldsymbol{\beta}) &= \{(\boldsymbol{y} - \boldsymbol{X}\widehat{\boldsymbol{\beta}}) + \boldsymbol{X}(\widehat{\boldsymbol{\beta}} - \boldsymbol{\beta})\}^{\top}\{(\boldsymbol{y} - \boldsymbol{X}\widehat{\boldsymbol{\beta}}) + \boldsymbol{X}(\widehat{\boldsymbol{\beta}} - \boldsymbol{\beta})\} \\ &= (\boldsymbol{y} - \boldsymbol{X}\widehat{\boldsymbol{\beta}})^{\top}(\boldsymbol{y} - \boldsymbol{X}\widehat{\boldsymbol{\beta}}) + (\widehat{\boldsymbol{\beta}} - \boldsymbol{\beta})^{\top}\boldsymbol{X}^{\top}\boldsymbol{X}(\widehat{\boldsymbol{\beta}} - \boldsymbol{\beta}) \\ &\quad + 2(\widehat{\boldsymbol{\beta}} - \boldsymbol{\beta})^{\top}\boldsymbol{X}^{\top}(\boldsymbol{y} - \boldsymbol{X}\widehat{\boldsymbol{\beta}}) \end{aligned}$$

ここで $\boldsymbol{I}$ を単位行列とすると，$\boldsymbol{X}\widehat{\boldsymbol{\beta}} = \boldsymbol{P}\boldsymbol{y}$，$\boldsymbol{y} - \boldsymbol{X}\widehat{\boldsymbol{\beta}} = (\boldsymbol{I} - \boldsymbol{P})\boldsymbol{y}$ であり，$\boldsymbol{X}^{\top}(\boldsymbol{I} - \boldsymbol{P}) = \boldsymbol{X}^{\top}\{\boldsymbol{I} - \boldsymbol{X}(\boldsymbol{X}^{\top}\boldsymbol{X})^{-1}\boldsymbol{X}^{\top}\} = \boldsymbol{X}^{\top} - \boldsymbol{X}^{\top} = \boldsymbol{0}$ となることから，$\boldsymbol{X}^{\top}(\boldsymbol{y} - \boldsymbol{X}\widehat{\boldsymbol{\beta}}) = \boldsymbol{X}^{\top}(\boldsymbol{I} - \boldsymbol{P})\boldsymbol{y} = \boldsymbol{0}$ となる．したがって

$$h(\boldsymbol{\beta}) = (\boldsymbol{y} - \boldsymbol{X}\widehat{\boldsymbol{\beta}})^{\top}(\boldsymbol{y} - \boldsymbol{X}\widehat{\boldsymbol{\beta}}) + (\widehat{\boldsymbol{\beta}} - \boldsymbol{\beta})^{\top}\boldsymbol{X}^{\top}\boldsymbol{X}(\widehat{\boldsymbol{\beta}} - \boldsymbol{\beta}) \tag{12.7}$$

となり，$h(\boldsymbol{\beta})$ を最小にする $\boldsymbol{\beta}$ は (12.5) の $\widehat{\boldsymbol{\beta}}$ で与えられることがわかる．すなわち，$\widehat{\boldsymbol{\beta}}$ が $\boldsymbol{\beta}$ の**最小 2 乗推定量** (LSE) である．

$h(\boldsymbol{\beta})$ に最小 2 乗推定量 $\widehat{\boldsymbol{\beta}}$ を代入すると

$$h(\widehat{\boldsymbol{\beta}}) = (\boldsymbol{y} - \boldsymbol{X}\widehat{\boldsymbol{\beta}})^{\top}(\boldsymbol{y} - \boldsymbol{X}\widehat{\boldsymbol{\beta}}) = \boldsymbol{y}^{\top}(\boldsymbol{I} - \boldsymbol{P})(\boldsymbol{I} - \boldsymbol{P})\boldsymbol{y}$$

となる. ここで $\boldsymbol{P}^2 = \boldsymbol{X}(\boldsymbol{X}^{\top}\boldsymbol{X})^{-1}\boldsymbol{X}^{\top}\boldsymbol{X}(\boldsymbol{X}^{\top}\boldsymbol{X})^{-1}\boldsymbol{X}^{\top} = \boldsymbol{P}$, $(\boldsymbol{I} - \boldsymbol{P})^2 = \boldsymbol{I} - 2\boldsymbol{P} + \boldsymbol{P}^2 = \boldsymbol{I} - \boldsymbol{P}$ となることがわかる. 自然数 m に対して $\boldsymbol{A}^m = \boldsymbol{A}$ となるような行列 $\boldsymbol{A}$ を**巾等行列**と呼ぶ. $\boldsymbol{P}$, $\boldsymbol{I} - \boldsymbol{P}$ は巾等行列である. また, $\widehat{\boldsymbol{\beta}} = (\widehat{\beta}_0, \widehat{\beta}_1, \dots, \widehat{\beta}_{k-1})^{\top}$ とおくと

$$(\boldsymbol{y} - \boldsymbol{X}\widehat{\boldsymbol{\beta}})^{\top}(\boldsymbol{y} - \boldsymbol{X}\widehat{\boldsymbol{\beta}}) = \sum_{i=1}^{n}\{y_i - (\beta_0 + \widehat{\beta}_1 x_{1i} + \cdots + \widehat{\beta}_{k-1} x_{k-1,i})\}^2$$

と書ける. ここで, $y_i - (\beta_0 + \widehat{\beta}_1 x_{1i} + \cdots + \widehat{\beta}_{k-1} x_{k-1,i})$ は残差なのでこれを e_i とおくと, $(\boldsymbol{y} - \boldsymbol{X}\widehat{\boldsymbol{\beta}})^{\top}(\boldsymbol{y} - \boldsymbol{X}\widehat{\boldsymbol{\beta}})$ は残差平方和として表されることがわかる. したがって k 個のパラメータをもつ残差平方和 RSS_k は次のように表される.

$$\mathrm{RSS}_k = \sum_{i=1}^{n} e_i^2 = \boldsymbol{y}^{\top}(\boldsymbol{I} - \boldsymbol{P})\boldsymbol{y}$$

表 12.1 のデータについては, 回帰モデル (12.1) による回帰直線は

$$y = 550.57 - 3.75x_1 - 0.65x_2$$

となり, 東京駅から離れるほど価格は減少し, 最寄り駅からの距離に比例して価格が減少することがわかる.

幾何学的解釈

最小 2 乗推定量と残差平方和は幾何学的に解釈できる. 2 つの n 次元縦ベクトル $\boldsymbol{a} = (a_1, \dots, a_n)^{\top}$, $\boldsymbol{b} = (b_1, \dots, b_n)^{\top}$ の内積を $(\boldsymbol{a}, \boldsymbol{b}) = \boldsymbol{a}^{\top}\boldsymbol{b} = \sum_{i=1}^{n} a_i b_i$ で定義すると, ベクトル $\boldsymbol{a}$ のノルム (長さ) は $\|\boldsymbol{a}\| = \sqrt{\boldsymbol{a}^{\top}\boldsymbol{a}}$ で定義される. $\boldsymbol{x}_{(j)} = (x_{j1}, \dots, x_{jn})^{\top}$ とし, $\boldsymbol{1}_n = (1, \dots, 1)^{\top}$ をすべての成分が 1 の n 次元ベクトルとすると, $\boldsymbol{X}$ は $\boldsymbol{X} = (\boldsymbol{1}_n, \boldsymbol{x}_{(1)}, \dots, \boldsymbol{x}_{(k-1)})$ と表される. $\boldsymbol{X}\boldsymbol{\beta} = \beta_0 \boldsymbol{1}_n + \beta_1 \boldsymbol{x}_{(1)} + \cdots + \beta_{k-1} \boldsymbol{x}_{(k-1)}$ と書けるので

$$D = \{\boldsymbol{X}\boldsymbol{\beta} \mid \beta_0 \in \mathbb{R}, \dots, \beta_{k-1} \in \mathbb{R}\}$$

は k 個のベクトル $\{\mathbf{1}_n, \boldsymbol{x}_{(1)}, \cdots, \boldsymbol{x}_{(k-1)}\}$ で張られる部分空間になる. 実は, $\boldsymbol{P} = \boldsymbol{X}(\boldsymbol{X}^\top \boldsymbol{X})^{-1} \boldsymbol{X}^\top$ は部分空間 D への正(直交)射影行列である. すなわち, n 次元空間の任意の点 $\boldsymbol{c}$ に対して $\boldsymbol{Pc} \in D$ であり, $\boldsymbol{P}^2 = \boldsymbol{P}$, $\boldsymbol{P}^\top = \boldsymbol{P}$ を満たす. $\boldsymbol{Py} = \boldsymbol{X}\{(\boldsymbol{X}^\top \boldsymbol{X})^{-1} \boldsymbol{X}^\top \boldsymbol{y}\} = \boldsymbol{X}\widehat{\boldsymbol{\beta}}$ と書けることから, 最小 2 乗推定量 $\widehat{\boldsymbol{\beta}}$ は $\boldsymbol{y}$ を D に正射影したときの $\{\mathbf{1}_n, \boldsymbol{x}_{(1)}, \cdots, \boldsymbol{x}_{(k-1)}\}$ の係数を与えていることになる. (12.4)と(12.7)とから, 等式

$$\|\boldsymbol{y} - \boldsymbol{X}\boldsymbol{\beta}\|^2 = \|\boldsymbol{y} - \boldsymbol{X}\widehat{\boldsymbol{\beta}}\|^2 + \|\boldsymbol{X}\widehat{\boldsymbol{\beta}} - \boldsymbol{X}\boldsymbol{\beta}\|^2 \tag{12.8}$$

が成り立つ. $\boldsymbol{y} - \boldsymbol{X}\widehat{\boldsymbol{\beta}} = (\boldsymbol{I} - \boldsymbol{P})\boldsymbol{y}$ が $\boldsymbol{X}(\widehat{\boldsymbol{\beta}} - \boldsymbol{\beta})$ と直交するので, 等式 (12.8) はピタゴラスの三角形を表している. また $\|\boldsymbol{y} - \boldsymbol{X}\widehat{\boldsymbol{\beta}}\|^2$ は $\boldsymbol{y}$ から部分空間 D へ下ろした垂線の長さの 2 乗であり, これが残差平方和 RRS_k になる.

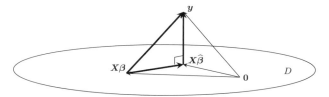

12.2 最小 2 乗推定量の性質

さて, 最小 2 乗推定量 $\widehat{\boldsymbol{\beta}}$ の平均と共分散行列を求めよう. これは確率変数のベクトルについての平均と共分散行列を扱うことになるのでその定義から始める. $\boldsymbol{Z} = (Z_1, \ldots, Z_n)^\top$ を n 個の確率変数を縦に並べたベクトルとし, これを**確率ベクトル**と呼ぶ. その平均は $\boldsymbol{\mu} = \mathrm{E}[\boldsymbol{Z}]$, 共分散行列は $\boldsymbol{\Sigma} = \mathrm{Cov}(\boldsymbol{Z}) = \mathrm{E}[(\boldsymbol{Z} - \boldsymbol{\mu})(\boldsymbol{Z} - \boldsymbol{\mu})^\top]$ で定義される. 成分で表示すると, 平均は

$$\boldsymbol{\mu} = \begin{pmatrix} \mu_1 \\ \vdots \\ \mu_n \end{pmatrix} = \begin{pmatrix} \mathrm{E}[Z_1] \\ \vdots \\ \mathrm{E}[Z_n] \end{pmatrix}$$

であり, また共分散行列は $\sigma_{ij} = \mathrm{E}[(Z_i - \mu_i)(Z_j - \mu_j)]$ とおくと

$$\boldsymbol{\Sigma} = (\sigma_{ij}) = \begin{pmatrix} \mathrm{E}[(Z_1 - \mu_1)^2] & \cdots & \mathrm{E}[(Z_1 - \mu_1)(Z_n - \mu_n)] \\ \vdots & \ddots & \vdots \\ \mathrm{E}[(Z_n - \mu_n)(Z_1 - \mu_1)] & \cdots & \mathrm{E}[(Z_n - \mu_n)^2] \end{pmatrix}$$

と書けることになる. 次の補題は期待値や共分散行列の計算に役立つ.

▶**補題 12.1** $\boldsymbol{Z}$ を n 次元の確率ベクトルで, その平均と共分散行列を $\mathrm{E}[\boldsymbol{Z}] = \boldsymbol{\mu}, \mathrm{Cov}(\boldsymbol{Z}) = \boldsymbol{\Sigma}$ とする. $\boldsymbol{A}$ を $r \times n$ 行列, $\boldsymbol{b}$ を r 次元ベクトル, $\boldsymbol{C}$ を $n \times n$ 行列とすると, 次の性質が成り立つ.

(1) $\boldsymbol{AZ} + \boldsymbol{b}$ の平均は $\mathrm{E}[\boldsymbol{AZ} + \boldsymbol{b}] = \boldsymbol{A\mu} + \boldsymbol{b}$ である.

(2) $\boldsymbol{AZ} + \boldsymbol{b}$ の共分散行列は $\mathrm{Cov}(\boldsymbol{AZ} + \boldsymbol{b}) = \boldsymbol{A\Sigma A}^\top$ である.

(3) $\mathrm{E}[\boldsymbol{Z}^\top \boldsymbol{CZ}] = \mathrm{tr}(\boldsymbol{C\Sigma}) + \boldsymbol{\mu}^\top \boldsymbol{C\mu}$ である. ただし $n \times n$ 行列 $\boldsymbol{D} = (d_{ij})$ に対して $\mathrm{tr}(\boldsymbol{D}) = \sum_{i=1}^n d_{ii}$ で定義される.

[証明] (1), (2) については, 線形変換した確率変数 $\boldsymbol{AZ} + \boldsymbol{b}$ の平均は $\mathrm{E}[\boldsymbol{AZ} + \boldsymbol{b}] = \boldsymbol{A}\mathrm{E}[\boldsymbol{Z}] + \boldsymbol{b} = \boldsymbol{A\mu} + \boldsymbol{b}$ となり, 共分散行列は

$$\begin{aligned} \mathrm{Cov}(\boldsymbol{AZ} + \boldsymbol{b}) &= \mathrm{E}[\{(\boldsymbol{AZ} + \boldsymbol{b}) - (\boldsymbol{A\mu} + \boldsymbol{b})\}\{(\boldsymbol{AZ} + \boldsymbol{b}) - (\boldsymbol{A\mu} + \boldsymbol{b})\}^\top] \\ &= \mathrm{E}[\{\boldsymbol{A}(\boldsymbol{Z} - \boldsymbol{\mu})\}\{\boldsymbol{A}(\boldsymbol{Z} - \boldsymbol{\mu})\}^\top] \\ &= \boldsymbol{A}\mathrm{E}[(\boldsymbol{Z} - \boldsymbol{\mu})(\boldsymbol{Z} - \boldsymbol{\mu})^\top]\boldsymbol{A}^\top = \boldsymbol{A\Sigma A}^\top \end{aligned}$$

となる. (3) については, $\mathrm{E}[\boldsymbol{Z}^\top \boldsymbol{CZ}] = \mathrm{E}[(\boldsymbol{Z} - \boldsymbol{\mu} + \boldsymbol{\mu})^\top \boldsymbol{C}(\boldsymbol{Z} - \boldsymbol{\mu} + \boldsymbol{\mu})] = \mathrm{E}[(\boldsymbol{Z} - \boldsymbol{\mu})^\top \boldsymbol{C}(\boldsymbol{Z} - \boldsymbol{\mu})] + \boldsymbol{\mu}^\top \boldsymbol{C\mu}$ となる. さらにトレースの性質 $\mathrm{tr}(\boldsymbol{AC}) = \mathrm{tr}(\boldsymbol{CA})$ を用いると, $\mathrm{E}[(\boldsymbol{Z} - \boldsymbol{\mu})^\top \boldsymbol{C}(\boldsymbol{Z} - \boldsymbol{\mu})] = \mathrm{E}[\mathrm{tr}\{(\boldsymbol{Z} - \boldsymbol{\mu})^\top \boldsymbol{C}(\boldsymbol{Z} - \boldsymbol{\mu})\}] = \mathrm{tr}\{\boldsymbol{C}\mathrm{E}[(\boldsymbol{Z} - \boldsymbol{\mu})(\boldsymbol{Z} - \boldsymbol{\mu})^\top]\} = \mathrm{tr}(\boldsymbol{C\Sigma})$ であるから (3) が成り立つ. □

補題 12.1 を用いると, 最小 2 乗推定量に関して次の命題が成り立つ.

▶**命題 12.2** 誤差項のベクトル $\boldsymbol{u}$ は $\mathrm{E}[\boldsymbol{u}] = \boldsymbol{0}, \mathrm{Cov}(\boldsymbol{u}) = \sigma^2 \boldsymbol{I}$ を満たすと仮定する. $\widehat{\boldsymbol{\beta}}$ を $\boldsymbol{\beta}$ の最小 2 乗推定量, RSS_k を残差平方和とする.

(1) $\widehat{\boldsymbol{\beta}}$ については $\mathrm{E}[\widehat{\boldsymbol{\beta}}] = \boldsymbol{\beta}, \mathrm{Cov}(\widehat{\boldsymbol{\beta}}) = \sigma^2 (\boldsymbol{X}^\top \boldsymbol{X})^{-1}$ となる.

(2) RSS_k については $\mathrm{E}[\mathrm{RSS}_k] = (n - k)\sigma^2$ となる.

[証明] $A = (X^\top X)^{-1} X^\top$ とおくと $\hat{\beta} - \beta = (X^\top X)^{-1} X^\top (y - X\beta) = Au$ と書けるので，補題 12.1 より E$[\hat{\beta} - \beta] = $ E$[Au] = \mathbf{0}$, Cov$(\hat{\beta}) = $ Cov$(Au) = A(\sigma^2 I)A^\top = \sigma^2 (X^\top X)^{-1}$ となるので，(1) が成り立つ．(2) については，$(I - P)X = \mathbf{0}$ より

$$\mathrm{RSS}_k = y^\top (I - P)y = (y - X\beta)^\top (I - P)(y - X\beta) = u^\top (I - P)u$$

と書けるので，補題 12.1 より E$[\mathrm{RSS}_k] = \mathrm{tr}\{(I - P)\sigma^2 I\} = \sigma^2 \{\mathrm{tr}(I) - \mathrm{tr}(P)\}$ となる．$\mathrm{tr}(I) = n$, $\mathrm{tr}(P) = \mathrm{tr}\{X^\top X(X^\top X)^{-1}\} = k$ となることから (2) が得られる． $\square$

命題 12.2 より，σ^2 の不偏推定量は次で与えられることがわかる．

$$\hat{\sigma}^2 = \frac{1}{n - k} \mathrm{RSS}_k \tag{12.9}$$

y の線形でかつ不偏な推定量のクラスの中で共分散行列を最小にするものを**最良線形不偏推定量** (BLUE) と呼ぶ．次の**ガウス・マルコフの定理**は最小 2 乗推定量が BLUE になることを示している．

▶**定理 12.3（ガウス・マルコフの定理）** 最小 2 乗推定量 $\hat{\beta}$ は BLUE になる．

[証明] 任意の線形推定量は $k \times n$ 行列 C を用いて Cy と表される．これが不偏であることから E$[Cy] = \beta$ となり，C は $CX = I$ を満たす．このとき $Cy - \beta = Cy - CX\beta = C(y - X\beta) = Cu$ なので，線形不偏推定量 Cy の共分散行列は

$$\mathrm{Cov}(Cy) = \mathrm{E}[(Cy - \beta)(Cy - \beta)^\top] = \mathrm{E}[Cuu^\top C^\top] = \sigma^2 CC^\top$$

と書ける．$C^* = (X^\top X)^{-1} X^\top$ とおき，$\hat{\beta} = C^* y$ に注意する．

$$\begin{aligned}
CC^\top &= (C - C^* + C^*)(C - C^* + C^*)^\top \\
&= (C - C^*)(C - C^*)^\top + (C^*)(C^*)^\top + (C - C^*)(C^*)^\top \\
&\quad + (C^*)(C - C^*)^\top
\end{aligned}$$

と展開しておく．ところで，$(C - C^*)X = (C - (X^\top X)^{-1} X^\top)X = CX - $

$I = 0$ より $(C - C^*)(C^*)^\top = 0$ となるので

$$\mathrm{Cov}(Cy) = \sigma^2 CC^\top = \sigma^2(C^*)(C^*)^\top + \sigma^2(C - C^*)(C - C^*)^\top$$
$$\geq \sigma^2(C^*)(C^*)^\top = \mathrm{Cov}(\widehat{\beta})$$

となる．ただし行列 A, B について $A \geq B$ は $A - B \geq 0$, すなわち $A - B$ が**非負定値**であることを意味する．非負定値とは，任意のベクトル a に対して $a^\top(A - B)a \geq 0$ となると定義される．したがって，最小 2 乗推定量 $\widehat{\beta}$ は共分散行列を最小にする意味で線形不偏な推定量のクラスの中で最良となることがわかる． □

誤差項に正規性を仮定すると $\widehat{\beta}$ と $\hat{\sigma}^2$ の分布を求めることができる．

▶**定理 12.4** $u \sim \mathcal{N}_n(0, \sigma^2 I)$ を仮定する．このとき次の性質が成り立つ．
(1) $\widehat{\beta} \sim \mathcal{N}_k(\beta, \sigma^2(X^\top X)^{-1})$
(2) $(n - k)\hat{\sigma}^2/\sigma^2 \sim \chi^2_{n-k}$
(3) $\widehat{\beta}$ と $\hat{\sigma}^2$ は独立に分布する．

[証明] $z = (y - X\beta)/\sigma$ とおくと $z \sim \mathcal{N}_n(0, I)$ である．このとき，定理の内容は (1) $(X^\top X)^{-1} X^\top z \sim \mathcal{N}_k(0, (X^\top X)^{-1})$, (2) $z^\top(I - P)z \sim \chi^2_{n-k}$, (3) $X^\top z$ と $(I - P)z$ が独立，という形で表すことができる．(1) は命題 4.24 より従う．(3) については，$P(I - P) = 0$ なので命題 4.26 を用いると Pz と $(I - P)z$ が独立になることがわかる．$X^\top Pz = X^\top z$ であるから $X^\top z$ と $(I - P)z$ が独立になる．

(2) については，$z^\top z = z^\top Pz + z^\top(I - P)z$ であり，(3) より $z^\top Pz$ と $z^\top(I - P)z$ が独立で $z^\top z \sim \chi^2_n$ に従うので，$z^\top(I - P)z$ の積率母関数は

$$\mathrm{E}[e^{tz^\top(I-P)z}] = \frac{\mathrm{E}[e^{tz^\top z}]}{\mathrm{E}[e^{tz^\top Pz}]} = \frac{(1 - 2t)^{-n/2}}{\mathrm{E}[e^{tz^\top Pz}]}$$

と書ける．$\|(X^\top X)^{-1/2} X^\top z\|^2 = z^\top Pz$ であり，(1) より $(X^\top X)^{-1/2} X^\top z \sim \mathcal{N}_k(0, I)$ であるから $z^\top Pz \sim \chi^2_k$ に従うので，$\mathrm{E}[e^{tz^\top Pz}] = (1 - 2t)^{-k/2}$ となることがわかる．これを上の式に代入すると，$\mathrm{E}[e^{tz^\top(I-P)z}] = (1 - 2t)^{-n/2}/(1 - 2t)^{-k/2} = (1 - 2t)^{-(n-k)/2}$ となるので，(2) が示される． □

次の**コクランの定理**は 2 次形式統計量同士の独立性を示すのに役立つ（証明については佐和隆光 (1979)『回帰分析』（朝倉書店）を参照）．行列 $\boldsymbol{A}$ の線形独立な列ベクトルの最大個数を**ランク**と呼び，rank $(\boldsymbol{A})$ で表す．$\boldsymbol{A}$ が巾等行列のときには rank $(\boldsymbol{A}) = \mathrm{tr}\,(\boldsymbol{A})$ が成り立つ．

▶**定理 12.5（コクランの定理）** $\boldsymbol{A}_1, \ldots, \boldsymbol{A}_m$ が巾等な行列で rank $(\boldsymbol{A}_i) = r_i$, $i = 1, \ldots, m$, とする．n 次元確率ベクトル $\boldsymbol{u}$ が $\mathcal{N}_n(\boldsymbol{0}, \boldsymbol{I})$ に従うとし

$$\boldsymbol{u}^\top \boldsymbol{u} = \boldsymbol{u}^\top \boldsymbol{A}_1 \boldsymbol{u} + \cdots + \boldsymbol{u}^\top \boldsymbol{A}_m \boldsymbol{u}$$

のように $\boldsymbol{u}^\top \boldsymbol{u}$ が 2 次形式の和で表されるとする．このとき，m 個の 2 次形式 $\boldsymbol{u}^\top \boldsymbol{A}_1 \boldsymbol{u}, \ldots, \boldsymbol{u}^\top \boldsymbol{A}_m \boldsymbol{u}$ が独立で，それぞれ $\boldsymbol{u}^\top \boldsymbol{A}_i \boldsymbol{u} \sim \chi_{r_i}^2$ に従う必要十分条件は $n = r_1 + \cdots + r_m$ である．

射影行列 $\boldsymbol{P} = \boldsymbol{X}(\boldsymbol{X}^\top \boldsymbol{X})^{-1} \boldsymbol{X}^\top$ のランクは rank $(\boldsymbol{P}) = \mathrm{tr}\,(\boldsymbol{P}) = k$ であり，$\boldsymbol{I} - \boldsymbol{P}$ も巾等で rank $(\boldsymbol{I} - \boldsymbol{P}) = n - k$ である．$\boldsymbol{u} \sim \mathcal{N}_n(\boldsymbol{0}, \boldsymbol{I})$ に対して $\boldsymbol{u}^\top \boldsymbol{u} = \boldsymbol{u}^\top \boldsymbol{P} \boldsymbol{u} + \boldsymbol{u}^\top (\boldsymbol{I} - \boldsymbol{P}) \boldsymbol{u}$ であり，$n = k + (n - k)$ であることから，コクランの定理により，$\boldsymbol{u}^\top \boldsymbol{P} \boldsymbol{u}$ と $\boldsymbol{u}^\top (\boldsymbol{I} - \boldsymbol{P}) \boldsymbol{u}$ が独立で，$\boldsymbol{u}^\top \boldsymbol{P} \boldsymbol{u} \sim \chi_k^2$ と $\boldsymbol{u}^\top (\boldsymbol{I} - \boldsymbol{P}) \boldsymbol{u} \sim \chi_{n-k}^2$ に従うことがわかる．

$n \times k$ 行列 $\boldsymbol{X}$ が rank $(\boldsymbol{X}) = k$ のとき，$\boldsymbol{X}$ は**フルランク**であるという．このとき $\boldsymbol{X}^\top \boldsymbol{X}$ は正則行列となり，本章ではこの場合だけを扱っている．$\boldsymbol{X}$ がフルランクでないときや $\boldsymbol{X}^\top \boldsymbol{X}$ の固有値に 0 に近いものが含まれるときには，$(\boldsymbol{X}^\top \boldsymbol{X})^{-1}$ が存在しない，もしくは不安定になる．これを**多重共線性**と呼び，対処法が用意されている（詳しくはサポートページを参照）．

12.3　回帰係数の仮説検定

12.2 節の分布論を用いると回帰係数に関する仮説検定問題を考えることができる．いま，(12.2) の重回帰モデル

$$y_i = \beta_0 + \beta_1 x_{1i} + \cdots + \beta_{k-1} x_{k-1,i} + u_i, \quad i = 1, \ldots, n$$

において，$k - 1$ 個の説明変数の中でどの説明変数が被説明変数 y_i に影響を与え

るかを調べたい．記号の便宜上，$r \leq k-1$ に対して仮説検定問題

$$H_0 : \beta_r = \cdots = \beta_{k-1} = 0 \text{ vs. } H_1 : \text{ある } j \in \{r, \ldots, k-1\} \text{ に対して } \beta_j \neq 0$$

を考え，尤度比検定を求めることにする．$\boldsymbol{\beta}$，σ^2 の最尤推定量 (MLE) は $\widehat{\boldsymbol{\beta}}$，$\hat{\sigma}^2 = \mathrm{RSS}_k / n$ であるから，対数尤度は

$$\log f(\boldsymbol{y}|\widehat{\boldsymbol{\beta}}, \hat{\sigma}^2) = -\frac{n}{2}\{\log(\hat{\sigma}^2) + \log(2\pi) + 1\}$$

となる．一方，H_0 のもとでは重回帰モデルは

$$\boldsymbol{y} = \boldsymbol{X}_r \boldsymbol{\beta}_r + \boldsymbol{u} \tag{12.10}$$

と表すことができる．ここで

$$\boldsymbol{X}_r = \begin{pmatrix} 1, x_{11}, \ldots, x_{r-1,1} \\ \vdots \\ 1, x_{1n}, \ldots, x_{r-1,n} \end{pmatrix}, \quad \boldsymbol{\beta}_r = \begin{pmatrix} \beta_0 \\ \vdots \\ \beta_{r-1} \end{pmatrix}$$

であり，$\boldsymbol{\beta}_r$，σ^2 の MLE は $\widehat{\boldsymbol{\beta}}_r = (\boldsymbol{X}_r^\top \boldsymbol{X}_r)^{-1} \boldsymbol{X}_r^\top \boldsymbol{y}$，$\hat{\sigma}_r^2 = \mathrm{RSS}_r / n$ となる．ただし，$\boldsymbol{P}_r = \boldsymbol{X}_r (\boldsymbol{X}_r^\top \boldsymbol{X}_r)^{-1} \boldsymbol{X}_r^\top$ に対して $\mathrm{RSS}_r = \boldsymbol{y}^\top (\boldsymbol{I} - \boldsymbol{P}_r) \boldsymbol{y}$ である．したがって，H_0 のもとでの対数尤度は

$$\log f(\boldsymbol{y}|\widehat{\boldsymbol{\beta}}_r, \hat{\sigma}_r^2) = -\frac{n}{2}\{\log(\hat{\sigma}_r^2) + \log(2\pi) + 1\}$$

と書けるので，尤度比検定は $-2\{\log f(\boldsymbol{y}|\widehat{\boldsymbol{\beta}}_r, \hat{\sigma}_r^2) - \log f(\boldsymbol{y}|\widehat{\boldsymbol{\beta}}, \hat{\sigma}^2)\} \geq \chi_{k-r,\alpha}^2$ となり，次のように表されることがわかる．

$$n \log\left(\frac{\mathrm{RSS}_r}{\mathrm{RSS}_k}\right) > \chi_{k-r,\alpha}^2 \tag{12.11}$$

尤度比検定の有意水準は近似的に満たされるが，正確な F-検定も求めることができる．$\mathrm{RSS}_r - \mathrm{RSS}_k = \boldsymbol{y}^\top (\boldsymbol{P} - \boldsymbol{P}_r) \boldsymbol{y}$ と書き直してみる．ここで等式

$$\boldsymbol{P}_r \boldsymbol{P} = \boldsymbol{P} \boldsymbol{P}_r = \boldsymbol{P}_r \tag{12.12}$$

が成り立つことに注意する．この等式は，$\boldsymbol{X} = (\boldsymbol{X}_r, \boldsymbol{X}_{k-r})$ とおくと

$$\begin{pmatrix} \boldsymbol{X}_r^\top \\ \boldsymbol{X}_{k-r}^\top \end{pmatrix} (\boldsymbol{I} - \boldsymbol{P}) = \boldsymbol{X}^\top (\boldsymbol{I} - \boldsymbol{P}) = \boldsymbol{0}$$

より，$\boldsymbol{X}_r^\top (\boldsymbol{I} - \boldsymbol{P}) = \boldsymbol{0}$, すなわち $\boldsymbol{P}_r (\boldsymbol{I} - \boldsymbol{P}) = \boldsymbol{0}$ となることからわかる．等式 (12.12) を用いると，$(\boldsymbol{P} - \boldsymbol{P}_r)^2 = \boldsymbol{P}^2 + \boldsymbol{P}_r^2 - \boldsymbol{P}\boldsymbol{P}_r - \boldsymbol{P}_r\boldsymbol{P} = \boldsymbol{P} - \boldsymbol{P}_r$, すなわち $\boldsymbol{P} - \boldsymbol{P}_r$ が冪等であることがわかる．また $\mathrm{rank}\,(\boldsymbol{P} - \boldsymbol{P}_r) = \mathrm{tr}\,(\boldsymbol{P} - \boldsymbol{P}_r) = k - r$ であるから，$\boldsymbol{H}_0$ のもとで $(\mathrm{RSS}_r - \mathrm{RSS}_k)/\sigma^2 \sim \chi_{k-r}^2$ に従う．一方，$\mathrm{RSS}_k/\sigma^2 \sim \chi_{n-k}^2$ である．また，(12.12) のもとで $(\boldsymbol{P} - \boldsymbol{P}_r)(\boldsymbol{I} - \boldsymbol{P}) = \boldsymbol{P} - \boldsymbol{P}_r - \boldsymbol{P}^2 + \boldsymbol{P}_r\boldsymbol{P} = \boldsymbol{0}$ となるので，命題 4.26 より $\mathrm{RSS}_r - \mathrm{RSS}_k$ と RSS_k は独立になる．したがって

$$F = \frac{(\mathrm{RSS}_r - \mathrm{RSS}_k)/(k - r)}{\mathrm{RSS}_k/(n - k)} \tag{12.13}$$

とおくと，F は H_0 のもとで自由度 $(k - r, n - k)$ の F-分布に従うことになり，$F > F_{k-r,n-r,\alpha}$ のときに H_0 を棄却するのが有意水準 α の正確な検定になる．

次に，回帰係数の成分に関する検定問題を考える．$j = 1, \ldots, k - 1$ に対して β_{j0} を既知の定数とし，$H_0 : \beta_j = \beta_{j0}$ vs. $H_1 : \beta_j \neq \beta_{j0}$ とする．簡単のために $\boldsymbol{A} = (\boldsymbol{X}^\top \boldsymbol{X})^{-1}$ とおき，その (i, j)-成分を a_{ij} と書く．$\widehat{\boldsymbol{\beta}} \sim \mathcal{N}_k(\boldsymbol{\beta}, \sigma^2 \boldsymbol{A})$ であり，$\widehat{\boldsymbol{\beta}} = (\widehat{\beta}_0, \widehat{\beta}_1, \ldots, \widehat{\beta}_{k-1})^\top$ は $\widehat{\beta}_j$ の指数 j が 0 から始まっているので $b_j = \sqrt{a_{j+1,j+1}}$ とおくと $\widehat{\beta}_j \sim \mathcal{N}(\beta_j, \sigma^2 b_j^2)$ に従うと表記することができる．ここで，$(n - k)\hat{\sigma}^2/\sigma^2 \sim \chi_{n-k}^2$ であるから $(\widehat{\beta}_j - \beta_j)/(b_j \hat{\sigma})$ は自由度 $n - k$ の t-分布に従うことがわかる．このことから，有意水準 α の t-検定の棄却域は

$$|\widehat{\beta}_j - \beta_{j0}|/(b_j \hat{\sigma}) > t_{n-k,\alpha/2}$$

となる．また，β_j の信頼区間は $\widehat{\beta}_j \pm b_j \hat{\sigma} \cdot t_{n-k,\alpha/2}$ となる．

表 12.1 のデータを対数変換した回帰モデル (12.1) について，$H_0 : \beta_1 = \beta_2 = 0$ の検定を考えると，F の値が 22.56，$F_{2,27,0.05} = 3.35$ であるから，有意水準 5% で有意になる．また $H_0 : \beta_1 = 0$, $H_0 : \beta_2 = 0$ についてはいずれも有意水準 5% で有意になる．

12.4　変数選択の方法

　説明変数の個数を増やしていくとデータによく当てはまるモデルができるが，利用したデータだけにはよく適合するものの，同じモデルから発生する新たなデータへの予測は良くないという問題が生ずる．これは**過学習**もしくは**過剰適合**と呼ばれる．そこでモデルの汎化性能を担保するために予測誤差を小さくするような変数選択の方法などが考えられてきた．ここでは代表的な変数選択手法を紹介する．

重相関係数と決定係数

　単回帰モデルにおいて，回帰モデルがデータにどの程度当てはまっているかを調べる方法として決定係数を取り上げた．重回帰モデルにおいても，y_i を回帰式 $y = \widehat{\beta}_0 + \widehat{\beta}_1 x_1 + \cdots + \widehat{\beta}_{k-1} x_{k-1}$ を用いて

$$\widehat{y}_i = \widehat{\beta}_0 + \widehat{\beta}_1 x_{1i} + \cdots + \widehat{\beta}_{k-1} x_{k-1,i}$$

で予測することになるので，$(y_i, \widehat{y}_i)$, $i = 1, \ldots, n$, の相関係数を当てはまりを測る尺度として利用することができる．重回帰モデルにおいては，相関係数

$$\mathrm{R} = \frac{\sum_{i=1}^{n} (\widehat{y}_i - \overline{y})(y_i - \overline{y})}{\{\sum_{i=1}^{n} (\widehat{y}_i - \overline{y})^2 \sum_{i=1}^{n} (y_i - \overline{y})^2\}^{1/2}}$$

を**重相関係数**と呼ぶ．**決定係数** (R-square) R^2 は単回帰の場合と同様にして

$$\mathrm{R}^2 = 1 - \sum_{i=1}^{n} (y_i - \widehat{y}_i)^2 / \sum_{i=1}^{n} (y_i - \overline{y})^2 \tag{12.14}$$

と表すことができる．

　例えば，表 12.1 のデータの解析について，次の 4 つのモデルを考えてみる．

$$\begin{aligned}
\mathrm{M}_0 \quad & y_i = \beta_0 + \beta_1 x_{1i} + \beta_2 x_{2i} + u_i \\
\mathrm{M}_1 \quad & \log(y_i) = \beta_0 + u_i \\
\mathrm{M}_2 \quad & \log(y_i) = \beta_0 + \beta_1 \log(x_{1i}) + u_i \\
\mathrm{M}_3 \quad & \log(y_i) = \beta_0 + \beta_1 \log(x_{1i}) + \beta_2 \log(x_{2i}) + u_i
\end{aligned} \tag{12.15}$$

各モデルにおける回帰直線は，M_0 : $y = 550.57 - 3.75 x_1 - 0.65 x_2$, M_1 :

$\log(y) = 5.71$, $\mathrm{M_2}$: $\log(y) = 8.05 - 0.62\log(x_1)$, $\mathrm{M_3}$: $\log(y) = 8.30 - 0.56\log(x_1) - 0.12\log(x_2)$ で与えられる. それぞれの決定係数を求めると, $\mathrm{M_0}$：0.626, $\mathrm{M_1}$：0, $\mathrm{M_2}$：0.681, $\mathrm{M_3}$：0.738 となる. 決定係数が大きくなるほど重回帰モデルのデータへの適合がよいと考えられるので, 4 つのモデルの中では対数変換した重回帰モデルがデータへの当てはまりがよいと思われる.

説明変数の個数を増やしていくと決定係数 R^2 が 1 に近づいていくことが数値的に確認できる. しかし, k が増えるにつれて未知母数である回帰係数の個数が増えることになり, 回帰係数の推定量の推定精度が悪くなる. また σ^2 の推定量 $\hat{\sigma}^2$ の自由度は $n-k$ であるが, k の増加とともに自由度が減少し, その結果 $\hat{\sigma}^2$ の推定精度も低くなる. したがって, 説明変数の個数を増やすことはモデルの適合度を高くするものの, 'モデルの良さ' を考えた場合, 必ずしもよいとは限らない. そこで, 説明変数 $x_1, \ldots, x_{k-1}$ のうちどの変数を選択するかが重要な問題となる. 以下では代表的な変数選択の方法を紹介する.

自由度調整済み決定係数

(12.14) の決定係数の中に現れる統計量について, $\sum_{i=1}^{n}(y_i - \hat{y}_i)^2$, $\sum_{i=1}^{n}(y_i - \overline{y})^2$ をそれらの自由度 $n-k$, $n-1$ で割ったもの

$$\mathrm{R}_k^{*2} = 1 - \frac{\sum_{i=1}^{n}(y_i - \hat{y}_i)^2/(n-k)}{\sum_{i=1}^{n}(y_i - \overline{y})^2/(n-1)} \tag{12.16}$$

を**自由度調整済み決定係数** (adjusted R-square) と呼ぶ. これを書き直すと

$$\mathrm{R}_k^{*2} = 1 - \frac{n-1}{n-k}(1 - \mathrm{R}^2)$$

となる. この形からわかるように, k が大きくなると, $1 - \mathrm{R}^2$ が小さくなるものの分母の $n-k$ も小さくなるので, R_k^{*2} は必ずしも 1 に近づかない. 分母の $n-k$ は母数が多くなることに対するペナルティとして機能しており, 自由度調整済み決定係数 R_k^{*2} を最大にする説明変数の組を選ぶことになる.

表 12.1 のデータについて (12.15) の回帰モデルの自由度調整済み決定係数を求めると, $\mathrm{M_0}$：0.598, $\mathrm{M_1}$：0, $\mathrm{M_2}$：0.670, $\mathrm{M_3}$：0.718 となり, 対数変換した重回帰モデル $\mathrm{M_3}$ が選ばれる.

情報量規準

モデルの汎化能力を担保するために予測誤差を小さくするような変数選択の方法が考えられる．その1つが赤池情報量規準 (AIC) で，期待予測誤差の推定量を最小にする統計モデルを選択する手法である．

具体的には，重回帰モデル $\boldsymbol{y} = \boldsymbol{X\beta} + \boldsymbol{u}$ の確率密度関数を $f(\boldsymbol{y}|\boldsymbol{X\beta}, \sigma^2)$ とし，将来の変数 $\tilde{\boldsymbol{y}} = \boldsymbol{X\beta} + \tilde{\boldsymbol{u}}$ の確率密度関数を $f(\tilde{\boldsymbol{y}}|\boldsymbol{X\beta}, \sigma^2)$ と書くことにする．$\boldsymbol{\beta}$, σ^2 の最尤推定量を $\widehat{\boldsymbol{\beta}}(\boldsymbol{y})$, $\hat{\sigma}^2(\boldsymbol{y})$ とし，これらを代入したもの $f(\tilde{\boldsymbol{y}}|\boldsymbol{X}\widehat{\boldsymbol{\beta}}(\boldsymbol{y}), \hat{\sigma}^2(\boldsymbol{y}))$ を統計モデルと呼ぶ．この統計モデルを用いて将来の確率分布 $f(\tilde{\boldsymbol{y}}|\boldsymbol{X\beta}, \sigma^2)$ を予測することを考える．そこに生ずる予測誤差をカルバック・ライブラー情報量

$$\mathrm{KL}\big[f(\cdot|\boldsymbol{X\beta}, \sigma^2),\ f(\cdot|\boldsymbol{X}\widehat{\boldsymbol{\beta}}(\boldsymbol{y}), \hat{\sigma}^2(\boldsymbol{y}))\big]$$
$$= \int \cdots \int \Big\{ \log \frac{f(\tilde{\boldsymbol{y}}|\boldsymbol{X\beta}, \sigma^2)}{f(\tilde{\boldsymbol{y}}|\boldsymbol{X}\widehat{\boldsymbol{\beta}}(\boldsymbol{y}), \hat{\sigma}^2(\boldsymbol{y}))} \Big\} f(\tilde{\boldsymbol{y}}|\boldsymbol{X\beta}, \sigma^2)\, d\tilde{\boldsymbol{y}}$$

で測る．これは $\boldsymbol{y}$ に依存するので $\boldsymbol{y}$ に関して期待値をとった期待予測誤差

$$\mathrm{E}^{\boldsymbol{y}}\big[\mathrm{KL}[f(\cdot|\boldsymbol{X\beta}, \sigma^2), f(\cdot|\boldsymbol{X}\widehat{\boldsymbol{\beta}}(\boldsymbol{y}), \hat{\sigma}^2(\boldsymbol{y}))]\big]$$

を考える．この期待予測誤差を

$$\mathrm{E}^{\boldsymbol{y}}\Big[\int \cdots \int \big\{\log f(\tilde{\boldsymbol{y}}|\boldsymbol{X\beta}, \sigma^2)\big\} f(\tilde{\boldsymbol{y}}|\boldsymbol{X\beta}, \sigma^2)\, d\tilde{\boldsymbol{y}}\Big]$$
$$- \mathrm{E}^{\boldsymbol{y}}\Big[\int \cdots \int \big\{\log f(\tilde{\boldsymbol{y}}|\boldsymbol{X}\widehat{\boldsymbol{\beta}}(\boldsymbol{y}), \hat{\sigma}^2(\boldsymbol{y}))\big\} f(\tilde{\boldsymbol{y}}|\boldsymbol{X\beta}, \sigma^2)\, d\tilde{\boldsymbol{y}}\Big]$$

と分解すると，第1項は統計モデル $f(\tilde{\boldsymbol{y}}|\boldsymbol{X}\widehat{\boldsymbol{\beta}}(\boldsymbol{y}), \hat{\sigma}^2(\boldsymbol{y}))$ に依存しない項なので無視することができる．第2項を2倍したものを $\mathrm{AI}(\boldsymbol{\beta}, \sigma^2)$ とおき

$$\mathrm{AI}(\boldsymbol{\beta}, \sigma^2) = -2E^{\boldsymbol{y}}\Big[\int \cdots \int \big\{\log f(\tilde{\boldsymbol{y}}|\boldsymbol{X}\widehat{\boldsymbol{\beta}}(\boldsymbol{y}), \hat{\sigma}^2(\boldsymbol{y}))\big\} f(\tilde{\boldsymbol{y}}|\boldsymbol{X\beta}, \sigma^2)\, d\tilde{\boldsymbol{y}}\Big]$$

この漸近的な不偏推定量を求めると次のようになることが知られている．

$$\mathrm{AIC}_k = -2 \log f(\boldsymbol{y}|\boldsymbol{X}\widehat{\boldsymbol{\beta}}(\boldsymbol{y}), \hat{\sigma}^2(\boldsymbol{y})) + 2(k+1) \tag{12.17}$$

これを**赤池情報量規準** (AIC) と呼ぶ．$\hat{\sigma}^2(\boldsymbol{y}) = \mathrm{RSS}_k/n$ であるから，AIC は次のように表される．

$$\mathrm{AIC}_k = n\{\log(\mathrm{RSS}_k /n) + \log(2\pi) + 1\} + 2(k + 1) \qquad (12.18)$$

(12.17) は重回帰モデルの AIC であるが，一般の確率モデルに対しても定義することができる．確率変数 $\boldsymbol{Y}$ の同時確率密度関数を $f(\boldsymbol{y}|\boldsymbol{\theta})$ とし，未知パラメータ $\boldsymbol{\theta}$ の最尤推定量を $\widehat{\boldsymbol{\theta}}$ で表すと，AIC は一般に

$$\mathrm{AIC} = -2\log f(\boldsymbol{y}|\widehat{\boldsymbol{\theta}}) + 2 \times \dim(\boldsymbol{\theta})$$

として与えられる．$\dim(\boldsymbol{\theta})$ は未知パラメータの個数である．第 1 項はモデルの不適合の程度であり，第 2 項はモデルの複雑さに対するペナルティーに対応している．パラメータの個数が増えればモデルの適合度が増すので第 1 項は小さくなるが，第 2 項が大きくなってしまうので，予測誤差を小さくするという意味では必ずしも良いモデルとは限らないことがわかる．両者のトレード・オフな関係を，予測誤差を小さくするという視点でバランスさせた規準である．

表 12.1 のデータについて (12.15) の回帰モデルの AIC の値を計算すると，M_0: 353.41, M_1: 29.72, M_2: -2.59, M_3: -6.40 となり，対数変換した重回帰モデル M_3 の AIC が一番小さくなる．

AIC と仮説検定の関係を調べてみよう．2 つの重回帰モデル (12.3), (12.10) の AIC を比較すると，$r < k$ に対して $\mathrm{AIC}_r > \mathrm{AIC}_k$ となることは，モデル (12.3) がモデル (12.10) より優れていることを意味するので，仮説検定 $H_0 : \beta_r = \cdots = \beta_{k-1} = 0$ が棄却されることに対応する．(12.18) より，$\mathrm{AIC}_r - \mathrm{AIC}_k = n\log(\mathrm{RSS}_r / \mathrm{RSS}_k) - 2(k - r)$ と書けるので

$$n \log\Big(\frac{\mathrm{RSS}_r}{\mathrm{RSS}_k}\Big) > 2(k - r)$$

のとき H_0 を棄却するのが AIC による選択になる．一方，尤度比検定の棄却域は，(12.11) より

$$n \log\Big(\frac{\mathrm{RSS}_r}{\mathrm{RSS}_k}\Big) > \chi^2_{k-r,\alpha}$$

となるので，両者の違いは不等式の右辺の閾値の違いになる．$k - r = 1$ のときには，$\chi^2_{1,\alpha} = 2$ となる α の値は $\alpha = 15.7\%$ となり，通常の検定より第 1 種の誤りの確率が大きいことがわかる．

2 つの重回帰モデル (12.3), (12.10) は前者が後者より大きいモデルになってい

るが，このような包含関係がある場合には検定との対応関係があるので，どちらのモデルが優れているかを AIC で比較することができる．上の例では3つのモデル M_1, M_2, M_3 は包含関係があるので AIC の一番小さいモデル M_3 が選ばれる．M_0 は他の3つのモデルとは包含関係がないので4つのモデルを AIC で比較することは適切でないと思われる．

クロスバリデーション

AIC は期待予測誤差の推定量で特定の分布の仮定のもとで導出されている．これに対して分布を仮定せずデータから直接予測誤差を推定する方法がクロスバリデーションである．この方法の基本的な考え方は，データを学習データとテストデータに分割し，学習データでパラメータの推定を行い，それに基づいた予測量でテストデータを予測したときの誤差を計算する方法である．

例えば，1番目のデータ $(\boldsymbol{x}_1, y_1)$ を除いた残りの $n-1$ 個のデータから作った $\boldsymbol{\beta}$ の推定量を $\widehat{\boldsymbol{\beta}}_{(-1)}$ と書くと，y_1 を $\hat{y}_{1(-1)} = \boldsymbol{x}_1^\top \widehat{\boldsymbol{\beta}}_{(-1)}$ で予測することができる．このときの予測誤差は $(y_1 - \hat{y}_{1(-1)})^2$ となる．この場合，$(\boldsymbol{x}_1, y_1)$ がテストデータ，残りの $n-1$ 個のデータが学習データとなる．次に，2番目のデータ $(\boldsymbol{x}_2, y_2)$ を除いた残りの $n-1$ 個のデータから作った $\boldsymbol{\beta}$ の推定量 $\widehat{\boldsymbol{\beta}}_{(-2)}$ を用いて予測誤差 $(y_2 - \boldsymbol{x}_2^\top \widehat{\boldsymbol{\beta}}_{(-2)})^2$ を計算し，以下この作業を繰り返すと，次のような予測誤差が得られる．

$$\mathrm{CV} = \frac{1}{n} \sum_{i=1}^{n} \left(y_i - \boldsymbol{x}_i^\top \widehat{\boldsymbol{\beta}}_{(-i)} \right)^2 \tag{12.19}$$

これを**クロスバリデーション**（交差検証法）と呼び，特に1つを除いた $n-1$ 個のデータが学習データになることから，**一つ抜き交差検証法**と呼ぶ．n が大きいときには AIC と等価な式に近くなることも知られている．

表 12.1 のデータについて，(12.15) の中で回帰モデル M_2 と M_3 のクロスバリデーションを計算すると，$M_2 : 0.050$, $M_3 : 0.044$ となり，重回帰モデル M_3 の値の方が小さい．

表 12.2　土地価格データの多項式モデルに関する AIC

モデル	M_0	M_1	M_2	M_3	M_4
AIC	505.1	447.9	420.2	411.5	413.4

12.5　応用例

重回帰モデルを利用した解析例を紹介する.

多項式回帰と双曲線回帰

回帰分析ではデータを説明変数の一次（線形）関数で説明できることを学んできた. 重回帰モデルを用いると, 多項式関数で説明するモデルを考えることができる. n 個の 2 次元データ $(y_1, x_1), \ldots, (y_n, x_n)$ について, 次のように x_i の多項式で説明するモデルを**多項式回帰**と呼ぶ.

$$M_k \quad y_i = \beta_0 + \beta_1 x_i + \beta_2 x_i^2 + \cdots + \beta_k x_i^k + u_i \tag{12.20}$$

$x_{ji} = x_i^j$ とおくと重回帰モデル (12.1) の特別な場合として扱うことができる. 多項式の次数を決めるには変数選択規準を用いるとよい.

例えば, 表 11.2 の土地価格と通勤時間のデータについて, 11.3.2 項では y_i を対数変換することを考えたが, ここでは多項式回帰モデルを当てはめてみることにする. 各モデルの AIC の値は表 12.2 で与えられる. AIC の値を最小にするモデルは 3 次多項式を当てはめたモデル M_3 であり, そのときの回帰式は

$$y = 1066 - 35.25x + 0.508x^2 - 0.0026x^3$$

で与えられる. 回帰係数の値はすべて有意水準 1% で有意になる. 図 12.1（左）は単回帰したときの回帰直線と 3 次多項式回帰を描いたもので, 3 次多項式がよく当てはまっている. このときの残差をプロットしたのが図 12.1（中）であり, 特に問題はなさそうである. しかし, このデータへの当てはめは良さそうであるが, 通勤時間を長くしていくとこの 3 次関数はいつかは負の値をとることになるので, もう少し自然なモデルを考えてみたくなる.

そこで通勤時間の逆数で説明する回帰モデルを考えてみる. 例えば

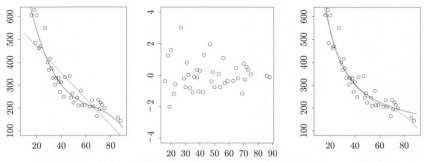

図 12.1 （左）3 次多項式の当てはめ，（中）残差プロット，（右）双曲線関数の当てはめ

$$y_i = \beta_0 + \beta_1 \frac{1}{x_i} + u_i$$

のような回帰モデルが考えられる．これは**双曲線モデル**と呼ばれる．得られる回帰式は $y = 68.31 + 9430.54/x$ となり，この曲線を描いたのが図 12.1（右）である．当てはまりは悪くないように見える．AIC の値も 411.5 となり，3 次多項式のモデルとほぼ等しい．

ダミー変数

表 12.3 は，ある年の 1 月から翌年 12 月までの 2 年間のビールの販売量 (y_i, t 単位) と東京の月平均気温 (x_i) である．暑くなるとビールの消費量が増えるのが自然なので

$$\mathrm{M_1} \quad y_i = \beta_0 + \beta_1 x_i + u_i, \quad i = 1, \ldots, 24$$

という単回帰モデルを考える．回帰分析の結果，回帰直線は $y = 146.80 + 3.15x$ となり，回帰係数は有意水準 1% で有意になる．

表 12.3 を見ると，冬にもかかわらず忘年会シーズンの 12 月は販売量が多いことがわかる．そこで，12 月については $\mathrm{Dec}_i = 1$，それ以外の月については $\mathrm{Dec}_i = 0$ となるような変数を加えて

$$\mathrm{M_2} \quad y_i = \beta_0 + \beta_1 x_i + \beta_2 \times \mathrm{Dec}_i + u_i, \quad i = 1, \ldots, 24$$

のような重回帰モデルを考えてみる．12 月に 1，それ以外には 0 ということは，

表 12.3　ビールの販売量 (y_i) と平均気温 (x_i)

月	1	2	3	4	5	6	7	8	9	10	11	12
販売量	172	144	190	202	197	276	292	220	214	172	202	240
気温	7.6	6.0	9.4	14.5	19.8	22.5	27.7	28.3	25.6	18.8	13.3	8.8
月	1	2	3	4	5	6	7	8	9	10	11	12
販売量	152	117	176	182	181	251	249	214	167	159	185	228
気温	4.9	6.6	9.8	15.7	19.5	23.1	28.5	26.4	23.2	18.7	13.1	8.4

カテゴリーを数量化して変数として取り込むことであり，このような変数を**ダミー変数**と呼ぶ．例えば，男女の別，中卒，高卒，大卒などの学歴の違い，役職の違いなどをダミー変数として組み込むことができる．M_2 のモデルを分析すると，回帰直線 $y = 126.80 + 3.98x + 72.97 \times \text{Dec}$ が得られる．12月のときには $72.97(t)$ 増やす必要があることを示している．

　さらに，夏は気温に比例する以上に販売量が多くなるかもしれないと考えて，お中元の季節である6月と7月だけ $\text{Summer}_i = 1$，その他の月では $\text{Summer}_i = 0$ となるダミー変数を組み入れたモデル

$$M_3 \quad y_i = \beta_0 + \beta_1 x_i + \beta_2 \times \text{Dec}_i + \beta_3 \times \text{Summer}_i + u_i, \quad i = 1, \ldots, 24$$

も考えられる．回帰直線は $y = 143.21 + 2.38x + 70.35 \times \text{Dec} + 63.31 \times \text{Summer}$ となり，回帰係数はすべて有意水準 1% で有意になる．3つのモデルの AIC を計算すると，$M_1 : 242.46$，$M_2 : 234.89$，$M_3 : 226.55$ となり，平均気温に12月のダミー変数と夏のダミー変数を組み込んだモデルの AIC が一番小さくなる．

演習問題

問 1　多項式回帰モデル (12.20) について次の問に答えよ．
  (1) このモデルの行列表現を与えよ．
  (2) 仮説検定 $H_0 : \beta_1 = \cdots = \beta_{k-1} = 0$ vs. $H_1 : \beta_1, \ldots, \beta_{k-1}$ のどれかが 0 でない，を考える．有意水準 α の F-検定を与えよ．
  (3) 表 11.2 の土地価格と通勤時間のデータに多項式モデル M_2 を当てはめるとき，$H_0 : \beta_1 = \beta_2 = 0$ を有意水準 1% で検定せよ．

問 2　線形回帰モデル $\boldsymbol{y} = \boldsymbol{X}\boldsymbol{\beta} + \boldsymbol{u}$ において，$\boldsymbol{u}$ の平均と共分散行列が $\mathrm{E}[\boldsymbol{u}] = \boldsymbol{0}$，$\mathrm{Cov}(\boldsymbol{u}) = \sigma^2 \boldsymbol{I}$ で与えられるとする．説明変数行列 $\boldsymbol{X}$ を $\boldsymbol{X} = (\boldsymbol{x}_{(1)}, \ldots,$ $\boldsymbol{x}_{(k)})$ と表すとき，$i \neq j$ に対して列ベクトル $\boldsymbol{x}_{(i)}$，$\boldsymbol{x}_{(j)}$ は直交する，すなわち $\boldsymbol{x}_{(i)}^\top \boldsymbol{x}_{(j)} = 0$ を満たすとして以下の問に答えよ．

   (1)　$\boldsymbol{\beta} = (\beta_1, \ldots, \beta_k)^\top$ の最小 2 乗推定量 $\widehat{\boldsymbol{\beta}} = (\widehat{\beta}_1, \ldots, \widehat{\beta}_k)^\top$ を求めよ．

   (2)　$\widehat{\boldsymbol{\beta}}$ の共分散行列を与え，$i \neq j$ のとき $\mathrm{Cov}(\widehat{\beta}_i, \widehat{\beta}_j) = 0$ を示せ．

   (3)　σ^2 の不偏推定量を求めよ．

   (4)　$\boldsymbol{u} \sim \mathcal{N}_n(\boldsymbol{0}, \sigma^2 \boldsymbol{I}_n)$ を仮定する．このとき，仮説検定 $H_0 : \beta_j = \beta_{j0}$ vs. $H_1 : \beta_j \neq \beta_{j0}$ について，有意水準 α の検定を与えよ．また，信頼係数 $1 - \gamma$ の β_j の信頼区間を与えよ．

問 3　線形回帰モデル $\boldsymbol{y} = \boldsymbol{X}\boldsymbol{\beta} + \boldsymbol{u}$ において $\boldsymbol{X}$ は $n \times k$ のフルランク行列とし，$\boldsymbol{u}$ の平均と共分散行列が $\mathrm{E}[\boldsymbol{u}] = \boldsymbol{0}$，$\mathrm{Cov}(\boldsymbol{u}) = \sigma^2 \boldsymbol{I}$ で与えられるとする．$\widehat{\boldsymbol{\beta}}$ を $\boldsymbol{\beta}$ の最小 2 乗推定量とする．2 つのベクトル $\boldsymbol{a}, \boldsymbol{b}$ に対して $\boldsymbol{a}^\top \widehat{\boldsymbol{\beta}}$ と $\boldsymbol{b}^\top \widehat{\boldsymbol{\beta}}$ の共分散を求めよ．またこれらが無相関になるための条件を与えよ．

問 4　$\mathcal{N}(0, 1)$ に従う独立な確率変数 Z_1, Z_2 に対して $U_1 = Z_1 + Z_2$, $U_2 = Z_1 - Z_2$ とおく．$U_1^2/2$, $U_2^2/2$ が独立に χ_1^2 分布に従うことをコクランの定理を用いて示せ．

問 5(*)　線形回帰モデル $\boldsymbol{y} = \boldsymbol{X}\boldsymbol{\beta} + \boldsymbol{u}$ において $\boldsymbol{u} \sim \mathcal{N}_n(\boldsymbol{0}, \sigma^2 \boldsymbol{I})$ とする．$\boldsymbol{X}$ を $n \times k$ のフルランク行列，$\boldsymbol{C}$ を $r \times k$ のフルランク行列とし，$r \leq k$ とする．このとき，仮説検定 $H_0 : \boldsymbol{C}\boldsymbol{\beta} = \boldsymbol{d}$ vs. $H_1 : \boldsymbol{C}\boldsymbol{\beta} \neq \boldsymbol{d}$ を考える．ただし，$\boldsymbol{d}$ は r 次元の既知のベクトルである．これを**線形仮説**と呼ぶ．

   (1)　H_0 のもとでの $\boldsymbol{\beta}$, σ^2 の MLE を求めよ．

   (2)　有意水準 α の尤度比検定を求めよ．

問 6(*)　線形回帰モデル $\boldsymbol{y} = \boldsymbol{X}\boldsymbol{\beta} + \boldsymbol{u}$ において $\boldsymbol{X}$ は $n \times k$ のフルランク行列とし，$\boldsymbol{u}$ の平均と共分散行列が $\mathrm{E}[\boldsymbol{u}] = \boldsymbol{0}$，$\mathrm{Cov}(\boldsymbol{u}) = \sigma^2 \boldsymbol{I}$ で与えられるとする．重相関係数を R とするとき，$\mathrm{R}^2 = 1 - \sum_{i=1}^n (y_i - \hat{y}_i)^2 / \sum_{i=1}^n (y_i - \overline{y})^2$ と書けることを示せ．

第 13 章

ロジスティック回帰とポアソン回帰

　　二者択一が迫られる場面は個人に限らず政治，経済，経営，教育，医学など様々な分野で現れる．二者択一とは，Yes か No か，購入するかしないかなど，0 か 1 を選択することである．その二者択一の選択に影響を与える要因は何かを，経験や直感で想像することもできるが，データから客観的にしかも定量的に要因を特定することができれば，因果関係の構図を一層深く理解することができる．そのためには第 11 章の回帰分析を行えばよいように思われるが，二者択一の選択は 0 か 1 の 2 つの値しかとらないため回帰分析の手法をそのまま使うことはできない．そこで利用されるのが，ロジスティック回帰モデルやプロビットモデルである．ポアソン回帰モデルを含め，本章で解説する．

13.1 ロジスティック回帰モデル

　単回帰モデルと同様に n 個の 2 次元データ $(y_1, x_1), \ldots, (y_n, x_n)$ が与えられているとする．ただし，y_i は 0 と 1 しか値をとらない **2 値データ**である場合を考える．例えば，農薬の効果的な量を測定する実験では，農薬の濃度 (x_i) に対して個々の虫が致死するか否かを調べることになり，虫が致死するとき $y_i = 1$，生存するとき $y_i = 0$ として観測される．農薬の濃度と致死との関係をモデル化し濃度に応じて致死の確率がどのように変化するかを調べる．そのための代表的な分析方法がロジスティック回帰であり様々な場面で利用されている．本節では，簡単のために x_i は 1 次元のデータとして扱うことにする．

　いま $Y_1, \ldots, Y_n$ を独立な確率変数で Y_i がベルヌーイ分布 $\mathrm{P}(Y_i = 1) = p_i$，$\mathrm{P}(Y_i = 0) = 1 - p_i$ に従うとする．観測データ y_i は Y_i の実現値である．p_i が大きければ $Y_i = 1$ となる確率が大きくなるので，p_i を x_i の関数で表すと，x_i の値に応じて p_i の値に変化が生ずるかをデータから捉えることができ，x_i が y_i にどの程度影響するかを調べることができる．そこで，p_i を x_i の関数として

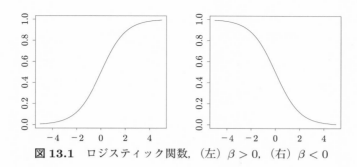

図 13.1 ロジスティック関数，（左）$\beta > 0$，（右）$\beta < 0$

$p_i = p(x_i)$ で表すことにする．ここで問題になるのが，$0 < p(x_i) < 1$ という制約である．この制約を考慮して p_i と $\alpha + \beta x_i$ とを関係づける関数 $p(x_i)$ を設定する必要がある．このような関数を**リンク関数**（**連結関数**）と呼ぶ．1つの代表的なリンク関数は次の形のもので

$$\log\left(\frac{p(x_i)}{1 - p(x_i)}\right) = \alpha + \beta x_i$$

左辺を $p(x_i)$ の**ロジット変換**と呼ぶ．これを $p(x_i)$ で解くと

$$p(x_i) = \frac{e^{\alpha + \beta x_i}}{1 + e^{\alpha + \beta x_i}} \tag{13.1}$$

と書ける．これを**ロジスティック関数**と呼ぶ．この関数は図 13.1 のように $\beta > 0$ のときには x_i の増加関数，$\beta < 0$ のときには x_i の減少関数になる．$\beta = 0$ のときには，$p(x_i)$ は x_i と無関係になり，$Y_i = 1$ となる確率には影響しない，すなわち因果関係がないということを意味する．

　ベルヌーイ分布に基づいた確率モデル

$$\prod_{i=1}^{n} \mathrm{P}(Y_i = y_i) = \prod_{i=1}^{n} \{p(x_i)\}^{y_i} \{1 - p(x_i)\}^{1 - y_i} \tag{13.2}$$

において $p(x_i)$ に (13.1) のロジット関数を代入したものを**ロジスティック回帰モデル**（**ロジットモデル**）と呼ぶ．パラメータ α, β の推定には最尤法が用いられる．尤度関数は

表 13.1　用量–反応関係（個別データ）

番号	1	2	3	4	5	6	7	8	9	10	11	12	13	14	15	16	17	18	19	20
濃度 (x)	0	0	0	0	1	1	1	1	2	2	2	2	3	3	3	3	4	4	4	4
致死 (y)	1	0	0	0	0	1	0	0	1	0	0	1	1	1	1	0	1	1	1	1

$$L(\alpha, \beta) = \prod_{i=1}^{n} \frac{e^{(\alpha + \beta x_i) y_i}}{1 + e^{\alpha + \beta x_i}}$$

であるから，対数尤度は $\ell(\alpha, \beta) = \sum_{i=1}^{n} \{(\alpha + \beta x_i) y_i - \log(1 + e^{\alpha + \beta x_i})\}$ と書ける．対数尤度を α, β に関して偏微分して得られる尤度方程式

$$\frac{\partial \ell(\alpha, \beta)}{\partial \alpha} = \sum_{i=1}^{n} \left\{ y_i - \frac{e^{\alpha + \beta x_i}}{1 + e^{\alpha + \beta x_i}} \right\} = 0$$

$$\frac{\partial \ell(\alpha, \beta)}{\partial \beta} = \sum_{i=1}^{n} x_i \left\{ y_i - \frac{e^{\alpha + \beta x_i}}{1 + e^{\alpha + \beta x_i}} \right\} = 0$$

を数値的に解くことにより，α, β の最尤推定量 $\widehat{\alpha}, \widehat{\beta}$ を求めることができる．

表 13.1 のデータは，農薬の濃度と虫の致死数との関係，いわゆる**用量–反応関係**を調べた実験の結果である．$\log_2$(濃度) の値が上段で，下段は 20 匹の虫のうち致死したとき 1，生存しているとき 0 としている．このデータにロジスティック回帰モデルを当てはめて α, β の推定値を求めてみると，$\widehat{\alpha} = -1.76, \widehat{\beta} = 1.03$ となる．

$$p(x) = \frac{e^{-1.76 + 1.03x}}{1 + e^{-1.76 + 1.03x}}$$

と書けるので，$p(0) = 0.15, p(1) = 0.33, p(2) = 0.57, p(3) = 0.79, p(4) = 0.91$ となる．$x \geq 2$ のとき 50% 以上の確率で致死することがわかる．仮説検定 $H_0: \beta = 0$ については，P 値が 0.026 なので有意水準 5% で有意となる．

13.2　2 値データ解析のモデル

以上説明してきたロジスティック回帰モデルの考え方は様々な方向へ拡張することができる．その 1 つがプロビットモデルである．そこで，ロジット関数

(13.1) を別の視点から見直してみよう.

$$g(x) = \frac{e^x}{(1+e^x)^2}, \quad -\infty < x < \infty$$

とおくとき, $g(x)$ は**ロジスティック分布**の確率密度関数を表している. 明らか
に $g(-x) = g(x)$ のような対称性を満たしている. この分布関数は

$$G(x) = \int_{-\infty}^{x} \frac{e^u}{(1+e^u)^2}\, du = \frac{e^x}{1+e^x}$$

となり, ロジスティック関数が現れる. ロジスティックモデルは $p(x_i) = G(\alpha +$
$\beta x_i)$ として, これをベルヌーイ分布に組み込んだモデルを考えていたことにな
る. このことは, 分布関数であればロジスティック分布以外の分布を用いてもよ
いことを意味する. ただし, 密度関数 $f(x)$ が $-\infty < x < \infty$ の範囲で $f(x) > 0$
である必要がある. この分布関数を $F(x)$ で表すと, 一般に

$$p(x_i) = F(\alpha + \beta x_i)$$

としてベルヌーイ分布に組み込めばよいことがわかる. 例えば, $F(\cdot)$ として標
準正規分布の分布関数 $\Phi(\cdot)$ を用いると尤度関数は

$$L(\alpha, \beta) = \prod_{i=1}^{n} \{\Phi(\alpha + \beta x_i)\}^{y_i} \{1 - \Phi(\alpha + \beta x_i)\}^{1-y_i}$$

と書ける. これを**プロビットモデル**と呼ぶ. α, β はこの尤度関数から最尤法に
より求めることができる. 表 13.1 のデータにプロビット回帰モデルを当ては
めて α, β の推定値を求めてみると, $\hat{\alpha} = -1.04$, $\hat{\beta} = 0.62$ となる. $p(x) =$
$\Phi(-1.04 + 0.62x)$ と書けるので, $p(0) = 0.15$, $p(1) = 0.34$, $p(2) = 0.58$,
$p(3) = 0.79$, $p(4) = 0.93$ となり, ロジスティック回帰を用いた場合とかなり
近い値を示している. また仮説検定 $H_0 : \beta = 0$ については, P 値が 0.014 なの
で有意水準 5% で有意となる.

2項-ロジスティック回帰

これまで説明してきたモデルは個々の虫の致死に関するデータを扱ってきた
が, 用量に応じた致死数が集計データとして報告される場合が一般的である. 次
のデータは, ニコチンの毒性に関する用量-反応関係を調べた実験結果である.

表 13.2 用量-反応関係（集計データ）

濃度 (x_i)	0.10	0.15	0.20	0.30	0.50	0.70	0.95
昆虫数 (n_i)	47	53	55	52	46	54	52
致死数 (y_i)	8	14	24	32	38	50	50
致死確率 ($p(x_i)$)	0.25	0.31	0.38	0.54	0.80	0.94	0.99

ニコチンの濃度の単位はグラム/100 cc であり，n_i がハエの数，y_i がハエの致死数である（Walpole, et al. (2002), *Probability & Statistics for Engineers & Scientists* 7nd Ed. (Prentice Hall) より引用）．この場合はロジスティック回帰で用いたベルヌーイ分布を 2 項分布に置き換えればよい．2 項分布に基づいたロジスティック回帰モデルの尤度関数は次のように書ける．

$$L(\alpha, \beta) = \prod_{i=1}^{g} \binom{n_i}{y_i} \{p(x_i)\}^{y_i} \{1 - p(x_i)\}^{n_i - y_i} = \prod_{i=1}^{g} \binom{n_i}{y_i} \frac{e^{(\alpha + \beta x_i) y_i}}{(1 + e^{\alpha + \beta x_i})^{n_i}}$$

ただし g はカテゴリー数で，表 13.2 の例では $g = 7$ である．最尤法による α, β の推定値は $\widehat{\alpha} = -1.73$, $\widehat{\beta} = 6.30$ となり，$H_0 : \beta = 0$ の検定は有意水準 1% で有意になる．濃度 x に対応する致死確率は $p(x) = e^{-1.73 + 6.30x}/(1 + e^{-1.73 + 6.30x})$ となり，この値が表 13.2 の最後の行で与えられている．仮に致死確率が 50% となるような濃度 x を求めたいときには

$$0.5 = \frac{e^{-1.73 + 6.30x}}{1 + e^{-1.73 + 6.30x}}$$

を解けばよいので，$x = 0.27$ となる．

複数の共変量をもつロジスティック回帰

共変量の数が複数ある場合には x_i を複数の共変量の組で置き換えればよい．n 個の $k+1$ 次元データ $(y_1, \boldsymbol{x}_1), \ldots, (y_n, \boldsymbol{x}_n)$ が観測されているとし，y_i は 0 か 1 の 2 値をとり，$\boldsymbol{x}_i$ は $\boldsymbol{x}_i = (x_{1i}, \ldots, x_{ki})^{\top}$ のように k 個の変数の値からなる縦ベクトルとする．$\boldsymbol{\beta} = (\beta_1, \ldots, \beta_k)^{\top}$ とおき，ロジスティック関数

$$p(\boldsymbol{x}_i) = \frac{e^{\alpha + \boldsymbol{\beta}^{\top} \boldsymbol{x}_i}}{1 + e^{\alpha + \boldsymbol{\beta}^{\top} \boldsymbol{x}_i}} = \frac{e^{\alpha + \beta_1 x_{1i} + \cdots + \beta_k x_{ki}}}{1 + e^{\alpha + \beta_1 x_{1i} + \cdots + \beta_k x_{ki}}}$$

を考えることができる．共変量が 1 つの場合と同様にして，共変量が複数ある

ときのロジスティック回帰モデルの尤度関数は (13.2) において $p(\boldsymbol{x}_i)$ を代入したものになる.

例えば,フランスのある地方における食道ガンと喫煙・飲酒との関係を調べたデータセット esoph が統計計算ソフト R のパッケージの中にある (Breslow and Day (1980), *Statistical Methods in Cancer Research*, Vol.1 (IARC) からの引用). このデータは,6 つの年齢階級,4 つの喫煙量の階級,4 つの飲酒量の階級,食道ガンの罹患者数と非罹患者数からなる.年齢階級 25-34(歳),35-44, 45-54, 55-64, 65-74, 75+ をそれぞれ $x_1 = 1, 2, 3, 4, 5, 6$ とし,飲酒量の階級 0-39 (g/day), 40-79, 80-119, 120+ をそれぞれ $x_2 = 1, 2, 3, 4$,喫煙量の階級 0-9 (g/day), 10-19, 20-29, 30+ をそれぞれ $x_3 = 1, 2, 3, 4$ としてロジスティック回帰で分析すると,定数項が -7.16, $\widehat{\beta}_1 = 0.74$, $\widehat{\beta}_2 = 1.10$, $\widehat{\beta}_3 = 0.43$ となり,有意水準 1% ですべて有意となる.したがって,食道ガンになる確率は

$$p(\boldsymbol{x}_i) = \frac{e^{-7.16+0.74x_{1i}+1.10x_{2i}+0.43x_{3i}}}{1 + e^{-7.16+0.74x_{1i}+1.10x_{2i}+0.43x_{3i}}} \tag{13.3}$$

で推定できる.飲酒,喫煙ともに多い $x_2 = x_3 = 4$ の階級の人は,年齢階級が上がるにつれ食道ガンになる確率が 0.43, 0.61, 0.76, 0.87, 0.93, 0.97 と上昇する.また 75 歳以上の高齢者については,飲酒,喫煙ともに多い $x_2 = x_3 = 4$ の階級の人の確率が 0.97 であるのに対して,飲酒,喫煙ともしない $x_2 = x_3 = 1$ の階級の人の確率が 0.23 となるので,約 4 倍の確率で食道ガンになるリスクがあることになる.

13.3 ポアソン回帰

死亡数など稀に起こる現象の個数の分布がポアソン分布に従うことを 2.1.6 項で学んだ.死亡数に影響を与える要因に関心がある場合,ポアソン分布と共変量とをどのように結ぶかが問題になる.

いま g 個の確率変数 $Y_1, \ldots, Y_g$ が独立に分布し,$Y_i \sim Po(n_i\lambda_i)$ に従うとする.また g 個の $k+1$ 次元データ $(y_1, \boldsymbol{x}_1), \ldots, (y_g, \boldsymbol{x}_g)$ が観測されているとし,y_i は Y_i の実現値であるとする.このとき,λ_i に対して $\boldsymbol{x}_i$ を

$$\log(\lambda_i) = \alpha + \boldsymbol{\beta}^\top \boldsymbol{x}_i = \alpha + \beta_1 x_{1i} + \cdots + \beta_k x_{ki}$$

のように対応させることを考える. $\lambda_i = e^{\alpha + \boldsymbol{\beta}^\top \boldsymbol{x}_i}$ を代入すると尤度関数は

$$L(\alpha, \boldsymbol{\beta}) = \prod_{i=1}^{g} \frac{n_i^{y_i}}{y_i!} e^{(\alpha + \boldsymbol{\beta}^\top \boldsymbol{x}_i) y_i} \exp\{-n_i e^{\alpha + \boldsymbol{\beta}^\top \boldsymbol{x}_i}\}$$

と書ける. これを**ポアソン回帰モデル**と呼ぶ.

表 13.3 は, 173 匹の雌カブトガニの色と重さ, その周囲に集まる雄カブトガニの個数のデータの一部である.

表 13.3　カブトガニのデータ

雌の番号	1	2	3	4	5	6	$\cdots$
色 (x_{1i})	2	3	3	4	2	1	
重さ (x_{2i})	3.05	2.60	2.15	1.85	3.00	2.30	
雄の個数 (y_i)	8	4	0	0	1	3	

雌カブトガニが産卵するときその周囲に雄カブトガニが集まる習性があり衛生雄カブトガニと呼ばれる. 雌カブトガニのどのような特徴が衛星雄カブトガニの個数に影響を与えるのかを目的に調査された (Brockman (1996) Satellite Male Groups in Horseshoe Crabs, *Limulus polyphemus, Ethology*, Vol.102, 1-21, および汪金芳 (2016)『一般化線形モデル』(朝倉書店) より引用). 色については, やや明るい, 中程度, やや暗い, 暗いをそれぞれ $x_{1i} = 1, 2, 3, 4$ とし, 重さ (kg) を x_{2i} とおくことにする. 雄の個数 (y_i) を平均 λ_i のポアソン分布に従う確率変数の実現値とし, $\log(\lambda_i) = \alpha + \beta_1 x_{1i} + \beta_2 x_{2i}$ としてポアソン回帰を行う. この場合, n_i はすべて 1 として扱う. 解析結果は, $\widehat{\alpha} = 0.09$, $\widehat{\beta}_1 = -0.17$, $\widehat{\beta}_2 = 0.55$ で, $\widehat{\beta}_1, \widehat{\beta}_2$ は有意水準 1% で有意になるので, $\log(\lambda_i) = 0.09 - 0.17 x_{1i} + 0.55 x_{2i}$ となり, カブトガニの雄は雌の明るさと重さに魅せられるようである.

この解析にはポアソン分布を使っているが, その妥当性を 10.2.4 節で紹介した検定を用いて調べてみよう. 平均と分散は $\overline{y} = 2.91$, $S^2 = 9.85$ となるので, 明らかに過分散の状況である. (10.4) で与えられた検定を用いると

$$\frac{nS^2}{\overline{y}} = 584 > \chi^2_{172, 0.01} = 218$$

より, 有意水準 1% でポアソン分布が棄却される. そこで, ポアソン分布の代わりに負の 2 項分布を用いて解析してみると, $\log(\lambda_i) = -0.32 - 0.17 x_{1i} + 0.71 x_{2i}$

となり，x_{2i} の係数が少し大きくなることがわかる．詳しい説明については汪 (2016) に書かれているので参照されたい．

演習問題

問1　連続な確率変数 X の確率密度関数が $f(x) = e^{-x}(1 + e^{-x})^{-2}$ で与えられるときロジスティック分布と呼ぶ．

(1) 原点に関して対称であることを示し，分布関数 $F(x)$ を求めよ．また $0 < p < 1$ に対して $F^{-1}(p)$ を与えよ．

(2) 積率母関数 $M(t) = \mathrm{E}[e^{tX}]$ は $\Gamma(1 + t)\Gamma(1 - t)$, $|t| < 1$, となることを示せ．（ヒント：$u = 1/(1 + e^{-x})$ とおいて変数変換を行えばよい．）

(3) $M(t)$ を用いて $\mathrm{E}[X]$ を求めよ．

問2　n 個の2次元データ $(y_1, x_1), \ldots, (y_n, x_n)$ が観測され，各 y_i は 0 か 1 の2値をとり，x_i は y_i の共変量であるとする．

(1) ロジスティック回帰モデルの尤度関数を与え，MLE を求めるための尤度方程式を与えよ．

(2) プロビット回帰モデルの尤度関数を与え，MLE を求めるための尤度方程式を与えよ．

問3　ある保険会社では自動車事故による高額請求の要因の1つとして年齢を考え，ある都市の交通事故データから因果関係を調べることを計画している．年齢階級を 18〜22 歳，23〜30 歳，30〜50 歳，51〜65 歳，66 歳以上の5段階に分け，それぞれの年齢階級の登録ドライバー数を n_1, n_2, n_3, n_4, n_5 とし，高額請求の件数を y_1, y_2, y_3, y_4, y_5 とする．

(1) 高額請求と年齢階級との因果関係を調べるために，適切と思われるモデルを立てその尤度関数を記せ．

(2) モデルのパラメータの最尤推定量を求めるための尤度方程式を記せ．年齢階級との因果関係に関して有意水準 α の尤度比検定を与えよ．

第14章
ベイズ統計とMCMC法

　日常生活において我々は，これまでの経験や知識，他者からの助言や情報などを参考にしながらよりよい行動を選択している．そして行動の結果はフィードバックされ，自分自身の中の経験と知識を更新していくという学習効果に繋がる．データ解析においても，具体的な問題設定に対する豊富な経験と知識が蓄積されているときには，そこから適切な事前情報を取り出して推測に組み入れることによってよりよい解析ができるように思われる．一方で，現実のデータは常に斬新であり我々の経験や知識を超える可能性もある．その意味ではデータの正確さと事前情報の信頼性に基づいて両者をバランスさせることが求められる．そうした視点に立って事前情報を組み込んだデータ解析の方法を提供するのがベイズ統計である．本章では，ベイズ統計の内容とマルコフ連鎖モンテカルロ法について解説する．

14.1 　事前分布と事後分布

　パラメータの推測を行う際，パラメータについて事前に様々な情報を入手できたり，従来の経験や知見，あるいは固定観念のようなものまで含めて何らかの設定を想定したりする．それが曖昧な情報か信頼できるものなのか，そうした確信の強さも含めて，事前の情報を分布として表現したものが**事前分布**である．

　例えば，コインを投げる実験を行うとき，表の出る確率をθとすると，θは区間$(0,1)$上に値をとるので，事前分布は$(0,1)$上の分布になる．単にコインと言われれば図14.1（左）のような曖昧な事前分布を考えるだろうし，10円玉と言われれば図14.1（右）のように0.5により集中する事前分布を想定するのが自然である．

　いまn個の確率変数$X_1,\ldots,X_n$の組を$\boldsymbol{X}=(X_1,\ldots,X_n)$，実現値を$\boldsymbol{x}=(x_1,\ldots,x_n)$とし，パラメータ$\theta$をもつ$\boldsymbol{X}$の確率（密度）関数を$f(\boldsymbol{x}|\theta)$と書くことにする．ベイズ統計ではパラメータを確率変数Θとして設定し，θはΘの

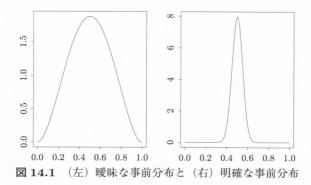

図 14.1　（左）曖昧な事前分布と（右）明確な事前分布

実現値として捉える．Θ の事前分布を $\pi(\theta)$ で表すと，ベイズ統計モデルは

$$\boldsymbol{X} \mid \Theta = \theta \sim f(\boldsymbol{x}|\theta), \quad \Theta \sim \pi(\theta)$$

のように表すことができる．ここで $\boldsymbol{X} \mid \Theta = \theta$ は $\Theta = \theta$ を与えたときの $\boldsymbol{X}$ の条件付き分布を表す．したがって，$(\boldsymbol{X}, \Theta)$ の同時確率（密度）関数と $\boldsymbol{X}$ の周辺確率（密度）関数はそれぞれ

$$f_{\boldsymbol{X},\Theta}(\boldsymbol{x},\theta) = f(\boldsymbol{x}|\theta)\pi(\theta), \quad m(\boldsymbol{x}) = \int f(\boldsymbol{x}|\theta)\pi(\theta)\,d\theta$$

で与えられる．ただし Θ が離散確率変数の場合は $\int$ を $\sum$ で置き換える．以降では Θ は連続確率変数として説明する．ベイズの定理と同様な考え方から，$\boldsymbol{X}$ から Θ への逆向きの条件付き分布を求めることができる．すなわち，$\boldsymbol{X} = \boldsymbol{x}$ を与えたときの Θ の条件付き分布の確率密度を $\pi(\theta|\boldsymbol{x})$ で表すと

$$\pi(\theta|\boldsymbol{x}) = \frac{f(\boldsymbol{x}|\theta)\pi(\theta)}{m(\boldsymbol{x})}$$

のように書ける．これを θ の**事後分布**と呼ぶ．ベイズ統計ではこの事後分布に基づいて推定，信用区間，予測などの統計的推測を行うことになる．

ベイズ推定量

θ の点推定には主に事後分布の平均

$$\hat{\theta}^{\mathrm{B}} = \mathrm{E}[\Theta|\boldsymbol{X}] = \int \theta\,\pi(\theta|\boldsymbol{X})\,d\theta$$

が用いられる. これを θ の**ベイズ推定量**と呼ぶ. この推定量は平均 2 乗誤差 $\mathrm{E}[(\hat{\theta}(\boldsymbol{X}) - \Theta)^2]$ を最小にするので, 最適性が理論上保証される点は優れているが, 事後分布に関する積分で表されるので, 場合によっては積分を数値的に計算する必要がある.

別の推定方法として, 事後分布のモードを与えるような点 θ, すなわち

$$\pi(\hat{\theta}^{\mathrm{MBL}}|\boldsymbol{X}) = \max_{\theta} \pi(\theta|\boldsymbol{X})$$

を満たす推定量を考える方法もある. これは, **最大ベイズ尤度推定量** (MBL) と呼ばれる. 尤度関数と事前分布の積 $f(\boldsymbol{x}|\theta)\pi(\theta)$ に関して最尤法を考えていることになるので, ニュートン法などを用いて数値的に解くことができる.

ベイズ信用区間

θ の区間 $[L(\boldsymbol{X}), U(\boldsymbol{X})]$ について, $\theta \in [L(\boldsymbol{X}), U(\boldsymbol{X})]$ となる事後確率が $1-\gamma$ 以上のとき, すなわち次の不等式を満たすとき

$$\int_{L(\boldsymbol{X})}^{U(\boldsymbol{X})} \pi(\theta|\boldsymbol{X})\, d\theta \geq 1 - \gamma$$

信用係数 $1 - \gamma$ の θ の **(ベイズ) 信用区間**と呼ぶ.

$L(\boldsymbol{X}), U(\boldsymbol{X})$ の求め方として

$$C(\theta) = \{\theta : \pi(\theta|\boldsymbol{X}) \geq c\}$$

のような θ の集合を考え, $\int_{C(\theta)} \pi(\theta|\boldsymbol{X})\, d\theta = 1-\gamma$ を満たすように c をとる. これは, 図 14.2 (左) のような形で与えられ, **最高事後密度信用区間** (HPD) と呼ぶ. しかし, 問題によっては $\pi(\theta|\boldsymbol{x}) \geq c$ を満たす θ の値 $L(\boldsymbol{x}), U(\boldsymbol{x})$ を求めることが容易でない場合がある.

1 つの簡便な信用区間は, 図 14.2 (右) のように, 両側に

$$\int_{-\infty}^{L(\boldsymbol{x})} \pi(\theta|\boldsymbol{x})\, d\theta = \frac{\gamma}{2}, \quad \int_{U(\boldsymbol{x})}^{\infty} \pi(\theta|\boldsymbol{x})\, d\theta = \frac{\gamma}{2} \tag{14.1}$$

となるような点を求めることによって得られる.

実現値 $\boldsymbol{x}$ を代入した区間 $[L(\boldsymbol{x}), U(\boldsymbol{x})]$ について, 信用区間は Θ がこの区間に

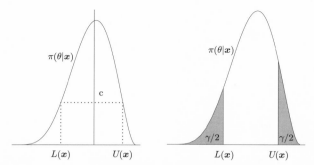

図 14.2 （左）最高事後密度信用区間と（右）簡便な信用区間

含まれる事後確率が $\mathrm{P}(L(\boldsymbol{x}) \leq \Theta \leq U(\boldsymbol{x}) | \boldsymbol{X} = \boldsymbol{x}) \geq 1 - \gamma$ を満たしている．一方，9.6 節で注意したように，θ の信頼区間については，実現値 $\boldsymbol{x}$ を代入した時点で $[L(\boldsymbol{x}), U(\boldsymbol{x})]$ は θ を含むか含まないかのどちらかになり，確率を評価することはできない．これが信頼区間と信用区間の大きな違いである．

14.2 代表例

ベイズモデルの代表例を紹介する．これ以降は，パラメータの確率変数を表示するとき，Θ のような大文字を必ずしも使用しないので注意する．

【例 14.1】（ベルヌーイ・ベータモデル） $X_1, \ldots, X_n$ が独立にベルヌーイ分布 $Ber(\theta)$ に従い，θ の事前分布はベータ分布 $Beta(\alpha_0, \beta_0)$ とし，α_0, β_0 の値はわかっているものとする．尤度関数と事前分布は次で与えられる．

$$f(\boldsymbol{x}|\theta) = \prod_{i=1}^{n} \theta^{x_i}(1-\theta)^{1-x_i} = \theta^{n\overline{x}}(1-\theta)^{n(1-\overline{x})}$$
$$\pi(\theta) = \frac{1}{B(\alpha_0, \beta_0)} \theta^{\alpha_0-1}(1-\theta)^{\beta_0-1}$$

θ の事後分布を求めるには，θ が関わる部分だけに着目すればよいので

$$\pi(\theta|\boldsymbol{x}) \propto \theta^{n\overline{x}+\alpha_0-1}(1-\theta)^{n(1-\overline{x})+\beta_0-1}$$

と書ける．これは θ の事後分布がベータ分布 $Beta(n\overline{x} + \alpha_0, n(1-\overline{x}) + \beta_0)$ に従うことを意味する．この分布から θ のベイズ推定量は

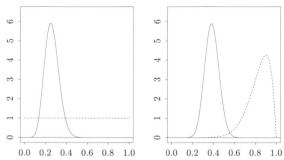

図 14.3　事前分布（点線）と事後分布（実線）．（左）$\alpha_0 = \beta_0 = 1$，（右）$\alpha_0 = 10,\ \beta_0 = 2$

$$\hat{\theta}^{\mathrm{B}} = \mathrm{E}[\theta|\boldsymbol{X}] = \frac{n\overline{X} + \alpha_0}{n + \alpha_0 + \beta_0} = \frac{n}{n + \alpha_0 + \beta_0}\overline{X} + \frac{\alpha_0 + \beta_0}{n + \alpha_0 + \beta_0}\frac{\alpha_0}{\alpha_0 + \beta_0}$$

となる．$\overline{X}$ は事前情報がないときの MLE で $\alpha_0/(\alpha_0 + \beta_0)$ は事前分布の平均であるから，ベイズ推定量は両者の加重平均として表される．n が大きくなれば $\overline{X}$ に近づき，n が小さいときには事前分布の平均の方へ近づく．また，事前分布の分散はベータ分布の分散なので $\alpha_0\beta_0/\{(\alpha_0 + \beta_0)^2(\alpha_0 + \beta_0 + 1)\}$ となり，α_0 もしくは β_0 が大きくなれば分散は小さくなる．事前分布の分散が小さくなることは事前分布の平均への確信が増すことになるので，ベイズ推定量は $\alpha_0/(\alpha_0 + \beta_0)$ の方へ近づくことがわかる．

　$n = 40$, $n\overline{x} = 10$ のとき，2 つの事前分布 (a) $\alpha_0 = \beta_0 = 1$, (b) $\alpha_0 = 10$, $\beta_0 = 2$ を考えてみると，事後分布は (a) $Beta(11, 31)$, (b) $Beta(20, 32)$ となり，図 14.3 のような形状になる．ベイズ推定値はそれぞれ (a) $11/42 = 0.26$, (b) $20/52 = 0.38$ となり，信用係数 95% のベイズ信用区間は (a) $[0.14, 0.40]$, (b) $[0.26, 0.52]$ となる．ただし，信用区間は (14.1) の簡便なものを用いた．一方 MLE については，$\overline{x} = 0.25$ であり，信頼係数 95% の信頼区間は $\overline{x} \pm \{\overline{x}(1 - \overline{x})/n\}^{1/2}z_{0.025}$ より $[0.12, 0.38]$ で与えられる．(b) の場合からわかるようにベイズ手法は事前分布の設定に敏感に反応する．その意味では，信頼性の高い事前情報がないときには，(a) の設定のような一様分布として曖昧な事前分布に設定しておいた方がよい．曖昧な事前分布のもとで得られたベイズ推定値と信用区間は MLE に基づいた推定値と信頼区間に近い値を示している．　　　　　　　□

【例 14.2】(分散既知の正規分布) $X_1, \ldots, X_n$ が独立に正規分布 $\mathcal{N}(\mu, \sigma_0^2)$ に従い，μ の事前分布を $\mathcal{N}(\mu_0, \tau_0^2)$ とし，$\sigma_0^2, \mu_0, \tau_0^2$ の値はわかっているものとする．このとき，尤度関数と事前分布の確率密度関数は次のように表される．

$$f(\boldsymbol{x}|\mu) = \frac{1}{(2\pi\sigma_0^2)^{n/2}} \exp\Big[-\frac{1}{2\sigma_0^2}\Big\{\sum_{i=1}^{n}(x_i - \overline{x})^2 + n(\overline{x} - \mu)^2\Big\}\Big]$$

$$\pi(\mu) = \frac{1}{(2\pi\tau_0^2)^{1/2}} \exp\Big[-\frac{1}{2\tau_0^2}(\mu - \mu_0)^2\Big]$$

同時確率関数 $f(\boldsymbol{x}|\mu)\pi(\mu)$ を書き直すために

$$\widehat{\mu}^{\mathrm{B}} = \frac{(n/\sigma_0^2)\overline{x} + (1/\tau_0^2)\mu_0}{n/\sigma_0^2 + 1/\tau_0^2} = \frac{n\tau_0^2}{n\tau_0^2 + \sigma_0^2}\overline{x} + \frac{\sigma_0^2}{n\tau_0^2 + \sigma_0^2}\mu_0 \tag{14.2}$$

とおくと，次のように変形できることがわかる．

$$\frac{n}{\sigma_0^2}(\overline{x} - \mu)^2 + \frac{1}{\tau_0^2}(\mu - \mu_0)^2 = \Big(\frac{n}{\sigma_0^2} + \frac{1}{\tau_0^2}\Big)(\mu - \widehat{\mu}^{\mathrm{B}})^2 + \frac{n}{\sigma_0^2 + n\tau_0^2}(\overline{x} - \mu_0)^2$$

したがって，$s^2 = n^{-1}\sum_{i=1}^{n}(x_i - \overline{x})^2$ とおくと

$$f(\boldsymbol{x}|\mu)\pi(\mu) = \frac{1}{(2\pi\sigma_0^2)^{n/2}(2\pi\tau_0^2)^{1/2}} \exp\Big\{-\frac{n/\sigma_0^2 + 1/\tau_0^2}{2}(\mu - \widehat{\mu}^{\mathrm{B}})^2$$
$$-\frac{n}{2(\sigma_0^2 + n\tau_0^2)}(\overline{x} - \mu_0)^2 - \frac{n}{2\sigma_0^2}s^2\Big\} \tag{14.3}$$

と表されるので，μ の事後分布は $\pi(\mu|\boldsymbol{x}) = \mathcal{N}(\widehat{\mu}^{\mathrm{B}}, (n/\sigma_0^2 + 1/\tau_0^2)^{-1})$ となる．$\widehat{\mu}^{\mathrm{B}}$ において $\boldsymbol{x}$ を確率変数で置き換えたものが μ のベイズ推定量である．σ_0^2/n が小さくなれば標本平均に近づき，τ_0^2 が小さくなれば事前分布の平均 μ_0 へ近づくことがわかる．

$\overline{x}$ が与えられたときの μ の条件付き分布が $(n/\sigma_0^2 + 1/\tau_0^2)^{1/2}(\mu - \widehat{\mu}^{\mathrm{B}}) \sim \mathcal{N}(0, 1)$ に従うので，$(n/\sigma_0^2 + 1/\tau_0^2)^{1/2}|\mu - \widehat{\mu}^{\mathrm{B}}| \leq z_{\gamma/2}$ となる確率は $1 - \gamma$ になる．したがって，信用係数 $1 - \gamma$ の μ のベイズ信用区間は

$$\widehat{\mu}^{\mathrm{B}} \pm \frac{1}{\sqrt{n/\sigma_0^2 + 1/\tau_0^2}}z_{\gamma/2} \tag{14.4}$$

で与えられる．事後分布が単峰で対称なので，最高事後密度信用区間と簡便な信用区間は一致する．

いま $n = 20$ に対して $\overline{x} = 5$ というデータが観測されたとし，分散は $\sigma_0^2 = 4$ であるとする．μ の事前情報は曖昧なので事前分布として $\mathcal{N}(0, 100)$ を用いて

みる. このとき, μ のベイズ推定値は 4.99, 信用係数 95% のベイズ信用区間は $[4.11, 5.87]$ となる. 信頼係数 95% の μ の信頼区間 $\bar{x} \pm (\sigma_0/\sqrt{n})z_{\alpha/2}$ を計算すると $[4.12, 5.88]$ となる. ベイズ信用区間と信頼区間の考え方は異なるが, 曖昧な事前分布を用いる場合, 両者は近い結果を与える.　　　　　　　　□

【例 14.3】(ポアソン・ガンマモデル)　確率変数 X がポアソン分布 $Po(n\lambda)$ に従い, λ の事前分布 $\pi(\lambda)$ としてガンマ分布 $Ga(\alpha_0, \beta_0)$ を想定するベイズモデルを考える. n は既知の正の実数であるが, 個々にポアソン分布 $Po(\lambda)$ に従う確率変数の n 個の和の分布は $Po(n\lambda)$ に従うので, n をデータ数と考えると自然かもしれない. このとき, X と λ の同時確率関数は

$$f(x|\lambda)\pi(\lambda) = \frac{(n\lambda)^x}{x!}e^{-n\lambda}\frac{1}{\Gamma(\alpha_0)\beta_0^{\alpha_0}}\lambda^{\alpha_0-1}e^{-\lambda/\beta_0}$$
$$= \frac{n^x}{x!\Gamma(\alpha_0)\beta_0^{\alpha_0}}\lambda^{x+\alpha_0-1}e^{-\lambda(n+\beta_0^{-1})}$$

と書けるので, λ の事後分布はガンマ分布に従い

$$\pi(\lambda|X) \sim Ga\Big(X + \alpha_0, \frac{\beta_0}{1+n\beta_0}\Big)$$

となることがわかる. λ のベイズ推定量は

$$\hat{\lambda}^B = E[\lambda|X] = \frac{\beta_0}{1+n\beta_0}(X + \alpha_0)$$

となり, 信用区間については (14.1) で与えられる簡便なものが用いられる.

　例えば, $n = 20$, $x = 20$ のとき, $\alpha_0 = 1$, $\beta_0 = 100$ のような曖昧な事前分布を設定すると, 事後分布は $Ga(21, 0.049975)$ となるので, ベイズ推定値は $\hat{\lambda}^B = 1.05$, 信用係数 95% の信用区間は $[0.65, 1.54]$ となる. 一方, MLE については $\hat{\lambda} = 1$ であり, 信頼係数 95% の信頼区間 $\hat{\lambda} \pm (\lambda/n)^{1/2}z_{0.025}$ は $[0.56, 1.44]$ となり, 曖昧な事前分布のベイズ手法に近い値を示している.　　　　　　　　□

14.3　ベイズ流仮説検定とベイズファクター

　第 9 章で学んだように, 仮説検定は帰無仮説と対立仮説という 2 つの仮説を立て, どちらが正しいかをデータから判断する統計手法である. 確率変数の組

$\boldsymbol{X}$ の同時確率（密度）関数を $f(\boldsymbol{x}|\theta)$ で表すとき，母数空間 $\Omega = \{\theta\}$ が 2 つの部分集合 Ω_0, Ω_1 に分割されるとする．ここで $\Omega_0 \cap \Omega_1 = \emptyset$, $\Omega_0 \cup \Omega_1 = \Omega$ を満たす．このとき，一般に仮説検定は次のように表される．

$$H_0 : \theta \in \Omega_0 \quad \text{vs.} \quad H_1 : \theta \in \Omega_1$$

ベイズの枠組みでも仮説検定の方法がいくつか提案されている．通常の仮説検定では帰無仮説と対立仮説で役割が異なるが，ベイズの枠組みでは両者を対等に扱いどちらの仮説を選ぶかという仮説選択が主に考えられている．$I(A)$ を A が成り立つとき 1，そうでないとき 0 とし，θ の事前分布として

$$\pi(\theta) = w_0 \pi_0(\theta) I(\theta \in \Omega_0) + w_1 \pi_1(\theta) I(\theta \in \Omega_1)$$

のような分布を考える．ここで，w_0, w_1 は区間 $(0,1)$ 上の定数で $w_0 + w_1 = 1$ を満たし，$\int_{\Omega_i} \pi_i(\theta)\, d\theta = 1$, $i = 0, 1$，とする．それぞれの仮説の事前確率は

$$\mathrm{P}(H_i) = \int_{\Omega_i} \pi(\theta)\, d\theta = w_i, \quad i = 0, 1$$

と表され，仮説の上の事前分布は

$$\pi(\theta|H_i) = \frac{w_i \pi_i(\theta) I(\theta \in \Omega_i)}{\mathrm{P}(H_i)} = \pi_i(\theta) I(\theta \in \Omega_i)$$

と書ける．このとき仮説 H_i のもとでの $\boldsymbol{X}$ の周辺尤度は

$$m(\boldsymbol{x}|H_i) = \int_{\Omega} f(\boldsymbol{x}|\theta) \pi(\theta|H_i)\, d\theta = \int_{\Omega_i} f(\boldsymbol{x}|\theta) \pi_i(\theta)\, d\theta$$

となる．ベイズの定理を用いると，$\boldsymbol{X} = \boldsymbol{x}$ が与えられたときの仮説 H_i の条件付き確率は，$i = 0, 1$ に対して次のようになる．

$$\begin{aligned}
\mathrm{P}(H_i|\boldsymbol{x}) &= \frac{\mathrm{P}(H_i) m(\boldsymbol{x}|H_i)}{\mathrm{P}(H_0) m(\boldsymbol{x}|H_0) + \mathrm{P}(H_1) m(\boldsymbol{x}|H_1)} \\
&= \frac{w_i \int_{\Omega_i} f(\boldsymbol{x}|\theta) \pi_i(\theta)\, d\theta}{w_0 \int_{\Omega_0} f(\boldsymbol{x}|\theta) \pi_0(\theta)\, d\theta + w_1 \int_{\Omega_1} f(\boldsymbol{x}|\theta) \pi_1(\theta)\, d\theta}
\end{aligned}$$

これを仮説 H_i の事後確率と呼び，2 つの仮説の事後確率の比

$$\frac{\mathrm{P}(H_0|\boldsymbol{x})}{\mathrm{P}(H_1|\boldsymbol{x})} = \frac{m(\boldsymbol{x}|H_0)}{m(\boldsymbol{x}|H_1)} \frac{\mathrm{P}(H_0)}{\mathrm{P}(H_1)} = \frac{\int_{\Omega_0} f(\boldsymbol{x}|\theta) \pi_0(\theta)\, d\theta}{\int_{\Omega_1} f(\boldsymbol{x}|\theta) \pi_1(\theta)\, d\theta} \frac{w_0}{w_1} \tag{14.5}$$

を**事後オッズ比**, $\mathrm{P}(H_0)/\mathrm{P}(H_1) = w_0/w_1$ を**事前オッズ比**と呼ぶ. どちらの仮説を選択するかを決める 1 つの方法は, 事後オッズ比が 1 より大きいか小さいかで判断することである. すなわち

「$\mathrm{P}(H_0|\boldsymbol{x}) < \mathrm{P}(H_1|\boldsymbol{x})$ ならば, H_1 を選択する」

となり, 逆向きの不等式のときには H_0 を選択する.

よく知られた仮説選択の方法にベイズファクターがある. 周辺尤度の比

$$\mathrm{BF}_{01} = \frac{m(\boldsymbol{x}|H_0)}{m(\boldsymbol{x}|H_1)} = \frac{\int_{\Omega_0} f(\boldsymbol{x}|\theta)\pi_0(\theta)\,d\theta}{\int_{\Omega_1} f(\boldsymbol{x}|\theta)\pi_1(\theta)\,d\theta} \tag{14.6}$$

を**ベイズファクター**と呼び

「$\mathrm{BF}_{01} < 1$, すなわち $m(\boldsymbol{x}|H_0) < m(\boldsymbol{x}|H_1)$ ならば, H_1 を選択する」

となる. 仮説 H_i の事前確率を決めるのが困難な場合は $w_0 = w_1 = 0.5$ とする. このときベイズファクターは事後オッズ比に等しくなる.

帰無仮説が単純仮説であるような典型的な仮説検定 $H_0 : \theta = \theta_0$ vs. $H_1 : \theta \neq \theta_0$ を考えてみよう. 事前分布として

$$\pi(\theta) = w_0\delta_{\theta_0}(\theta) + (1 - w_0)\pi_1(\theta)$$

のような形のものをとってみる. ここで $\delta_{\theta_0}(\theta)$ は $\theta = \theta_0$ で確率 1 をとる確率分布を表し, $\pi_0(\theta) = \delta_{\theta_0}(\theta)$, $\mathrm{P}(H_0) = w_0$, $\mathrm{P}(H_1) = 1 - w_0$ に対応する. (14.5), (14.6) より, 事後オッズ比とベイズファクターはそれぞれ

$$\frac{\mathrm{P}(H_0|\boldsymbol{x})}{\mathrm{P}(H_1|\boldsymbol{x})} = \frac{f(\boldsymbol{x}|\theta_0)}{\int_{\Omega} f(\boldsymbol{x}|\theta)\pi_1(\theta)\,d\theta}\frac{w_0}{1 - w_0}$$

$$\mathrm{BF}_{01} = \frac{f(\boldsymbol{x}|\theta_0)}{\int_{\Omega} f(\boldsymbol{x}|\theta)\pi_1(\theta)\,d\theta} \tag{14.7}$$

と表される. この場合, 尤度比検定は θ の MLE $\hat{\theta}$ を用いて $f(\boldsymbol{x}|\theta_0)/f(\boldsymbol{x}|\hat{\theta})$ で与えられるが, ベイズファクターと尤度比検定との違いは, 分母に現れる積分 $\int_{\Omega} f(\boldsymbol{x}|\theta)\pi_1(\theta)\,d\theta$ を最大尤度 $f(\boldsymbol{x}|\hat{\theta})$ で置き換える点である.

ベイズファクターや事後オッズ比による仮説選択は第 9 章の仮説検定とは異なっているが, ベイズの枠組みでも信用区間を用いると仮説検定の考え方に近い

手法が得られる. 信用係数 $1-\gamma$ の θ の最高事後密度信用領域 $C(\theta)$ は

「$C(\theta) = \{\theta : \pi(\theta|\boldsymbol{X}) \geq c\}$ で $\displaystyle\int_{C(\theta)} \pi(\theta|\boldsymbol{X})\, d\theta = 1-\gamma$ を満たす集合」

として与えられる. これを用いると, $H_0 : \theta = \theta_0$ を検定する問題において

$$\text{「}\theta_0 \notin C(\theta) \text{ ならば帰無仮説 } H_0 \text{ を棄却する」} \tag{14.8}$$

という方法も考えられる. $\theta_0 \notin C(\theta)$ とは, 事後確率が小さく信用係数 $1-\gamma$ では起こりえない領域に θ_0 があることを意味する.

【例 14.4】(分散既知の正規分布) 例 14.2 の設定のもとで, 仮説検定 $H_0 : \mu = m_0$ vs. $H_1 : \mu \neq m_0$ を考える. (14.3) より, $\boldsymbol{X}$ の周辺分布は

$$\int_{-\infty}^{\infty} f(\boldsymbol{x}|\mu)\pi(\mu)\, d\mu$$
$$= \frac{1}{(2\pi\sigma_0^2)^{n/2}} \frac{\sigma_0}{\sqrt{\sigma_0^2 + n\tau_0^2}} \exp\left\{-\frac{n}{2(\sigma_0^2 + n\tau_0^2)}(\bar{x} - \mu_0)^2 - \frac{n}{2\sigma_0^2} s^2\right\}$$

と表される. したがって, ベイズファクターは

$$\mathrm{BF}_{01} = \frac{f(\boldsymbol{x}|m_0)}{\int_{-\infty}^{\infty} f(\boldsymbol{x}|\mu)\pi(\mu)\, d\mu}$$
$$= \frac{\sqrt{\sigma_0^2 + n\tau_0^2}}{\sigma_0} \exp\left\{\frac{n}{2(\sigma_0^2 + n\tau_0^2)}(\bar{x} - \mu_0)^2 - \frac{n}{2\sigma_0^2}(\bar{x} - m_0)^2\right\}$$

となり, $\mathrm{BF}_{01} < 1$ のとき H_0 を棄却することになる. ジェフリーズはベイズファクターの常用対数の値に基づいて仮説の支持の程度を判断する指標を与えている. それは, $\mathrm{LBF} = \log_{10}(\mathrm{BF}_{01})$ とおくとき, $\mathrm{LBF} > 0$ のとき H_0 を支持, $-0.5 < \mathrm{LBF} < 0$ のとき H_1 を弱く支持, $-1 < \mathrm{LBF} < -0.5$ のとき H_1 を支持, $-2 < \mathrm{LBF} < -1$ のとき H_1 を強く支持, などとする方法である.

(14.8) を用いる方法では, 信用係数 $1-\gamma$ の μ のベイズ信用区間が (14.4) で与えられるので

$$m_0 \notin \left[\widehat{\mu}^{\mathrm{B}} - \frac{1}{\sqrt{n/\sigma_0^2 + 1/\tau_0^2}} z_{\gamma/2},\ \widehat{\mu}^{\mathrm{B}} + \frac{1}{\sqrt{n/\sigma_0^2 + 1/\tau_0^2}} z_{\gamma/2}\right]$$

のとき H_0 を棄却することになる.

いま $n = 20$ に対して $\bar{x} = 5$ というデータが観測されたとし, 分散は $\sigma_0^2 = 4$

であるとする．μ の事前情報は曖昧なので事前分布として $\mathcal{N}(0, 100)$ としてみる．$H_0 : \mu = m_0$ を検定するときのベイズファクターについて，m_0 が区間 $[3.863, 6.137]$ の中にあるときには $\log_{10}(\mathrm{BF}_{01}) > 0$ となり H_0 が選択され，それ以外では H_1 が選択される．一方 (14.8) の方法では，例 14.4 から信頼係数 95% の μ のベイズ信用区間は $[4.11, 5.87]$ であったので，$m_0 \in [4.11, 5.87]$ のときには H_0 が選択され，それ以外では H_1 が選択される．

　事前分布を仮定しない通常の仮説検定では，信頼係数 95% の μ の信頼区間は $[4.12, 5.88]$ となので，$m_0 \in [4.12, 5.88]$ のとき H_0 が受容され，それ以外では有意水準 5% で H_0 を棄却し H_1 が選択される．例えば，$m_0 = 4$ の場合，$H_0 : \mu = 4$ vs. $H_1 : \mu \neq 4$ の検定では，ベイズファクターは H_0 を選択し，ベイズ信用区間と信頼区間による検定は H_1 を選択することになる．　　　　□

14.4　事前分布の選択

　例 14.1 でみたように，ベイズ手法は事前分布の設定の仕方から大きな影響を受けるので，事前分布の設定は極めて重要である．ここでは事前分布の代表的な設定方法について解説する．確率変数の組 $\boldsymbol{X}$ の同時確率（密度）関数を $f(\boldsymbol{x}|\theta)$ とし，θ の事前分布を $\pi(\theta|\lambda)$ とする．事前分布のパラメータ λ を**超母数**と呼ぶ．$\boldsymbol{X}$ の周辺分布を $m(\boldsymbol{x}|\lambda) = \int f(\boldsymbol{x}|\theta)\pi(\theta|\lambda)\,d\theta$，$\theta$ の事後分布を $\pi(\theta|\boldsymbol{x}, \lambda) = f(\boldsymbol{x}|\theta)\pi(\theta|\lambda)/m(\boldsymbol{x}|\lambda)$ と表すことにする．

共役事前分布

　事前分布 $\pi(\theta|\lambda)$ と事後分布 $\pi(\theta|\boldsymbol{x}, \lambda)$ が同じ分布族に入るとき，**共役事前分布**と呼ぶ．例 14.1，例 14.2，例 14.3 で取り上げたベイズモデルは共役事前分布の代表例である．具体的には次で与えられる．

$$\begin{cases} X|\theta \sim Bin(n, \theta) \\ \theta \sim Beta(\alpha_0, \beta_0) \end{cases} \text{のとき，} \quad \theta|X \sim Beta(X + \alpha_0, n - X + \beta_0)$$

$$\begin{cases} X|\theta \sim Po(n\theta) \\ \theta \sim Ga(\alpha_0, \beta_0) \end{cases} \text{のとき，} \quad \theta|X \sim Ga\left(X + \alpha_0, \frac{\beta_0}{1 + n\beta_0}\right)$$

$$\begin{cases} \overline{X}|\mu \sim \mathcal{N}(\mu, \sigma_0^2/n) \\ \mu \sim \mathcal{N}(\mu_0, \tau_0^2) \end{cases} \quad \text{のとき,} \quad \mu|\overline{X} \sim \mathcal{N}\Big(\widehat{\mu}^{\mathrm{B1}}, \frac{1}{n/\sigma_0^2 + 1/\tau_0^2}\Big)$$

ただし,$\widehat{\mu}^{\mathrm{B1}}$ は (14.2) のベイズ推定量である.同様にして,$\widehat{\mu}^{\mathrm{B2}} = (n\overline{X} + \lambda_0\mu_0)/(n + \lambda_0)$ に対して次が成り立つ.

$$\begin{cases} \overline{X}|\mu, \eta \sim \mathcal{N}(\mu, 1/(n\eta)) \\ \eta n S^2|\eta \sim \chi_{n-1}^2 \end{cases} \begin{cases} \mu|\eta \sim \mathcal{N}(\mu_0, 1/(\lambda_0\eta)) \\ \eta \sim Ga(\alpha_0, \beta_0) \end{cases} \quad \text{のとき,}$$

$$\begin{cases} \mu|\overline{X}, S^2, \eta \sim \mathcal{N}\Big(\widehat{\mu}^{\mathrm{B2}}, \frac{1}{(n+\lambda_0)\eta}\Big) \\ \eta|\overline{X}, S^2 \sim Ga\Big(\frac{n}{2} + \alpha_0, \Big\{\frac{n\lambda_0}{2(n+\lambda_0)}(\overline{X} - \mu_0)^2 + \frac{n}{2}S^2 + \frac{1}{\beta_0}\Big\}^{-1}\Big) \end{cases}$$

共役事前分布の利点は,データによる更新過程を同じ分布族の中で構成できることにある.例えば,n 個のデータ $\boldsymbol{x}_n = (x_1, \ldots, x_n)$ に基づいて θ の事後分布が $g(\theta|n, \hat{\lambda}_n(\boldsymbol{x}_n))$ で与えられるとする.$n+1$ 個目のデータ x_{n+1} が観測されたとき,$\boldsymbol{x}_{n+1} = (x_1, \ldots, x_n, x_{n+1})$ に基づいて θ の事後分布が同じ分布族の中で $g(\theta|n+1, \hat{\lambda}_{n+1}(\boldsymbol{x}_{n+1}))$ に更新されることになる.

主観事前分布と無情報事前分布

これまで説明してきた事前分布は $\pi(\theta|\lambda)$ のように超母数 λ を含め事前分布の形があらかじめわかっているという設定であった.このような事前分布を**主観事前分布**と呼ぶ.ベイズ手法は超母数のとり方に強く影響されるので,解析者の恣意性を避けるためにも,事前分布はデータがとられる前に設定する必要がある.

これに対して,恣意性による影響を緩和もしくは排除するような事前分布の設定方法を**客観ベイズ法**と呼ぶ.客観性を持たせる事前分布として**無情報事前分布**がある.これにはいくつかの方法があるが,代表的なものが**ジェフリーズの事前分布**である.$\boldsymbol{X}$ の確率(密度)関数 $f(\boldsymbol{x}|\theta)$ における θ のフィッシャー情報量 $I(\theta)$ が (8.2) もしくは (8.3) で与えられるが,ジェフリーズの事前分布 $\pi^{\mathrm{J}}(\theta)$ は,情報量の平方根

$$\pi^{\mathrm{J}}(\theta) = \sqrt{I(\theta)} \tag{14.9}$$

で定義される.ただし定数倍は無視する.パラメータの個数が 2 以上の場合も

同様に定義される. 例えば, $\boldsymbol{\theta} = (\theta_1, \theta_2)$ の場合, 2 次元のフィッシャー情報量行列 $\boldsymbol{I}(\boldsymbol{\theta})$ は 1 次元の拡張として (8.7) で定義されるので, この場合のジェフリーズの事前分布は, $\boldsymbol{I}(\boldsymbol{\theta})$ の行列式 $|\boldsymbol{I}(\boldsymbol{\theta})|$ の平方根として与えられる.

$$\pi^{\mathrm{J}}(\boldsymbol{\theta}) = \sqrt{|\boldsymbol{I}(\boldsymbol{\theta})|}$$

例えば, $Ber(\theta)$ もしくは $Bin(n, \theta)$ のときには, $I(\theta) = 1/\{\theta(1 - \theta)\}$ より $\pi^{\mathrm{J}}(\theta) = 1/\sqrt{\theta(1 - \theta)}$ となる. $Po(\theta)$ については, $I(\theta) = 1/\theta$ より $\pi^{\mathrm{J}}(\theta) = 1/\sqrt{\theta}$ となる. $\mathcal{N}(\mu, \sigma_0^2)$ の場合には, $I(\mu) = 1/\sigma_0^2$ で定数になるので, $\pi^{\mathrm{J}}(\mu) = 1$ となる. $\mathcal{N}(\mu, \sigma^2)$ で μ, σ^2 ともに未知の場合, (μ, σ) に関するフィッシャー情報量行列は $\boldsymbol{I}(\mu, \sigma) = \mathrm{diag}\,(1/\sigma^2, 2/\sigma^2)$ と書けるので, $|\boldsymbol{I}(\mu, \sigma)| = 2/\sigma^4$ となり, $\pi^{\mathrm{J}}(\mu, \sigma) = 1/\sigma^2$ となることがわかる.

$\overline{X}$ の確率分布が $\mathcal{N}(\mu, \sigma_0^2/n)$ に従い, μ に無情報事前分布 $\pi(\mu) = 1$ を想定した場合, 事後分布は $\mu|\overline{X} \sim \mathcal{N}(\overline{X}, \sigma_0^2/n)$ となるので, μ のベイズ推定量は $\widehat{\mu}^{\mathrm{B}} = \overline{X}$, 信用区間は $\overline{X} \pm (\sigma_0/\sqrt{n})z_{\gamma/2}$ で与えられる. これらは, 事前分布を仮定しないときの MLE と信頼区間に一致することがわかる.

無情報事前分布については全範囲で積分すると $\int_\Omega \pi^{\mathrm{J}}(\theta)\,d\theta = \infty$ となる場合が多い. 一般に全範囲での積分が発散してしまう事前分布を**非正則な事前分布**と呼ぶ. これに対して, $Ber(\theta)$ のジェフリーズの事前分布は $\int_0^1 \{\theta(1 - \theta)\}^{-1/2}\,d\theta = B(1/2, 1/2)$ となって有限になる. 全範囲での積分が有限になる事前分布を一般に**正則な事前分布**と呼ぶ.

経験ベイズ法

事前分布 $\pi(\theta|\lambda)$ の超母数 λ の設定が推測に大きな影響を与えることから, λ を未知パラメータとして扱い, これをデータから推定する方法がある. このアプローチを**経験ベイズ法**と呼ぶ. 具体的には, λ が与えられたもとで θ のベイズ推定量 $\hat{\theta}^{\mathrm{B}}(\lambda)$ を求める. λ は未知なので, $\boldsymbol{X}$ の周辺分布 $m(\boldsymbol{x}|\lambda) = \int f(\boldsymbol{x}|\theta)\pi(\theta|\lambda)\,d\theta$ から λ の推定量 $\hat{\lambda}$ を求める. この導出には MLE を用いることが多い. $\hat{\lambda}$ をベイズ推定量 $\hat{\theta}^{\mathrm{B}}(\lambda)$ に代入したもの $\hat{\theta}^{\mathrm{B}}(\hat{\lambda})$ を経験ベイズ推定量と呼ぶ.

経験ベイズ法では, 超母数 λ をデータに決めさせることによって λ の設定に客観性を持たせることができる. しかし, 周辺分布の尤度方程式を解いて λ の MLE を求めることが困難な場合もある. そのときには 17.5.2 項の EM アルゴ

リズムなどを利用して数値解を求めるのが便利である.

【例 14.5】（分散既知の正規分布）　例 14.2 と同様な設定を考える. すなわち, $\overline{X}|\mu \sim \mathcal{N}(\mu, \sigma_0^2/n)$ とし, μ の事前分布 $\pi(\mu|\tau^2)$ を $\mathcal{N}(\mu_0, \tau^2)$ とする. ここで τ^2 は未知のパラメータとする. τ^2 を与えたときの μ のベイズ推定量は

$$\hat{\mu}^{\mathrm{B}}(\tau^2) = \frac{n\tau^2\overline{X} + \sigma_0^2\mu}{n\tau^2 + \sigma_0^2} = \overline{X} - \frac{\sigma_0^2}{n\tau^2 + \sigma_0^2}(\overline{X} - \mu_0)$$

と表される. τ^2 は未知なので $\overline{X}$ の周辺分布から推定する. $\overline{X} \sim \mathcal{N}(\mu_0, \tau^2 + \sigma_0^2/n)$ となるので, 定数項を除いた対数尤度は

$$\ell(\tau^2) \propto -\frac{1}{2}\left\{\log(n\tau^2 + \sigma_0^2) + \frac{n}{n\tau^2 + \sigma_0^2}(\overline{X} - \mu_0)^2\right\}$$

と書ける. τ^2 に関して微分すると

$$\ell'(\tau^2) = -\frac{n}{2}\left\{\frac{1}{n\tau^2 + \sigma_0^2} - \frac{n}{(n\tau^2 + \sigma_0^2)^2}(\overline{X} - \mu_0)^2\right\}$$

となるので, τ^2 の解は $\hat{\tau}^2 = \max\{(\overline{X} - \mu_0)^2 - \sigma_0^2/n, 0\}$ で与えられることがわかる. これをベイズ推定量に代入すると, 経験ベイズ推定量

$$\hat{\mu}^{\mathrm{B}}(\hat{\tau}^2) = \begin{cases} \mu_0, & (\overline{X} - \mu_0)^2 \leq \sigma_0^2/n \text{ のとき} \\ \overline{X} - \dfrac{\sigma_0^2/n}{(\overline{X} - \mu_0)^2}(\overline{X} - \mu_0), & (\overline{X} - \mu_0)^2 > \sigma_0^2/n \text{ のとき} \end{cases}$$

が得られる. $\overline{X}$ が μ_0 に近いときには μ_0 を選択し, $\overline{X}$ が μ_0 から離れると $\overline{X}$ を μ_0 の方向へ縮小する形になる. このような推定量は**縮小推定量**と呼ばれる. μ_0 が $\overline{X}$ から遠く離れるにつれて, ベイズ推定量 $\hat{\mu}^{\mathrm{B}}(\tau^2)$ が発散していくのに対して, 経験ベイズ推定量 $\hat{\mu}^{\mathrm{B}}(\hat{\tau}^2)$ は $\overline{X}$ に近づくことがわかる. このことは, μ_0 の誤った設定に対してベイズ推定量は大きな影響を受けるが, 経験ベイズ推定量では影響が小さく抑えられることを意味する.　　　　　　　　　□

階層事前分布と客観ベイズ法

　階層的な確率分布を考えると柔軟なモデルが構成できることを 5.5 節で学んだ. 同様な考えが事前分布にも当てはまる. 確率変数の組 $\boldsymbol{X}$ の確率（密度）関数を $f(\boldsymbol{x}|\theta)$ とするとき, θ の事前分布 $\pi(\theta|\lambda)$ の中の超母数 λ を確率変数として

更に分布を仮定する. すなわち

$$\theta|\lambda \sim \pi(\theta|\lambda), \quad \lambda \sim \psi(\lambda)$$

のような階層構造を考える. これを**階層事前分布**と呼び, 得られるベイズ推定量を**階層ベイズ推定量**と呼ぶ. $\theta|\lambda \sim \pi(\theta|\lambda)$ の部分を **1 段目事前分布**, $\lambda \sim \psi(\lambda)$ を **2 段目事前分布**と呼ぶ.

　階層的な事前分布を導入するメリットは, より豊かな事前分布のモデルを構成できることに加えて, 客観的なベイズ推測を可能にする点があげられる. ベイズ推測手法は事前分布 $\pi(\theta|\lambda)$ の中の超母数 λ のとり方に強い影響を受けることを述べたが, その λ に確率分布を導入することにより λ の影響が緩和されることになる. $\psi(\lambda)$ を無情報事前分布に近い分布をとることができれば, より客観的なベイズ推測が可能となる. その意味で, 1 段目事前分布はより正確に, 2 段目事前分布はより曖昧に設定することが推奨されている.

　例 14.5 で扱った分散既知の正規分布モデルにおいて, μ に階層事前分布

$$\mu|\tau^2 \sim \mathcal{N}(\mu_0, \tau^2), \quad \tau^2 \sim \left(\frac{1}{\tau^2}\right)^a \tag{14.10}$$

を考えてみる. a は非負の実数である. 例 14.5 と同様な計算により, 階層ベイズ推定量は

$$\widehat{\mu}^{\mathrm{HB}} = \mathrm{E}[\mu|\overline{X}] = \overline{X} - \frac{\int_0^\infty \frac{\sigma_0^2}{n\tau^2+\sigma_0^2} g(\tau^2)\, d\tau^2}{\int_0^\infty g(\tau^2)\, d\tau^2}(\overline{X}-\mu_0) \tag{14.11}$$

と表されることがわかる. ここで

$$g(\tau^2) = \frac{1}{\sqrt{n\tau^2+\sigma_0^2}} \frac{1}{(\tau^2)^{a+1/2}} \exp\left\{-\frac{n}{2(n\tau^2+\sigma_0^2)}(\overline{X}-\mu_0)^2\right\}$$

である. この表現からは明確にはわからないが, 経験ベイズ推定量と同じように, μ_0 が $\overline{X}$ から離れていくと $\overline{X}$ に近づくので, μ_0 の誤った設定に対して頑健であることが示される.

14.5　マルコフ連鎖モンテカルロ法

　階層事前分布など複雑な事前分布から事後分布を求めることは, よく知られて

いる分布以外は容易でない．そこで，数値的に事後分布を求めるための方法が**マルコフ連鎖モンテカルロ** (MCMC) 法である．まず乱数の生成法など基本事項を説明する．

14.5.1 乱数生成の基本的な方法

確率積分変換による方法

連続な確率変数 Y の分布関数を $F(y)$ とするとき，この確率分布に従う乱数を生成したい場合には，命題 2.17 の確率積分変換を用いると，区間 $[0,1]$ 上の一様分布に従う一様乱数から $F(y)$ に従う乱数を発生させることができる．

Step 1. 一様乱数 $U \sim U(0,1)$ を発生させる．

Step 2. $Y = F^{-1}(U)$ とおく．

このとき Y は確率分布 $F(y)$ に従う．原理的にはこの方法で目的の確率分布から乱数を発生させることができるが，逆関数 $F^{-1}(\cdot)$ が明示的に書けるときに限り利用することができる．

例えば，指数分布 $f(y) = e^{-y}$ から乱数を生成したい場合は，$F(y) = 1 - e^{-y}$ より $F(Y) = U$ を解いて $Y = -\log(1-U)$ となる．ロジスティック分布 $f(y) = e^y/(1+e^y)^2$ からの乱数は，$F(y) = e^y/(1+e^y)$ より $Y = \log\{U/(1-U)\}$ となることがわかる．

受容・棄却法

いま確率密度関数 $\pi(y)$ からの乱数を生成したいとする．$\pi(y)$ からの乱数発生方法はわからないが，別の確率密度関数 $h(y)$ からの乱数発生法がわかっているものとする．$h(y)$ からの乱数を用いて $\pi(x)$ からの乱数を生成する方法が**受容・棄却法**である．

$\pi(y)$ のサポートが $h(y)$ のサポートに含まれるとする．すなわち $\{y \,|\, \pi(y) > 0\} \subset \{y \,|\, h(y) > 0\}$ とする．また M を次で定義し有限であるとする．

$$M = \max_y \left\{ \frac{\pi(y)}{h(y)} \right\}$$

Step 1. $h(y)$ から乱数 V を発生させる．また $U \sim U(0,1)$ を発生させる．

Step 2. $U \leq \pi(V)/\{Mh(V)\}$ ならば V を $\pi(y)$ からの標本として受容して

　　$Y = V$ とおき，そうでなければ棄却して Step 1 へ戻る.

このとき $Y \sim \pi(y)$ となる．実際，Y の確率分布は

$$\mathrm{P}(Y \leq y) = \mathrm{P}\left(V \leq y \Big| U \leq \frac{\pi(V)}{Mh(V)}\right) = \frac{\mathrm{P}(V \leq y, U \leq \frac{\pi(V)}{Mh(V)})}{\mathrm{P}(U \leq \frac{\pi(V)}{Mh(V)})}$$

$$= \frac{\int_{-\infty}^{y} \mathrm{P}(U \leq \frac{\pi(v)}{Mh(v)}) h(v)\, dv}{\int_{-\infty}^{\infty} \mathrm{P}(U \leq \frac{\pi(v)}{Mh(v)}) h(v)\, dv} = \frac{\int_{-\infty}^{y} \frac{\pi(v)}{Mh(v)} h(v)\, dv}{\int_{-\infty}^{\infty} \frac{\pi(v)}{Mh(v)} h(v)\, dv}$$

$$= \int_{-\infty}^{y} \pi(v)\, dv$$

となり，受容・棄却法で得られる乱数 Y は $\pi(y)$ に従うことがわかる.

　　M の値が大きくなると棄却する割合が大きくなり非効率なサンプリング方法になることに注意する．特に，$M < \infty$ という制約は重要で，提案分布の密度 $h(y)$ が目標分布の密度 $\pi(y)$ より分布の裾が厚くなる必要がある．例えば $\pi(y) \sim \mathcal{N}(0,1)$ の場合には $h(y)$ としてコーシー分布をとることができるが，$\pi(y)$ がコーシー分布の場合には正規分布は候補密度にできない.

【例 14.6】(ベータ分布からの乱数)　ベータ分布 $Beta(a,b)$ から乱数を生成したい場合，$\pi(y)$ は $Beta(a,b)$ の確率密度関数である．a, b を 1 以上の実数とするとき，$h(y)$ として一様分布 $U(0,1)$ を考え $h(y) = 1$ ととると，$y_0 = (a-1)/(a+b-2)$ に対して

$$M = \max_{0 \leq y \leq 1}\left\{\frac{y^{a-1}(1-y)^{b-1}}{B(a,b)}\right\} = \frac{y_0^{a-1}(1-y_0)^{b-1}}{B(a,b)}$$

となり，受容・棄却法は次のようになる.

Step 1.　$U \sim U(0,1), V \sim U(0,1)$ を独立に発生させる.

Step 2.　$U \leq \pi(V)/M$ ならば V を $\pi(y)$ からのサンプルとして受容して $Y = V$ とおき，そうでなければ棄却して Step 1 へ戻る.

　　$a = 2, b = 4$ として受容・棄却法を用いて 10000 個の乱数を発生させてヒストグラムを描いたものが図 14.4 である.　　　　　　　　　　　　　　　□

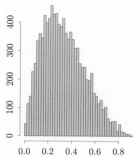

図 14.4 受容・棄却法による $Beta(2,4)$ の分布

モンテカルロ積分と重点サンプリング法

確率変数 Y の関数 $g(Y)$ の期待値 $\mathrm{E}[g(Y)]$ を数値的に求める方法としてモンテカルロ法があり，例 6.3 で取り上げた．Y の確率密度関数を $\pi(y)$ で表し，Y_1, $\ldots, Y_n$ が独立に $\pi(y)$ に従うとするとき，大数の法則より

$$\frac{1}{n}\sum_{i=1}^{n} g(Y_i) \to_p \mathrm{E}[g(Y)] = \int g(y)\pi(y)\,dy$$

に確率収束する．これを**モンテカルロ積分**と呼ぶ．

いま $\pi(y)$ からの乱数の発生方法がわからないが，別の確率密度関数 $h(y)$ からの発生方法はわかっていて，$h(y)$ のサポートが $\pi(y)$ のサポートを含むとき，

$$\mathrm{E}[g(Y)] = \int g(y)\frac{\pi(y)}{h(y)}h(y)\,dy = \mathrm{E}[g(Z)w(Z)]$$

と表すことができる．ここで，$w(z) = \pi(z)/h(z)$ とし，Z は $h(z)$ に従う確率変数とする．この表現から，$Z_1, \ldots, Z_n$ を独立に $h(z)$ に従う確率変数とすると，

$$\frac{1}{n}\sum_{i=1}^{n} g(Z_i)w(Z_i) \to_p \mathrm{E}[g(Z)w(Z)]$$

に確率収束することがわかる．このようにして $\pi(y)$ の代わりに $h(y)$ を利用して期待値の計算を行うことができる．この $h(z)$ を重点関数と呼び，このような近似を**重点サンプリング法**と呼ぶ．

14.5.2 ギブスサンプリング

階層ベイズモデルのように変数が複数あるときにはギブスサンプリングを用いて個々の事後分布を計算することができる. この方法は事後分布に限らず一般的な問題設定で利用できる簡単なアルゴリズムである. ポイントは他の変数を与えたときの条件付き分布がわかっていて, そこから乱数を発生させることが可能であることである. 例えば, 3 変数 (y_1, y_2, y_3) の場合, 3 つの条件付き分布 $\pi_1(y_1|y_2, y_3)$, $\pi_2(y_2|y_1, y_3)$, $\pi_3(y_3|y_1, y_2)$ が利用できると仮定する. これを**完全条件付き分布**と呼ぶ.

初期値 $(y_1^{(0)}, y_2^{(0)}, y_3^{(0)})$ を与える.

Step 1. $\pi_1(y_1|y_2^{(k-1)}, y_3^{(k-1)})$ から $y_1^{(k)}$ を発生させる.

Step 2. $\pi_2(y_2|y_1^{(k)}, y_3^{(k-1)})$ から $y_2^{(k)}$ を発生させる.

Step 3. $\pi_3(y_3|y_1^{(k)}, y_2^{(k)})$ から $y_3^{(k)}$ を発生させる.

以上から $(y_1^{(k)}, y_2^{(k)}, y_3^{(k)})$ が得られるので, k を $k+1$ として Step 1 に戻る.

このアルゴリズムを**ギブスサンプリング法**と呼ぶ. (Y_1, Y_2, Y_3) を同時確率密度 $\pi(y_1, y_2, y_3)$ に従う確率変数とし, $\pi_j(y_j)$ を Y_j の周辺確率密度とする. このとき, $j = 1, 2, 3$ について, 十分大きな k に対して $y_j^{(k)}$ は周辺分布 $\pi_j(y_j)$ からの乱数とみなすことができる. この性質を用いると, 関数 $g(\cdot)$ に対して, $K \to \infty$ のとき次の近似が成り立つ.

$$\frac{1}{K} \sum_{k=1}^{K} g(y_j^{(k)}) \to_p \mathrm{E}[g(Y_j)] = \int g(y_j) \pi_j(y_j) \, dy_j$$

ギブスサンプリングを利用して, 階層事前分布について事後分布からのサンプリングを構成してみよう. $\boldsymbol{X}|\theta \sim f(\boldsymbol{x}|\theta)$ とし, 階層事前分布を

$$\theta|\lambda \sim \pi(\theta|\lambda), \quad \lambda \sim \psi(\lambda)$$

とする. このとき $(\boldsymbol{X}, \lambda)$ を与えたときの θ の条件付き分布, $(\boldsymbol{X}, \theta)$ を与えたときの λ の条件付き分布は, それぞれ

$$\pi_1(\theta|\boldsymbol{x}, \lambda) = \frac{f(\boldsymbol{x}|\theta)\pi(\theta|\lambda)}{\int f(\boldsymbol{x}|\theta)\pi(\theta|\lambda)\,d\theta}$$

$$\pi_2(\lambda|\boldsymbol{x}, \theta) = \frac{f(\boldsymbol{x}|\theta)\pi(\theta|\lambda)\psi(\lambda)}{\int f(\boldsymbol{x}|\theta)\pi(\theta|\lambda)\psi(\lambda)\,d\lambda} = \frac{\pi(\theta|\lambda)\psi(\lambda)}{\int \pi(\theta|\lambda)\psi(\lambda)\,d\lambda} = \pi_2(\lambda|\theta)$$

と書けるので, ギブスサンプリングは次のようになる.

Step 1. $\pi_1(\theta|\boldsymbol{x}, \lambda^{(k-1)})$ から乱数 $\theta^{(k)}$ を発生させる.

Step 2. $\pi_2(\lambda|\theta^{(k)})$ から乱数 $\lambda^{(k)}$ を発生させる. k を $k+1$ にして Step 1 へ戻る.

十分大きい k に対して, $\theta^{(k)} \sim \pi_1(\theta|\boldsymbol{x})$, $\lambda^{(k)} \sim \pi_2(\lambda|\boldsymbol{x})$ となり, それぞれの事後分布からの乱数とみなすことができる. したがって, 大きい K をとると $E[g(\theta)|\boldsymbol{X}]$ を $K^{-1}\sum_{k=1}^{K} g(\theta^{(k)})$ で近似できることがわかる.

【例 14.7】(分散既知の正規分布) 標本平均の分布が $\overline{X} \sim \mathcal{N}(\mu, \sigma_0^2/n)$ に従い, μ の階層事前分布が $\mu|\eta \sim \mathcal{N}(\mu_0, 1/\eta)$, $\eta \sim \eta^a$ であるとする. これは (14.10) で扱われ, ベイズ推定量が積分表現で与えられている. このとき, 例 14.2 と上で与えた説明より, 完全条件付き分布は

$$\pi_1(\mu|\eta, \overline{X}) \sim \mathcal{N}(\widehat{\mu}^{\mathrm{B}}(\eta), (n/\sigma_0^2 + \eta)^{-1}) \tag{14.12}$$

$$\pi_2(\eta|\mu) \sim Ga(a + 3/2, 2/(\mu - \mu_0)^2)$$

となる. ただし $\widehat{\mu}^{\mathrm{B}}(\eta) = \{(n/\sigma_0^2)\overline{X} + \eta\mu_0\}/(n/\sigma_0^2 + \eta)$ である. したがって, ギブスサンプリングは次のようになる.

Step 1. $\mu^{(k)} \sim \mathcal{N}(\widehat{\mu}^{\mathrm{B}}(\eta^{(k-1)}), (n/\sigma_0^2 + \eta^{(k-1)})^{-1})$

Step 2. $\eta^{(k)} \sim Ga(a + 3/2, 2/(\mu^{(k)} - \mu_0)^2)$ とし, k を $k+1$ にして Step 1 へ戻る.

このとき, $K^{-1}\sum_{k=1}^{K} \mu^{(k)} \to_p E[\mu|\overline{X}]$ となり, 階層ベイズ推定量 $\widehat{\mu}^{\mathrm{HB}}$ の数値的近似解が求まる. □

14.5.3 データ増幅法

データ増幅法は, 補助変数を加えることによって乱数生成を容易にする方法

である. 例えば, 確率変数 X の確率密度が $f_X(x)$ で与えられ, その分布から乱数を生成したいが, 容易には得られない場合を考える. 新たに確率変数 Y を導入すると, $Y = y$ を与えたときの X の条件付き密度 $f_{X|Y}(x|y)$ と Y の周辺密度 $f_Y(y)$ を用いて次のように表されるとする.

$$f_X(x) = \int f_{X|Y}(x|y) f_Y(y) \, dy$$

(X, Y) の同時確率密度は $f_{X|Y}(x|y) f_Y(y)$ であるから, $X = x$ を与えたときの Y の条件付き密度は

$$f_{Y|X}(y|x) = \frac{f_{X|Y}(x|y) f_Y(y)}{f_X(x)}$$

と書ける. 完全条件付き分布 $f_{X|Y}(x|y)$ と $f_{Y|X}(y|x)$ からの乱数生成が可能であれば, ギブスサンプリングを適用できる.

Step 1. $x^{(k)} \sim f_{X|Y}(x|y^{(k-1)})$

Step 2. $y^{(k)} \sim f_{Y|X}(y|x^{(k)})$ とし, k を $k+1$ にして Step 1 へ戻る.

十分大きな k に対して $x^{(k)}$ は $f_X(x)$ からの乱数とみなすことができる.

【例 14.8】(t-分布からの乱数)　2 つの確率変数 X, Y について

$$X|Y \sim \mathcal{N}(0, m/Y), \quad Y \sim \chi_m^2$$

に従うとする. 例 5.8 で示されたように, X の周辺分布は自由度 m の t-分布に従う. (X, Y) の同時密度は

$$f_{X|Y}(x|y) f_Y(y) \propto \sqrt{y} e^{-yx^2/(2m)} y^{m/2-1} e^{-y/2} = y^{(m+1)/2-1} e^{-y(x^2/m+1)/2}$$

と書けるので, $X = x$ を与えたときの Y の条件付き分布は

$$Y|X = x \sim Ga\left(\frac{m+1}{2}, \frac{2}{x^2/m+1}\right)$$

となる. したがって, ギブスサンプリングにより十分大きな k に対して $x^{(k)}$ は t_m-分布からの乱数とみなすことができる.

Step 1. $x^{(k)} \sim \mathcal{N}(0, m/y^{(k-1)})$

Step 2.　$y^{(k)} \sim Ga((m+1)/2, 2/\{(x^{(k)})^2/m + 1\})$ とし，k を $k+1$ にして Step 1 へ戻る.

□

14.5.4　メトロポリス・ヘイスティングサンプリング

MCMC 法の中で代表的なものが**メトロポリス・ヘイスティングサンプリング** (MH) **法**である．いま，確率密度関数 $\pi(x)$ から乱数を発生させたいが，直接乱数を発生させることができないとする．$\pi(x)$ を**目標分布**と呼ぶ．そのため，**提案分布**を利用して乱数生成のアルゴリズムを構成する．提案分布を条件付き密度 $q(y|x)$ で表すと，MH 法は次のアルゴリズムで与えられる．

初期値 $x^{(0)}$ のもと更新されて $x^{(k-1)}$ が得られたとする.

Step 1.　$q(y|x^{(k-1)})$ から $y^{(k)}$ を発生させる.

Step 2.　$U \sim U(0,1)$ を発生させ，

$$x^{(k)} = \begin{cases} y^{(k)}, & U \leq \alpha(x^{(k-1)}, y^{(k)}) \text{ の場合} \\ x^{(k-1)}, & U > \alpha(x^{(k-1)}, y^{(k)}) \text{ の場合} \end{cases}$$

とする．ただし $\alpha(x,y)$ は採択確率で次で与えられる.

$$\alpha(x,y) = \min\left\{1, \frac{q(x|y)\pi(y)}{q(y|x)\pi(x)}\right\}$$

このとき乱数の系列 $\{x^{(k)}, k = 1, 2, \ldots\}$ が構成でき，大きな k に対して $x^{(k)}$ は $\pi(x)$ からの乱数とみなすことができる.

乱数の最初の部分は初期値に依存する期間 (burn-in period) であるとして捨て，それ以降生成された乱数を使う．提案分布として代表的なものは，**酔歩連鎖**と**独立連鎖**で，それぞれ $q(y|x) = f(|y - x|)$, $q(y|x) = f(y)$ なる形で表現できる．酔歩連鎖の場合，$g(y|x) = q(x|y)$ より

$$\alpha(x,y) = \min\left\{1, \frac{\pi(y)}{\pi(x)}\right\}$$

となる．酔歩連鎖の代表例は $q(y|x) \sim \mathcal{N}(x, \sigma^2)$ である．σ^2 はステップサイズと呼ばれ，小さくとると採択率が大きくなるが，$x^{(k)}$ の変化が小さい．逆に，大きくとると $x^{(k)}$ の変化は大きいが，採択率が小さくなってしまう．また独立

連鎖の場合

$$\alpha(x,y) = \min\left\{1, \frac{q(x)\pi(y)}{q(y)\pi(x)}\right\}$$

となる. 変数が複数ある場合は, ギブスサンプリングのアルゴリズムを作り, 条件付き分布からの乱数の発生方法がわからない変数については MH 法を組み入れることになる.

【例 14.9】(t-分布からの乱数)　自由度 m の t-分布から乱数を生成するのに MH 法を利用してみよう. 正規化定数 C に対して

$$\pi(x) = C(1 + x^2/m)^{-(m+1)/2}$$

とおく. 提案分布として $q(y|x) \sim \mathcal{N}(x, \sigma^2)$ なる酔歩連鎖の密度を考えると $\alpha(x,y) = \min\{1, \pi(y)/\pi(x)\}$ となるので, MH サンプリングは次のようになる. まず σ^2 を定める.

Step 1.　$\mathcal{N}(x^{(k-1)}, \sigma^2)$ から $y^{(k)}$ を発生させる.

Step 2.　$U \sim U(0,1)$ を発生させ, $U \le \alpha(x^{(k-1)}, y^{(k)})$ なら $x^{(k)} = y^{(k)}$ とし, $U > \alpha(x^{(k-1)}, y^{(k)})$ なら $x^{(k)} = x^{(k-1)}$ として, Step 1 に戻る.

このとき十分大きな K に対して $x^{(k)}, (k \ge K)$, は $\pi(x)$ からの乱数とみなすことがきる.

自由度 7 の t-分布の乱数を MH 法を用いて発生させヒストグラムを描いたものが図 14.5 である. $\sigma^2 = 0.2$ とし, 1000 個の乱数から最初の 100 個を除いた

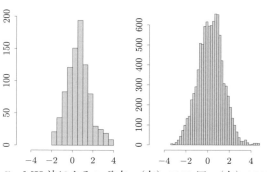

図 14.5　MH 法による t-分布. (左) 1000 回, (右) 10000 回

ものが左の図，10000 の乱数から 500 個を除いたものが右の図である．　　　□

演習問題

問 1　事後分布は十分統計量の関数になることを示せ．したがって，ベイズ推定量やベイズ信用区間は十分統計量の関数になる．

問 2　確率変数 $X_1, \ldots, X_n$ が独立に一様分布 $U(0,\theta)$ に従うとする．$\theta > 0$ として事前分布 $\pi(\theta) = 1/\theta^2$ を考える．
   (1) これは正則な事前分布か．事後分布はどのような分布になるか．
   (2) θ のベイズ推定量を求め，MLE，不偏推定量と比較せよ．
   (3) θ の事後分布の分散 $\mathrm{Var}(\theta|\boldsymbol{X})$ を求めよ．
   (4) 信用係数 $1-\gamma$ の θ のベイズ信用区間を与えよ．

問 3　確率変数 $X_1, \ldots, X_n$ が独立に指数分布 $f(x|\theta) = \exp\{-(x-\theta)\}\, I(x > \theta)$ に従うとする．θ の分布として，すべての θ に対して $\pi(\theta) = 1$ であるような非正則な事前分布を仮定する．
   (1) θ の十分統計量を求め，θ の MLE と不偏推定量を与えよ．
   (2) θ のベイズ推定量を求め，MLE，不偏推定量と比較せよ．
   (3) 信用係数 $1-\gamma$ の θ のベイズ信用区間を求めよ．

問 4　確率変数 $X_1, \ldots, X_n$ が独立にポアソン分布 $Po(\lambda)$ に従うとする．
   (1) λ にガンマ分布 $Ga(a,b)$ を仮定したときの λ の事後分布を求めよ．また事後分布の平均 $\mathrm{E}[\lambda|\boldsymbol{X}]$ と分散 $\mathrm{Var}(\lambda|\boldsymbol{X})$ を求めよ．
   (2) 信用係数 $1-\gamma$ の λ のベイズ信用区間を与えよ．
   (3) $H_0 : \lambda = \lambda_0$ vs. $H_1 : \lambda \neq \lambda_0$ の検定について，ベイズファクターによる検定方法を与えよ．また (14.8) により (2) のベイズ信用区間を反転させた検定を与えよ．

問 5　例 8.3 では，東京都の 1 日当たりの交通事故による死亡数のデータを取り上げた．$n = 30$ としてポアソン分布 $Po(\lambda)$ を当てはめることにする．λ にガンマ分布 $Ga(1,100)$ を仮定したときの λ のベイズ推定値を求め，最尤推定値と比較せよ．信用係数 95% の λ のベイズ信用区間を与えよ．$H_0 : \lambda = 1$ vs. $H_1 : \lambda \neq 1$ の検定について，ベイズファクターではどちらの仮説を選択することになるか．また (14.8) によりベイズ信用区間を反転させて作られる検定方法を用いて $H_0 : \lambda = 1$ を検定せよ．

問 6　確率変数 $X_1, \ldots, X_n$ が独立に指数分布 $Ex(\lambda)$ に従うとする．

  (1) λ にガンマ分布 $Ga(a,b)$ を仮定したときの λ の事後分布を求めよ．また
   事後分布の平均 $\mathrm{E}[\lambda|\boldsymbol{X}]$ と分散 $\mathrm{Var}(\lambda|\boldsymbol{X})$ を求めよ．

  (2) 信用係数 $1-\gamma$ の λ のベイズ信用区間を与えよ．

  (3) $H_0: \lambda = \lambda_0$ vs. $H_1: \lambda \neq \lambda_0$ の検定について，ベイズファクターによる
   検定方法を与えよ．また (14.8) により (2) のベイズ信用区間を反転させ
   た検定を与えよ．

問 7 例 8.2 で取り上げた時間間隔のデータに指数分布 $Ex(\lambda)$ を当てはめるとする．
λ にガンマ分布 $Ga(1,100)$ を仮定したときの λ のベイズ推定値を求め，最尤
推定値と比較せよ．信用係数 95% の λ のベイズ信用区間を与えよ．$H_0: \lambda =$
$1/24$ vs. $H_1: \lambda \neq 1/24$ の検定について，ベイズファクターではどちらの仮説
を選択することになるか．また (14.8) によりベイズ信用区間を反転させて作ら
れる検定方法を用いて $H_0: \lambda = 1/24$ を検定せよ．

問 8 確率変数 $X_1, \ldots, X_n$ が独立にベルヌーイ分布 $Ber(\theta)$ に従うとする．θ にジェ
フリーズの事前分布 $\pi^{\mathrm{J}}(\theta)$ を仮定する．

  (1) θ についてジェフリーズの事前分布 $\pi^{\mathrm{J}}(\theta)$ を求めよ．これは正則か．

  (2) θ の事後分布とベイズ推定量を求めよ．

  (3) 仮説検定 $H_0: \theta = \theta_0$ vs. $H_1: \theta \neq \theta_0$ について，ベイズファクターによ
   る検定方法を与えよ．

問 9 確率変数 $X_1, \ldots, X_m$ が独立に幾何分布 $Geo(\theta)$ に従うとする．$Y = X_1 + \cdots +$
X_m とおく．θ にジェフリーズの事前分布 $\pi^{\mathrm{J}}(\theta)$ を仮定する．

  (1) θ についてジェフリーズの事前分布 $\pi^{\mathrm{J}}(\theta)$ を求めよ．これは正則か．

  (2) θ の事後分布とベイズ推定量を求め MLE と比較せよ．

問 10 確率変数 $X_1, \ldots, X_n$ が独立に $\mathcal{N}(0,\theta)$ に従うとする．θ にジェフリーズの事
前分布 $\pi^{\mathrm{J}}(\theta)$ を仮定する．

  (1) θ についてジェフリーズの事前分布 $\pi^{\mathrm{J}}(\theta)$ を求めよ．これは正則か．

  (2) θ の事後分布とベイズ推定量を求め MLE と比較せよ．

  (3) 信用係数 $1-\gamma$ の θ の 95% ベイズ信用区間を与えよ．

問 11 以下の問において，確率変数 U は一様分布 $U(0,1)$ に従い，$U_1, \ldots, U_n$ は独
立に $U(0,1)$ に従うとする．

  (1) $-\log U \sim Ex(1)$，$-\sum_{i=1}^{n} \log U_i \sim Ga(n,1)$ を示せ．

  (2) 確率変数 X が $Ex(\lambda)$ に従うとき，X を U の関数として表せ．

  (3) 確率変数 X が $Ga(n,\beta)$ に従うとき，X を $U_1, \ldots, U_n$ の関数で表せ．

問 12 確率変数 X が両側指数分布 $f(x) = 2^{-1}\exp(-|x|)$ に従うとする．一様分布

$U(0,1)$ に従う確率変数を U とするとき，X を U の関数として表せ.

問 13　受容棄却法を用いて正規乱数を発生させる問題を考える．コーシー分布に従う乱数を用いて正規乱数を発生させるアルゴリズムを記せ．また，両側指数分布に従う乱数を用いて正規乱数を発生させるアルゴリズムを記せ．受容棄却法で用いる M の値はどちらの方が小さいか.

問 14　ギブスサンプリング法を用いて，次の周辺分布の乱数を発生させたい.
- (1) $X|Y \sim Bin(n, Y)$, $Y \sim Beta(\alpha_0, \beta_0)$ のとき，X の周辺分布からの乱数を発生させるアルゴリズムを記せ.
- (2) $X|Y \sim Po(Y)$, $Y \sim Ga(\alpha_0, \beta_0)$ のとき，X の周辺分布からの乱数を発生させるアルゴリズムを記せ.

問 15　MH 法を用いて，次の分布の乱数を発生させることを考える.
- (1) 正規分布 $\mathcal{N}(0,1)$ に従う確率変数 Y に対して $X = e^Y$ とおく．X の分布から乱数を発生させるアルゴリズムを記せ.
- (2) ベータ分布 $Beta(a, b)$ からの乱数を発生させるアルゴリズムを記せ.

問 16　確率変数 (X_1, X_2, X_3) が 3 項分布 $Mult_3(n, p_1, p_2, p_3)$ に従い，(p_1, p_2, p_3) の事前分布が (3.16) のディリクレ分布 $Dir(c_1, c_2, c_3)$ に従うとする.
- (1) (p_1, p_2, p_3) の事後分布を求め，p_i のベイズ推定量を求めよ.
- (2) (p_1, p_2, p_3) についてジェフリーズの事前分布 $\pi^J(p_1, p_2, p_3)$ を求め，そのときの p_i のベイズ推定量を与えよ.

問 17　(14.11) と (14.12) を導け.

第15章

分散分析と多重比較

以前中華料理のシェフと話したとき「料理のうまさは腕も大事だけど素材の良さには叶わない」との言葉を思い出す．統計学でいうと，腕の良さはデータ解析の技やうまさ，素材の良さはデータの良さに対応する．統計学において実験計画法と呼ばれる分野は，解析の目的に合った適切なデータを得るための方法論を提供してくれる．本章では，1元配置および2元配置の分散分析と多重比較検定について解説する．

15.1 フィッシャーの3原則

例えば，新薬の有効性を検証するために，新薬を投与する群（処理群）とプラセボという偽薬（薬を真似たもので効果がないもの）を投与する群（対照群）に分け，被験者をどちらかの群にランダムに割り付けて実験を行い，それぞれの群から得られたデータに基づいて，処理群と対照群との間に有意な差が見られるかを検定する．新薬の承認は人間の生命に関わることであり，適切な**実験計画**と管理のもとでデータをとり，そのデータに基づいて有効性のエビデンスの有無を判断する必要がある．そのための実験計画としてフィッシャーは次の3つの原則を提唱している．これは**フィッシャーの3原則**と呼ばれる．

(1) **反復，繰り返し (replication)**
(2) **無作為化，ランダム化 (randomization)**
(3) **局所管理，均一条件下での実験 (local control)**

実験は誤差を伴うので推定誤差を小さくするためには第1原則の反復が必要である．5.2節で学んだように標本平均 $\overline{X} = n^{-1}\sum_{i=1}^{n} X_i$ の分散は σ^2/n であるから，繰り返し数 n を増やせば推定誤差が小さくなる．第2の原則の無作為化については，実験に伴う誤差に偶然誤差と系統誤差があることに注意する．例えば10人の被験者のうち最初の5人が男性で新薬を投与し後半5人の女性にプ

ラセボを投与した場合，性別という系統誤差が推測に偏りを生じさせてしまう可能性がある．そこで被験者にランダムに新薬とプラセボを割り付けることにより，性別による系統誤差を緩和することができる．

第3の原則の局所管理は，条件が均一になるように全体の実験をブロックに分けて管理することである．同じ条件のもとで実験を行うことが望ましいが，大規模な農事試験では実験で使用する面積や実験の日数を必要とするため，地力，日照時間，温度など他の要因の影響を受けてしまい，均一な条件のもとで実験を行うことが困難になる．そこで，実験全体を複数の小さいブロックに分け，そのブロック内では同じ条件になるように管理した上でブロック内での比較実験を計画する．新薬の実験では，性別や年齢階級，既往症など影響を与える要因をあらかじめ特定し，それらが均一になるようなブロックを複数作り，そのブロック内で新薬とプラセボをランダムに割り付けることになる．

15.2　1元配置分散分析

1元配置の分散分析について説明しよう．次の例は，カフェインの摂取量が興奮度にどの程度影響するかを調べた実験である．男子大学生 30 人について，カフェインが入っていない飲み物（プラセボ），100 mg および 200 mg のカフェインが入った飲み物を，それぞれ 10 人ずつランダムに割り付ける．摂取後 2 時間が経過した頃に，1 分当たりの指叩きの回数を数えてみた結果が表 15.1 で与えられる（Draper and Smith (1998), *Applied Regression Analysis* (Wiley) より引用）．この実験データから，カフェインの量は興奮度（指叩きの回数）に影響すると考えて良いだろうか．図 15.1 は，カフェインの量ごとにデータの分布を箱ひげ図で表したものである．カフェインの量に応じて指叩き数の分布に違いが生じている傾向が見られる．

この例ではカフェインが指叩きに影響を及ぼすと考えて実験を行っているが，実験結果に影響を及ぼすと考えて実験で取り上げるものを**因子**と呼び，カフェインの量 0 mg, 100 mg, 200 mg を**水準**と呼ぶ．取り上げた因子の水準の組合せを**処理**と呼び，ここではそれぞれを $i = 1, 2, 3$ で表すことにする．また 0 mg のカフェインを摂取するグループを**対照群**，100 mg, 200 mg のカフェインを摂取するグループを**処理群**とも呼ぶ．処理 i における j 番目の学生のデータを y_{ij} で表

表 15.1 カフェインの量と指叩き数

処理	1	2	3	4	5	6	7	8	9	10
カフェイン　0 mg	242	245	244	248	247	248	242	244	246	242
カフェイン 100 mg	248	246	245	247	248	250	247	246	243	244
カフェイン 200 mg	246	248	250	252	248	250	246	248	245	250

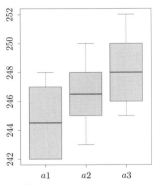

図 15.1 箱ひげ図 (a1:0, a2:100, a3:200)

す．一般に，グループの個数を I, 繰り返し数を J とし，y_{ij} のモデルとして

$$y_{ij} = \mu + \alpha_i + \varepsilon_{ij}, \quad i = 1, \ldots, I, \; j = 1, \ldots, J \tag{15.1}$$

を考える．上の例は，$I = 3$, $J = 10$ に対応する．ここで，ε_{ij} は互いに独立な確率変数で正規分布 $\mathcal{N}(0, \sigma^2)$ に従うものとし $\sum_{i=1}^{I} \alpha_i = 0$ を満たすとする．これを1元配置の**分散分析モデル**と呼び，μ を**一般平均**，α_i を要因の**効果**と呼ぶ．等式 (15.1) は，観測値 y_{ij} が一般平均 μ と因子の第 i 水準の効果と標本誤差 ε_{ij} の和として表されることを意味する．便宜上，y_{ij} の期待値を $\mathrm{E}[y_{ij}] = \mathrm{E}[\mu + \alpha_i + \varepsilon_{ij}] = \mu + \alpha_i$, 分散を $\mathrm{Var}(y_{ij}) = \mathrm{Var}(\mu + \alpha_i + \varepsilon_{ij}) = \mathrm{Var}(\varepsilon_{ij}) = \sigma^2$ のようにして計算する．

さて，問題は平均の間に差があるかを検証することにあるので，帰無仮説は

$$H_0 : \alpha_1 = \alpha_2 = \cdots = \alpha_I = 0$$

となる．対立仮説は $\alpha_i \neq 0$ となる i が存在することである．この検定を行うために全変動平方和を分解する．まず

$$\overline{y}_{i\cdot} = \frac{1}{J}\sum_{j=1}^{J} y_{ij}, \quad \overline{y}_{\cdot\cdot} = \frac{1}{IJ}\sum_{i=1}^{I}\sum_{j=1}^{J} y_{ij}$$

とおくと，全変動平方和 $SS_T = \sum_{i=1}^{I}\sum_{j=1}^{J}(y_{ij} - \overline{y}_{\cdot\cdot})^2$ は

$$\sum_{i=1}^{I}\sum_{j=1}^{J}(y_{ij} - \overline{y}_{\cdot\cdot})^2 = \sum_{i=1}^{I}\sum_{j=1}^{J}(y_{ij} - \overline{y}_{i\cdot})^2 + J\sum_{i=1}^{I}(\overline{y}_{i\cdot} - \overline{y}_{\cdot\cdot})^2$$

のように分解できる．$SS_W = \sum_{i=1}^{I}\sum_{j=1}^{J}(y_{ij} - \overline{y}_{i\cdot})^2$, $SS_B = J\sum_{i=1}^{I}(\overline{y}_{i\cdot} - \overline{y}_{\cdot\cdot})^2$
をそれぞれ**群内平方和**，**群間平方和**と呼ぶ．これらの記号を用いると

$$SS_T = SS_W + SS_B \tag{15.2}$$

と表される．実際，この分解は

$$\sum_{i=1}^{I}\sum_{j=1}^{J}(y_{ij} - \overline{y}_{\cdot\cdot})^2 = \sum_{i=1}^{I}\sum_{j=1}^{J}\{(y_{ij} - \overline{y}_{i\cdot}) + (y_{i\cdot} - \overline{y}_{\cdot\cdot})\}^2$$

$$= \sum_{i=1}^{I}\sum_{j=1}^{J}(y_{ij} - \overline{y}_{i\cdot})^2 + \sum_{i=1}^{I}\sum_{j=1}^{J}(y_{i\cdot} - \overline{y}_{\cdot\cdot})^2 + 2\sum_{i=1}^{I}\sum_{j=1}^{J}(y_{ij} - \overline{y}_{i\cdot})(y_{i\cdot} - \overline{y}_{\cdot\cdot})$$

と書け，$\sum_{i=1}^{I}\sum_{j=1}^{J}(y_{ij} - \overline{y}_{i\cdot})(\overline{y}_{i\cdot} - \overline{y}_{\cdot\cdot}) = \sum_{i=1}^{I}(\overline{y}_{i\cdot} - \overline{y}_{\cdot\cdot})\sum_{j=1}^{J}(y_{ij} - \overline{y}_{i\cdot}) = 0$
となることから確かめられる．

分散分析は SS_W と SS_B の大きさに基づいて仮説検定を行う．そこでそれらの期待値を計算する必要があり，そのためには，次の補題が役立つ．

▶**補題 15.1**　$X_1, \ldots, X_n$ を独立な確率変数とし $E[X_i] = \mu_i$, $Var(X_i) = \sigma^2$ とする．$\overline{\mu} = n^{-1}\sum_{i=1}^{n}\mu_i$ とおくとき次の等式が成り立つ．

$$E[(X_i - \overline{X})^2] = (\mu_i - \overline{\mu})^2 + \frac{n-1}{n}\sigma^2$$

[**証明**]　まず，$X_i - \overline{X} = (X_i - \mu_i) - (\overline{X} - \overline{\mu}) + (\mu_i - \overline{\mu})$ と分解して2乗してみる．$E[X_i - \mu_i] = 0$ と $E[\overline{X} - \overline{\mu}] = 0$ に注意して期待値を計算すると

$$E[(X_i - \overline{X})^2] = E[(X_i - \mu_i)^2] + E[(\overline{X} - \overline{\mu})^2] + (\mu_i - \overline{\mu})^2$$
$$- 2E[(X_i - \mu_i)(\overline{X} - \overline{\mu})]$$

となり，最初の2項は $E[(X_i - \mu_i)^2] = \sigma^2$, $E[(\overline{X} - \overline{\mu})^2] = \sigma^2/n$ となる．また

$$E[(X_i - \mu_i)(\overline{X} - \overline{\mu})] = \frac{1}{n}E[(X_i - \mu_i)^2] + \frac{1}{n}\sum_{j=1, j \neq i}^{n} E[(X_i - \mu_i)(X_j - \mu_j)]$$
$$= \frac{\sigma^2}{n} + 0$$

と書ける．以上から，補題 15.1 が成り立つことがわかる． □

この補題を用いると $E[(y_{ij} - \overline{y}_{i\cdot})^2] = E[\{(y_{ij} - \mu - \alpha_i) - (\overline{y}_{i\cdot} - \mu - \alpha_i)\}^2] = \{(J-1)/J\}\sigma^2$ と書けるので

$$E[SS_W] = \sum_{i=1}^{I}\sum_{j=1}^{J} E[(y_{ij} - \overline{y}_{i\cdot})^2] = I(J-1)\sigma^2 \tag{15.3}$$

となる．したがって，$\hat{\sigma}^2 = SS_W/\{I(J-1)\}$ が σ^2 の不偏推定量になる．また補題の μ_i, σ^2 を $\mu + \alpha_i$, σ^2/J に対応させると

$$E[(\overline{y}_{i\cdot} - \overline{y}_{\cdot\cdot})^2] = \left\{\mu + \alpha_i - \frac{1}{I}\sum_{i=1}^{I}(\mu + \alpha_i)\right\}^2 + \frac{I-1}{IJ}\sigma^2 \tag{15.4}$$

と書ける．したがって，$\sum_{i=1}^{I}\alpha_i = 0$ より $E[SS_B]$ は次のようになる．

$$E[SS_B] = J\sum_{i=1}^{I} E[(\overline{y}_{i\cdot} - \overline{y}_{\cdot\cdot})^2] = J\sum_{i=1}^{I}\alpha_i^2 + (I-1)\sigma^2 \tag{15.5}$$

(15.5) より，帰無仮説 $H_0: \alpha_1 = \cdots = \alpha_I = 0$ のもとでは SS_B の期待値は $(I-1)\sigma^2$ であるが，対立仮説に対しては SS_B の期待値は大きくなる．そこで検定統計量として SS_B/SS_W が利用できることがわかる．自由度を調整して

$$F = \frac{SS_B/(I-1)}{SS_W/\{I(J-1)\}} \tag{15.6}$$

を検定統計量として使うことができる．帰無仮説 $H_0: \alpha_1 = \cdots = \alpha_I = 0$ のもとで F が F-分布に従うことが次の命題で示される．

▶**命題 15.2** 誤差項 ε_{ij} が $\mathcal{N}(0, \sigma^2)$ に従うとする.

(1) $\mathrm{SS_W}/\sigma^2 \sim \chi^2_{I(J-1)}$ に従う.

(2) H_0 のもとで $\mathrm{SS_B}/\sigma^2 \sim \chi^2_{I-1}$ に従う.

(3) $\mathrm{SS_W}$ と $\mathrm{SS_B}$ は独立である.

(4) H_0 のもとで F は自由度 $I-1, I(J-1)$ の F-分布 $F_{I-1,I(J-1)}$ に従う.

[**証明**]　(1) については,定理 7.8 より $\sum_{j=1}^{J}(y_{ij} - \overline{y}_{i\cdot})^2/\sigma^2 \sim \chi^2_{J-1}$ となることがわかる.命題 7.2 (2) のカイ 2 乗分布の再生性より,$\sum_{i=1}^{I}\sum_{j=1}^{J}(y_{ij} - \overline{y}_{i\cdot})^2/\sigma^2 \sim \chi^2_{I(J-1)}$ となる.(2) については,H_0 のもとで $\overline{y}_{i\cdot} \sim \mathcal{N}(\mu, \sigma^2/J)$ となるので,定理 7.8 より $\sum_{i=1}^{I}(\overline{y}_{i\cdot} - \overline{y}_{\cdot\cdot})^2/(\sigma^2/J) \sim \chi^2_{I-1}$ に従う.(3) については,定理 7.7 より $\sum_{j=1}^{J}(y_{ij} - \overline{y}_{i\cdot})^2$ と $\overline{y}_{i\cdot}$ は独立になるので,$\{\sum_{j=1}^{J}(y_{ij} - \overline{y}_{i\cdot})^2; i = 1, \ldots, I\}$ と $\{\overline{y}_{i\cdot}; i = 1, \ldots, I\}$ が独立になる.したがって,$\sum_{i=1}^{I}\sum_{j=1}^{J}(y_{ij} - \overline{y}_{i\cdot})^2$ と $\sum_{i=1}^{I}(\overline{y}_{i\cdot} - \overline{y}_{\cdot\cdot})^2$ は独立になる.(4) は F-分布の定義 7.5 よりわかる.　□

　F-分布 $F_{I-1,I(J-1)}$ の上側 $100\alpha\%$ 点を $F_{I-1,I(J-1),\alpha}$ と書くと,(15.6) の F について,$F > F_{I-1,I(J-1),\alpha}$ のとき帰無仮説 H_0 を棄却するのが有意水準 α の検定になる.郡内および群間平方和 $\mathrm{SS_W}, \mathrm{SS_B}$ を自由度で割ったものを平均平方と呼び,$\mathrm{MS_W} = \mathrm{SS_W}/\{I(J-1)\}$, $\mathrm{MS_B} = \mathrm{SS_B}/(I-1)$ と書く.$\mathrm{MS_W}$ は σ^2 の不偏推定量を与えている.これらの値を一覧表にまとめたものが**分散分析表**であり,表 15.2 で与えられる.

表 15.2　1 元配置の分散分析表

変動の種類	自由度	平方和	平均平方	F 値
群間変動	$I-1$	$\mathrm{SS_B}$	$\mathrm{MS_B}$	$F = \mathrm{MS_B}/\mathrm{MS_W}$
群内変動	$I(J-1)$	$\mathrm{SS_W}$	$\mathrm{MS_W}$	
合計	$IJ-1$	$\mathrm{SS_T}$		

　表 15.1 で与えられたカフェインと指叩き数の例については分散分析表は表 15.3 のようになる.この場合 $F = 6.18$, $F_{2,27,0.05} = 3.35$ であるので,帰無仮説 H_0 は有意水準 5% で棄却されることがわかる.この表の中の $\mathrm{P}(> F)$ は P 値を表しており,その値が 0.00616 なので有意水準 1% でも有意になっており,このデータはカフェインの覚醒効果のエビデンスを与えていることになる.

表 15.3 表 15.1 のデータの分散分析表

変動の種類	自由度	平方和	平均平方	F 値	P $(> F)$
群間変動	2	61.40	30.70	6.18	0.00616
群内変動	27	134.10	4.97		
合計	29	195.50			

分散分析表は，繰り返し数が等しくない次のようなモデルへ拡張される．

$$y_{ij} = \mu + \alpha_i + \varepsilon_{ij}, \quad i = 1, \ldots, I, \; j = 1, \ldots, J_i$$

$J_1 = \cdots = J_I$ の場合を**釣り合い型**，異なる場合を**不釣り合い型**と呼ぶ．(15.2) と同様にして

$$\overline{y}_{i\cdot} = \frac{1}{J_i} \sum_{j=1}^{J_i} y_{ij}, \quad \overline{y}_{\cdot\cdot} = \frac{1}{N} \sum_{i=1}^{I} \sum_{j=1}^{J_i} y_{ij}, \quad N = \sum_{i=1}^{I} J_i$$

とおくとき，全変動平方和は次のように分解できる．

$$\sum_{i=1}^{I} \sum_{j=1}^{J_i} (y_{ij} - \overline{y}_{\cdot\cdot})^2 = \sum_{i=1}^{I} \sum_{j=1}^{J_i} (y_{ij} - \overline{y}_{i\cdot})^2 + \sum_{i=1}^{I} J_i (\overline{y}_{i\cdot} - \overline{y}_{\cdot\cdot})^2 \tag{15.7}$$

$\mathrm{SS_W} = \sum_{i=1}^{I} \sum_{j=1}^{J_i} (y_{ij} - \overline{y}_{i\cdot})^2$, $\mathrm{SS_B} = \sum_{i=1}^{I} J_i (\overline{y}_{i\cdot} - \overline{y}_{\cdot\cdot})^2$ とおくと，(15.3), (15.5) と同様にして

$$\mathrm{E}[\mathrm{SS_W}] = (N - I)\sigma^2, \quad \mathrm{E}[\mathrm{SS_B}] = \sum_{i=1}^{I} J_i \alpha_i^2 + (I - 1)\sigma^2 \tag{15.8}$$

が得られる．確率分布の性質は命題 15.2 と同じなので，分散分析表については表 15.2 の中で $\mathrm{SS_W}$ の自由度を $N - I$ に置き換えるだけでよい．

$$F = \frac{\mathrm{SS_B}/(I-1)}{\mathrm{SS_W}/(N-I)} \tag{15.9}$$

が検定統計量になり，$F > F_{I-1, N-I, \alpha}$ のとき帰無仮説 H_0 を棄却するのが有意水準 α の検定になる．

15.3　多重比較の問題

(15.1) で与えられた 1 元配置モデルにおいて $\mu_i = \mu + \alpha_i$ とおくと，帰無仮説 $H_0 : \alpha_1 = \cdots = \alpha_I = 0$ は平均の同等性の検定 $H_0 : \mu_1 = \cdots = \mu_I$ と等しい．$H_0 : \mu_1 = \cdots = \mu_I$ が棄却されるとき，どのペアが $\mu_a \neq \mu_b$ となっているかを知りたい．そこで，すべての組合せに関して対比較

$$\begin{cases} H_{a,b}^0 : & \mu_a = \mu_b \\ H_{a,b}^A : & \mu_a \neq \mu_b \end{cases} \quad (a, b = 1, \ldots, I; \ a > b) \tag{15.10}$$

を同時に検定することを考えてみる．$\hat{\sigma}^2 = \mathrm{SS_W} / \{I(J-1)\}$ とおき $\mathrm{Var}(\overline{y}_{a.} - \overline{y}_{b.}) = 2\sigma^2/J$ に注意すると，$H_{a,b}^0$ を検定する t-統計量は

$$t_{a,b} = \frac{\overline{y}_{a.} - \overline{y}_{b.}}{\sqrt{2\hat{\sigma}^2/J}}$$

であり，a, b のあらゆる組合せについてこの t-検定統計量を用いて検定することになる．すなわち，$|t_{a,b}| > t_{I(J-1), \alpha/2}$ のとき $H_{a,b}^0$ が棄却される．しかし，組合せの数が ${}_I C_2 = I(I-1)/2$ となり，たまたま有意になってしまう確率が増えるので，この t-検定の第 1 種の誤りの確率は有意水準 α を超えてしまうという欠点が生ずることがわかる．これを**多重性の問題**と呼ぶ．そこで第 1 種の誤りの確率が有意水準 α 以下になるような検定手法が望まれる．これを**多重比較検定**と呼ぶ．様々な手法が提案されているが，ここではテューキー法とボンフェローニ法を紹介する．

テューキー法は，次の確率変数の確率分布に基づいている．

$$\max_{a,b} \left\{ \frac{|(\overline{y}_{a.} - \mu_a) - (\overline{y}_{b.} - \mu_b)|}{\hat{\sigma}/\sqrt{J}} \right\}$$

の確率分布を**ステューデント化された範囲の分布**と呼び，分布の上側 $100\alpha\%$ 点を $q_{I, I(J-1)}(\alpha)$ で表す．この値については数表が用意されている．このとき

$$\mathrm{P}\left[\text{すべての } (a,b) \text{ に対して } |(\overline{y}_{a.} - \mu_a) - (\overline{y}_{b.} - \mu_b)| \leq q_{I, I(J-1)}(\alpha) \frac{\hat{\sigma}}{\sqrt{J}} \right]$$

$$= \mathrm{P}\left[\max_{a,b} \{|(\overline{y}_{a.} - \mu_a) - (\overline{y}_{b.} - \mu_b)|\} \leq q_{I, I(J-1)}(\alpha) \frac{\hat{\sigma}}{\sqrt{J}} \right] = 1 - \alpha$$

となる．この確率表現は，すべての a, b に対して $\mu_a - \mu_b$ が区間

$$\overline{y}_{a.} - \overline{y}_{b.} \pm q_{I,I(J-1)}(\alpha)\frac{\hat{\sigma}}{\sqrt{J}}$$

に入る確率が $1 - \alpha$ になることを意味している．帰無仮説のもとで検定は信頼区間の裏返しなので，$1 - \alpha$ の確率でその区間が 0 を含む事象の排反をとると，α の確率で区間が 0 を含まないことになる．すなわち，帰無仮説のもとで，ある (a, b) があって

$$|\overline{y}_{a.} - \overline{y}_{b.}| > q_{I,I(J-1)}(\alpha)\frac{\hat{\sigma}}{\sqrt{J}}$$

となる確率が α となる．このとき $H_{a,b}^0$ を棄却するのがテューキー法である．

表 15.1 で与えられたカフェインと指叩き数の例にテューキー法を適用してみよう．$\hat{\sigma}^2 = 4.97$, $J = 10$, $q_{3,27}(0.05) = 3.506$ であるから，

$$q_{I,I(J-1)}(\alpha)\frac{\hat{\sigma}}{\sqrt{J}} = 3.506 \times \frac{\sqrt{4.97}}{\sqrt{10}} = 2.47$$

となる．$\overline{y}_{1.} = 244.8$, $\overline{y}_{2.} = 246.4$, $\overline{y}_{3.} = 248.3$ であるから，$|\overline{y}_{1.} - \overline{y}_{2.}| = 1.6$, $|\overline{y}_{2.} - \overline{y}_{3.}| = 1.9$, $|\overline{y}_{1.} - \overline{y}_{3.}| = 3.5$ となり，$H_{1,3}^0 : \mu_1 = \mu_3$ は有意水準 5% で棄却される．カフェイン 200 g のときだけ有意になることがわかる．ちなみに，通常の t-検定では $|\overline{y}_{a.} - \overline{y}_{b.}| > t_{I(J-1),\alpha/2}\sqrt{2\hat{\sigma}^2/J}$ のとき $H_{a,b}^0$ が棄却されるので，

$$t_{I(J-1),\alpha/2}\frac{\sqrt{2}\hat{\sigma}}{\sqrt{J}} = 2.052 \times \frac{\sqrt{2}\sqrt{4.97}}{\sqrt{10}} = 2.05$$

となり，テューキー法の場合よりも小さい値になり棄却され易くなることがわかる．この場合も $H_{1,3}^0 : \mu_1 = \mu_3$ だけ棄却される．

次に，ボンフェローニ法を説明しよう．アイデアはボンフェローニの不等式を利用することである．k 個の事象 A_i に対して**ボンフェローニの不等式**は

$$P\left(\bigcup_{i=1}^{k} A_i\right) \leq \sum_{i=1}^{k} P(A_i)$$

で与えられる．1 元配置の対比較の検定 (15.10) については，検定の個数 k は $k = I(I-1)/2$ に対応する．ここで $A_{a,b}$ を次のような事象とする．

$$A_{a,b} = \text{「正しい帰無仮説 } H_{a,b}^0 \text{ を誤って棄却する事象」}$$

このとき，$\bigcup_{a,b} A_{a,b}$ は「正しい帰無仮説のうち，少なくとも 1 つの $H_{a,b}^0$ が誤

って棄却される」という事象を意味するので，$P(\bigcup_{a,b} A_{a,b}) \leq \alpha$ となるように個々の $P(A_{a,b})$ の有意水準を定める必要がある．$P(A_{a,b}) \leq \alpha/k = 2\alpha/\{I(I-1)\}$ となるように有意水準をとれば，ボンフェローニの不等式より

$$P\left(\bigcup_{i=1}^{k} A_i\right) \leq \sum_{i=1}^{k} P(A_i) \leq k\frac{\alpha}{k} = \alpha$$

となる．$|\bar{y}_{a\cdot} - \bar{y}_{b\cdot}| > t_{I(J-1),\alpha/\{I(I-1)\}}\sqrt{2\hat{\sigma}^2/J}$ のとき有意水準 $2\alpha/I(I-1)$ で $H_{a,b}^0$ が棄却されるので，表 15.1 の例に適用してみると

$$t_{I(J-1),\alpha/\{I(I-1)\}}\frac{\sqrt{2}\hat{\sigma}}{\sqrt{J}} = 2.552 \times \frac{\sqrt{2}\sqrt{4.97}}{\sqrt{10}} = 2.54$$

となる．ボンフェローニの不等式は緩い不等式なので保守的な検定になるが，テューキー法の棄却限界が 2.47 であるのに対してボンフェローニ法では 2.54 となり若干保守的になることがわかる．

15.4　2元配置分散分析

　次に，2 元配置の分散分析モデルを説明する．まずラットの毒性試験の例から始めよう．雄 20 匹と雌 20 匹のラットに 4 種類の濃度の薬剤 (B$_1$: 0 ppm, B$_2$: 25 ppm, B$_3$: 50 ppm, B$_4$: 100 ppm) を与え，13 週間後に観測した赤血球の数（10^4 の単位）が表 15.4 で与えられる．それぞれの濃度には雄 5 匹雌 5 匹がランダムに割り付けられる．

　このデータには性別と薬剤濃度という 2 つの因子があり，性別の違いによる効果として雄を α_1，雌を α_2 とし，薬剤濃度の違いによる効果として B$_1, \ldots,$ B$_4$ を $\beta_1, \ldots, \beta_4$ とする．これらを**主効果**と呼ぶ．性別と濃度との組合せによっては相乗効果が働く場合も考えられる．これを**交互作用効果**と呼ぶ．性別の指数を i で表し，濃度の指数を j で表すとき性別と濃度との交互作用効果を γ_{ij} で表す．性別 i，濃度 j のときの k 番目のラットの赤血球の数を y_{ijk} で表す．このデータは 2 元配置の分散分析を用いて解析することができる．

　一般に，**2 元配置**の分散分析モデルは

$$y_{ijk} = \mu + \alpha_i + \beta_j + \gamma_{ij} + \varepsilon_{ijk} \tag{15.11}$$

表 15.4 ラットの毒性試験データ（三輪哲久 (2015)『実験計画法と分散分析』（朝倉書店）p.78，表 4.2 より引用）

性別 A	薬剤濃度 B	1	2	3	4	5
雄 A_1	B_1	803	838	836	822	804
	B_2	824	839	772	812	844
	B_3	786	775	768	758	730
	B_4	722	779	647	716	710
雌 A_2	B_1	705	744	716	777	799
	B_2	733	818	750	769	718
	B_3	745	809	721	777	739
	B_4	712	720	718	703	707

で与えられる．ただし $i = 1, \ldots, I,\, j = 1, \ldots, J,\, k = 1, \ldots, K$ であり，ラットの例では $I = 2,\, J = 4,\, K = 5$ となる．ここで，ε_{ijk} は互いに独立な確率変数で正規分布 $\mathcal{N}(0, \sigma^2)$ に従うものとし，μ が全平均，A の主効果 α_i，B の主効果 β_j，A と B の交互作用効果 γ_{ij} は次の制約を満たすものとする．

$$\sum_{i=1}^{I} \alpha_i = 0,\ \sum_{j=1}^{J} \beta_j = 0,\ \sum_{i=1}^{I} \gamma_{ij} = \sum_{j=1}^{J} \gamma_{ij} = 0 \tag{15.12}$$

ここで，$\overline{y}_{\ldots} = \frac{1}{IJK}\sum_{i=1}^{I}\sum_{j=1}^{J}\sum_{k=1}^{K} y_{ijk}$, $\overline{y}_{i\cdot\cdot} = \frac{1}{JK}\sum_{j=1}^{J}\sum_{k=1}^{K} y_{ijk}$, $\overline{y}_{\cdot j\cdot} = \frac{1}{IK}\sum_{i=1}^{I}\sum_{k=1}^{K} y_{ijk}$, $\overline{y}_{ij\cdot} = \frac{1}{K}\sum_{k=1}^{K} y_{ijk}$ とおくと，$\mu,\, \alpha_i,\, \beta_j,\, \gamma_{ij}$ は

$$\widehat{\mu} = \overline{y}_{\ldots}, \quad \widehat{\alpha}_i = \overline{y}_{i\cdot\cdot} - \overline{y}_{\ldots}, \quad \widehat{\beta}_j = \overline{y}_{\cdot j\cdot} - \overline{y}_{\ldots}$$

$$\widehat{\gamma}_{ij} = \overline{y}_{ij\cdot} - \overline{y}_{i\cdot\cdot} - \overline{y}_{\cdot j\cdot} + \overline{y}_{\ldots}$$

で推定される．$y_{ijk} - \widehat{\mu} = \widehat{\alpha}_i + \widehat{\beta}_j + \widehat{\gamma}_{ij} + (y_{ijk} - \overline{y}_{ij\cdot})$ と表されるので，全変動平方和 $SS_T = \sum_{i=1}^{I}\sum_{j=1}^{J}\sum_{k=1}^{K}(y_{ijk} - \overline{y}_{\ldots})^2$ は次のように分解できる．

$$SS_T = SS_A + SS_B + SS_{AB} + SS_E$$

ここで $SS_A = JK\sum_{i=1}^{I}(\overline{y}_{i\cdot\cdot} - \overline{y}_{\ldots})^2$, $SS_B = IK\sum_{j=1}^{J}(\overline{y}_{\cdot j\cdot} - \overline{y}_{\ldots})^2$, $SS_{AB} = K\sum_{i=1}^{I}\sum_{j=1}^{J}(\overline{y}_{ij\cdot} - \overline{y}_{i\cdot\cdot} - \overline{y}_{\cdot j\cdot} + \overline{y}_{\ldots})^2$, $SS_E = \sum_{i=1}^{I}\sum_{j=1}^{J}\sum_{k=1}^{K}(y_{ijk} - \overline{y}_{ij\cdot})^2$ である．平方和の期待値は，$E[SS_E] = IJ(K-1)\sigma^2$,

$$\mathrm{E}[\mathrm{SS_A}] = (I-1)\sigma^2 + JK\sum_{i=1}^{I}\alpha_i^2, \quad \mathrm{E}[\mathrm{SS_B}] = (J-1)\sigma^2 + IK\sum_{j=1}^{J}\beta_j^2$$

$$\mathrm{E}[\mathrm{SS_{AB}}] = (I-1)(J-1)\sigma^2 + K\sum_{i=1}^{I}\sum_{j=1}^{J}\gamma_{ij}^2 \tag{15.13}$$

となる (証明は演習問題を参照). 平均平方を $\mathrm{MS_A} = \mathrm{SS_A}/(I-1)$, $\mathrm{MS_B} = \mathrm{SS_B}/(J-1)$, $\mathrm{MS_{AB}} = \mathrm{SS_{AB}}/\{(I-1)(J-1)\}$, $\hat{\sigma}^2 = \mathrm{SS_E}/\{IJ(K-1)\}$ とする. 以上より

帰無仮説 $H_\alpha : \alpha_1 = \cdots = \alpha_I = 0$ の検定には $F_A = \mathrm{MS_A}/\hat{\sigma}^2$ を用いる.

帰無仮説 $H_\beta : \beta_1 = \cdots = \beta_J = 0$ の検定には $F_B = \mathrm{MS_B}/\hat{\sigma}^2$ を用いる.

帰無仮説 $H_\gamma : \gamma_{ij} = 0$, $(i = 1,\ldots,I, \ j = 1,\ldots,J)$ の検定には $F_{AB} = \mathrm{MS_{AB}}/\hat{\sigma}^2$ を用いる.

▶**命題 15.3** 誤差項 ε_{ijk} が $\mathcal{N}(0,\sigma^2)$ に従うとする. このとき,

(1) $\mathrm{SS_A}$, $\mathrm{SS_B}$, $\mathrm{SS_{AB}}$, $\mathrm{SS_E}$ は独立になる.

(2) $\mathrm{SS_E}/\sigma^2 \sim \chi^2_{IJ(K-1)}$ に従う.

(3) H_α のもとで, $\mathrm{SS_A}/\sigma^2 \sim \chi^2_{I-1}$, $F_A \sim F_{I-1,IJ(K-1)}$ に従う.

(4) H_β のもとで, $\mathrm{SS_B}/\sigma^2 \sim \chi^2_{J-1}$, $F_B \sim F_{J-1,IJ(K-1)}$ に従う.

(5) H_γ のもとで, $\mathrm{SS_{AB}}/\sigma^2 \sim \chi^2_{(I-1)(J-1)}$, $F_{AB} \sim F_{(I-1)(J-1),IJ(K-1)}$ に従う.

[**証明**] (1) については, $\mathrm{SS_E}$ が $\{\overline{y}_{ij\cdot} \mid i = 1,\ldots,I, \ j = 1,\ldots,J\}$ と独立になること, $\mathrm{SS_A}$, $\mathrm{SS_B}$, $\mathrm{SS_{AB}}$ が $\overline{y}_{ij\cdot}$ の関数で表されることから, $\mathrm{SS_E}$ が $\mathrm{SS_A}$, $\mathrm{SS_B}$, $\mathrm{SS_{AB}}$ と独立になることがわかる. その他の独立性と (2) から (5) の証明については演習問題が参照される. □

以上の内容をまとめたものが表 15.5 の 2 元配置の分散分析表である.

表 15.4 のラットの毒性試験データについて, 分散分析表を作成すると表 15.6 のようになる. F 値が $F_A = 12.26$, $F_B = 11.62$ であるから, 有意水準 5% で雌雄の違い, 毒性濃度の違いはともに有意になることがわかる. 交互作用効果につ

表 15.5　2 元配置の分散分析表

要　因	自由度	平方和	平均平方	F 値
A 因子	$I-1$	SS_A	MS_A	$F_A = MS_A / \hat{\sigma}^2$
B 因子	$J-I$	SS_B	MS_B	$F_B = MS_B / \hat{\sigma}^2$
交互作用	$(I-1)(J-1)$	SS_{AB}	MS_{AB}	$F_{AB} = MS_{AB} / \hat{\sigma}^2$
残　差	$IJ(K-1)$	SS_E	$\hat{\sigma}^2$	
合　計	$IJK-1$			

表 15.6　ラットの毒性試験データの分散分析表

要　因	自由度	平方和	平均平方	F 値	$P(>F)$
A 因子	1	12426	12426	$F_A = 12.26$	0.00139
B 因子	3	35354	11785	$F_B = 11.62$	0.00002
交互作用	3	9947	3316	$F_{AB} = 3.27$	0.03377
残　差	32	32445	$\hat{\sigma}^2 = 1014$		
合　計	39				

いては，F 値が $F_{AB} = 3.27$ であり，このときの P 値が 0.03377 であるから，有意水準 5% で有意であるが，1% では有意にならない．

演習問題

問 1　フィッシャーの 3 原則について説明せよ．また農事試験において A と B の 2 種類の肥料の効果について次のような比較実験を行う計画がある．問題点を指摘せよ．

　(1) 実験農地を 2 つに分け，どちらかをランダムに選んで A を与え，残りに B を与える．

　(2) 実験農地を東側から均等に 10 区画に分け，最初の 5 区画に A を与え後の 5 区画に B を与える．

　(3) 区画内では地力が均質になるような区画を 10 個選び，その中からランダムに 5 区画を選んで A を与え，残りの 5 区画に B を与える．

問 2　5 種類のコンクリートブロックの吸湿量の比較実験を行った．それぞれ 6 個のデータをとり，1 元配置モデル (15.1) を用いて解析する．各種類の吸湿量の平均 $\overline{y}_{i.}$ と平方和 $w_i = \sum_{j=1}^{6}(y_{ij} - \overline{y}_{i.})^2$ の値が次の表で与えられる．

コンクリートの種類	1	2	3	4	5
平均 $(\overline{y}_{i\cdot})$	5.1	5.2	5.7	4.3	6.7
平方和 (w_i)	1.50	0.84	1.34	1.33	1.05

(1) 郡内平方和と群間平方和を計算せよ.

(2) 平均の同等性の検定 $H_0 : \mu_1 = \cdots = \mu_5$ について, 有意水準 5% で検定せよ.

問 3　(15.10) の多重比較の問題を問 2 のデータについて考える.

(1) 有意水準 5% の多重比較検定をテューキー法を用いて行え.

(2) 有意水準 5% の多重比較検定をボンフェローニ法を用いて行え.

問 4　ラットの毒性試験データが表 15.4 で与えられているが, 別の薬剤について同様の実験を行ったところ, 平均 $\overline{y}_{ij\cdot}$ の値は次の表のようになった. ただし, 残差平方和 $\mathrm{SS_E}$ の値は 32,000 であり, 繰り返し数は $K = 5$ である.

薬剤濃度	$\mathrm{B_1}$	$\mathrm{B_2}$	$\mathrm{B_3}$	$\mathrm{B_4}$	平均
雄 $\mathrm{A_1}$	830	820	750	700	775
雌 $\mathrm{A_2}$	750	750	740	708	737
平均	790	785	745	704	756

(1) 平方和 $\mathrm{SS_A}$, $\mathrm{SS_B}$, $\mathrm{SS_{AB}}$ を計算せよ. またそれぞれの自由度を与えよ.

(2) $H_\alpha : \alpha_1 = \alpha_2 = 0$ を有意水準 5% で検定せよ.

(3) $H_\beta : \beta_1 = \beta_2 = \beta_3 = \beta_4 = 0$ を有意水準 5% で検定せよ.

(4) $H_\gamma : \gamma_{ij} = 0,\ (i = 1, 2,\ j = 1, 2, 3, 4)$ を有意水準 5% で検定せよ.

問 5　平方和の期待値が (15.13) で与えられることを示せ.

問 6(∗)　命題 15.3 を証明せよ.

第 16 章

分布によらない推測法

分布系を仮定しない推測法はノンパラメトリックやセミパラメトリックと呼ばれる．実際，確率分布として正規分布などのパラメトリックな分布が仮定できない状況や外れ値が存在して通常の推測手法では適切な解析ができない場合がある．そうした場合の対処法を含め，本章では，1 次元データの要約，順位相関係数，ノンパラメトリック回帰，ブートストラップ法，ノンパラメトリック検定，生存時間解析などのトピックを紹介する．

16.1 データの要約

データが与えられたとき，まず分布の特徴を把握しデータを要約することから始める．n 個の確率変数 $X_1, \ldots, X_n$ が独立で同一分布に従うとし，分布関数を $F(x)$，確率（密度）関数を $f(x)$ とする．データ $x_1, \ldots, x_n$ は確率変数の実現値と捉える．

経験分布関数とカーネル密度推定

分布関数 $F(x)$ の**経験分布関数**は指示関数 $I(X_i \leq x)$ を用いて

$$F_n(x) = \frac{x \text{ 以下となる } X_i \text{ の個数}}{n} = \frac{1}{n} \sum_{i=1}^{n} I(X_i \leq x) \tag{16.1}$$

で定義される．$\mathrm{E}[I(X_i \leq x)] = F(x)$ であり，$I(X_1 \leq x), \ldots, I(X_n \leq x)$ は独立にベルヌーイ分布 $Ber(F(x))$ に従う．したがって，$nF_n(x)$ は $Bin(n, F(x))$ に従うことになるので，$F_n(x)$ は $F(x)$ の不偏推定量になることがわかる．中心極限定理から $\sqrt{n}\,(F_n(x) - F(x)) \to_d \mathcal{N}(0, F(x)[1 - F(x)])$ に分布収束する．

確率分布の形状を視覚的に把握するのにヒストグラムを用いる．分布が**単峰**なのか**双峰**なのか，外れ値の有無，最小値と最大値などを確認することができる．

ヒストグラムの分割の個数 k_n を決めるための指針の1つが**スタージェスの公式**で，$k_n = 1 + 3.32 \log_{10} n$ で定められる．これは2項係数の議論から導出される．n 個のデータが k_n 個の階級に分割されるとき，各階級に入る個数が

$$\binom{k_n - 1}{0}, \binom{k_n - 1}{1}, \binom{k_n - 1}{2}, \ldots, \binom{k_n - 1}{k_n - 1}$$

であると仮定すると，この合計が n になることと2項係数の性質から

$$n = \sum_{i=0}^{k_n - 1} \binom{k_n - 1}{i} = (1+1)^{k_n - 1} = 2^{k_n - 1}$$

が成り立つ．したがって，$n = 2^{k_n - 1}$ という方程式が得られるので，これを解くことによってスタージェスの公式が得られる．

　ヒストグラムは柱状グラフなので滑かな関数を当てはめたい．$K(x)$ を，0を中心に対称で積分が1であるような非負の関数とする．h を正の実数とし

$$K_h(x) = \frac{1}{h} K\left(\frac{x}{h}\right)$$

とおく．例えば，$K(x)$ を標準正規分布の確率密度とすると，$K_h(x)$ は $\mathcal{N}(0, h^2)$ の確率密度になる．$K(x)$ としては対称な一様分布，対称な三角分布なども利用される．このとき，確率密度関数 $f(x)$ を

$$f_h(x) = \frac{1}{n} \sum_{i=1}^{n} K_h(x - X_i) \tag{16.2}$$

で推定する．これを**カーネル密度推定量**と呼び，$K(\cdot)$ を**カーネル**，h を**バンド幅**と呼ぶ．$\int_{-\infty}^{\infty} f_h(x)\, dx = 1$ であり，$h \to 0$ のとき $\mathrm{E}[f_h(x)] \to f(x)$ となることが示される．

　例8.1の50人の身長データについて，カーネル密度推定の関数を描いたのが図16.1である．カーネルは標準正規分布で，$h = 1, 3$ の場合を描いている．h が小さいときデータへの適合がよく，h が大きくなると関数は滑らかになる．データへの適合と関数の滑らかさとのバランスの良い h をとる必要がある．

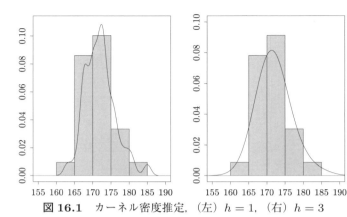

図 16.1 カーネル密度推定. (左) $h = 1$, (右) $h = 3$

分布の中心の測定

分布の中心は標本平均 $\overline{X} = n^{-1} \sum_{i=1}^{n} X_i = n^{-1} \sum_{i=1}^{n} X_{(i)}$ で与えるのが基本である. ここで $X_{(1)} \leq X_{(2)} \leq \cdots \leq X_{(n)}$ は順序統計量である. $X_{(n)} \to \infty$ とすると $\overline{X} \to \infty$ となることからわかるように, 標本平均は外れ値の影響を受ける. すべての定数 a に対して $\sum_{i=1}^{n}(X_i - a)^2 \geq \sum_{i=1}^{n}(X_i - \overline{X})^2$ が成り立つので, $\overline{X}$ は最小 2 乗解であることがわかる. 最小 2 乗解は一般に外れ値の影響を受ける.

そこで, 外れ値の影響を受けないものとして**メディアン**が考えられる. これは, n が奇数のとき $X_{\mathrm{med}} = X_{((n+1)/2)}$, n が偶数のとき $X_{\mathrm{med}} = \{X_{(n/2)} + X_{(n/2+1)}\}/2$ で定義される. $X_{(n)} \to \infty$ としても X_{med} の値は変わらない. このような性質を**ロバスト性 (頑健性)** と呼ぶ. すべての定数 a に対して

$$\sum_{i=1}^{n} |X_i - a| \geq \sum_{i=1}^{n} |X_i - X_{\mathrm{med}}| \tag{16.3}$$

が成り立つ (演習問題を参照). ロバストな推定方法として, 順序統計量の両側から r 個ずつ除いた平均値

$$X_{\mathrm{trim}} = \frac{x_{(r+1)} + x_{(r+2)} + \cdots + x_{(n-r-1)} + x_{(n-r)}}{n - 2r}$$

も利用できる. これを**刈り込み平均**と呼ぶ. スポーツの採点競技で利用されることがある. 一般に, 非負の関数 $\Psi(\cdot)$ に対して $\sum_{i=1}^{n} \Psi(X_i - a)$ を最小にする a の

解を X_{M} で表し，**M 推定量**と呼ぶ．これは，関数 $\psi(\cdot)$ を用いて方程式 $\sum_{i=1}^{n} \psi(X_i - a) = 0$ の解として求めることもできる．標本平均もメディアンもこの枠組みに入る．

(1) $\Psi(t) = t^2$, $\psi(t) = t$ のときが標本平均 $\overline{X}$

(2) $\Psi(t) = |t|$, $\psi(t) = -I(t < 0) + I(t > 0)$ のときがメディアン X_{med}

また，$\psi(t) = tI(|t| \le c)$ とすると，刈り込み平均型のロバスト推定量が得られる．特に，$\psi(t) = tI(|t| \le c) - cI(t < -c) + cI(t > c)$ は，フーバーの関数として知られている．

ヒストグラムを描いたときに最も高い柱について，その底辺の中点もしくはその中に入るデータの平均値を X_{mode} と書き，**モード（最頻値）** と呼ぶ．単峰で右に歪んだ分布のときには $X_{\mathrm{mode}} < X_{\mathrm{med}} < \overline{X}$ のような大小関係が成り立つ傾向がある．

正のデータに対する幾何平均と調和平均

$X_1, \ldots, X_n$ が正の確率変数のときに，**幾何平均，調和平均**は

$$\mathrm{G}_x = (X_1 \times \cdots \times X_n)^{1/n}, \quad \mathrm{H}_x = \frac{n}{\sum_{i=1}^{n} 1/X_i}$$

のように定義される．幾何平均は

$$\left(\prod_{i=1}^{n} X_i \right)^{1/n} = \exp\left\{ \frac{1}{n} \sum_{i=1}^{n} \log X_i \right\}$$

と書けるので，右に歪んだデータを対数変換により対称な分布に近づけた上で算術平均をとり元に戻したものが幾何平均になることがわかる．標本平均，幾何平均，調和平均の間には常に次の不等式が成り立つ（演習問題を参照）．

$$\mathrm{H}_x \le \mathrm{G}_x \le \overline{X} \tag{16.4}$$

分布のバラツキの測定

分布のバラツキは，標本分散，不偏分散で測ることができ，それぞれ $S^2 = n^{-1} \sum_{i=1}^{n} (X_i - \overline{X})^2$, $V^2 = (n-1)^{-1} \sum_{i=1}^{n} (X_i - \overline{X})^2$ で与えられる．またその平方根を標準偏差と呼ぶ．株式投資においてハイリスク・ハイリターンという言

葉があるが，分散が大きいほどリスクは大きくなるがリターンも大きくなる．例えば，年末ジャンボ宝くじの分散は極めて大きく当たれば獲得金額が大きいのに対して，馬券の分散は年末ジャンボ宝くじに比べれば小さいので，リスクが小さくなるとともに獲得金額も小さい．ギャンブル性の程度は分散の大きさで表すことができる．

正の定数 k に対して $|X_i - \overline{X}| \geq kS$ を満たすような X_i の個数を n_k とするとき，次の不等式が常に成り立つ（演習問題を参照）．

$$\frac{n_k}{n} \leq \frac{1}{k^2} \quad もしくは \quad \frac{n - n_k}{n} \geq 1 - \frac{1}{k^2} \tag{16.5}$$

これをデータに関する**チェビシェフの不等式**と呼ぶ．例えば，$k = 3$ ととると，$n_3/n \leq 1/9 = 0.11, (n - n_3)/n \geq 8/9 = 0.89$ となるので，全データの約9割が区間 $[\overline{X} - 3S, \overline{X} + 3S]$ に入ることを意味する．また，標本平均とメディアンと標準偏差の間には次の不等式が常に成り立つ（演習問題を参照）．

$$|\overline{X} - X_{\mathrm{med}}| < S \tag{16.6}$$

標本分散は外れ値の影響を受けてしまう．ロバストなバラツキの指標の1つは，メディアン X_{med} に対して $|X_1 - X_{\mathrm{med}}|, \ldots, |X_n - X_{\mathrm{med}}|$ のメディアン

$$\mathrm{med}\{|X_1 - X_{\mathrm{med}}|, \ldots, |X_n - X_{\mathrm{med}}|\}$$

を用いる方法で，**メディアン絶対偏差** (MAD) と呼ばれる．指標のもう1つは，四分位範囲である．データを小さい順に並べて全体を4等分したときの，下側 1/4 を与える点を 25% 分位点もしくは第1四分位点と呼び，上側 1/4 を与える点を 75% 分位点もしくは第3四分位点と呼ぶ．第1四分位点と第3四分位点の差は**四分位範囲** (IQR) と呼ばれる．

ここで，**分位点**の定義の1つを紹介する．$0 < \alpha < 1$ に対して

$$q_\alpha^L = \min_x \{X_i \leq x となる X_i の個数が n\alpha 以上\}$$

$$q_\alpha^R = \max_x \{X_i \geq x となる X_i の個数が n(1-\alpha) 以上\}$$

とおく．例えば，q_α^L は，$X_i \leq x$ となる X_i の個数が $n\alpha$ となるような x の最小値によって与えられる．このとき，下側 $100\alpha\%$ 分位点 q_α を

$$q_\alpha = \frac{q_\alpha^L + q_\alpha^R}{2} \tag{16.7}$$

で定義する. $\alpha = 0.5$ のとき $q_{0.5}$ はメディアンに一致することがわかる.

$X_{(n)} - X_{(1)}$ を**範囲 (レンジ)** と呼ぶ. 外れ値の影響を大きく受けてしまうが, どの範囲に分布しているのかの情報を与えてくれる. レンジ, メディアン, 四分位範囲を表示することで分布全体の様子を捉える図が**箱ひげ図**である.

例 8.1 の 50 人の身長データについて一連の数値を求めてみると

$$\overline{x} = 172, \quad S = 4.20, \quad x_{\mathrm{med}} = 172, \quad \mathrm{MAD} = 2.5, \quad \mathrm{IQR} = 5$$

となる. 一方, 仮に 1000 という外れ値を追加してみると,

$$\overline{x} = 188.2, \quad S = 114, \quad x_{\mathrm{med}} = 172, \quad \mathrm{MAD} = 3, \quad \mathrm{IQR} = 5$$

となり, $\overline{x}, S$ が外れ値の影響を大きく受けてしまうのに対して, x_{med}, MAD, IQR の値はあまり影響を受けないことがわかる.

16.2 順位相関係数

2 変数データの相関係数とその検定が 9.7 節で与えられているが, 頑健性などの視点から再考してみる. 2 次元確率変数 $(X_1, Y_1), \ldots, (X_n, Y_n)$ が独立に分布するとき, ピアソンの標本相関係数は

$$R_{x,y} = \frac{\sum_{i=1}^{n}(X_i - \overline{X})(Y_i - \overline{Y})}{\sqrt{\sum_{i=1}^{n}(X_i - \overline{X})^2}\sqrt{\sum_{i=1}^{n}(Y_i - \overline{Y})^2}}$$

で定義される. 下の数値例で示されるように, ピアソンの標本相関係数は外れ値の影響を受ける. そこで外れ値に頑健な相関係数を求めたい. $X_1, \ldots, X_n$ を小さい順に並べたときの X_i の順位を R_i, 同様に $Y_1, \ldots, Y_n$ を小さい順に並べたときの Y_i の順位を S_i とする. 例えば, 夫婦の年齢のデータを考えてみる. 15 組の夫婦の年齢が上の欄, 年齢順位が下の欄で与えられる. 同順位がある場合はそれらの平均で置き換える.

番号	1	2	3	4	5	6	7	8	9	10	11	12	13	14	15
夫の年齢	49	25	40	52	58	32	43	47	31	26	41	35	34	36	48
妻の年齢	44	28	30	57	53	27	52	43	23	25	39	32	35	33	34
夫の順位	13	1	8	14	15	4	10	11	3	2	9	6	5	7	12
妻の順位	12	4	5	15	14	3	13	11	1	2	10	6	9	7	8

同順位がない場合は順位 $R_1, \ldots, R_n$ の平均は

$$\overline{R} = \frac{1}{n} \sum_{i=1}^{n} R_i = \frac{1}{n} \sum_{i=1}^{n} i = \frac{n+1}{2}$$

となる. このとき, 2次元の順位 $(R_1, S_1), \ldots, (R_n, S_n)$ についてピアソンの標本相関係数は, 次のように書ける.

$$\rho_{x,y} = \frac{\sum_{i=1}^{n}(R_i - (n+1)/2)(S_i - (n+1)/2)}{\sqrt{\sum_{i=1}^{n}(R_i - (n+1)/2)^2}\sqrt{\sum_{i=1}^{n}(S_i - (n+1)/2)^2}}$$

これを**スピアマンの順位相関係数**と呼ぶ. $\sum_{i=1}^{n} i^2 = n(n+1)(2n+1)/6$ に注意して $\rho_{x,y}$ を計算すると

$$\rho_{x,y} = 1 - \frac{6}{n(n^2-1)} \sum_{i=1}^{n}(R_i - S_i)^2$$

と表される. 上の数値例では, $R_{x,y} = 0.84$, $\rho_{x,y} = 0.88$ となる. 仮に外れ値 $(200, 200)$ を追加してみると, $R_{x,y} = 0.99$, $\rho_{x,y} = 0.90$ となり, $R_{x,y}$ が1に近づくものの $\rho_{x,y}$ の値はあまり変化しない.

別の方法として, (X_i, Y_i) と (X_j, Y_j) とを比較したとき, $(X_i - X_j)(Y_i - Y_j) > 0$ のときスコアが $+1$, $(X_i - X_j)(Y_i - Y_j) < 0$ のときスコアが -1 として, スコアを足し合わせたものを考え, **ケンドールの順位相関係数**と呼ぶ.

$$\tau_{x,y} = \frac{1}{n(n-1)} \sum_{i=1}^{n} \sum_{j=1}^{n} \mathrm{sgn}\,(X_i - X_j) \times \mathrm{sgn}\,(Y_i - Y_j)$$

ただし, $\mathrm{sgn}\,(x)$ は x の符号を表す. 上の数値例では $\tau_{x,y} = 0.70$ であり, 外れ値 $(200, 200)$ が追加された場合でも $\tau_{x,y} = 0.70$ となり変わらない.

16.3 ノンパラメトリック回帰とナダラヤ・ワトソン推定

(X, Y) を 2 次元の連続な確率変数で，n 個の実現値を $(x_1, y_1), \ldots, (x_n, y_n)$ として，次のような回帰モデルを考える．

$$y_i = r(x_i) + u_i, \quad i = 1, \ldots, n$$

ただし，u_i は $\mathrm{E}[u_i | X = x_i] = 0$, $\mathrm{E}[u_i^2 | X = x_i] = \sigma^2(x_i)$ とし，$r(x)$ は未知の回帰関数とする．このモデルを**ノンパラメトリック回帰**と呼ぶ．$r(x) = \alpha + \beta x$ の場合が単回帰モデル (11.2) に対応する．

$$\mathrm{E}[\{Y - r(X)\}^2] = \mathrm{E}[\{(Y - \mathrm{E}[Y|X]) - (r(X) - \mathrm{E}[Y|X])\}^2]$$
$$= \mathrm{E}[(Y - \mathrm{E}[Y|X])^2] + \mathrm{E}[\{r(X) - \mathrm{E}[Y|X]\}^2]$$

と変形できるので，最適な $r(x)$ は $r(x) = \mathrm{E}[Y|X = x]$ となる．すなわち，$f(x, y)$ を (X, Y) の同時確率密度，$f_X(x)$ を X の周辺確率密度とすると

$$r(x) = \mathrm{E}[Y|X = x] = \int_{-\infty}^{\infty} y \frac{f(x, y)}{f_X(x)} \, dy$$

と表される．

$r(x)$ を推定するために $f(x, y)$ と $f_X(x)$ を (16.2) のようなカーネル推定量で置き換えれることを考える．

$$\hat{f}(x, y) = \frac{1}{nh^2} \sum_{i=1}^{n} K\left(\frac{x - x_i}{h}\right) K\left(\frac{y - y_i}{h}\right), \quad \hat{f}_X(x) = \frac{1}{nh} \sum_{i=1}^{n} K\left(\frac{x - x_i}{h}\right)$$

ここで，$\int_{-\infty}^{\infty} K(u) \, du = 1$, $\int_{-\infty}^{\infty} uK(u) \, du = 0$ に注意して $u = (y - y_i)/h$ なる変数変換を行うと

$$\hat{r}(x) = \int_{-\infty}^{\infty} y \frac{\hat{f}(x, y)}{\hat{f}_X(x)} \, dy = \frac{\sum_{i=1}^{n} K\left(\frac{x - x_i}{h}\right) \int_{-\infty}^{\infty} y \frac{1}{h} K\left(\frac{y - y_i}{h}\right) \, dy}{\sum_{j=1}^{n} K\left(\frac{x - x_j}{h}\right)}$$
$$= \frac{1}{\sum_{j=1}^{n} K\left(\frac{x - x_j}{h}\right)} \sum_{i=1}^{n} K\left(\frac{x - x_i}{h}\right) y_i$$

と書けることがわかる．これを**ナダラヤ・ワトソン推定量**と呼ぶ．

表 12.3 の気温とビールの販売量のデータについてナダラヤ・ワトソン推定量

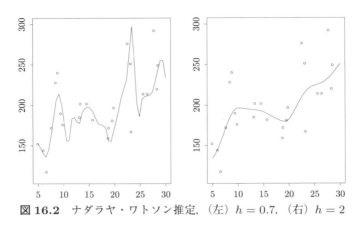

図 16.2 ナダラヤ・ワトソン推定. (左) $h = 0.7$, (右) $h = 2$

を当てはめたのが図 16.2 である.

16.4 ブートストラップ法

推定量のバイアスや分散, 信頼区間の構成, 推定量の分布の分位点など, 推定量の信頼性を評価するときにブートストラップ法を用いると便利である.

汎関数とその推定

$X_1, \ldots, X_n$ が独立に同一の分布関数 $F(x)$ に従うとする. これに基づいて経験分布関数 $F_n(x) = n^{-1} \sum_{i=1}^{n} I(X_i \leq x)$ が作られる. 連続分布の場合, $dF(x)/dx = f(x)$ より $dF(x) = f(x)\,dx$ と書くと, 関数 $g(X_i)$ の期待値は

$$E[g(X_i)] = \int_{-\infty}^{\infty} g(x)f(x)\,dx = \int_{-\infty}^{\infty} g(x)dF(x)$$

のように表される. これは, $E[g(X_i)]$ が F の関数であることを意味するので, $E_F[g(X_i)]$ のように表記される. 一般に関数 F の関数を**汎関数**と呼ぶ. X_i の平均と分散は F の汎関数で $\mu = \mu(F) = E_F[X_1]$, $\sigma^2 = \sigma^2(F) = E_F[X_1^2] - (E_F[X_1])^2$ のように表すことができる. X_i の関数の期待値や確率はすべて F の汎関数である. 一般に, F の汎関数 $\theta = \theta(F)$ の推定問題を考えるとき, $\theta(F)$ の自然な推定量は F を経験分布関数 F_n で置き換えたもの $\hat{\theta} = \theta(F_n)$ で与えられる. 例えば, 平均は $\hat{\mu} = \mu(F_n) = E_{F_n}[X_1] = \int_{-\infty}^{\infty} x dF_n(x) = \overline{X}$ となり, 分

散は次のようになる.

$$\hat{\sigma}^2 = \sigma^2(F_n) = E_{F_n}[X_1^2] - (E_{F_n}[X_1])^2 = n^{-1}\sum_{i=1}^{n} X_i^2 - \overline{X}^2 = S^2$$

ブートストラップ法

$\theta = \theta(F)$ を $\hat{\theta} = \theta(F_n)$ で推定するときのバイアス $\text{Bias}_{\hat{\theta}}(F) = E_F[\theta(F_n)] - \theta(F)$ について,その推定量を与えることを考えてみよう. F を F_n で置き換えればよいので,$\text{Bias}_{\hat{\theta}}(F_n)$ とすればよい. しかし,期待値 $E_F[\theta(F_n)]$ についてはどのように置き換えればよいだろうか.

「分布関数 F からのランダム標本 $X_1, \ldots, X_n$ に基づいて作られた経験分布関数 F_n について,$\theta(F_n)$ の F に関する期待値が $E_F[\theta(F_n)]$ である.」

この記述において F を F_n に置き換えると次のように書ける.

「経験分布関数 F_n からのランダム標本 $X_1^*, \ldots, X_n^*$ に基づいて作られた経験分布関数 F_n^* について,$\theta(F_n^*)$ の F_n に関する期待値が $E_{F_n}^*[\theta(F_n^*)]$ である.」

この経験分布関数 F_n からのランダム標本 $X_1^*, \ldots, X_n^*$ を**ブートストラップ標本**と呼ぶ. $E_{F_n}^*[\theta(F_n^*)]$ は $\theta(F_n^*)$ の $X_1^*, \ldots, X_n^*$ に関する期待値を表している. したがって,$\text{Bias}_{\hat{\theta}}(\theta)$ は

$$\widehat{\text{Bias}}(\hat{\theta}) = \text{Bias}_{\hat{\theta}}(F_n) = E_{F_n}^*[\theta(F_n^*)] - \theta(F_n)$$

で推定される. 同様にして,分散 $\text{Var}(\hat{\theta}) = E_F[\hat{\theta}^2] - \{E_F[\hat{\theta}]\}^2$ についても

$$\widehat{\text{Var}}(\hat{\theta}) = \text{Var}_{\hat{\theta}}(F_n) = E_{F_n}^*[\{\theta(F_n^*)\}^2] - \{E_{F_n}^*[\theta(F_n^*)]\}^2$$

で推定できる. 以上より,(F, F_n) を (F_n, F_n^*) で置き換えれば推定量が得られることになる. 経験分布関数の一致性から,ブートストラップ標本の上では $F_n^*(x) \to_p F_n(x)$ が成り立ち,また $F_n(x) \to_p F(x)$ であることから

$$n\{\widehat{\text{Bias}}(\hat{\theta}) - \text{Bias}_{\hat{\theta}}(F)\} \to_p 0, \quad n\{\widehat{Var}(\hat{\theta}) - \text{Var}_{\hat{\theta}}(F)\} \to_p 0$$

が成り立つ.

$\theta = \theta(F)$ の信頼区間については,$P_F(\sqrt{n}\{\theta(F_n) - \theta\} \leq x_L) = \alpha/2$, $P_F(\sqrt{n}\{\theta(F_n) - \theta\} \geq x_U) = \alpha/2$ を満たす x_L と x_U を求めると,信頼係数 $1 - \alpha$ の信頼区間 $[\theta(F_n) - x_L/\sqrt{n}, \theta(F_n) + x_U/\sqrt{n}]$ が得られる. $\sqrt{n}(\hat{\theta} - \theta)$ の

正確な確率分布を求めることが困難な場合は，中心極限定理による正規近似を用いるのが常套手段である．しかし，漸近分散を解析的に求める必要があり，これも簡単ではない．これに対して，ブートストラップ法を用いると，比較的容易に信頼区間を作ることができる．$\mathrm{P}_F(\sqrt{n}\{\theta(F_n) - \theta(F)\} \leq x)$ の代わりに

$$\mathrm{P}_{F_n}(\sqrt{n}\{\theta(F_n^*) - \theta(F_n)\} \leq x)$$

を用いればよい．この分布の下側 $\alpha/2$ 分位点，上側 $\alpha/2$ 分位点を x_L^*, x_U^* すると，$[\theta(F_n) - x_L^*/\sqrt{n}, \theta(F_n) + x_U^*/\sqrt{n}]$ がブートストラップ信頼区間となる．

ブートストラップ法の実装

ブートストラップ標本上の期待値 $E_{F_n}^*[g(F_n^*)]$ は経験分布 F_n からとられたランダム標本 $X_1^*, \ldots, X_n^*$ に関する期待値であるから，実際には F_n から n 個の乱数を B 回発生させてその平均値で近似する．具体的には次のように行う．いま $X_1, \ldots, X_n$ の実現値を $x_1, \ldots, x_n$ とし，経験分布 F_n を構成する．F_n からサイズ n のランダム標本をとるということは，$x_1, \ldots, x_n$ の中からサイズ n の標本を復元抽出することを意味する．$\{x_1, \ldots, x_n\}$ の集合から $1/n$ の確率で1つ取り記録して戻すという操作を n 回繰り返すので，例えば $x_1^* = x_3$, $x_2^* = x_{n-1}$, $x_3^* = x_3, \ldots$, のように，同じデータが複数回抽出される場合もあるし，まったく抽出されない場合もある．この復元抽出を B 回繰り返すと，次のようなデータを計算機上に作ることができる．

$$\{x_1^{*(b)}, \ldots, x_n^{*(b)}\}, \quad b = 1, \ldots, B$$

いま，$E_{F_n}^*[g(F_n^*)]$ の近似値を与えるときには，$g(F_n^*)$ に $x_1^{*(b)}, \ldots, x_n^{*(b)}$ を代入したものを $g^{*(b)}$ とおいて，$B^{-1}\sum_{b=1}^B g^{*(b)}$ で推定すればよい．大数の法則から $B \to \infty$ のとき $B^{-1}\sum_{b=1}^B g^{*(b)} \to_p E_{F_n}^*[g(F_n^*)]$ となることがわかる．

例えば，バイアスと分散については，$\theta(F_n^*)$ に $x_1^{*(b)}, \ldots, x_n^{*(b)}$ を代入したものを $\hat{\theta}^{*(b)}$ とおき，$\overline{\hat{\theta}^*} = B^{-1}\sum_{b=1}^B \hat{\theta}^{*(b)}$ とすると，$\mathrm{Bias}_{\hat{\theta}}(F_n)$, $\mathrm{Var}_{\hat{\theta}}(F_n)$ は

$$\frac{1}{B}\sum_{b=1}^B \{\hat{\theta}^{*(b)} - \theta(F_n)\}, \quad \frac{1}{B}\sum_{b=1}^B \{\hat{\theta}^{*(b)} - \overline{\hat{\theta}^*}\}^2$$

で近似できることになる．また，得られた B 個の推定値 $\{\hat{\theta}^{*(1)}, \ldots, \hat{\theta}^{*(B)}\}$ の分

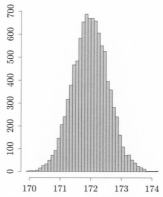

図 16.3 ブートストラップ標本平均のヒストグラム

布について，分布の下側 $\alpha/2$ 分位点 θ_L^* と上側 $\alpha/2$ 分位点 θ_U^* を求めると，区間 $[\theta_L^*, \theta_U^*]$ が得られる．これが信頼係数 $1-\alpha$ のブートストラップ信頼区間となる．

　例えば，例 8.1 で扱った男子大学生 50 人の身長のデータについて，$B = 10{,}000$ 個のブートストラップ標本 $x_1^{*(b)}, \dots, x_{50}^{*(b)}$，$b = 1, \dots, B$，を発生させ，ブートストラップ標本平均 $\bar{x}^{*(1)}, \dots, \bar{x}^{*(B)}$ を計算する．このとき，B 個のブートストラップ標本平均の平均と分散は 172, 0.34 になる．標本平均の分散が 0.34 で推定されるので，分散 σ^2 は $0.34 \times 50 = 17.2$ で推定される．$\bar{x} = 172$，$s^2 = 17.6$ であるから，両者は近い推定値を与えている．また，B 個のブートストラップ標本平均のヒストグラムが図 16.3 で描かれている．この分布の 2.5% 分位点と 97.5% 分位点は 170.8, 173.2 になるので，ブートストラップ標本に基づいた平均の 95% 信頼区間は $[170.8, 173.2]$ となる．第 9 章の演習問題（問 1）で求めた信頼区間は $[171, 173]$ であるから，近い値を与えている．

16.5　ノンパラメトリック検定

　検定の多くはパラメトリックなモデルのもとで扱われる．これに対して，分布系を仮定しないで実行可能な検定も応用場面で大変役立つ．ここでは，**ノンパラメトリック検定**もしくは**分布によらない検定**の代表例を紹介する．

表 16.1　$Bin(10, 0.5)$ の確率の値

x	0	1	2	3	4	5	6	7	8	9	10
$p(x)$	.00	.01	.04	.12	.21	.25	.21	.12	.04	.01	.00

符号検定

　ノンパラメトリック検定の中でも符号検定は簡単な方法である．連続な確率変数 $Z_1, \ldots, Z_n$ が独立に密度関数 $f(z - \theta)$ に従い，θ はこの分布のメディアンであるとする．θ に関する片側検定

$$H_0 : \theta = \theta_0 \quad \text{vs.} \quad H_1 : \theta > \theta_0$$

を考えてみよう．いま，関数 $d(x)$ を

$$d(x) = \begin{cases} 1, & x > 0 \text{ のとき} \\ 0, & x \leq 0 \text{ のとき} \end{cases} \tag{16.8}$$

で定義するとき

$$S_n^+ = \sum_{i=1}^{n} d(Z_i - \theta_0)$$

は，$Z_i - \theta_0$ が正となるものの個数を表している．$S_n^+ > n/2$ のときには $\theta > \theta_0$ である可能性を示唆することになるので，S_n^+ に基づいた検定が考えられる．これを**符号検定**と呼ぶ．

　$H_0 : \theta = \theta_0$ のもとでは，θ_0 がメディアンであることに注意すると，$Z_i - \theta_0$ が正の値をとる確率は $1/2$ となり S_n^+ の分布は 2 項分布 $Bin(n, 1/2)$ に従うことがわかる．例えば，$n = 10$ のとき $Bin(n, 1/2)$ の確率関数は表 16.1 のようになる．この場合，正確検定が可能で，$\mathrm{P}_{H_0}(S_n^+ \geq 8) = 0.055$ なので，$S_n^+ \geq 8$ のときには有意水準 5.5% で H_0 が棄却される．

　n が大きいときには，正規近似を用いて行うことができる．すなわち，S_n^+ は $\mathcal{N}(n/2, n/4)$ で近似できるので

$$(S_n^+ - n/2 - 1/2)/\sqrt{n/4} > z_\alpha$$

のとき H_0 は棄却される．ここで，左辺の中に $-1/2$ が入っているのは連続補

表 16.2   2 種類のタイヤの燃費 (Km/L)

車	1	2	3	4	5	6	7	8	9	10
タイヤ A(x)	17.8	16.6	19.2	15.6	18.6	15.0	14.3	16.9	18.9	18.0
タイヤ B(y)	17.0	16.0	19.2	15.7	17.9	14.1	14.6	17.3	17.6	17.5
$x - y$	0.8	0.6	−0.1	−0.2	0.7	0.9	−0.3	−0.4	1.3	0.5
符号	+	+	−	−	+	+	−	−	+	+
$\|x - y\|$	0.8	0.6	0.1	0.2	0.7	0.9	0.3	0.4	1.3	0.5
順位	8	6	1	2	7	9	3	4	10	5

正のためである．また，$Z_1, \ldots, Z_n$ のうち 0 になる点があるときには，n から
その個数を引いた数を新たに n として検定を行えばよい．$n = 10$, $\alpha = 0.05$
のときには，$S_n^+ > (10 + 1 + \sqrt{10}z_{0.05})/2 = 8.1$ となり，有意水準 5% の検
定は $S_n^+ > 8.1$ で H_0 を棄却することになる．ちなみに，正規近似を用いると
$P_{H_0}(S_n^+ \geq 8) \approx 0.057$ となり，上の正確検定と近い値を与える．

例えば，タクシー会社が 2 種類のタイヤのうち燃費のいい方を採用するため
10 台の車で走行実験を行った．車は同じドライバーが運転しそれぞれのタイヤ
を 1 週間装備したときの燃費が表 16.2 で与えられている．

これは，対のある 2 次元のデータと捉えることができる．この例の場合，
$(X_1, Y_1), \ldots, (X_n, Y_n)$ が独立な 2 次元の確率変数で，$Z_1 = X_1 - Y_1, \ldots, Z_n = X_n - Y_n$ とおくとき，Z_i は密度関数 $f(z - \theta)$ に従うとし，$f(z)$ は $z = 0$ に関し
て対称であると仮定する．タクシー会社の調べたい検定問題は $H_0 : \theta = 0$ vs.
$H_1 : \theta > 0$ と表すことができる．この問題は，上述の検定問題において $\theta_0 = 0$
に対応している．表 16.2 の例では，$S_n^+ = 6$ となる．表 16.1 から，符号検定を
用いた場合，この値は有意でないことがわかる．しかし，表 16.2 の $x - y$ の値
を見ると，タイヤ A の方が燃費が良いような気がする．そこで，次の符号付き
順位和検定を考えることにする．ちなみに，正規性を仮定して 9.4.3 項の検定を
適用してみると，有意水準 5% で有意になる．

符号付き順位和検定

符号検定の弱点は，観測値の大きさを無視して符号だけを利用する点にある．
そこで，絶対値をとったもの $|Z_1|, \ldots, |Z_n|$ を小さい順に並べたときの $|Z_i|$ の順

位を R_i^+ とする．同順位がある場合をタイがあると呼び，中間順位（該当順位の平均値，例えば 4 位が 3 個ある場合は $(4+5+6)/3$）で置き換えて行うが，説明を簡単にするためにタイがない場合を考える．(16.8) の関数 $d(\cdot)$ を用いて符号と順位を組み入れた統計量

$$W_+ = \sum_{i=1}^n R_i^+ d(Z_i)$$

を考え，これに基づいた検定を**ウィルコクソンの符号付き順位和検定**と呼ぶ．$\theta > 0$ のときには $Z_i > 0$ に対して大きめの順位がつくことになるので，その結果 W_+ の値は大きくなる．

$(R_1^+, Z_1), \ldots, (R_n^+, Z_n)$ は並べ方を変えて $(1, Z_{i_1}), \ldots, (n, Z_{i_n})$ と書ける．ここで $(i_1, \ldots, i_n)$ は $(1, \ldots, n)$ の並べ替えであり，$|Z_{i_1}| \leq \cdots \leq |Z_{i_n}|$ を満たす．簡単のために $D_k = d(Z_{i_k})$ とおくと，$W_+ = \sum_{k=1}^n k D_k$ と表される．$H_0 : \theta = 0$ のもとで Z_i が $z = 0$ に関して対称に分布するとき，D_k はベルヌーイ分布 $Ber(1/2)$ に従うので $\mathrm{E}[D_k] = 1/2, \mathrm{Var}(D_k) = 1/4$ となり

$$\mathrm{E}[W_+] = \frac{1}{2} \sum_{k=1}^n k = \frac{n(n+1)}{4}, \ \mathrm{Var}(W_+) = \frac{1}{4} \sum_{k=1}^n k^2 = \frac{n(n+1)(2n+1)}{24}$$

となることがわかる．W_+ の分布は $\mathcal{N}(n(n+1)/4, n(n+1)(2n+1)/24)$ で近似できることが知られているので

$$T = \left(W_+ - \frac{n(n+1)}{4} - \frac{1}{2}\right) \frac{\sqrt{24}}{\sqrt{n(n+1)(2n+1)}} > z_\alpha$$

のとき H_0 を棄却するのが有意水準 α の検定になる．

表 16.2 の例では，$|x_i - y_i|$ の順位が下段で与えられており，W_+ の値を計算すると $W_+ = 8+6+7+9+10+5 = 45$ となり $T = 1.733$ となる．$z_{0.05} = 1.64$ であるから，有意水準 5% で $H_0 : \theta = 0$ は棄却されることになる．

2 群の順位和検定

2 つの標本（群）を考え，確率変数 $X_1, \ldots, X_m$ が独立に確率密度 $f(x)$ に従い，確率変数 $Y_1, \ldots, Y_n$ が独立に確率密度 $f(x - \theta)$ に従うとき

$$H_0 : \theta = 0 \quad \text{vs.} \quad H_1 : \theta > 0$$

を検定する問題を考える.

$\{X_1, \ldots, X_m, Y_1, \ldots, Y_n\}$ の全体を小さい順に並べ直し, 1 から $m + n$ までの順位をつける. ただし簡単のため, 同順位はないものとする. このとき, Y_1 の順位を R_1 とし, 以下 $Y_2, \ldots, Y_n$ の順位をそれぞれ $R_2, \ldots, R_n$ とする. $Y_1, \ldots,$ Y_n に関するこれらの順位を足し合わせたもの

$$W = \sum_{i=1}^{n} R_i$$

を考え, これに基づいた検定を**ウィルコクソンの順位和検定**もしくは**マン・ウィットニー検定**と呼ぶ. $\theta > 0$ のときには, X_i より Y_j の方が大きめの順位がつく傾向になるので, その結果 W の値が大きくなる.

$N = m + n$ とおくと, $H_0 : \theta = 0$ のもとでは, W/n は自然数の集合 $\{1, 2, \ldots, N\}$ からランダムに非復元抽出したサイズ n の標本の平均であると捉えることができる. そこで, $\{1, 2, \ldots, N\}$ を有限母集団と考え, この有限母集団から非復元抽出した標本平均の平均と分散を求めることになる. 有限母集団の平均 μ と分散 σ^2 は次のように書けることに注意する.

$$\mu = \frac{1}{N} \sum_{j=1}^{N} j = \frac{N+1}{2}, \quad \sigma^2 = \frac{1}{N} \sum_{j=1}^{N} (j - \mu)^2 = \frac{(N+1)(N-1)}{12}$$

有限母集団からの標本平均の平均と分散は, 下で説明されるように

$$\mathrm{E}[W/n] = \mu, \quad \mathrm{Var}(W/n) = \frac{\sigma^2}{n} \frac{N-n}{N-1} \tag{16.9}$$

と書けるので, $\mathrm{E}[W] = n(N+1)/2$, $\mathrm{Var}(W) = nm(N+1)/12$ となる. W は確率変数の和なので中心極限定理を適用することができ, W の分布は $\mathcal{N}(n(N+1)/2, mn(N+1)/12)$ で近似することができる. したがって

$$T = \left(W - \frac{n(N+1)}{2} - \frac{1}{2} \right) \frac{\sqrt{12}}{\sqrt{mn(N+1)}} > z_\alpha$$

のとき H_0 を棄却するのが有意水準 α の検定になる. 両側検定 $H_0 : \theta = 0$ vs.

表 16.3 2 つのブランドのタバコに含まれるニコチンの量 (mg)

ブランド A (x)	4.1	4.9	6.4	2.2	3.8	3.2	6.0	5.5		
ブランド B (y)	3.3	0.7	4.2	3.9	6.1	1.8	5.3	2.0	4.4	2.5
ブランド A の順位	10	13	18	4	8	6	16	15		
ブランド B の順位	7	1	11	9	17	2	14	3	12	5

$H_1 : \theta \neq 0$ の場合は，有意水準 α の検定は $|T| > z_{\alpha/2}$ になる．

例えば，2 つのブランドのタバコについてニコチンの含有量を調べたところ表 16.3 の結果が得られた．このデータからニコチンの含有量が等しいかを検定したい．$\{x_1, \ldots, x_m, y_1, \ldots, y_n\}$ 全体の中の順位が表 16.3 の下段で与えられているので，$W = 7 + 1 + 11 + 9 + 17 + 2 + 14 + 3 + 12 + 5 = 81$ となり，$m = 8$，$n = 10$ より $T = -1.29$ となるので有意でないことがわかる．

ここで，(16.9) を示そう．$X_1, \ldots, X_n$ を有限母集団 $\{1, \ldots, N\}$ からの非復元抽出によるランダム標本とする．このとき，$\mathrm{E}[\overline{X}] = n^{-1} \sum_{i=1}^{n} \mathrm{E}[X_i] = \mathrm{E}[X_1]$ となり，$j = 1, \ldots, N$ に対して $\mathrm{P}(X_1 = j) = 1/N$ より平均は $\mathrm{E}[X_1] = \sum_{j=1}^{N} j \mathrm{P}(X_1 = j) = N^{-1} \sum_{j=1}^{N} j = \mu$ となる．また分散は

$$\mathrm{Var}(\overline{X}) = \frac{1}{n^2} \Big\{ \sum_{i=1}^{n} \mathrm{Var}(X_i) + \sum_{i=1}^{n} \sum_{j=1, j \neq i}^{n} \mathrm{Cov}(X_i, X_j) \Big\}$$
$$= \frac{1}{n} \mathrm{Var}(X_1) + \frac{n-1}{n} \mathrm{Cov}(X_1, X_2)$$

となり，$\mathrm{Var}(X_1) = \sum_{j=1}^{N} (j - \mu)^2 \mathrm{P}(X_1 = j) = N^{-1} \sum_{j=1}^{N} (j - \mu)^2 = \sigma^2$ となる．非復元抽出であることから，$j \neq k$ に対して $\mathrm{P}(X_2 = k | X_1 = j) = 1/(N-1)$ であることに注意すると

$$\mathrm{E}[X_1 X_2] = \sum_{j=1}^{N} \sum_{k=1}^{N} jk \mathrm{P}(X_1 = j) \mathrm{P}(X_2 = k | X_1 = j)$$
$$= \sum_{j=1}^{N} \sum_{k=1, k \neq j}^{N} jk \frac{1}{N} \frac{1}{N-1} = \frac{1}{N(N-1)} \sum_{j=1}^{N} j \Big(\sum_{k=1}^{N} k - j \Big)$$
$$= \frac{N}{N-1} \mu^2 - \frac{1}{N(N-1)} \sum_{j=1}^{N} j^2 = \mu^2 - \frac{\sigma^2}{N-1}$$

となり，$\mathrm{Cov}(X_1, X_2) = -\sigma^2/(N-1)$ と書ける．これを代入すると (16.9) が得

表 16.4 K 群の順位

群の番号	順位				合計	平均
1	R_{11}	R_{12}	$\cdots$	R_{1n_1}	$R_{1\cdot}$	$\overline{R_{1\cdot}}$
$\vdots$	$\vdots$	$\vdots$	$\cdots$	$\vdots$	$\vdots$	
K	R_{K1}	R_{K2}	$\cdots$	R_{Kn_K}	$R_{K\cdot}$	$\overline{R_{K\cdot}}$

られる.

K 群のクラスカル・ウォリス検定

一般に K 個の標本もしくは群があってそれらの同等性を検定する問題が考えられる. 例えば, 薬の効果を調べるために, K 段階の用量設定のもとで被験者に投与した結果, $(X_{11}, \ldots, X_{1n_1}), \ldots, (X_{K1}, \ldots, X_{Kn_K})$ の治験が得られたとする. ここで, 最初の $k = 1$ の群は対照群として用量 0 の群と設定しておく. 確率変数はすべて独立で, X_{kj} の確率密度が $f(x - \theta_k)$ であるとするとき, 検定したい仮説は $H_0 : \theta_1 = \cdots = \theta_K$ と書ける. 対立仮説は, 等号が成り立たない $k \in \{1, \ldots, K\}$ が存在すると表される.

順位に基づいてこの検定問題を扱うため, すべての X_{kj} を小さい順に並べ全体の中での順位を付ける. X_{kj} の順位を R_{kj} で表すと, 表 16.4 のような順位表が作れる. ここで, $R_{k\cdot} = \sum_{j=1}^{n_k} R_{kj}, \overline{R_{k\cdot}} = R_{k\cdot}/n_k$ である.

$N = n_1 + \cdots + n_K$ とおくと, R_{ij} の全平均は

$$\overline{R_{\cdot\cdot}} = \frac{1}{N} \sum_{k=1}^{K} \sum_{j=1}^{n_k} R_{kj} = \frac{1}{N} \sum_{k=1}^{K} R_{k\cdot} = \frac{N+1}{2}$$

となる. **クラスカル・ウォリス検定**は

$$H = \frac{12}{N(N+1)} \sum_{k=1}^{K} n_k \left\{ \overline{R_{k\cdot}} - \frac{N+1}{2} \right\}^2 = \frac{6}{N} \sum_{i=1}^{K} \frac{\{R_{k\cdot} - n_k(N+1)/2\}^2}{n_k(N+1)/2}$$

で与えられる. H_0 のもとで $\mathrm{Var}(\overline{R_{k\cdot}}) = (N - n_k)(N+1)/(12n_k)$ であるから

$$\mathrm{E}[H] = \frac{12}{N(N+1)} \sum_{k=1}^{K} n_k \frac{(N - n_k)(N+1)}{12n_k} = K - 1$$

表 16.5 3 つのブランドのタバコに含まれるニコチンの量の順位

カテゴリー	順位										合計	平均
ブランド A の順位	10	14	23	4	8	6	20	18			103	12.9
ブランド B の順位	7	1	11	9	21	2	16	3	13	5	88	8.8
ブランド C の順位	12	22	17	19	15	24					109	18.2

となる．中心極限定理から $R_{k\cdot}$ は正規分布で近似できるが，$\sum_{k=1}^{K} R_{k\cdot} = N(N + 1)/2$ という制約が入ることから自由度が 1 減るので，$H \to_d \chi_{K-1}^2$ に収束する．したがって，$H > \chi_{K-1,\alpha}^2$ のとき H_0 を棄却するのが有意水準 α の検定になる．

2 つのブランドタバコのニコチン含有量の表 16.3 に，さらにブランド C のタバコを加えてニコチン含有量を調べた．ブランド C の含有量は 4.3, 6.3, 5.4, 5.8, 5.1, 6.5 であった．このとき，3 種類のブランドのデータ全体の中での順位は表 16.5 で与えられる．$n_1 = 8$, $n_2 = 10$, $n_3 = 6$, $N = 24$ より $H = 6.66$ となる．$\chi_{2,0.05}^2 = 5.99$ より有意水準 5% で同等性仮説は棄却される．

コルモゴロフ・スミルノフ検定

カイ 2 乗適合度検定に基づいた正規性の検定や指数分布の検定が 10.2.2 項，10.2.3 項で扱われた．ここでは，(16.1) で定義された経験分布関数 $F_n(x)$ を用いた検定方法について紹介する．

$X_1, \ldots, X_n$ を独立に分布関数 $F(x)$ に従う確率変数とする．この確率変数が特定の分布関数 $F_0(x)$ に従うかを検定する問題「$H_0 : F(x) = F_0(x)$ vs. $H_1 : F(x_0) \neq F_0(x_0)$ となる x_0 が存在する」を考える．検定統計量として

$$D_n = \sup_x |F_n(x) - F_0(x)|$$

を用いた検定を**コルモゴロフ・スミルノフ検定**と呼ぶ．x_α を $x_\alpha = \{-(1/2)\log(\alpha/2)\}^{1/2}$ とおくと，$D_n > x_\alpha/\sqrt{n}$ のとき H_0 を棄却するのが有意水準 α の近似的な検定になる．代表的な棄却点の値は $x_{0.05} = 1.36$, $x_{0.01} = 1.63$ となる．

例 8.1 で取り上げた身長データが正規分布 $\mathcal{N}(\mu, \sigma^2)$ に当てはまっているかについてコルモゴロフ・スミルノフ検定を用いてみると，$n = 50$, $\alpha = 0.05$, $D_n = 0.13$, $x_{0.05}/\sqrt{n} = 0.19$ より有意にならないので，正規性が受け入れられ

る．例 8.2 の時間間隔データが指数分布 $Ex(\lambda)$ に当てはまっているかについてコルモゴロフ・スミルノフ検定を用いてみると，$n = 50$, $\alpha = 0.05$, $D_n = 0.11$, $x_{0.05}/\sqrt{n} = 0.19$ より有意にならないので，指数分布が受け入れられる．

2 標本問題については，確率変数 $X_1, \ldots, X_m$ が独立に分布関数 $F(x)$ に従い，確率変数 $Y_1, \ldots, Y_n$ が独立に分布関数 $G(x)$ に従うとする．2 つの標本の分布関数が等しいかを検定する問題「$H_0 : F(x) = G(x)$ vs. $H_1 : F(x_0) \neq G(x_0)$ となる x_0 が存在する」を考える．それぞれの経験分布関数を $F_m(x)$, $G_n(x)$ とするとき，2 標本のコルモゴロフ・スミルノフ検定は，

$$D_{m,n} = \sup_x |F_m(x) - G_n(x)|$$

と $x_\alpha = \{-(1/2) \log(\alpha/2)\}^{1/2}$ に対して，$D_{m,n} > x_\alpha/\sqrt{mn/(m+n)}$ のとき H_0 を棄却するのが有意水準 α の近似的な検定になる．

連検定

ある事象がランダムに起こっているのか，何か傾向性があるのかを判断するための検定が**連検定**と呼ばれる手法である．例えば，2 つの事象 O と X が，OXXXOOOXXOOO のように起こるとき，O|XXX|OOO|XX|OOO のように同じ事象が続く箇所で仕切ってみる．同じ事象が続いて起こることを**連**と呼び，この場合，連の個数は $r = 5$ となる．もし OOOOOOOXXXXX であれば $r = 2$ になり，OXOXOXOXOXOO であれば $r = 11$ となるが，いずれもランダムではないように思われる．

一般に n 回の事象のうち連が r 個となる組合せを考えるときには，連に分けることは仕切りをつけることに対応するので，仕切りとなる候補 $n - 1$ のうち仕切り $r - 1$ を選ぶ組合せになり

$$\binom{n-1}{r-1}$$

で与えられる．O の連の数を r_1 個，X の連の数を r_2 個とすると，$r_1 = r_2$ もしくは $r_1 = r_2 \pm 1$ であることがわかる．連の個数を表す確率変数を R としその確率分布を求めるには，$r = 2k$ と $r = 2k + 1$ に分けて考える必要がある．

改めて，全体で n 個のうち，O が n_1 個，X が n_2 個，$n = n_1 + n_2$ とする．連

の総数が $r = 2k$ のとき，O の連が k 個，X の連も k 個になる場合の数は

$$2\binom{n_1 - 1}{k - 1}\binom{n_2 - 1}{k - 1}$$

となる．先頭の2は，O から始まるか X から始まるかで2倍になることを意味する．全体の n 個の中から O を n_1 個選ぶ場合の数が総数になるので，事象がランダムに起こる場合，$R = 2k$ となる確率は

$$\mathrm{P}(R = 2k) = 2\binom{n_1 - 1}{k - 1}\binom{n_2 - 1}{k - 1}\Big/\binom{n}{n_1}$$

となる．同様にして，$R = 2k + 1$ となる確率 $\mathrm{P}(R = 2k + 1)$ は

$$\binom{n_1 - 1}{k - 1}\binom{n_2 - 1}{k}\Big/\binom{n}{n_1} + \binom{n_1 - 1}{k}\binom{n_2 - 1}{k - 1}\Big/\binom{n}{n_1}$$

となる．この平均と分散は次のようになる．

$$\mathrm{E}[R] = \mu_{n_1, n_2} = 1 + \frac{2n_1 n_2}{n}, \quad \mathrm{Var}(R) = \sigma_{n_1, n_2}^2 = \frac{2n_1 n_2 (2n_1 n_2 - n)}{n^2 (n - 1)}$$

$(n_1, n_2) \to \infty$ のとき，中心極限定理より，$(R - \mu_{n_1, n_2})/\sigma_{n_1, n_2} \to_d \mathcal{N}(0, 1)$ で近似できる．したがって，「H_0：事象がランダムに起こる vs. H_1：事象がランダムでない」の検定については，$|R - \mu_{n_1, n_2}| > \sigma_{n_1, n_2} z_{\alpha/2}$ のとき H_0 を棄却するのが有意水準 α の近似的な検定になる．

例えば，円周率の 20 桁は $\pi = 3.1415926535897932384$ であり，偶数を O，奇数を X で表すと，XXOXXXOOXXXOXXXXOXOO となるので，$n = 20$，$n_1 = 7$，$n_2 = 13$，$r = 10$ となることがわかる．このとき，$\mu_{n_1, n_2} = 10.1$，$\sigma_{n_1, n_2} = 1.97$ より，$|10 - 10.1|/1.97 = 0.05$ となり，有意水準 5% で有意でない．したがってランダムであるという仮説は否定できない．

16.6 生存時間解析とカプラン・マイヤー推定

生存時間解析は統計学の重要な分野であり，特に医薬生物学においては，例えば薬を投与した群と投与しなかった群では生存時間に有意な差が出るかを検証す

るために利用される.

時間がデータになるので,一般に T を故障(死亡)時刻を表す非負の連続な確率変数とし,その密度関数を $f(t)$,分布関数を $F(t)$ とする.時刻 t まで動作していて次の瞬間 $t + \Delta$ までに故障する条件付き確率は

$$\mathrm{P}(t < T \le t + \Delta | T > t) = \frac{\mathrm{P}(t < T \le t + \Delta, T > t)}{\mathrm{P}(T > t)}$$
$$= \frac{\mathrm{P}(t < T \le t + \Delta)}{\mathrm{P}(T > t)} = \frac{F(t + \Delta) - F(t)}{1 - F(t)}$$

となる.このとき,両辺を Δ で割って Δ を小さくすると

$$\lim_{\Delta \downarrow 0} \frac{1}{\Delta} \mathrm{P}(t < T \le t + \Delta | T > t) = \frac{f(t)}{1 - F(t)}$$

となる.これは,t まで動作している条件のもとで次の瞬間に故障する確率密度を表しており

$$h(t) = \frac{f(t)}{1 - F(t)} \tag{16.10}$$

と書いて,**ハザード関数**もしくは**故障率関数**と呼ぶ.

(16.10) の両辺を積分すると $\int_0^t h(s)\,ds = \int_0^t f(s)/\{1 - F(s)\}\,ds = [-\log(1 - F(s))]_0^t$ となるので,$F(t)$,$f(t)$ は次のように表され,非負の連続型確率変数の分布はハザード関数によって特徴付けられることがわかる.

$$F(t) = 1 - \exp\Big\{-\int_0^t h(s)\,ds\Big\}, \ f(t) = h(t)\exp\Big\{-\int_0^t h(s)\,ds\Big\} \tag{16.11}$$

$S(t) = 1 - F(t)$ を**生存関数**と呼び,$S(t) = f(t)/h(t) = \exp\{-\int_0^t h(s)\,ds\}$ と表される.

指数分布 (2.10) については,常に $h(t) = \lambda$ で時間 t には無関係になる.すなわち,t 時間作動していて次の瞬間故障する確率密度は一定で λ となる.このことは故障がランダムに起こることに対応する.しかし,ハザード関数が時間の経過に関して一定というのは自然ではないように思われる.例えば時間の経過とともに故障し易くなる場合や故障しなくなる場合には $h(t) = abt^{b-1}$,$a > 0$,$b > 0$,のようなハザード関数が考えられる.これを (16.11) に代入すると,$\int_0^t abs^{b-1}\,ds = at^b$ より,得られる確率密度関数は次のようになる.

$$f(t|a,b) = abt^{b-1} \exp\{-at^b\}, \quad t > 0, \tag{16.12}$$

これは**ワイブル分布**と呼ばれ，生存関数は $S(t) = \exp\{-at^b\}$ と書ける.

ハザード関数は死亡（故障）するリスクを表すが，この死亡リスクは共変量の影響を受けるのが自然である. 例えば，ある感染症に使う新薬について重症化リスクを防ぐ効果があることを検証するため，新薬を服用する群と服用しない群に分けて重症化するまでの時間を解析し新薬の有効性を検証する場合，データは男女，年齢，基礎疾患の有無など様々な要因の影響を受ける. こうした要因を共変量としてモデルに取り込んで解析することによって共変量の影響を取り除いた上での有効性の有無を調べることができる.

次の表で与えられるデータは，Freireich et al. (1963), Gehan(1965) のデータとして知られているもので，急性白血病を薬物療法により寛解に達した患者を，治療薬 6-MP を投与する群（処理群）とプラセボを投与する群（対照群）に 21人ずつ割り付け，寛解から再発までの期間（週数）を記録したものである. 治療薬を投与した場合，死亡リスクがどの程度改善されるかを定量的に見積もりたい.

対照群	1	1	2	2	3	4	4	5	5	8	8	8	8
処理群	6	6	6	6^+	7	9^+	10	10^+	11^+	13	16	17^+	19^+

対照群	11	11	12	12	15	17	22	23
処理群	20^+	22	23	25^+	32^+	32^+	34^+	35^+

ここで 6^+ は 6 週目に何らかの理由で打ち切られたこと（脱落）を意味する.

一般に，n 人の被験者から，$(t_1, \delta_1, \boldsymbol{x}_1), \ldots, (t_n, \delta_n, \boldsymbol{x}_n)$ のようなデータが観測されるとする. ここで，t_i は生存時間，$\boldsymbol{x}_i$ は共変量，δ_i は打ち切り指標で何らかの理由で打ち切られた場合には $\delta_i = 0$, 打ち切られていないときには $\delta_i = 1$ とする. 共変量については，上の例では対照群には $x_i = 1$, 処理群には $x_i = 0$ とするダミー変数に対応する. また，$t_i = 6^+$ の場合 $\delta_i = 0$ に対応する. 打ち切りがないときの t_i の確率密度関数を $f_i(t_i)$ とする. 打ち切られた場合には，少なくても t_i までは生存していたことになるので生存関数 $S_i(t_i)$ が情報を含んでいる. したがって，尤度関数は

$$L = \prod_{i=1}^{n} \{f_i(t_i)\}^{\delta_i} \{S_i(t_i)\}^{1-\delta_i} = \prod_{i=1}^{n} \{h_i(t_i)\}^{\delta_i} S_i(t_i)$$

と書けるので，対数尤度は $\ell = \sum_{i=1}^{n} \{\delta_i \log h_i(t_i) + \log S_i(t_i)\}$ と表される．

ワイブル分布による生存時間解析

パラメトリックな生存時間解析の確率分布として，(16.12) のワイブル分布を用いてみると，具体的には，$(t_i, \delta_i, \boldsymbol{x}_i)$ に対して $a_i = \exp\{\alpha + \boldsymbol{x}_i^\top \boldsymbol{\beta}\}$ とすると，ハザード関数は

$$h_i(t_i, \boldsymbol{x}_i) = b t_i^{b-1} e^{\alpha + \boldsymbol{x}_i^\top \boldsymbol{\beta}} \tag{16.13}$$

と書けるので，対数尤度は

$$\ell(\alpha, \boldsymbol{\beta}, b) = \sum_{i=1}^{n} \delta_i \{\log b + (b-1)\log t_i + \alpha + \boldsymbol{x}_i^\top \boldsymbol{\beta}\} - \sum_{i=1}^{n} t_i^b e^{\alpha + \boldsymbol{x}_i^\top \boldsymbol{\beta}}$$

と表され，これに基づいてパラメータの推測を行うことができる．

Gehan(1965) のデータについてパラメータの推定値は $\widehat{\alpha} = -4.80$, $\widehat{\beta} = 1.73$, $\hat{b} = 1.37$ となり，$H_0 : \beta = 0$ の検定は有意水準 1% で有意になる．この場合，ハザード関数の推定値は $\hat{h}(t, x) = 1.37 t^{0.37} e^{-4.80 + 1.73x}$，生存関数の推定値は $\widehat{S}(t, x) = \exp\{-t^{1.37} e^{-4.80 + 1.73x}\}$ となる．対照群は $x = 1$，処理群は $x = 0$ に対応するので，対照群の処理群に対するハザード比は $e^{1.73} = 5.6$ となり，投薬をしないときのリスクが 5.6 倍になる．また生存率が 50% になる時点は

$$\widehat{S}(t, x) = \exp\{-t^{1.37} e^{-4.80 + 1.73x}\} = \frac{1}{2}$$

の解を求めることにより，対照群では $t = 7.2$，処理群では $t = 25.4$ となる．後の項で説明するカプラン・マイヤー法を用いて処理群と対照群の生存関数（階段関数）を描き，そこにワイブル分布による生存関数を重ねたものが図 16.4 である．この範囲では両者は似た軌跡を描いている．

コックスの比例ハザードモデル

ハザード関数に共変量 $\boldsymbol{x} = (x_1, \ldots, x_k)^\top$ を次のような形で組み込んだ関数を

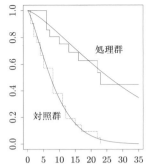

図 16.4 対照群（点線）と処理群（実線）の生存関数

比例ハザードモデルと呼ぶ.

$$h(t, \boldsymbol{x}) = h_0(t) \exp\{\boldsymbol{x}^\top \boldsymbol{\beta}\} \tag{16.14}$$

$h_0(t)$ は**ベースラインハザード**と呼ばれ，ワイブル分布の場合は (16.13) より $h_0(t_i) = b t_i^{b-1} e^\alpha$ に対応するが，**コックスの比例ハザードモデル**では $h_0(t)$ の関数系を仮定しない設定を扱う．例えば，基礎疾患がある場合には $x_1 = 1$，ない場合には $x_1 = 0$ とすると，2 つのハザード関数の比は

$$\frac{h(t, x_1 = 1, x_2, \ldots, x_k)}{h(t, x_1 = 0, x_2, \ldots, x_k)} = e^{\beta_1}$$

となって $h_0(t)$ に依存しなくなり，基礎疾患がある場合はない場合に比べて重症化リスクが e^{β_1} だけ増えることになる.

生存関数はハザード関数を用いて $S_i(t) = \exp\{-\int_0^t h_0(s)\, ds e^{\boldsymbol{x}_i^\top \boldsymbol{\beta}}\}$ と書けるので，尤度関数は

$$L = \prod_{i=1}^n \left\{ h_0(t_i) e^{\boldsymbol{x}_i^\top \boldsymbol{\beta}} \right\}^{\delta_i} \exp\left\{ -\int_0^{t_i} h_0(s)\, ds e^{\boldsymbol{x}_i^\top \boldsymbol{\beta}} \right\}$$

$$= \left(\prod_{i=1}^n \left\{ h_0(t_i) e^{\boldsymbol{x}_i^\top \boldsymbol{\beta}} \right\}^{\delta_i} \right) \exp\left\{ -\int_0^\infty \sum_{j=1}^n I(t \le t_j) e^{\boldsymbol{x}_j^\top \boldsymbol{\beta}} h_0(t)\, dt \right\}$$

と表される．ここで，$C(t) = \sum_{j=1}^n I(t \le t_j) e^{\boldsymbol{x}_j^\top \boldsymbol{\beta}}$ に対して

$$L_1(\boldsymbol{\beta}) = \prod_{i=1}^{n} \left\{ \frac{e^{\boldsymbol{x}_i^\top \boldsymbol{\beta}}}{C(t_i)} \right\}^{\delta_i} = \prod_{i=1}^{n} \left\{ \frac{e^{\boldsymbol{x}_i^\top \boldsymbol{\beta}}}{\sum_{j=1}^{n} I(t_i \leq t_j) e^{\boldsymbol{x}_j^\top \boldsymbol{\beta}}} \right\}^{\delta_i}$$

$$L_2(\boldsymbol{\beta}, h_0) = \left(\prod_{i=1}^{n} \left\{ C(t_i) h_0(t_i) \right\}^{\delta_i} \right) \exp\left\{ - \int_0^\infty C(t) h_0(t)\, dt \right\}$$

とおくと，尤度関数は $L = L_1(\boldsymbol{\beta}) \times L_2(\boldsymbol{\beta}, h_0)$ と表される．$L_1(\boldsymbol{\beta})$ は部分尤度であり $h_0(t)$ を含んでいないので，この部分尤度に基づいた MLE $\widehat{\boldsymbol{\beta}}$ を求めることができる．上で与えた例にコックスの比例ハザードモデル (16.14) を適用してみると，$H_0 : \beta = 0$ の検定は有意水準 1% で有意となる．対照群の処理群に対するハザード比は

$$h(t, x_1 = 1, x_2, \ldots, x_k) / h(t, x_1 = 0, x_2, \ldots, x_k) = e^{1.57} = 4.8$$

となり，投薬をしないときのリスクが 4.8 倍になると見積もられる．

カプラン・マイヤー法

　生存関数の分布系が特定できない場合，ノンパラメトリックに生存関数を推定する簡単な方法がある．例えば，ある物質の発がん性を調べるため 15 匹の実験動物について物質投与から腫瘍発症までの日数が次で与えられるとする．

$$40^+ \ 40^+ \ 42 \ 42^+ \ 45 \ 45 \ 45^+ \ 48 \ 50 \ 50^+ \ 57 \ 58 \ 58^+ \ 100^+ \ 120$$

一般に，$n = n_0$ 匹の動物について腫瘍発症が k 時点で起こるとし，その時点を $t_1 < t_2 < \cdots < t_k$ とする．時点 t_j で腫瘍発症した個体数を x_j，t_j の直前まで発症していない個体数を n_j とする．n_j は，t_j までの脱落数と発症数の合計を n_0 から引いた数である．

発症時点	t_1	t_2	$\cdots$	t_i	$\cdots$	t_k
発症個体数	x_1	x_2	$\cdots$	x_i	$\cdots$	x_k
直前まで発症していない個体数	n_1	n_2	$\cdots$	n_i	$\cdots$	n_k

　上の観測データについて同じ表を作成すると次のようになる．

発症時点	42	45	48	50	57	58	120
発症個体数	1	2	1	1	1	1	1
直前まで発症していない個体数	13	11	8	7	5	4	1
カプラン・マイヤー推定値	0.92	0.76	0.66	0.57	0.45	0.34	0.00

T を発症時間を表す確率変数とする．ベイズの定理を用いると生存関数は

$$S(t_j) = \mathrm{P}(T > t_j) = \mathrm{P}(T > t_j | T > t_{j-1})\mathrm{P}(T > t_{j-1}) = \cdots$$
$$= \mathrm{P}(T > t_j | T > t_{j-1}) \cdots \mathrm{P}(T > t_2 | T > t_1)\mathrm{P}(T > t_1)$$

と表される．$t_0 = 0$ より $\mathrm{P}(T > t_1) = \mathrm{P}(T > t_1 | T > t_0)$ と書けるので，$p_i = \mathrm{P}(T > t_i | T > t_{i-1})$ とおくと，生存関数は

$$S(t_j) = p_1 p_2 \cdots p_j$$

と書けることがわかる．p_i は $\hat{p}_i = (n_i - x_i)/n_i = 1 - x_i/n_i$ で推定できるので，これらを代入すると，次のような $S(t_j)$ の推定量が得られる．

$$\widehat{S}(t_j) = \hat{p}_1 \hat{p}_2 \cdots \hat{p}_j = \prod_{i=1}^{j} \left(1 - \frac{x_i}{n_i}\right) \tag{16.15}$$

これを**カプラン・マイヤー推定量**と呼ぶ．

上の数値例では，$\widehat{S}(50) = (1 - 1/13)(1 - 2/11)(1 - 1/8)(1 - 1/7) = 0.57$ となり，$t = 50$ 日で生存率 57% と推定される．図 16.5 は，生存関数のカプラン・

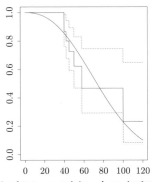

図 16.5 カプラン・マイヤーとワイブルの生存関数

マイヤー推定値のグラフにワイブル分布による生存時間関数のグラフを重ねた図である．ワイブル分布の形状母数 b の推定値は 2.43 になるのでハザード関数は増加関数になり，死亡率が増加する状況を表していることがわかる．

演習問題

問 1　ある会社の 12 人の月給が，24, 26, 28, 34, 34, 34, 36, 36, 40, 42, 50, 100（万円）であるとする．

　　　　(1) 標本平均，幾何平均，調和平均，メディアン，$r = 1$ の刈り込み平均を求めよ．

　　　　(2) 標本分散，メディアン絶対偏差，範囲，四分位範囲を求めよ．

　　　　(3) 下側 40% 点，上側 30% 点を求めよ．

問 2　5 人の生徒の数学と英語の得点が，$(20, 40), (30, 30), (50, 60), (40, 50), (100, 0)$ であるとする．ピアソンの標本相関係数，スピアマンの順位相関係数，ケンドールの順位相関係数を求めよ．

問 3　例 8.1 で取り上げた身長データについて，平均 μ を標本平均 $\overline{X}$ で推定することを考える．

　　　　(1) $B = 1000$ 個のブートストラップ標本を発生させ，$\overline{X}^*$ のヒストグラムを描け．

　　　　(2) $\overline{X}$ のバイアスと分散のブートストラップ推定値を与えよ．また，μ の信頼係数 95% の信頼区間をブートストラップ標本に基づいて与えよ．

問 4　例 8.2 で取り上げたデータについて，平均 μ の逆数 $\lambda = 1/\mu$ を $\hat{\lambda} = 1/\overline{X}$ で推定することを考える．

　　　　(1) $B = 1000$ 個のブートストラップ標本を発生させ，$\hat{\lambda}^*$ のヒストグラムを描け．

　　　　(2) $\hat{\lambda}$ のバイアスと分散のブートストラップ推定値を与えよ．また，λ の信頼係数 95% の信頼区間をブートストラップ標本に基づいて与えよ．

問 5　次の表は，10 人について禁煙前の体重と禁煙から 5 週間経過後の体重を調べたデータである．

個人	1	2	3	4	5	6	7	8	9	10
禁煙前	66	80	69	52	75	67	70	66	55	74
禁煙後	71.5	82.5	68.2	56	73	72	73	69.5	54.4	73.6

(1) 禁煙前後で変化があったか否かを符号検定を用いて検定せよ.

(2) ウィルコクソンの符号付き順位和検定を用いて検定せよ.

問 6 野球選手とバスケットボール選手の移動のときの手荷物の重量 (kg) を調べたところ, 野球選手は, 16.3, 20.1, 18.7, 18.2, 15.1, 13.1, 17.3, 16.6, 16.4, 13.7 であり, バスケットボール選手は, 16.0, 16.5, 15.2, 13.8, 12.8, 14.2, 18.6, 16.8, 17.7, 18.1 であった. 差があるか否かをウィルコクソンの順位和検定を用いて検定せよ.

問 7 問 6 に関連して, バレーボール選手については, 15.5, 16.1, 14.7, 13.3, 12.4, 13.6 であった. 野球選手, バスケットボール選手, バレーボール選手の間で差があるか否かをクラスカル・ウォリス検定を用いて検定せよ.

問 8 2 つの事象 O と X が, OXOXOXOXOXOXOXOXOXOXOO のように起こるとき, これはランダムに起こると見なしてよいか. 有意水準 5% で検定せよ.

問 9 W は (16.12) のワイブル分布に従う確率変数とする.

(1) W の分布関数を与えよ. また $X = aW^b$ とおくとき X の確率分布を求めよ.

(2) 一様乱数 U からワイブル分布に従う乱数を生成する方法を与えよ. ただし, U は $U(0, 1)$ に従う確率変数である.

問 10 非負の連続確率変数 X に対して $r(t) = \mathrm{E}[X - t | X \geq t]$ を平均余命関数と呼ぶ. X の分布関数を $F(x)$ とする.

(1) $r(t) = [1 - F(t)]^{-1} \int_t^\infty (1 - F(x))\, dx$ と表されることを示せ.

(2) X が (16.12) のワイブル分布に従うとき, $\lim_{t \to \infty} r(t) = 0$ となるための条件を求めよ.

問 11 分布関数が $F(t) = 1 - e^{-at^b}$ で与えられるワイブル分布について, 寿命に関する観測データ $x_1, \ldots, x_n$ の分布がワイブル分布に従っているかを視覚的に調べてみたい.

(1) a, b の適当な一致推定量を $\hat{a}, \hat{b}$ とするとき, 順序データ $x_{(1)} \leq \cdots \leq x_{(n)}$ に対して, Q–Q プロット

$$\left(x_{(i)}, \ \exp\left\{ \frac{\log(-\log(1 - \frac{i}{n+1})) - \log \hat{a}}{\hat{b}} \right\} \right), \quad i = 1, \ldots, n$$

が直線 $y = x$ に沿ってプロットされていれば, ワイブル分布が妥当であると示唆される. その理由を述べよ.

(2) 本文で取り上げた Gehan(1965) のデータについて, 対照群の 21 人の

データがワイブル分布に従うかについて Q-Q プロットを描いて調べよ.
ただし，$\hat{b} = 1.37$，$\log(\hat{a}) = -\hat{b} \times \log(9.48)$ を用いて計算してよい.

問 12　ある物質の発がん性を調べるため 10 匹の動物実験を行ったところ，物質投与から腫瘍発症までの日数が次のようであったとする.

$$40^+ \ \ 40^+ \ \ 45 \ \ 45 \ \ 45^+ \ \ 48^+ \ \ 50 \ \ 50^+ \ \ 58 \ \ 100$$

カプラン・マイヤー法による生存関数の推定値を与えよ.

問 13(∗)　　不等式 (16.3), (16.4) を示せ.

問 14(∗)　　不等式 (16.5), (16.6) を示せ.

問 15(∗)　　順序統計量 $X_{(1)} < \cdots < X_{(n)}$ について第 1 四分位点と第 3 四分位点を (16.7) の定義に沿って求めよ. また四分位範囲 IQR を与えよ.

第 17 章

多変量解析手法

　　実態のわからないものでもデータを観測することによって見えて
くる部分がある．身長を知ると背の高さが想像されるが，体重，胸囲
などのデータが加わるとより具体的なイメージが描かれる．1次元の
データは1方向から光を当てたときに見える部分であるが，それを
様々な角度から光を当てると実態や全体像をより詳しく見ることがで
きる．このような多次元のデータから変数同士の関係性を調べたり，
多次元データ全体の特徴を捉えたり，背後にある潜在因子を探索し
たりするためのツールを提供するのが多変量解析である．本章では，
行列を用いて，主成分分析，判別分析，因子分析，クラスター分析，
EM アルゴリズムなどを解説する．

17.1　相関行列と偏相関

　5教科の生徒の成績データの分析が多変量解析の例題として用いられること
が多い．いま p 個の教科を $(x_1, \ldots, x_p)$ で表し，n 人の生徒の p 教科の成績が
$(x_{11}, \ldots, x_{p1}), \ldots, (x_{1n}, \ldots, x_{pn})$ であるとする．各教科の平均点を $\overline{x}_1, \ldots, \overline{x}_p$
とすると，教科 x_i と x_j の標本共分散は $S_{ij} = n^{-1} \sum_{k=1}^{n} (x_{ik} - \overline{x}_i)(x_{jk} - \overline{x}_j)$ で
ある．教科 x_i の標本分散は S_{ii} であるが，S_i^2 と表すこともある．S_{ij} を (i, j)-
成分とする p 次対称行列を $\boldsymbol{S} = (S_{ij})$ とし，p 変数の**標本共分散行列**と呼ぶ．教
科 x_i と x_j の標本相関係数は

$$r_{ij} = \frac{S_{ij}}{\sqrt{S_{ii}S_{jj}}} = \frac{S_{ij}}{S_i S_j}$$

であり，r_{ij} を成分とする p 次対称行列 $\boldsymbol{R} = (r_{ij})$ を**標本相関行列**と呼ぶ．
　各教科について n 人の生徒の成績を縦ベクトルとして

表 17.1　2010 年の都道府県別人口動態統計のデータ

都道府県	1	2	3	$\cdots$	45	46	47
死亡率 (x_1)	10.1	11.7	11.9	$\cdots$	10.9	11.9	7.3
婚姻率 (x_2)	5.2	4.3	4.3	$\cdots$	5.2	5.1	6.4
20-40 歳比 (x_3)	23.3	21.0	20.7	$\cdots$	21.1	20.9	26.1

$$\boldsymbol{x}_1 = \begin{pmatrix} x_{11} \\ \vdots \\ x_{1n} \end{pmatrix}, \ldots, \boldsymbol{x}_p = \begin{pmatrix} x_{p1} \\ \vdots \\ x_{pn} \end{pmatrix}. \tag{17.1}$$

で表し，各教科の平均を引いたベクトル $\boldsymbol{a}_i$ と $\boldsymbol{A}$ を次のようにおく．

$$\boldsymbol{a}_1 = \boldsymbol{x}_1 - \overline{x}_1 \boldsymbol{1}, \ldots, \boldsymbol{a}_p = \boldsymbol{x}_p - \overline{x}_p \boldsymbol{1}, \quad \boldsymbol{A} = (\boldsymbol{a}_1, \ldots, \boldsymbol{a}_p)$$

標準偏差を対角成分にもつ対角行列を $\boldsymbol{D}_S = \mathrm{diag}\,(S_1, \ldots, S_p)$ とおくと，標本共分散行列と標本相関行列は次のように表される．

$$\boldsymbol{S} = \frac{1}{n} \boldsymbol{A}^\top \boldsymbol{A}, \quad \boldsymbol{R} = \boldsymbol{D}_S^{-1} \boldsymbol{S} \boldsymbol{D}_S^{-1}$$

　表 17.1 は，2010 年 47 都道府県の人口動態統計データの一部である（データについてはサポートページを参照）．第 1 行 (x_1) が死亡率，第 2 行 (x_2) が婚姻率で，1000 人あたりの 1 年間の数である．第 3 行 (x_3) は 20 歳から 40 歳までの人口の割合 (%) である．3 つの変数の間の関係をプロットしたのが図 17.1 である．相関係数を求めてみると $r_{12} = -0.845$ となり，強い負の相関関係があることがわかる．

見かけの相関と偏相関

　表 17.1 のデータについて $\boldsymbol{x}_1$ と $\boldsymbol{x}_2$ の相関係数は $r_{12} = -0.845$ であった．しかし，死亡率と婚姻率とは本来関係がないものと思われるのに，婚姻率が高い県では死亡率が低くなる傾向があるというのは不思議である．この場合，**見かけの相関**と呼ばれる現象が疑われる．これは，他の変数の影響を受けて相関係数の値が見かけ上大きくなる現象のことである．$r_{13} = -0.937$, $r_{23} = 0.892$ となることから，$\boldsymbol{x}_3$ は $\boldsymbol{x}_1$ とも $\boldsymbol{x}_2$ とも強い相関があり，そのため $\boldsymbol{x}_1$ と $\boldsymbol{x}_2$ の間に見か

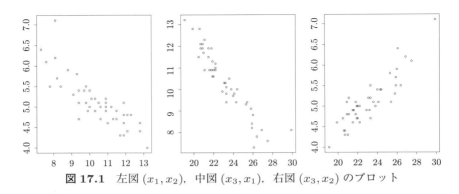

図 17.1 左図 (x_1, x_2), 中図 (x_3, x_1), 右図 (x_3, x_2) のプロット

けの相関が生まれているようである. この第3の変数のことを**交絡因子**と呼ぶ.
そこで, 第3の変数 x_3 の影響を取り除いた上で x_1 と x_2 の相関係数を求める
ことを考える.

命題 11.1 で述べているように, 回帰分析の残差は説明変数の影響を取り除い
たものになる. そこで, x_1 を x_3 に回帰するモデル $x_1 = \beta_0 \mathbf{1} + \beta_1 x_3 + u$ にお
いて生ずる残差のベクトルを $e_1 = x_1 - (\widehat{\beta_0} \mathbf{1} + \widehat{\beta_1} x_3)$ とする. 同様に x_2 を x_3
に回帰するとき生ずる残差のベクトルを $e_2 = x_2 - (\widehat{\alpha_0} \mathbf{1} + \widehat{\alpha_1} x_3)$ とすると, 2
つの残差の相関係数は

$$r_{12|3} = \frac{e_1^\top e_2}{\sqrt{e_1^\top e_1}\sqrt{e_2^\top e_2}}$$

で与えられる. これは, 第3の変数 x_3 の影響を取り除いた x_1 と x_2 の**偏相関
係数**と呼ばれ, $r_{12|3}$ で表す. e_1, e_2 を具体的に求めてこの右辺を書き直してみ
よう. $\widehat{\beta_1} = S_{13}/S_{33}$, $\widehat{\alpha_1} = S_{23}/S_{33}$ より

$$e_1 = x_1 - (\overline{x}_1 - \widehat{\beta_1}\overline{x}_3)\mathbf{1} - \widehat{\beta_1} x_3 = (x_1 - \overline{x}_1 \mathbf{1}) - \frac{S_{13}}{S_{33}}(x_3 - \overline{x}_3 \mathbf{1})$$

$$e_2 = x_2 - (\overline{x}_2 - \widehat{\alpha_1}\overline{x}_3)\mathbf{1} - \widehat{\alpha_1} x_3 = (x_2 - \overline{x}_2 \mathbf{1}) - \frac{S_{23}}{S_{33}}(x_3 - \overline{x}_3 \mathbf{1})$$

と書ける. このことから

$$\frac{e_1^\top e_1}{n} = \frac{S_{11}S_{33} - S_{13}^2}{S_{33}}, \ \frac{e_2^\top e_2}{n} = \frac{S_{22}S_{33} - S_{23}^2}{S_{33}}, \ \frac{e_1^\top e_2}{n} = \frac{S_{12}S_{33} - S_{13}S_{23}}{S_{33}}$$

となる．これらを上の $r_{12|3}$ に代入すると，次のように変形することができる．

$$r_{12|3} = \frac{S_{12}S_{33} - S_{13}S_{23}}{\sqrt{S_{11}S_{33} - S_{13}^2}\sqrt{S_{22}S_{33} - S_{23}^2}} = \frac{r_{12} - r_{13}r_{23}}{\sqrt{1 - r_{13}^2}\sqrt{1 - r_{23}^2}} \tag{17.2}$$

(17.2) の右辺の式は相関行列 $\boldsymbol{R}$ の逆行列を用いてさらに変形することができる．$\boldsymbol{R} = (r_{ij})$ の逆行列の成分を r^{ij} とし $\boldsymbol{R}^{-1} = (r^{ij})$ と書くことにすると，線形代数で学ぶ逆行列の性質から，$\boldsymbol{R}$ の行列式 $|\boldsymbol{R}|$ を用いて

$$r^{12} = -\frac{r_{12} - r_{13}r_{23}}{|\boldsymbol{R}|}, \; r^{11} = \frac{1 - r_{23}^2}{|\boldsymbol{R}|}, \; r^{22} = \frac{1 - r_{13}^2}{|\boldsymbol{R}|}$$

と表すことができる．これを (17.2) の右辺に代入すると

$$r_{12|3} = -\frac{r^{12}}{\sqrt{r^{11}r^{22}}}$$

と書けることがわかる．一般に，p 個の変数 $\boldsymbol{x}_1, \ldots, \boldsymbol{x}_p$ について，他の変数の影響を取り除いたときの $\boldsymbol{x}_i$ と $\boldsymbol{x}_j$ の偏相関係数は，次のように表される．

$$r_{ij|\mathrm{rest}} = -\frac{r^{ij}}{\sqrt{r^{ii}r^{jj}}}$$

表 17.1 のデータについて $\boldsymbol{x}_3$ の影響を取り除いた $\boldsymbol{x}_1$ と $\boldsymbol{x}_2$ の偏相関係数は

$$r_{12|3} = \frac{r_{12} - r_{13}r_{23}}{\sqrt{1 - r_{13}^2}\sqrt{1 - r_{23}^2}} = \frac{-0.845 - (-0.937) \times 0.892}{\sqrt{1 - (-0.937)^2}\sqrt{1 - 0.892^2}} = -0.058$$

となって無相関に近くなり，婚姻率は死亡率とは相関関係がないという結論が出てくる．婚姻率が高い県では適齢期の人口が多く $\boldsymbol{x}_3$ の値を増加させる傾向にあり，死亡率の高い県では総人口に占める老人の割合が高くなるので $\boldsymbol{x}_3$ の値を減少させる傾向にある．このため婚姻率と死亡率の間に見かけの相関が現れることになる（この例は，東京大学教養学部統計学教室編 (1994)『人文・社会科学の統計学』（東京大学出版会）で扱われた例に別の年のデータを当てはめたものである）．

17.2 主成分分析

さて主成分分析について説明しよう．2 次元データの場合から始める．2 次元のデータ $(x_1, y_1), \ldots, (x_n, y_n)$ が x-y 平面にプロットされているとする．それぞれの平均値を $\overline{x}, \overline{y}$ とし，1 次元の合成変量 $w_1(x - \overline{x}) + w_2(y - \overline{y})$ で，2 次元のプロット全体を "よく代表する" ものを求めたい．このことは，点 $(\overline{x}, \overline{y})$ を中心に

回転させてプロット全体をよく説明できるように w_1, w_2 を求めればよい. 回転させることから (w_1, w_2) は単位円周上の点で $w_1^2 + w_2^2 = 1$ という制約を満たす必要がある. 合成変量がプロット全体をよく説明するためには, 合成変量にデータを代入した値 $w_1(x_i - \overline{x}) + w_2(y_i - \overline{y})$, $i = 1, \ldots, n$, のバラツキが大きくなることが望ましい. そこで, 平均は 0 であるからその分散

$$\frac{1}{n} \sum_{i=1}^{n} \left\{ w_1(x_i - \overline{x}) + w_2(y_i - \overline{y}) \right\}^2$$

を大きくするような w_1, w_2 を $w_1^2 + w_2^2 = 1$ のもとで求める問題を考える.

幾何的な視点から捉えることもできる. プロット全体をよく代表する直線を $w_1(y - \overline{y}) - w_2(x - \overline{x}) = 0$ とする. 点 (x_i, y_i) からこの直線に垂線を下ろした点を (x_i^*, y_i^*) とすると, 簡単な計算から $x_i^* = \overline{x} + w_1\{w_1(x_i - \overline{x}) + w_2(y_i - \overline{y})\}$, $y_i^* = \overline{y} + w_2\{w_1(x_i - \overline{x}) + w_2(y_i - \overline{y})\}$ となる. このとき, $(x_i, y_i), (x_i^*, y_i^*), (\overline{x}, \overline{y})$ の 3 点の間にピタゴラスの三角形

$$(x_i - \overline{x})^2 + (y_i - \overline{y})^2 = \{(x_i - x_i^*)^2 + (y_i - y_i^*)^2\} + \{(x_i^* - \overline{x})^2 + (y_i^* - \overline{y})^2\}$$

が成り立つ. ここで

$$(x_i - x_i^*)^2 + (y_i - y_i^*)^2 = \{w_1(y_i - \overline{y}) - w_2(x_i - \overline{x})\}^2$$
$$(x_i^* - \overline{x})^2 + (y_i^* - \overline{y})^2 = \{w_1(x_i - \overline{x}) + w_2(y_i - \overline{y})\}^2$$

と書けることから, 次のような等式が成り立つ.

$$\sum_{i=1}^{n} \{w_1(x_i - \overline{x}) + w_2(y_i - \overline{y})\}^2 \tag{17.3}$$
$$= \sum_{i=1}^{n} \{(x_i - \overline{x})^2 + (y_i - \overline{y})^2\} - \sum_{i=1}^{n} \{w_1(y_i - \overline{y}) - w_2(x_i - \overline{x})\}^2$$

第 2 項の $\sum_{i=1}^{n} \{w_1(y_i - \overline{y}) - w_2(x_i - \overline{x})\}^2$ は点 (x_i, y_i) と直線 $w_1(y - \overline{y}) - w_2(x - \overline{x}) = 0$ との距離の 2 乗和を表しているので, (17.3) の等式から, 合成変量の分散 $n^{-1} \sum_{i=1}^{n} \{w_1(x_i - \overline{x}) + w_2(y_i - \overline{y})\}^2$ を最大化することは, 図 17.2 のように各点からの距離 (垂線の長さ) の 2 乗和が最小になるような直線 $w_1(y - \overline{y}) - w_2(x - \overline{x}) = 0$ を求めることと同等であることがわかる.

一般に, p 次元データが n 個与えられるときに上述の直線を具体的に求める

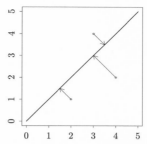

図 17.2 データのプロット全体を代表する直線

方法を説明しよう. (17.1) で定義された $\boldsymbol{x}_j = (x_{j1}, \ldots, x_{jn})^\top$ に対して $\boldsymbol{a}_j = \boldsymbol{x}_j - \overline{x}_j \boldsymbol{1}$ とし, $\boldsymbol{w} = (w_1, \ldots, w_p)^\top$ とする. $\|\boldsymbol{w}\|^2 = \boldsymbol{w}^\top \boldsymbol{w} = \sum_{i=1}^p w_i^2$ とすると, 条件 $\|\boldsymbol{w}\|^2 = 1$ のもとで次の分散を最大にする解を求めることになる.

$$\frac{1}{n} \sum_{i=1}^n \{w_1(x_{11} - \overline{x}_1)^2 + \cdots + w_p(x_{pi} - \overline{x}_p)^2\}^2 = \frac{1}{n} \|w_1 \boldsymbol{a}_1 + \cdots + w_p \boldsymbol{a}_p\|^2$$

$\boldsymbol{A} = (\boldsymbol{a}_1, \ldots, \boldsymbol{a}_p)$ に対して $w_1 \boldsymbol{a}_1 + \cdots + w_p \boldsymbol{a}_p = \boldsymbol{Aw}$ と書けることから, $\|w_1 \boldsymbol{a}_1 + \cdots + w_p \boldsymbol{a}_p\|^2 = (\boldsymbol{Aw})^\top \boldsymbol{Aw} = \boldsymbol{w}^\top \boldsymbol{A}^\top \boldsymbol{Aw}$ と表される. 標本共分散行列 $\boldsymbol{S}$ は $\boldsymbol{S} = n^{-1} \boldsymbol{A}^\top \boldsymbol{A}$ と書けるから, 次のように表される.

$$\frac{1}{n} \|w_1 \boldsymbol{a}_1 + \cdots + w_p \boldsymbol{a}_p\|^2 = \frac{1}{n} \|\boldsymbol{Aw}\|^2 = \boldsymbol{w}^\top \boldsymbol{Sw}$$

したがって, $\|\boldsymbol{w}\|^2 = 1$ なる条件のもとで $\boldsymbol{w}^\top \boldsymbol{Sw}$ を最大化する問題を解くことになる. これは条件付き最適化問題なのでラグランジュの未定乗数法を用いる.

$$L(\boldsymbol{w}, \lambda) = \boldsymbol{w}^\top \boldsymbol{Sw} - \lambda(\|\boldsymbol{w}\|^2 - 1)$$

とおいて最大化する. $\partial \boldsymbol{w}^\top \boldsymbol{Sw} / \partial \boldsymbol{w} = 2\boldsymbol{Sw}$ となることに注意すると

$$\frac{\partial L(\boldsymbol{w}, \lambda)}{\partial \boldsymbol{w}} = 2(\boldsymbol{Sw} - \lambda \boldsymbol{w}) = \boldsymbol{0}, \ \text{すなわち} \ \boldsymbol{Sw} = \lambda \boldsymbol{w}$$

を満たす $\boldsymbol{w}$ と λ を求めることになる. 線形代数で学ぶように, λ は $\boldsymbol{S}$ の固有値で, $\boldsymbol{w}$ はその固有値に対応する固有ベクトルである. $\boldsymbol{w} \neq \boldsymbol{0}$ であるから, 行列式 $|\boldsymbol{S} - \lambda \boldsymbol{I}_n| = 0$ の解として $\boldsymbol{S}$ の固有値を求める. $\boldsymbol{S}$ が非負定値の対称行列なので, 固有値はすべて非負の実数になる. 簡単のために固有値がすべて異な

るとし，$\lambda_1 > \cdots > \lambda_p$ のように大きい順に並べ，対応する固有ベクトルで長さを 1 にしたものを $\tilde{\boldsymbol{w}}_1, \ldots, \tilde{\boldsymbol{w}}_p$ と書くことにする．$\boldsymbol{H} = (\tilde{\boldsymbol{w}}_1, \ldots, \tilde{\boldsymbol{w}}_p)$, $\boldsymbol{\Lambda} = \mathrm{diag}\,(\lambda_1, \ldots, \lambda_p)$ とおくと，$\boldsymbol{H}$ は直交行列になり

$$\boldsymbol{S} = \boldsymbol{H}\boldsymbol{\Lambda}\boldsymbol{H}^\top = \lambda_1 \tilde{\boldsymbol{w}}_1 \tilde{\boldsymbol{w}}_1^\top + \cdots + \lambda_p \tilde{\boldsymbol{w}}_p \tilde{\boldsymbol{w}}_p^\top \tag{17.4}$$

と表すことができる．いわゆる対称行列の対角化とスペクトル展開である．

主成分分析はスペクトル分解 (17.4) を利用して分析を行う手法である．$\tilde{\boldsymbol{w}}_1^\top \boldsymbol{S} \tilde{\boldsymbol{w}}_1 = \lambda_1$ であるから $\tilde{\boldsymbol{w}}_1$ のときが一番長く λ_1 になる．これを**第 1 主成分**と呼ぶ．各変数の重みは $\tilde{\boldsymbol{w}}_1$ の成分 $\tilde{\boldsymbol{w}}_1^\top = (\tilde{w}_{11}, \ldots, \tilde{w}_{1p})$ により与えられ，この成分の符号と大きさにより，第 1 主成分が何を意味するのかを検討しその解釈を与える．また $\tilde{w}_{11}(x_{1i} - \overline{x}_1) + \cdots + \tilde{w}_{1p}(x_{pi} - \overline{x}_p)$ の値を第 1 主成分の i 番目のデータのスコアという．次に大きい固有値を第 2 主成分と呼び，同様にして $\tilde{\boldsymbol{w}}_2^\top = (\tilde{w}_{21}, \ldots, \tilde{w}_{2p})$ の符号と大きさにより第 2 主成分が意味するものの解釈を与えスコアを計算する．

$\mathrm{tr}\,(\boldsymbol{S}) = \lambda_1 + \cdots + \lambda_p$ は分散の総和であるから**全分散**と呼ぶ．i 番目の固有値までの和を全分散で割ったもの $(\lambda_1 + \cdots + \lambda_i)/(\lambda_1 + \cdots + \lambda_p)$ を**累積寄与率**と呼ぶ．また標本共分散行列 $\boldsymbol{S}$ の代わりに標本相関行列 $\boldsymbol{R}$ を用いて主成分分析を行うこともできる．取り上げる主成分の個数は，標本相関行列 $\boldsymbol{R}$ の固有値が 1 以上になる個数が目安になる．また，寄与率が 80% までの主成分を取り上げる方法もある．

表 17.2 は，気象庁による 2000 年の東京の月別平均気温と相対湿度のデータである．これは $p = 2$, $n = 12$ に対応する．この 2 次元のデータを標準化した上で主成分分析すると，$\lambda_1 = 1.38$, $\lambda_2 = 0.32$ となり，第 1 主成分で 94% が説明される．第 1 主成分の固有ベクトルは $\tilde{\boldsymbol{w}}_1 = (0.707, 0.707)^\top$ となるので主成分スコアは次の式で計算できる．

表 17.2 2000 年東京の平均気温と相対湿度

月	1	2	3	4	5	6	7	8	9	10	11	12
気温	7.6	6.0	9.4	14.5	19.8	22.5	27.7	28.3	25.6	18.8	13.3	8.8
湿度	51	38	44	55	68	74	70	69	69	67	63	46
スコア	1.3	−2.2	−1.6	−0.5	0.8	1.3	1.6	1.6	1.3	0.6	−0.1	−1.5

$$0.707 \times \frac{(気温 - 16.86)}{8.04} + 0.707 \times \frac{(湿度 - 59.50)}{12.13}$$

第 1 主成分は気温，湿度ともに大きいときに大きな値をとるので不快指数に近いものを表しているかもしれない．また第 1 主成分のスコアが表 17.2 に与えられている．第 1 主成分の絶対値は，4 月，5 月，10 月，11 月で小さく，6 月～9 月と 12 月～3 月で大きいので，第 1 主成分の絶対値の大きさが過ごしにくさの指標を表しているようである．例えば，気温が 22 度，湿度が 60% のときには主成分スコアは 0.48 となり，10 月から 11 月にかけての過ごしやすい気候に対応する．

17.3 判別分析

血液検査でヘモグロビン (HbA1c) の数値が 6.5 を超えると糖尿病が疑われるが，6.5 は健常者の群と糖尿病患者の群とを判別する閾値を与えている．一般に図 17.3 のように 2 つの群を区別するルールを与えることを**判別分析**と呼ぶ．

ある病気の罹患者群と非罹患者群のような 2 つの群を Π_1, Π_2 とし，観測されたデータ $\boldsymbol{x}$ が領域 R_1 に入るとき Π_1 に属するとし，領域 R_2 に入るとき Π_2 に属すると判別する．R_1, R_2 の確率は，それぞれの群を選択する事前確率を $P(\Pi_i) = \pi_i$ とすると，次のように表される．

$$\mathrm{P}(R_1) = \mathrm{P}(R_1|\Pi_1)\mathrm{P}(\Pi_1) + \mathrm{P}(R_1|\Pi_2)\mathrm{P}(\Pi_2)$$

$$\mathrm{P}(R_2) = \mathrm{P}(R_2|\Pi_1)\mathrm{P}(\Pi_1) + \mathrm{P}(R_2|\Pi_2)\mathrm{P}(\Pi_2)$$

$\mathrm{P}(R_1|\Pi_2)$ は Π_2 が正しいときに $\boldsymbol{x} \in R_1$ と判別する誤りの確率，$\mathrm{P}(R_2|\Pi_1)$ は Π_1 が正しいときに $\boldsymbol{x} \in R_2$ と判別する誤りの確率を表す．Π_1 の確率密度関数を $f(\boldsymbol{x}|\theta_1)$, Π_2 の確率密度関数を $f(\boldsymbol{x}|\theta_2)$ とすると，誤判別確率は

$$\mathrm{P}(R_1|\Pi_2) = \int_{R_1} f(\boldsymbol{x}|\theta_2)\, d\boldsymbol{x}, \quad \mathrm{P}(R_2|\Pi_1) = \int_{R_2} f(\boldsymbol{x}|\theta_1)\, d\boldsymbol{x}$$

と書ける．

病気であるのに健康と判別されるコストは健康であるのに病気と判別されるコストより大きいと思われる場合には，それぞれの誤りにコストを組み込む必要がある．Π_1 が正しいのに R_2 に判別する誤りのコストを $C(2|1)$, Π_2 が正しいのに

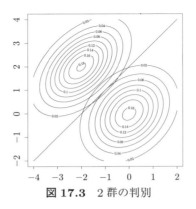

図 17.3　2 群の判別

R_1 に判別する誤りのコストを $C(1|2)$ とすると，誤判別のリスクは

$$\text{Risk} = C(2|1) \int_{R_2} f(\boldsymbol{x}|\theta_1)\pi_1 \, d\boldsymbol{x} + C(1|2) \int_{R_1} f(\boldsymbol{x}|\theta_2)\pi_2 \, d\boldsymbol{x} \tag{17.5}$$

と表される．このリスクが最小になるような領域 R_1, R_2 を求めよう．$R_1 \cup R_2$ は全範囲になるので $\int_{R_2} f(\boldsymbol{x}|\theta_1) \, d\boldsymbol{x} + \int_{R_1} f(\boldsymbol{x}|\theta_1) \, d\boldsymbol{x} = 1$ となることから

$$\text{Risk} = \int_{R_1} \{C(1|2)\pi_2 f(\boldsymbol{x}|\theta_2) - C(2|1)\pi_1 f(\boldsymbol{x}|\theta_1)\} \, d\boldsymbol{x} + C(2|1)\pi_1$$

と書き直すことができる．右辺の第 2 項は定数なので第 1 項を最小にすればよく，これは R_1 を $C(1|2)\pi_2 f(\boldsymbol{x}|\theta_2) - C(2|1)\pi_1 f(\boldsymbol{x}|\theta_1) < 0$ を満たす領域と定めれば達成できる．したがって，次のような判別ルールが得られる．

$$\frac{f(\boldsymbol{x}|\theta_1)}{f(\boldsymbol{x}|\theta_2)} > (<) \frac{C(1|2)\pi_2}{C(2|1)\pi_1} \text{ のとき } \Pi_1(\Pi_2) \text{ に判別} \tag{17.6}$$

ただし (·) 内同士が対応する．$C = \log\{C(1|2)/C(2|1)\} + \log(\pi_2/\pi_1)$ とおくと，判別ルールは $\log f(\boldsymbol{x}|\theta_1) - \log f(\boldsymbol{x}|\theta_2) > (<) C$ と表される．

　通常は θ_1, θ_2 の値はわからないので，Π_1, Π_2 それぞれからデータを観測して推定する必要がある．Π_1 については，$f(\boldsymbol{x}|\theta_1)$ に従う確率変数 $X_{11}, \dots, X_{1n_1}$ から θ_1 を $\hat{\theta}_1$ で推定し，$f(\boldsymbol{x}|\theta_2)$ に従う確率変数 $X_{21}, \dots, X_{2n_2}$ から θ_2 を $\hat{\theta}_2$ で推定する．これらを代入すると，次の判別ルールが得られる．

$$\log f(\boldsymbol{x}|\hat{\theta}_1) - \log f(\boldsymbol{x}|\hat{\theta}_2) > (<) C \text{ のとき } \Pi_1(\Pi_2) \text{ に判別} \tag{17.7}$$

【例 17.1】(線形判別と 2 次判別)　2 つの p-変量正規分布 $\Pi_1 : \mathcal{N}_p(\boldsymbol{\mu}_1, \boldsymbol{\Sigma}_1)$, $\Pi_2 : \mathcal{N}_p(\boldsymbol{\mu}_2, \boldsymbol{\Sigma}_2)$ を判別するには

$$2\log f(\boldsymbol{x}|\boldsymbol{\mu}_i, \boldsymbol{\Sigma}_i) = -p\log(2\pi) - \log|\boldsymbol{\Sigma}_i| - (\boldsymbol{x} - \boldsymbol{\mu}_i)^\top \boldsymbol{\Sigma}_i^{-1}(\boldsymbol{x} - \boldsymbol{\mu}_i)$$

と書けるので, (17.6) は

$$(\boldsymbol{x} - \boldsymbol{\mu}_2)^\top \boldsymbol{\Sigma}_2^{-1}(\boldsymbol{x} - \boldsymbol{\mu}_2) - (\boldsymbol{x} - \boldsymbol{\mu}_1)^\top \boldsymbol{\Sigma}_1^{-1}(\boldsymbol{x} - \boldsymbol{\mu}_1) > \log\frac{|\boldsymbol{\Sigma}_1|}{|\boldsymbol{\Sigma}_2|} + 2C$$

のとき Π_1 に判別し, 逆向きの不等式のとき Π_2 に判別すると表される. これを **2 次判別関数**と呼ぶ. $\boldsymbol{\mu}_i$, $\boldsymbol{\Sigma}_i$ が未知の場合は, $\mathcal{N}_p(\boldsymbol{\mu}_i, \boldsymbol{\Sigma}_i)$ に従う独立な確率変数 $\boldsymbol{X}_{i1}, \ldots, \boldsymbol{X}_{in_i}$ に基づいて $\boldsymbol{\mu}_i$, $\boldsymbol{\Sigma}_i$ を

$$\overline{\boldsymbol{X}}_i = \frac{1}{n_i}\sum_{j=1}^{n_i} \boldsymbol{X}_{ij}, \ \ \boldsymbol{S}_i = \frac{1}{n_i}\sum_{j=1}^{n_i}(\boldsymbol{X}_{ij} - \overline{\boldsymbol{X}}_i)(\boldsymbol{X}_{ij} - \overline{\boldsymbol{X}}_i)^\top$$

で推定して, 上の判別ルールに代入すればよい.

2 つの共分散行列が等しい場合, $\boldsymbol{\Sigma}_1 = \boldsymbol{\Sigma}_2 = \boldsymbol{\Sigma}$ とおくと (17.6) は

$$\left(\boldsymbol{x} - \frac{\boldsymbol{\mu}_1 + \boldsymbol{\mu}_2}{2}\right)^\top \boldsymbol{\Sigma}^{-1}(\boldsymbol{\mu}_1 - \boldsymbol{\mu}_2) > (<) \ C \implies \Pi_1(\Pi_2) \text{ に判別} \qquad (17.8)$$

と表される. これを**フィッシャーの線形判別関数**と呼ぶ. $\boldsymbol{\mu}_1$, $\boldsymbol{\mu}_2$, $\boldsymbol{\Sigma}$ が未知の場合には $\widehat{\boldsymbol{\mu}}_1 = \overline{\boldsymbol{X}}_1$, $\widehat{\boldsymbol{\mu}}_2 = \overline{\boldsymbol{X}}_2$ で推定され, $\boldsymbol{\Sigma}$ は $\widehat{\boldsymbol{\Sigma}} = (n_1\boldsymbol{S}_1 + n_2\boldsymbol{S}_2)/(n_1 + n_2)$ で推定される. □

【例 17.2】(ロジスティック判別)　13.1 節で 2 値データの回帰モデルとしてロジスティック回帰モデルを学んだ. これは

$$\log\frac{p(\boldsymbol{x})}{1 - p(\boldsymbol{x})} = \alpha + \boldsymbol{\beta}^\top \boldsymbol{x}, \quad \boldsymbol{\beta}^\top \boldsymbol{x} = \beta_1 x_1 + \ldots + \beta_p x_p$$

のように, 0, 1 データにおいて 1 が生ずる確率のロジットを $\boldsymbol{x}$ の線形関数で関係づけるモデルである. 1 に対応する群を Π_1, 0 に対応する群を Π_2 とすると, $p(\boldsymbol{x}) > 1/2$ なら Π_1 に判別し, $p(\boldsymbol{x}) < 1/2$ なら Π_2 に判別するルールを考える. このことは, 上の式より, $\alpha + \boldsymbol{\beta}^\top \boldsymbol{x} > 0$ なら Π_1 に判別し, $\alpha + \boldsymbol{\beta}^\top \boldsymbol{x} < 0$ なら Π_2 に判別することに対応する.

いま, n 個のデータ $(y_1, \boldsymbol{x}_1), \ldots, (y_n, \boldsymbol{x}_n)$ が与えられるとする. y_i は, 0 か 1

の値をとりベルヌーイ分布 $Ber(p(\boldsymbol{x}_i))$ に従うとすると，尤度関数は

$$\prod_{i=1}^{n}\{p(\boldsymbol{x}_i)\}^{y_i}\{1-p(\boldsymbol{x}_i)\}^{1-y_i}$$

となる．この尤度関数を最大化する $\alpha,\ \boldsymbol{\beta}$ の推定値 $\widehat{\alpha},\ \widehat{\boldsymbol{\beta}}$ を求めて判別式に代入すると，$\widehat{\alpha}+\widehat{\boldsymbol{\beta}}^{\top}\boldsymbol{x}>0$ なら Π_1 に判別し，$\widehat{\alpha}+\widehat{\boldsymbol{\beta}}^{\top}\boldsymbol{x}<0$ なら Π_2 に判別する方式が得られる．これを**ロジスティック判別**と呼ぶ．

13.1 節でとりあげた R のデータセット esoph は，食道ガンと喫煙・飲酒との関係を調べたもので，x_1 が 6 つの年齢階級，x_2 が 4 つの喫煙量の階級，x_3 が 4 つの飲酒量の階級で，食道ガンの罹患者と非罹患者の 2 群についてデータが得られている．i 番目のデータについて $\boldsymbol{x}_i=(x_{1i},x_{2i},x_{3i})^{\top}$ とおくと，推定されたロジット関数は (13.3) より

$$\log\frac{p(\boldsymbol{x}_i)}{1-p(\boldsymbol{x}_i)}=-7.16+0.74x_{1i}+1.10x_{2i}+0.43x_{3i}$$

で与えられる．したがって，$-7.16+0.74x_{1i}+1.10x_{2i}+0.43x_{3i}>0$ なら食道ガンが疑われるグループに判別され，そうでないとき非罹患者群に判別される．

ロジスティック判別と例 17.1 の線形判別の関係をみることは興味深い．ベイズの定理を用いると，$\boldsymbol{x}$ が観測されたとき，それが Π_1 に属する条件付き確率および Π_2 に属する条件付き確率は

$$\mathrm{P}(\Pi_1|\boldsymbol{x})=\frac{f(\boldsymbol{x}|\theta_1)\pi_1}{f(\boldsymbol{x}|\theta_1)\pi_1+f(\boldsymbol{x}|\theta_2)\pi_2},\quad \mathrm{P}(\Pi_2|\boldsymbol{x})=\frac{f(\boldsymbol{x}|\theta_2)\pi_2}{f(\boldsymbol{x}|\theta_1)\pi_1+f(\boldsymbol{x}|\theta_2)\pi_2}$$

となるので，ロジットは

$$\log\frac{\mathrm{P}(\Pi_1|\boldsymbol{x})}{\mathrm{P}(\Pi_2|\boldsymbol{x})}=\log\frac{f(\boldsymbol{x}|\theta_1)}{f(\boldsymbol{x}|\theta_2)}+\log\frac{\pi_1}{\pi_2}$$

と表される．例 17.1 の線形判別関数については，$\boldsymbol{\beta}^{\top}=(\boldsymbol{\mu}_1-\boldsymbol{\mu}_2)^{\top}\boldsymbol{\Sigma}^{-1}$, $\alpha=-(\boldsymbol{\mu}_1-\boldsymbol{\mu}_2)^{\top}\boldsymbol{\Sigma}^{-1}\boldsymbol{\mu}_1+D^2/2$ とおくと

$$\log\frac{f(\boldsymbol{x}|\theta_1)}{f(\boldsymbol{x}|\theta_2)}=\alpha+\boldsymbol{\beta}^{\top}\boldsymbol{x}$$

と書ける．ここで，$p(\boldsymbol{x})=\mathrm{P}(\Pi_1|\boldsymbol{x})$ とおくと，線形判別関数を

$$\log\frac{p(\boldsymbol{x})}{1-p(\boldsymbol{x})}=\alpha+\boldsymbol{\beta}^{\top}\boldsymbol{x}+\log\frac{\pi_1}{\pi_2}$$

のような形で表すことができる．したがって，$\pi_1 = \pi_2$ のときには，線形判別は
ロジスティック回帰と同等な手法であることがわかる．ただし，パラメータの推
定方法が異なっており，例 17.1 では $\boldsymbol{\mu}_1, \boldsymbol{\mu}_2, \boldsymbol{\Sigma}$ を正規分布から推定するが，ロ
ジスティック判別ではベルヌーイ分布に基づいたロジスティック回帰モデルから
推定する．分布に正規性が仮定できない場合は，ロジスティック判別が優れてい
ると思われる． □

17.4 因子分析

多変数のデータを少数の潜在因子によって説明する方法が**因子分析**である．主
成分分析も多変数のデータを少数の主成分で説明する手法であるが，両者のアプ
ローチは根本的に異なる．主成分分析は確率モデルを想定せず大きなバラツキを
与える合成変量をいくつか見い出して多変量データ全体を説明する．これに対し
て，因子分析はいくつかの共通因子と誤差項からデータが生成されるという確率
モデルを想定し，共通因子が相関構造を生み出すことから共通因子の意味を見い
出して多変量データを説明するという考え方に基づいている．

n 個の 3 次元データ $(z_{11}, z_{21}, z_{31}), \dots, (z_{1n}, z_{2n}, z_{3n})$ について **2 因子モデル**を
考える．

$$\begin{cases} z_{1i} = a_{11}f_{1i} + a_{12}f_{2i} + u_{1i}, & u_{1i} \sim \mathcal{N}(0, d_1^2) \\ z_{2i} = a_{21}f_{1i} + a_{22}f_{2i} + u_{2i}, & u_{2i} \sim \mathcal{N}(0, d_2^2) \qquad i = 1, \dots, n \\ z_{3i} = a_{31}f_{1i} + a_{32}f_{2i} + u_{3i}, & u_{3i} \sim \mathcal{N}(0, d_3^2) \end{cases}$$

ここで，u_{1i}, u_{2i}, u_{3i} は**独自因子**，f_{1i}, f_{2i} は**共通因子**と呼ばれ，$f_{1i} \sim \mathcal{N}(0, 1)$,
$f_{2i} \sim \mathcal{N}(0, 1)$ に従い，$f_{1i}, f_{2i}, u_{1i}, u_{2i}$ はすべて独立である．f_{1i}, f_{2i} は直接観測
できない変量なので**潜在因子**，$\boldsymbol{a}_1 = (a_{11}, a_{21}, a_{31})^\top$ は f_{1i} の係数で f_{1i} の**因子
負荷量**，$\boldsymbol{a}_2 = (a_{12}, a_{22}, a_{32})^\top$ は f_{2i} の因子負荷量と呼ばれる．

$$\boldsymbol{z}_i = \begin{pmatrix} z_{1i} \\ z_{2i} \\ z_{3i} \end{pmatrix}, \quad \boldsymbol{A} = (\boldsymbol{a}_1, \boldsymbol{a}_2) = \begin{pmatrix} a_{11} & a_{12} \\ a_{21} & a_{22} \\ a_{31} & a_{32} \end{pmatrix}, \quad \boldsymbol{f}_i = \begin{pmatrix} f_{1i} \\ f_{2i} \end{pmatrix}, \quad \boldsymbol{u}_i = \begin{pmatrix} u_{1i} \\ u_{2i} \\ u_{3i} \end{pmatrix}$$

とおくと，2 因子モデルは行列を用いて次のように表すことができる．

$$\boldsymbol{z}_i = f_{1i}\boldsymbol{a}_1 + f_{2i}\boldsymbol{a}_2 + \boldsymbol{u}_i = \boldsymbol{A}\boldsymbol{f}_i + \boldsymbol{u}_i, \qquad i = 1, \ldots, n \qquad (17.9)$$

$j = 1, 2$ に対して，z_{ji} の分散は $\mathrm{Var}(z_{ji}) = \sigma_{jj} = a_{j1}^2 + a_{j2}^2 + d_j^2$ となる．$j \neq k$ に対して，z_{ji} と z_{ki} の共分散は共通因子 f_{1i}, f_{2i} の存在により相関が生ずるので $\mathrm{Cov}(z_{ji}, z_{ki}) = \sigma_{jk} = a_{j1}a_{k1} + a_{j2}a_{k2}$ となる．$\boldsymbol{D} = \mathrm{diag}\,(d_1^2, d_2^2, d_3^2)$ とおくと，$\boldsymbol{z}_i$ の共分散行列 $\boldsymbol{\Sigma}$ は次のように表される．

$$\begin{aligned}
\boldsymbol{\Sigma} &= \mathrm{E}[\boldsymbol{z}_i \boldsymbol{z}_i^\top] = \mathrm{E}[(\boldsymbol{A}\boldsymbol{f}_i + \boldsymbol{u}_i)(\boldsymbol{A}\boldsymbol{f}_i + \boldsymbol{u}_i)^\top] \\
&= \mathrm{E}[\boldsymbol{A}\boldsymbol{f}_i \boldsymbol{f}_i^\top \boldsymbol{A}^\top] + \mathrm{E}[\boldsymbol{u}_i \boldsymbol{u}_i^\top] = \boldsymbol{A}\boldsymbol{A}^\top + \boldsymbol{D}
\end{aligned}$$

データから因子負荷量の推定値 $\hat{\boldsymbol{a}}_1 = (\hat{a}_{11}, \hat{a}_{21}, \hat{a}_{31})^\top$，$\hat{\boldsymbol{a}}_2 = (\hat{a}_{12}, \hat{a}_{22}, \hat{a}_{32})^\top$ が求まると，この符号や大きさから因子 f_1, f_2 の解釈を与えることができる．$\widehat{\boldsymbol{A}} = (\hat{\boldsymbol{a}}_1, \hat{\boldsymbol{a}}_2)$ とおき (17.9) を回帰モデルのように考えて，因子 $\boldsymbol{f}_i$ を

$$\hat{\boldsymbol{f}}_i = (\widehat{\boldsymbol{A}}^\top \widehat{\boldsymbol{A}})^{-1} \widehat{\boldsymbol{A}}^\top \boldsymbol{z}_i$$

により推定することができる．この値を**因子得点**と呼ぶ．

因子分析モデルの大きな特徴は推定に回転の自由度があるという点である．例えば，2 次元の直交行列を考えると，直交行列は回転を意味するので

$$\boldsymbol{H} = \begin{pmatrix} h_{11} & h_{12} \\ h_{21} & h_{22} \end{pmatrix} = \begin{pmatrix} \cos\theta & \sin\theta \\ -\sin\theta & \cos\theta \end{pmatrix}$$

と表される．実際，$\boldsymbol{H}^\top \boldsymbol{H} = \boldsymbol{H}\boldsymbol{H}^\top = \boldsymbol{I}$ を満たす．$\boldsymbol{A}\boldsymbol{f}_i = \boldsymbol{A}\boldsymbol{H}\boldsymbol{H}^\top \boldsymbol{f}_i$ と書けるので，$\boldsymbol{A}^* = (\boldsymbol{a}_1^*, \boldsymbol{a}_2^*) = \boldsymbol{A}\boldsymbol{H}$, $\boldsymbol{f}_i^* = (f_{1i}^*, f_{2i}^*)^\top = \boldsymbol{H}^\top \boldsymbol{f}_i$ とおくと，2 因子モデル (17.9) は，次のように表すことができる．

$$\boldsymbol{z}_i = \boldsymbol{A}^* \boldsymbol{f}_i^* + \boldsymbol{u}_i, \qquad i = 1, \ldots, n \qquad (17.10)$$

f_{1i}^*, f_{2i}^* は独立に正規分布 $\mathcal{N}(0, 1)$ に従うので，(17.10) は (17.9) と同等である．したがって，因子分析では回転の自由度があるので因子の解釈がしやすいような回転を選ぶことが重要となる．$\boldsymbol{A}, \boldsymbol{f}_i$ の 1 つの解として $\widehat{\boldsymbol{A}}, \hat{\boldsymbol{f}}_i$ が得られるとき，適当な直交行列 $\boldsymbol{H}$ をとって $\widehat{\boldsymbol{A}}^* = (\hat{\boldsymbol{a}}_1^*, \hat{\boldsymbol{a}}_2^*) = \widehat{\boldsymbol{A}}\boldsymbol{H}$, $\hat{\boldsymbol{f}}_i^* = (\hat{f}_{1i}^*, \hat{f}_{2i}^*)^\top = \boldsymbol{H}^\top \hat{\boldsymbol{f}}_i$ とする．因子の解釈のためには，$\hat{\boldsymbol{a}}_j^*$ の成分 $\hat{a}_{1j}^*, \hat{a}_{2j}^*, \hat{a}_{3j}^*$ のうち，いくつかは絶対値が大きく，残りがゼロに近いという形になるような回転 $\boldsymbol{H}$ を与えることが

表 17.3 5教科の成績についての因子負荷量

項目	国語	社会	数学	理科	英語
因子 1	1.00	1.01	−0.15	0.17	0.66
因子 2	0.00	−0.11	1.10	0.73	0.30

望ましい．このような形を単純構造と呼び，回転方法にはバリマックス法，プロマックス法などの回転方法が知られている．

(17.9) は2因子3変量モデルであるが，一般には m 因子 p 変量モデルが考えられる．この場合も分析方法の考え方は同じであるが，因子数 m の選択に関する議論が必要となる．主成分分析と同じように相関行列の固有値が1以上になる個数が利用されるようであるが，情報量規準などの方法もある．

簡単な例として，中学生20人の5教科の成績を因子分析にかけてみる（データについてはサポートページを参照）．項目数が5なので因子数を2とする．このときプロマックス法で回転したときの因子負荷量が表 17.3 で与えられる．明らかに，因子1は文系能力，因子2は理系能力を表している．2つの因子の累積寄与率が87%なので，2つの潜在能力で8.7割ほど説明がつくことになる．

17.5 クラスター分析

多次元のデータについて '似たもの同士' を集めて，いくつかのクラスター（集落）に分類する手法を**クラスター分析**と呼ぶ．症状に基づく疾患の分類，ブランドや商品イメージによる顧客の分類（セグメンテーション），形状・性質によるウィルスの分類など，様々な分野で広く利用されている．

17.5.1 階層的分類法

クラスター分析の方法は階層的分類法と非階層的分類法に分かれる．階層的分類法は，小さいクラスターから出発して '似たもの同士' を逐次融合しながら大きなクラスターを構成していくものである．非階層的分類法は，あらかじめクラスターの個数と各クラスターの核となる点を決め，そこから出発してクラスターを構成するもので，K–平均法が代表的である．大量のデータがある場合には，前者はすべての個体間で '似たもの同士' かを調べるので計算が大変になる

表 17.4　（左）3 教科の成績と（右）距離行列

生徒	英語	数学	国語			a	b	c	d	e
a	5	4	3		a	0	3	4	5	4
b	4	5	2		b	3	0	5	6	4
c	3	3	4		c	4	5	0	1	2
d	2	3	4		d	5	6	1	0	3
e	3	4	5		e	4	4	2	3	0

が，後者は計算量が少なくて済むという利点がある．本項では，前者についてクラスタリングの方法を説明しよう．

　まず，'似たもの同士' の定義を与える必要がある．これは**類似度**と呼ばれ，個体間の距離に相当するもので測る．例えば，n 個の 3 次元データ $\boldsymbol{x}_1, \ldots, \boldsymbol{x}_n$ が与えられ，各 $\boldsymbol{x}_i$ は $\boldsymbol{x}_i = (x_{1i}, x_{2i}, x_{3i})^\top$ と書けるとする．2 つの個体 $\boldsymbol{x}_i$ と $\boldsymbol{x}_j$ の距離を $d(\boldsymbol{x}_i, \boldsymbol{x}_j)$ で表す．その代表的なものとしては

$$d_1(\boldsymbol{x}_i, \boldsymbol{x}_j) = |x_{1i} - x_{1j}| + |x_{2i} - x_{2j}| + |x_{3i} - x_{3j}|$$

$$d_2(\boldsymbol{x}_i, \boldsymbol{x}_j) = \sqrt{(x_{1i} - x_{1j})^2 + (x_{2i} - x_{2j})^2 + (x_{3i} - x_{3j})^2}$$

があり，$d_1(\boldsymbol{x}_i, \boldsymbol{x}_j)$ を L_1 距離，$d_2(\boldsymbol{x}_i, \boldsymbol{x}_j)$ をユークリッド距離と呼ぶ．すべての個体間で距離を計算することができるので，それを行列 $\boldsymbol{D}$ で表したものを**距離行列**と呼ぶ．$\boldsymbol{D}$ の対角成分は 0 で，$\boldsymbol{D}$ の (i, j) 成分は $d(\boldsymbol{x}_i, \boldsymbol{x}_j)$ である．

　いま，5 人の生徒 a, b, c, d, e の 3 教科の成績（5 点満点）が表 17.4（左）のように与えられたとする．このとき，生徒間の類似度を $d_1(\boldsymbol{x}_i, \boldsymbol{x}_j)$ の距離で計算すると表 17.4（右）のようになる．

　クラスターを構成していく方法には，最短距離法，最長距離法，群平均法，重心法，メディアン法があるが，ここでは最も簡単な最短距離法を用いることにする．これは，2 つのクラスター C_a と C_b の間の距離を

$$d(C_a, C_b) = \min_{i,j}\{d(\boldsymbol{x}_i^{(a)}, \boldsymbol{x}_j^{(b)}) \mid \boldsymbol{x}_i^{(a)} \in C_a, \ \boldsymbol{x}_j^{(b)} \in C_b\}$$

で定義して，逐次クラスターを構成する方法である．

　表 17.4（右）の例では，c と d の距離が一番小さいので，(c, d) というクラスターを作る．最短距離法を用いて，(c, d), a, b, e の間の距離行列を作ると表

表 17.5 クラスタリングの過程と距離行列

	(c,d)	a	b	e
(c,d)	0	4	5	2
a	4	0	3	4
b	5	3	0	4
e	2	4	4	0

$\Longrightarrow$

	(c,d,e)	a	b
(c,d,e)	0	4	4
a	4	0	3
b	4	3	0

$\Longrightarrow$

	(c,d,e)	(a,b)
(c,d,e)	0	4
(a,b)	4	0

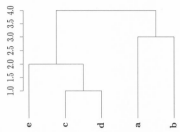

図 17.4 クラスター・デンドログラム（樹形図）

17.5（左）のようになる．次に距離が小さいのは (c, d) と e であるから，新たなクラスター (c, d, e) が作れる．最短距離法を用いて，改めて (c, d, e), a, b の間の距離行列を作ると表 17.5（中）のようになる．この表で距離が短いのは a, b なので，(a, b) のクラスターができる．改めて (c, d, e), (a, b) の間の距離行列を作ると表 17.5（右）のようになる．

クラスタリングの一連のプロセスは**デンドログラム（樹形図）**を用いて視覚的に表現することができる．表 17.4（右）の例のデンドログラムは図 17.4 で示される．デンドログラムに横線を引くと，交差した縦線がクラスターになり個数がわかる．このデータに主成分分析を行うと 2 つの主成分で 90％ 説明できるので，クラスターは 2 個が良さそうである．したがって，(c, d, e), (a, b) の 2 個のクラスターを考え，国語の強いクラスターと英数の強いクラスターに生徒を分類することになる．

17.5.2 有限混合モデルと EM アルゴリズム

例 5.7 で扱った有限混合モデルを用いてクラスター分析を行うことができる．m 個の分布の混合モデルは次のように記述される．(X, Y) を確率変数とし，Y

は $P(Y = j) = \pi_j,\ j = 1, \ldots, m,\ \pi_1 + \cdots + \pi_m = 1$ を満たす離散型確率変数で，$Y = j$ を与えたときの X の条件付き確率（密度）関数を $f_j(x|\theta_j)$ とする．このとき，X の周辺確率（密度）関数は有限混合分布となり

$$f_X(x) = \pi_1 f_1(x|\theta_1) + \cdots + \pi_m f_m(x|\theta_m)$$

と表される．クラスター分析の文脈では，m がクラスターの個数，$f_j(x|\theta_j)$ が各クラスターの確率分布に対応する．$(\pi_j, \theta_j),\ j = 1, \ldots, m,$ はすべて未知パラメータである．混合分布は階層モデルとして

$$X|Y = j \sim f_j(x|\theta_j), \quad Y \sim P(Y = j) = \pi_j, \quad j = 1, \ldots, m$$

のように表され，(X, Y) の同時確率分布は次のように書ける．

$$f_{X,Y}(x, j) = f_j(x|\theta_j) P(Y = j) = f_j(x|\theta_j) \pi_j$$

ベイズの定理から，$X = x$ を与えたときの $Y = j$ となる条件付き分布は

$$\pi_{Y|X}(j|x) = \frac{f_{X,Y}(x, j)}{f_X(x)} = \frac{\pi_j f_j(x|\theta_j)}{\pi_1 f_1(x|\theta_1) + \cdots + \pi_m f_m(x|\theta_m)}$$

と書けるので，観測値 x を，$j = 1, \ldots, m$ の中で **$\pi_{Y|X}(j|x)$ を最大にするクラスター j に振り分ける**のが，混合分布によるクラスタリングの方法である．

$\boldsymbol{\pi} = (\pi_1, \ldots, \pi_m),\ \boldsymbol{\theta} = (\theta_1, \ldots, \theta_m)$ とおくと，これらは未知のパラメータなのでデータから推定する必要がある．$X_1, \ldots, X_n$ が独立な確率変数で $\boldsymbol{X} = (X_1, \ldots, X_n),\ \boldsymbol{x} = (x_1, \ldots, x_n)$ とすると，$\boldsymbol{X}$ の同時確率（密度）関数は

$$f_{\boldsymbol{X}}(\boldsymbol{x}) = \prod_{i=1}^{n} \{\pi_1 f_1(x_i|\theta_1) + \cdots + \pi_m f_m(x_i|\theta_m)\}$$

で与えられる．この尤度を直接最大化することによって MLE を求めることができるが，計算が大変である．そこで，次の **EM アルゴリズム**を利用する．

EM アルゴリズムを利用するために，独立な確率変数 $\boldsymbol{Z}_1, \ldots, \boldsymbol{Z}_n$ を導入する．$\boldsymbol{Z}_i = (Z_{i1}, \ldots, Z_{im})$，実現値を $\boldsymbol{z}_i = (z_{i1}, \ldots, z_{im})$ とし，$z_{i1}, \ldots, z_{im}$ のうち 1 つが 1 で残りがすべて 0 であるとする．$P(Z_{ij} = 1) = \pi_j$ とすると，$(X_i, \boldsymbol{Z}_i)$ の同時確率（密度）関数は次のように表される．

$$f_{X_i, \boldsymbol{Z}_i}(x_i, \boldsymbol{z}_i) = \prod_{j=1}^{m} \left[\{f_j(x_i|\theta_j)\}^{z_{ij}} \pi_j^{z_{ij}} \right] \tag{17.11}$$

周辺密度は $f_{X_i}(x_i) = \sum_{\boldsymbol{z}_i} f_{X_i, \boldsymbol{Z}_i}(x_i, \boldsymbol{z}_i) = \pi_1 f_1(x_i|\theta_1) + \cdots + \pi_m f_m(x_i|\theta_m)$ と書ける. 確率変数 $\boldsymbol{Z}_i$ を導入することによって拡張された尤度方程式の解が明示的に得られるようになる. しかし, X_i は観測可能であるが, $\boldsymbol{Z}_i$ は観測できない確率変数である. そこで, $\boldsymbol{Z}_i$ が含まれている項を, X_i を与えたときの条件付き期待値によって置き換えるのが, EM アルゴリズムのアイデアである.

全変数 $(X_1, \boldsymbol{Z}_1), \ldots, (X_n, \boldsymbol{Z}_n)$ に基づいた対数尤度関数は

$$\ell(\boldsymbol{\pi}, \boldsymbol{\theta}) = \sum_{i=1}^{n} \sum_{j=1}^{m} Z_{ij} \{ \log f_j(X_i|\theta_j) + \log \pi_j \}$$

と表される. EM アルゴリズムの E ステップは $\boldsymbol{X}$ を与えたときの Z_{ij} の条件付き期待値をとることに対応するので

$$\mathrm{E}[\ell(\boldsymbol{\pi}, \boldsymbol{\theta})|\boldsymbol{X}] = \sum_{i=1}^{n} \sum_{j=1}^{m} \mathrm{E}[Z_{ij}|\boldsymbol{X}] \{ \log f_j(X_i|\theta_j) + \log \pi_j \}$$

と書けることがわかる. EM アルゴリズムの M ステップはこれをパラメータに関して最大化することに対応する. $\pi_1 + \cdots + \pi_m = 1$ なる制約のもとで $\ell(\boldsymbol{\pi}, \boldsymbol{\theta})$ を最大化するためにラグランジュの未定乗数法を用いる.

$$L(\boldsymbol{\pi}, \boldsymbol{\theta}) = \mathrm{E}[\ell(\boldsymbol{\pi}, \boldsymbol{\theta})|\boldsymbol{X}] - \lambda(\pi_1 + \cdots + \pi_m - 1)$$

とおいて π_j, θ_j で偏微分すると次のようになる.

$$\frac{\partial L}{\partial \pi_j} = \sum_{i=1}^{n} \frac{\mathrm{E}[Z_{ij}|\boldsymbol{X}]}{\pi_j} - \lambda, \quad \frac{\partial L}{\partial \theta_j} = \sum_{i=1}^{n} \mathrm{E}[Z_{ij}|\boldsymbol{X}] \frac{\partial}{\partial \theta_j} \log f_j(X_i|\theta_j)$$

最初の等式から $\pi_j = \sum_{i=1}^{n} \mathrm{E}[Z_{ij}|\boldsymbol{X}]/\lambda$ となり, これを $\pi_1 + \cdots + \pi_m = 1$ に代入すると $\lambda = \sum_{i=1}^{n} \sum_{j=1}^{m} \mathrm{E}[Z_{ij}|\boldsymbol{X}]$ となるので

$$\pi_j = \frac{\sum_{i=1}^{n} \mathrm{E}[Z_{ij}|\boldsymbol{X}]}{\sum_{i=1}^{n} \sum_{k=1}^{m} \mathrm{E}[Z_{ik}|\boldsymbol{X}]} \tag{17.12}$$

となる. ここで, (17.11) より, X_i を与えたときの $\boldsymbol{Z}_i$ の条件付き確率は

$$f_{\boldsymbol{Z}_i|X_i}(\boldsymbol{z}_i|x_i) = \frac{\prod_{j=1}^m [\{f_j(x_i|\theta_j)\}^{z_{ij}} \pi_j^{z_{ij}}]}{\sum_{k=1}^m f_k(x_i|\theta_k)\pi_j}$$

で与えられるので，$P(j|X_i, \boldsymbol{\pi}, \boldsymbol{\theta}) = \mathrm{E}[Z_{ij}|\boldsymbol{X}]$ とおくと次のように表される.

$$P(j|X_i, \boldsymbol{\pi}, \boldsymbol{\theta}) = \mathrm{E}[Z_{ij}|\boldsymbol{X}] = \frac{f_j(X_i|\theta_j)\pi_j}{\sum_{k=1}^m f_k(X_i|\theta_k)\pi_k}$$

これを (17.12) に代入すると，$\pi_j = n^{-1}\sum_{i=1}^n P(j|X_i, \boldsymbol{\pi}, \boldsymbol{\theta})$ となる.

以上より，EM アルゴリズムは次で与えられる．初期値 $(\boldsymbol{\pi}^{(0)}, \boldsymbol{\theta}^{(0)})$ から出発して $(\boldsymbol{\pi}^{(t)}, \boldsymbol{\theta}^{(t)})$ が得られたとする．このとき，$j = 1, \ldots, m$ に対して

$$\pi_j^{(t+1)} = \frac{1}{n}\sum_{i=1}^n P(j|X_i, \boldsymbol{\pi}^{(t)}, \boldsymbol{\theta}^{(t)}) \tag{17.13}$$

とし，$\boldsymbol{\theta}^{(t+1)}$ を次の方程式の解とする.

$$\sum_{i=1}^n P(j|X_i, \boldsymbol{\pi}^{(t)}, \boldsymbol{\theta}^{(t)})\frac{\partial}{\partial\theta_j}\log f_j(X_i|\theta_j)\Big|_{\theta_j=\theta_j^{(t+1)}} = 0 \tag{17.14}$$

こうして $(\boldsymbol{\pi}^{(t+1)}, \boldsymbol{\theta}^{(t+1)})$ が得られ，収束するまで繰り返し計算を続ける.

例えば，多変量正規分布 $\mathcal{N}_p(\boldsymbol{\mu}_j, \boldsymbol{\Sigma}_j)$ の場合は，$\boldsymbol{\theta}_j = (\boldsymbol{\mu}_j, \boldsymbol{\Sigma}_j)$ に対して $\boldsymbol{\theta}^{(t)} = (\boldsymbol{\theta}_1^{(t)}, \ldots, \boldsymbol{\theta}_m^{(t)})$ とおくと，次のように表される.

$$\boldsymbol{\mu}_j^{(t+1)} = \frac{\sum_{i=1}^n P(j|X_i, \boldsymbol{\pi}^{(t)}, \boldsymbol{\theta}^{(t)})\boldsymbol{X}_i}{\sum_{i=1}^n P(j|X_i, \boldsymbol{\pi}^{(t)}, \boldsymbol{\theta}^{(t)})}$$

$$\boldsymbol{\Sigma}_j^{(t+1)} = \frac{\sum_{i=1}^n P(j|X_i, \boldsymbol{\pi}^{(t)}, \boldsymbol{\theta}^{(t)})(\boldsymbol{X}_i - \boldsymbol{\mu}_j^{(t+1)})(\boldsymbol{X}_i - \boldsymbol{\mu}_j^{(t+1)})^\top}{\sum_{i=1}^n P(j|X_i, \boldsymbol{\pi}^{(t)}, \boldsymbol{\theta}^{(t)})}$$

演習問題

問 1 相関係数に関する次の問に答えよ.

    (1) 見かけの相関と対処法について説明せよ.

    (2) 3 変数 (x_1, x_2, x_3) の標本相関行列 $\boldsymbol{R}$ の成分が，$r_{12} = 0.9$，$r_{13} = 0.8$，$r_{23} = 0.7$ であるとき，x_1 の影響を取り除いた x_2 と x_3 の偏相関 $r_{23|1}$ の値を求めよ.

問 2 n 個の 2 次元データ $(x_1, y_1), \ldots, (x_n, y_n)$ の主成分分析は，$w_1^2 + w_2^2 = 1$ を満たす w_1, w_2 について合成変量 $w_1(x-\bar{x})+w_2(y-\bar{y})$ の分散 $n^{-1}\sum_{i=1}^n \{w_1(x_i-$

$\overline{x}) + w_2(y_i - \overline{y})\}^2$ を最大化することにより求めることができる.

   (1) ラグランジュの未定乗数法を用いて，最大化を与える解を求めよ.

   (2) 行列表現を与え固有値と固有ベクトルを求めることによって解を与えよ.

   (3) i 番目のデータについて第 1 主成分のスコアを与えよ.

問 3 ある小学校の 6 年生の身体計測について，身長，体重，胸囲，座高のデータから標本相関係数を求めたところ，固有値と固有ベクトルが次のようになった. 累積寄与率を計算し，主要な主成分の個数とその主成分の解釈を与えよ.

主成分	固有値	身長	体重	胸囲	座高
第 1 主成分	3.55	0.49	0.51	0.48	0.50
第 2 主成分	0.32	−0.54	0.21	0.72	−0.36
第 3 主成分	0.07	−0.45	−0.46	0.17	0.74
第 4 主成分	0.06	−0.50	0.69	−0.46	0.23

問 4 患者がある病気の罹患群に入るか否かを判断するために，多変量正規分布に基づいた判別分析を用いることにした.

   (1) 2 次判別について説明し，判別式を与えよ.

   (2) フィッシャーの線形判別について説明し，判別式と誤判別確率を与えよ.

   (3) ロジスティック判別について説明し，線形判別との違いについて述べよ.

問 5 ある病気の患者群 Π_1 と健康群 Π_2 について，その病気と関係の深い 2 種類の検査項目に関するデータがとられた. Π_1 から 20 個のデータ，Π_2 から 40 個のデータに基づいて，それぞれの標本平均と標本共分散行列が次のように与えられている. 両群でコストと事前確率は等しいものとして判別関数を求めたい.

$$\overline{x}_1 = \begin{pmatrix} 50 \\ 6 \end{pmatrix}, \ S_1 = \begin{pmatrix} 250 & 10 \\ 10 & 2 \end{pmatrix}, \ \overline{x}_2 = \begin{pmatrix} 70 \\ 5 \end{pmatrix}, \ S_2 = \begin{pmatrix} 160 & 8 \\ 8 & 2 \end{pmatrix}$$

   (1) 2 次判別に基づいた判別関数を求めよ.

   (2) $\Sigma_1 = \Sigma_2 = \Sigma$ とする場合，Σ の推定値を求め線形判別関数を与えよ.

問 6 因子分析に関する次の問に答えよ.

   (1) 因子分析と主成分分析の違いについて説明せよ.

   (2) 3 次元データを 2 因子で解析するモデルを記せ.

   (3) 因子負荷量の推定には回転による自由度があることを説明せよ.

問 7 5 人の生徒 1, 2, 3, 4, 5 の国語と英語の成績 $(x_1, y_1), \ldots, (x_5, y_5)$ が 5 点満点で次の表で与えられた. 生徒間の類似度を $d(i,j) = |x_i - x_j| + |y_i - y_j|$ で測り，最短距離法を用いてクラスターを構成することを考える. このとき，距離行列を

与え，3 個のクラスターに分ける場合のクラスターを与えよ．また 2 つのクラスターに分ける場合はどのように分けたらよいか．

教科	1	2	3	4	5
国語	5	4	1	5	5
英語	1	2	5	5	4

問 8（ポアソン分布の有限混合モデル） 銀行の窓口に来る客の 1 時間当たりの人数を 1 ヶ月間調べたところ，$x_1, \ldots, x_n$ のデータが得られた．時間帯や曜日などによって混み具合が異なるので，m 個のポアソン分布 $Po(\lambda_1), \ldots, Po(\lambda_m)$ を想定して混合分布のモデル $\pi_1 Po(\lambda_1) + \cdots + \pi_m Po(\lambda_m)$ を考えてみる．$\lambda_1, \ldots, \lambda_m$，$\pi_1, \ldots, \pi_m$ を推定するための EM アルゴリズムを求めよ．

問 9(∗)（欠損データの EM アルゴリズム） σ^2 が既知の正規分布 $\mathcal{N}(\mu, \sigma^2)$ からデータがとられるが，定数 c を超えるときにはデータは欠損され観測されないとする．$a = (c - \mu)/\sigma$ とおき，$\phi(\cdot)$, $\Phi(\cdot)$ を $\mathcal{N}(0, 1)$ の確率密度関数，分布関数とする．いま $x_1, \ldots, x_m$ が観測され，$n - m$ 個が欠損する場合を考える．

(1) 尤度関数を与え μ の尤度方程式を求めよ．

(2) $X \sim \mathcal{N}(\mu, \sigma^2)$ とし欠損する場合の平均が次で与えられることを示せ．

$$\mathrm{E}[X | c < X] = \mu + \frac{\phi(a)}{\Phi(-a)} \sigma$$

(3) μ を推定するための EM アルゴリズムを求めよ．

索　引

〈著者紹介〉

久保川達也（くぼかわ たつや）

1987 年　筑波大学大学院博士課程数学研究科修了
現　　在　東京大学大学院経済学研究科教授
　　　　　理学博士
専　　攻　統計学
著　　書　『現代数理統計学の基礎』（共立出版，2017）
　　　　　『統計学』（共著，東京大学出版会，2016）
　　　　　『モデル選択——予測・検定・推定の交差点』（共著，岩波書店，2004）

データ解析のための数理統計入門
Introduction to Mathematical Statistics for Data Analysis

2023 年 10 月 15 日　初版 1 刷発行
2024 年 7 月 20 日　初版 6 刷発行

著　者　久保川達也　ⓒ 2023
発行者　南條光章
発行所　**共立出版株式会社**

〒112-0006
東京都文京区小日向 4-6-19
電話番号　03-3947-2511（代表）
振替口座　00110-2-57035
www.kyoritsu-pub.co.jp

印　刷　大日本法令印刷
製　本　加藤製本

一般社団法人
自然科学書協会
会員

検印廃止
NDC 417, 350.1
ISBN 978-4-320-11551-4

Printed in Japan

統計学 One Point

鎌倉稔成（委員長）・江口真透・大草孝介・酒折文武・瀬尾 隆・椿 広計・西井龍映・松田安昌・森 裕一・宿久 洋・渡辺美智子［編集委員］

＜統計学に携わるすべての人におくる解説書＞

統計学で注目すべき概念や手法、つまずきやすいポイントを取り上げて、第一線で活躍している経験豊かな著者が明快に解説するシリーズ。

≪続刊テーマ≫
データ同化／特異値分解と主成分・因子分析／他
（価格、続刊テーマは変更する場合がございます）

www.kyoritsu-pub.co.jp　　**共立出版**　　【各巻：A5判・並製・税込価格】